国家示范性高等职业院校成果教材·机械系列

塑料模具设计

第5版

周建安 洪建明 袁子良 朱光力 主编

清华大学出版社

北京

内 容 简 介

本书主要介绍注塑模具的基本结构和典型结构、标准零部件及选用、注塑成型工艺与设备、注塑模具设计、压塑模具设计、挤出模具设计、吹塑模具设计、塑料模具材料的牌号以及相关性能和选用、塑料制品的结构工艺性,简要介绍模具 CAD 的知识,并通过两个实例介绍 Mold Wizard 软件在模具设计中的应用。

本书既可作为高职高专模具设计与制造专业的教材,也可作为注塑模具行业工程技术人员的参考书。

版权所有,侵权必究。举报:010-62782989,beiqinquan@tup.tsinghua.edu.cn。

图书在版编目(CIP)数据

塑料模具设计 / 周建安等主编. -- 5 版. -- 北京 : 清华大学出版社,2025. 8.
(国家示范性高等职业院校成果教材). -- ISBN 978-7-302-70119-4
Ⅰ. TQ320.5
中国国家版本馆 CIP 数据核字第 20256UW476 号

责任编辑: 赵从棉 龚文方
封面设计: 常雪影
责任校对: 薄军霞
责任印制: 丛怀宇

出版发行: 清华大学出版社
  网 址: https://www.tup.com.cn,https://www.wqxuetang.com
  地 址: 北京清华大学学研大厦 A 座 **邮 编:** 100084
  社 总 机: 010-83470000 **邮 购:** 010-62786544
  投稿与读者服务: 010-62776969,c-service@tup.tsinghua.edu.cn
  质量反馈: 010-62772015,zhiliang@tup.tsinghua.edu.cn
印 装 者: 三河市铭诚印务有限公司
经 销: 全国新华书店
开 本: 185mm×260mm **印 张:** 20.5 **字 数:** 497 千字
版 次: 2003 年 1 月第 1 版 2025 年 10 月第 5 版 **印 次:** 2025 年 10 月第 1 次印刷
定 价: 65.80 元

产品编号:108580-01

前　言

与时俱进、不断补充和更新知识以适应当前企业界的需求是本书第 5 版的编写目的。除延续前面 4 版的内容外,本版主要更新了第 13 章的内容,将原来的 UG NX 10.0 更新为 UG NX 12.0;另外,对其他章节中一些小错误进行了更正并更换了一些插图。

与本书配套的电子教学 PPT 课件、工厂现场生产录像、UG NX 12.0 模具设计实例的过程演示以及各插图的动态演示文件都可以通过书后或书中的二维码获取。

本书编写分工如下:

深圳职业技术大学周建安编写第 1 章、第 3 章、第 4 章、第 13 章;深圳职业技术大学洪建明编写第 6 章、第 12 章;湖南邵阳学院袁子良编写第 7~9 章、10.4 节及附录;佛山职业技术学院李柏青编写第 2 章、第 11 章;深圳职业技术大学刘小平编写第 5 章;深圳职业技术大学杨文明编写 10.1~10.3 节;深圳职业技术大学朱光力对全书进行统编,制作了第 13 章的实例教学视频并制作了与本书配套的电子教学课件。

几十年的教学以及模具企业的工作经验使我们领悟到,仅靠教材上的插图教授模具结构,学生很难理解,只有通过亲自动手设计模具,尤其是采用 UG NX 软件设计三维模型,才能加深学生对模具结构的理解和掌握,正是这样的领悟促使我们采用新的形式编写了本书。感谢广大师生使用本书作为教材,书中不妥之处敬请读者指正。

编　者

2024 年 6 月于深圳

第1版前言

一本好的教科书,它的内容除了要与教学目标符合外,还要与时俱进,适应当前企业界的需求,适时补充新的知识。另外,作为教科书一定要易学易懂,本书正是基于此理念而编写的。

本书的主编以及大部分参编人员曾经在深圳一些外资企业从事模具设计与制造工作多年,又担任深圳职业技术学院的教师数年,根据自己在企业的实际工作情况及教学体验并综合各方面的资料编写了这本书。本书作为一本理论与实际相结合的塑料模具设计入门的书籍,特别适合作为高职及大专院校学生的教材,也适合作为该行业工程技术人员的参考书。

本书的特点是:

(1)附有大量的模具结构图,有一些为三维立体彩色图,文字相对较少,模具结构及模具的动作过程以图的分解来代替文字说明,易学易懂。

(2)内容新颖,非常符合当今沿海地区模具制造企业的实际情况。

(3)每章附有习题,使学生能够测试对本章所涉及内容的了解程度,并可掌握学习重点,增进学习兴趣。

(4)附录列出了有关的经验数据表、标准模架结构、典型模具结构,以供学生进行课程设计之用。

全书共分12章及附录,第1章、第3章、6.5~6.8节和附录A的表A-1、表A-2、表A-8以及附录C由朱光力编写;第2章、第11章及附录A的表A-3~表A-7由佛山职业技术学院李柏青编写;第4章、6.1~6.4节和第12章以及附录B由万金保编写;第5章由深圳职业技术学院刘小平编写;第7~9章由湖南省邵阳高等专科学校袁子良编写;第10章由深圳职业技术学院杨文明编写。另外,深圳职业技术学院的王学平、周旭光为本书绘制了部分插图,深圳爱义模具厂(中美合资)技术部经理袁军、康佳集团精密模具厂工程师周建安及深圳南方模具厂总工程师薛爱群为本书提供了一些技术资料,给出了编写意见。周建安对本书的第7~9章的插图进行了补充和修改。

全书由深圳职业技术学院朱光力统一编排定稿,湖南工程学院朱正心教授审阅。

感谢各位教授塑料模具设计的老师以及从事塑料模具设计的工程技术人员的支持与帮助,使编者有机会尝试以新的形式编写这本塑料模具设计教科书。由于编者水平有限,书中不妥和错误之处在所难免,敬请读者不吝赐教,以便进行修正,以臻完善。

编　者

2002年5月于深圳

目　　录

第1章 概　　论

1.1　塑料模具基本概念

日常生活中到处可见塑料制品。日用品(如塑料饭碗、脸盆、水桶、手机外壳等)和我们经常接触的家用电器(如电视机、收录机、计算机等)产品外壳等都是塑料制品,在工业设备中也经常看到塑料零件。这些塑料制品是怎样制作的呢?

塑料是由从石油中生产出来的合成树脂加入增塑剂、稳定剂、填料等物质形成的,原料为小颗粒状或粉状。将这些小颗粒塑料加热熔化成液体,注入一个具有所需产品形状的型腔中,待塑料冷却后取出,就得到与型腔形状相同的塑料件(简称塑件),这个具有型腔的部件称为模具,因为它专门用于制作塑件,所以通常称为塑料模具。

1.2　注塑模具基本结构

下面通过一个简单的例子说明注塑模具结构的各个组成部分。

如图 1-1 所示的塑料盆,制作它的模具是怎样组成的呢?

首先在两块金属板上挖出与盆一样形状的型腔,其中一块金属板挖成盆外形的型腔(俗称凹模板),如图 1-2 所示,另一块做成盆内部形状,如图 1-3 所示(俗称凸模板),两块合起来构成完整的盆形状的型腔。为了注入塑料,通常在凹模板上开一个进料口,如图 1-4 所示。只要把熔融的塑料从这个进料口注入型腔,待塑料冷却后打开,取出塑件就得到塑料盆。

图 1-1　塑料盆

图 1-2　凹模板

工艺上通常采用注塑机将小颗粒塑料熔融并以一定的速度和压力向模具内注射塑料。注塑机外形如图 1-5 所示,注塑成型过程如图 1-6 所示。

制作塑件要考虑的问题是怎样将凹、凸模板安装在注塑机上,怎样将凹、凸模板以正确的位置准确地闭合,以及怎样将冷却后凝固在型腔里的塑件取出来。

图 1-3　凸模板

图 1-4　凹、凸合模状态剖面图

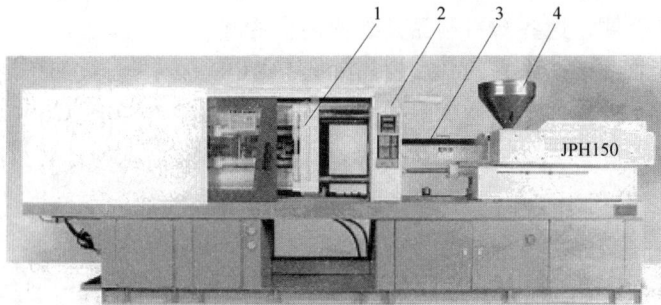

1—动模座；2—定模座；3—喷塑枪；4—料斗。

图 1-5　注塑机外形

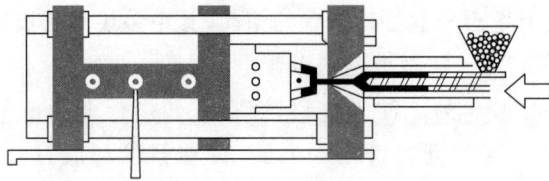

(a)

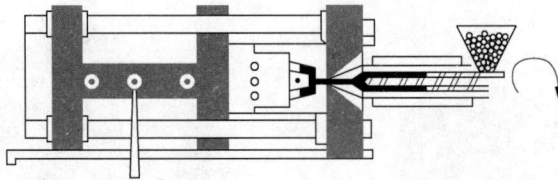

(b)

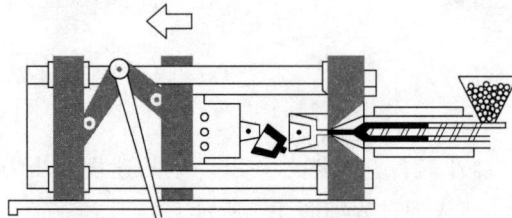

(c)

图 1-6　注塑成型过程

（a）射出；（b）保压,冷却；（c）顶出模具结构如下。

凹、凸模构成零件形状的型腔,因受高温,且与塑件摩擦,所以它的制作材料各方面性能要好,当然价格也高。为降低成本,在保证塑料制品形状大小的前提下凹、凸模板要做得尽可能小,同时分别将凹、凸模固定在较大的、价格低廉的金属板上,见图 1-7。这两块大一点的金属板分别称为凹、凸模固定板。

为了使凹、凸模准确对位合模,分别在凹、凸模固定板上装有 4 个导柱与导套,见图 1-8。

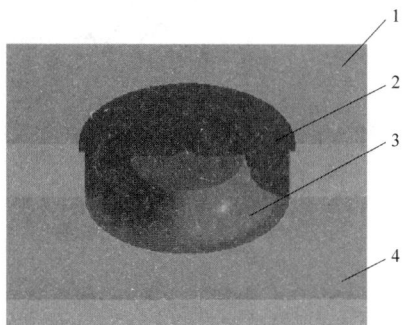

1—凹模固定板;2—凹模;3—凸模;4—凸模固定板。

图 1-7 凹、凸模固定装置剖面图

1—导套;2—导柱;3—支承板。

图 1-8 凹、凸模准确合模

另外,由于塑件冷却时会收缩,包紧凸模,所以在凸模的一侧还应设置带有几根顶料杆的顶出机构。为此,在凸模一侧支承板下面安装两块垫铁,以形成顶出机构的运动空间,以便开模后将塑件顶出模具外;在合模时为了使顶料杆能返回原来的位置,还设置有回程杆,见图 1-9。

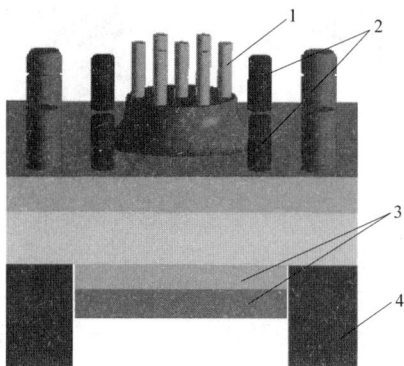

1—顶料杆;2—回程杆;3—顶料杆固定板;4—垫铁。

图 1-9 模具的顶出与回程机构

通常以凹、凸模为界,将凹模及其固定板连接在较大的金属板上(俗称定模座板),利用这块金属板将凹模及其固定板安装在注塑机的定模座上。另外,为方便安装模具,使得注塑机喷嘴与主浇套口对准,应在定模座板上安装定位环;又因为进料道与高温塑料和注塑机喷嘴反复接触和碰撞,所以应采用性能较好的材料单独制作一个主浇套,安装在定模座板内,见图 1-10。将凸模及其固定板、顶出机构一起安装在另一块较大的金属板(俗称动模座板)上,将这块板安装在注塑机的动模座上,见图1-11。两部分合在一起就形成一套完整的模具,见图1-12。

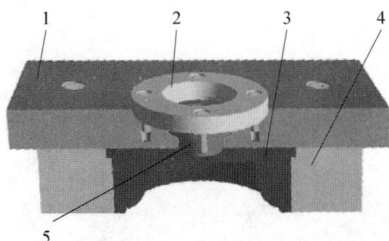

1—定模座板;2—定位环;3—凹模;
4—凹模固定板;5—主浇套。

图1-10　定模

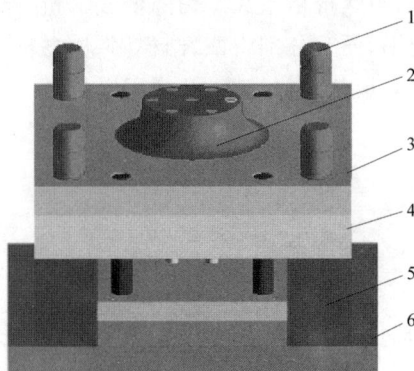

1—导柱;2—凸模;3—凸模固定板;
4—支承板;5—垫铁;6—动模座板。

图1-11　动模

为了使读者清楚地理解模具各零部件之间的装配关系,我们分别制作了模具的剖面图(见图1-13)和爆炸图(见图1-14)。

图1-12　完整的模具

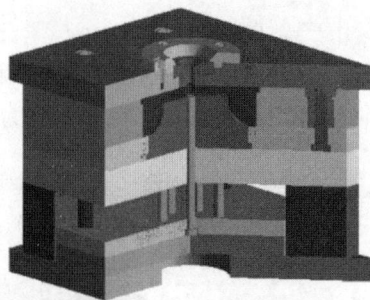

图1-13　模具剖面图

定模部分借助于定模座板及定位环安装在注塑机的定模座上,动模部分借助于导柱对准位置将动模座板安装在注塑机的动模座上,见图1-15。

在合模状态下,注塑机将熔融的塑料以一定的压力和速度通过模具进料口注入型腔,保压与冷却一段时间后,注塑机动模座后退打开模具,带动模具的凸模部分(此时塑料件包紧凸模)退至一定位置时,注塑机动模座后面一顶杆往前推进,通过模具动模板上的孔,推动模具顶出机构将塑料件推出,见图1-16。合模时由凹模板碰撞回程杆而使顶出机构复位。

以上介绍的是简单的注塑模具结构,工业上常用的模具结构复杂得多,但其基本组成相同。通常模具的模架(包括定模板、动模板、凹凸模固定板、导柱/导套、顶出机构、回程杆等)以及一些配件(如浇口套、顶杆)是标准的,有专门的厂家生产。设计制作模具时,根据开合模方式、塑件脱模方式和塑件尺寸大小等因素选择模架类型、尺寸及一些标准配件,但凹、凸模零件要根据塑料产品的形状自行加工制造。

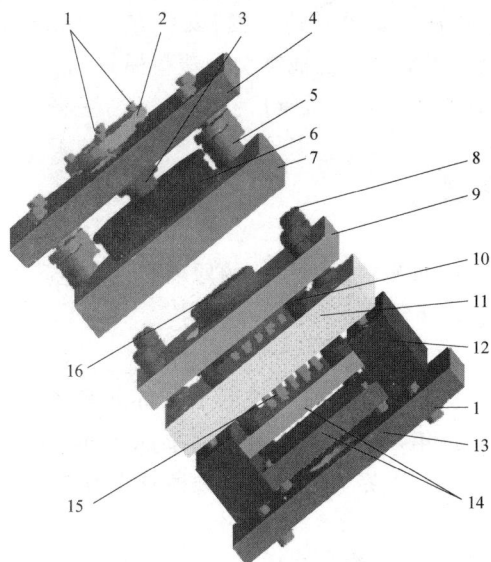

1—螺钉；2—定位环；3—主浇套；4—定模座板；5—导套；6—凹模；7—凹模固定板；8—导柱；9—凸模
固定板；10—回程杆；11—支承板；12—垫铁；13—动模座板；14—顶料杆固定板；15—顶料杆；16—凸模。

图 1-14　模具爆炸图

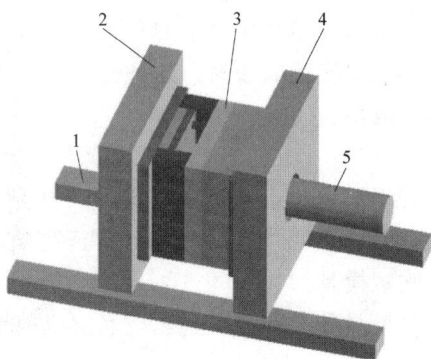

1—注塑机导轨；2—动模座；3—模具；4—定模座；5—注塑机喷枪。

图 1-15　模具在注塑机上合模状态

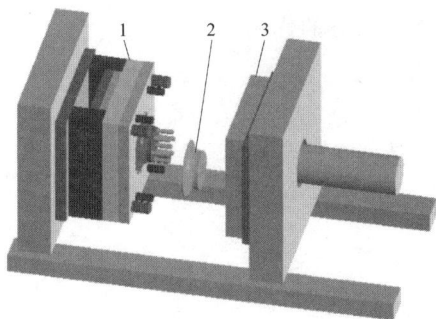

1—动模；2—塑件；3—定模。

图 1-16　开模并顶出塑件示意图

动画展示

后面章节将详细介绍各种注塑模具的结构、设计方法和步骤,标准模架类型以及模具的各种标准零部件及其他类型的塑料模具。

扫描右侧二维码,可观看深圳一家玩具厂注塑车间的现场生产视频。

1.3　塑料模具分类

生产视频

由于塑料的成型方法不同,塑料成型模具的原理和结构也不同。根据成型方法,可将塑料成型模具分为以下几类。

1. 注塑模具

注塑模具又称注射模具,其基本构成和成型工艺特点前文已经介绍。注塑模具主要用于热塑性塑料制品的成型,近年来也越来越多地用于热固性塑料制品的成型。注塑成型在塑料制品成型中占有很大比重,世界上的塑料成型模具半数以上是注塑模具。

2. 压塑模具

这种模具的成型工艺特点是将塑料直接加入敞开的模具型腔(加料室)内,然后合模,塑料在热和压力作用下呈熔融状态,以一定压力充满型腔。压塑模具多用于热固性塑料,其成型塑件大多用于电器开关的外壳和日常生活用品。

3. 挤出模具

挤出模具又称挤出机头。挤出成型是用电加热的方法使塑料呈流动状态,然后在一定压力作用下使它通过机头口模获得连续的型材。这种模具广泛用于管材、棒材、板材、薄膜、电线电缆包层及其他异型材的成型。

4. 吹塑模具

将挤出或注塑出来的尚处于塑化状态的管状坯料趁热放到模具型腔内,然后立即在其中心通以压缩空气,管状坯料膨胀而紧贴于模具型腔壁上,冷硬后即可得一中空制品,这种制品成型方法所用的模具叫吹塑模具。

除上面所列举的几种塑料模具外,还有压注模具、真空成型模具、泡沫塑料成型模具等。

习　　题

1-1　简述注塑成型模具的组成部分及各部分的作用。

1-2　注塑模具由哪些基本零部件组成?

1-3　为什么顶出机构一般要设置在动模上?

1-4　为什么浇口套与凹凸模要单独制造?

第 2 章 塑 料 概 论

2.1 塑料的组成成分及分类

2.1.1 塑料的组成成分

塑料是以高分子合成树脂为主要成分,在加工过程中能流动成型的材料。塑料大多含有添加剂,其组成成分及作用如下:

1. 合成树脂

合成树脂决定塑料的类型(热塑性或热固性)和基本性能,如机械、物理、电、化学性能等,并且在成型时将塑料的其他成分黏合在一起。

2. 填充剂

填充剂又称填料,在塑料中起增量和改性的作用。加入填充剂后,不仅能使塑料的成本大大降低,而且还能使其性能得到显著改善。如在酚醛树脂中加入木粉,既改善了脆性,又降低了成本。用玻璃纤维作为填充剂,能使塑料的机械性能大幅度提高。有的填充剂可以使塑料具有树脂所不具备的性能,如导电性、导磁性等。

填料按其形状分为粉状、纤维状和片状 3 类。粉状填料有木粉、滑石粉、石墨粉、金属粉等;纤维状填料有玻璃纤维、石棉纤维、碳纤维等;片状填料有玻璃布、石棉布等。

3. 增塑剂

增塑剂是为改善塑料的性能和提高柔软性而加入塑料中的一种高沸点的有机物质。树脂中加入增塑剂后,会使塑料分子间的距离增加,从而削弱大分子间的作用力,可以使树脂分子在较低的温度下滑移,从而具有良好的可塑性和柔软性。

常用的增塑剂有邻苯二甲酸二丁酯、邻苯二甲酸二辛酯、癸二酸二丁酯、癸二酸二辛酯和磷酸三苯酯等。

4. 着色剂

着色剂又称色料,主要起装饰作用。在塑料中加入色料,还能改善塑件的耐候性,尤其是提高其抗紫外线能力。如用炭黑着色,能在一定程度上防止光老化。

着色剂包括无机颜料、有机颜料和染料 3 种。无机颜料(如钛白粉、铬黄、镉红、群青等)是不易溶解的固体有色物质,与被着色物以机械拼合方式结合,具有良好的耐光性、耐热性与化学稳定性,但色泽不太理想。染料(如分散红)以溶解方式扩散在塑料中,其染色力强,色泽鲜艳,但耐光性、耐热性与化学稳定性较差。有机颜料的特性介于二者之间。为使塑料具有特殊的光学性能,可加入珠光色料、荧光色料等。

5. 稳定剂

稳定剂是指能阻缓材料变质的物质,分为光稳定剂、热稳定剂、抗氧剂等。常用的稳定剂有水杨酸苯酯、三盐基性硫酸铅、硬脂酸钡等。

6. 润滑剂

为改善塑料熔体的流动性、减少塑料对设备和模具的摩擦,以及改进塑件表面质量而加入的一类添加剂称为润滑剂。常用的润滑剂有石蜡、硬脂酸等。

2.1.2 塑料分类

塑料的品种繁多,按加工性能不同可分为热塑性塑料和热固性塑料。

热塑性塑料是指合成树脂都是线型或支链型高聚物,在特定温度范围内能反复加热和冷却硬化的塑料。

热固性塑料的合成树脂加热前是线型结构,加热初期具有可熔性和可塑性,但加热到一定温度后,分子呈现网状结构并硬化定型,不再可熔和可塑。

常用的热塑性塑料和热固性塑料见表 2-1。

表 2-1 常用塑料名称及代号

类 别	汉 语 名 称	英文代号
热塑性塑料	聚乙烯	PE
	聚丙烯	PP
	聚苯乙烯	PS
	聚氯乙烯	PVC
	聚甲基丙烯酸甲酯(有机玻璃)	PMMA
	丙烯腈-丁二烯-苯乙烯共聚物	ABS
	丙烯腈-苯乙烯共聚物	AS
	聚对苯二甲酸乙二(醇)酯	PET
	聚对苯二甲酸丁二(醇)酯	PBT
	聚酰胺(尼龙)	PA
	聚甲醛	POM
	聚碳酸酯	PC
	聚苯醚	PPO
	聚砜	PSU
热固性塑料	酚醛树脂	PF
	脲甲醛	UF
	三聚氰胺甲醛	MF
	环氧树脂	EP

2.2 塑料材料的使用性能

1. 聚乙烯(PE)

聚乙烯树脂为白色半透明粒料,手触似蜡。按密度不同可分为低密度、高密度、线形低密度聚乙烯等类别。

低密度聚乙烯(LDPE)的密度为 $0.910 \sim 0.925 \mathrm{g/cm^3}$,质轻,柔性、耐寒性、耐冲击性较好。广泛用于生产薄膜、管材等产品。

高密度聚乙烯(HDPE)的密度为 $0.941 \sim 0.965 \mathrm{g/cm^3}$,其机械强度、硬度等比低密度聚乙烯高。广泛用于生产各种瓶、罐、盆、桶、渔网、捆扎带及管材、异型材等产品。

线形低密度聚乙烯(LLDPE)是一种新型聚乙烯,密度为 $0.915\sim0.935g/cm^3$,其性能与低密度聚乙烯近似而又兼具高密度聚乙烯的特点。

聚乙烯普遍具有优异的电绝缘性能,且其介电性能与频率、温度及湿度无关,因此,常用作高频电绝缘材料,如通信、探测等设备中使用的高频电线电缆绝缘层。另外,聚乙烯能耐大多数无机酸、碱、盐的侵蚀,且使用温度不超过 100℃。

2. 聚丙烯(PP)

聚丙烯树脂为无色透明、有一定光泽的刚性粒料。PP 比水轻(密度为 $0.90\sim0.91g/cm^3$),其电绝缘性能和耐化学腐蚀性能与聚乙烯相同,但其机械强度、硬度较高(接近 PS 和硬 PVC)。PP 的使用温度较高,在 120℃下可长时间使用,具有优异的抗疲劳弯曲性能,常温下可经受 300 万次弯折。

聚丙烯树脂的最大缺点是耐老化性能差,所以聚丙烯塑料通常需添加抗氧剂和紫外线吸收剂。另外,在低温下,其耐冲击性能也较差。

聚丙烯塑料广泛用于生产食品容器、厨房用品、医疗器具、瓶盖、框体、洗衣机面板、高档玩具、具有铰链结构的盒体等产品。它的薄膜产品主要用作包装袋、捆扎带、编织带和绳索等。

3. 聚苯乙烯(PS)

通用型的聚苯乙烯树脂是无色透明的玻璃状粒料,其制品掉在地上或敲打时会发出清脆的响声。PS 易燃,离开火源后会继续燃烧,有浓烟。

聚苯乙烯的密度为 $1.04\sim1.09g/cm^3$,透明度达 88%～92%,仅次于有机玻璃(PMMA),且具有优异的着色性能。制品的尺寸稳定性非常好,最高连续使用温度为 60～80℃。它还具有一般塑料所具有的电绝缘性能和耐化学腐蚀性能。

聚苯乙烯的缺点是制品具有较大的脆性,易受冲击而开裂,制品表面受摩擦而易起刮痕。在聚苯乙烯树脂中加入橡胶成分可使其耐冲击性提高 5～10 倍,但会失去透明性。

聚苯乙烯塑料广泛用于生产家用器皿、玩具、生活和文教用品、家电、轻工仪表的壳体、灯具等产品。发泡型的聚苯乙烯塑料用于制作防震、隔声材料及电冰箱衬里等产品。

4. 聚氯乙烯(PVC)

聚氯乙烯树脂为白色粉末状,形同面粉,燃烧时发出刺激性气味,离火自动熄灭。由于其成型温度范围比较窄(170～190℃),因此,一般需要加入增塑、稳定剂等材料,根据增塑剂加入量的不同分为硬聚氯乙烯塑料和软聚氯乙烯塑料。

硬聚氯乙烯塑料(HPVC)是在聚氯乙烯树脂中加入少量增塑剂、稳定剂等材料后经造粒而成的。它具有高的机械强度和韧性,对水、酸、碱有极强的抵抗能力和稳定性,电气绝缘性能好。主要缺点是热稳定性和耐冲击力差,其最高使用温度不超过 80℃。这类塑料主要用于制造板、片、管、棒、各种型材等挤出成型产品,以及弯头、三通阀、泵、电线槽板等注塑产品。

软聚氯乙烯塑料一般含有较多增塑剂,柔软而富有弹性,耐光性、耐寒性好,耐化学腐蚀性能优异,但机械强度、电气绝缘性能、耐磨性等不及硬聚氯乙烯塑料,使用过程中容易出现增塑剂挥发、迁移、抽出等现象。这类塑料主要用于生产薄膜、人造革、电线电缆绝缘层、输液管及包扎带等产品。

5. 聚甲基丙烯酸甲酯(PMMA)

聚甲基丙烯酸甲酯树脂为无色透明颗粒,也可制成粉末状。它具有高度的透明洁净性和优异的透光性能,可代替无机玻璃,故俗称有机玻璃。该材料抗冲击、耐震性好,并具有良好的电绝缘性、着色性、耐候性和二次加工性。但它能溶于有机溶剂,可经受无机酸的腐蚀。

有机玻璃广泛用于制造汽车、摩托车的安全玻璃、仪表罩以及工艺美术品、文教用品、假牙等产品。

6. 丙烯腈-丁二烯-苯乙烯共聚物(ABS)

丙烯腈-丁二烯-苯乙烯共聚物树脂为微黄色或白色不透明颗粒料,无毒无味。丙烯腈使聚合物耐油、耐热、耐化学腐蚀;丁二烯使聚合物具有卓越的柔性、韧性;苯乙烯赋予聚合物良好的刚性和加工流动性。因此,ABS树脂具有突出的力学性能和良好的综合性能。ABS塑料的表面可以电镀,但它的使用温度不高,不超过80℃。

ABS塑料广泛用于制造汽车内饰件、电器外壳、手机、电话机壳、旋钮、仪表盘、容器等,也可用于生产板材、管材等产品。

7. 丙烯腈-苯乙烯共聚物(AS)

AS树脂是以聚苯乙烯为主要成分,与丙烯腈共聚而成的,透明而稍带黄色,通常使用的AS树脂呈现微蓝的透明色,透明度达90%。它是一种质硬而强度高的材料,其机械强度、耐热性、耐油性、耐化学腐蚀性能等优于通用型的聚苯乙烯树脂。

AS塑料广泛用于家电、汽车零件、照明器材、文教用品等产品,它还经常与ABS树脂掺和使用。

8. 聚酰胺(PA)

聚酰胺的国外商品名为尼龙,是淡黄色透明或半透明颗粒。尼龙是这一类塑料的总称,较常用的有尼龙6、尼龙66、尼龙1010等。尼龙具有优异的耐磨性和自润滑性能,它的耐磨性高于铜。它还具有很高的机械强度和韧性,耐弱碱和一般的有机溶剂,使用温度一般在$-40 \sim +100℃$之间。不足之处是它的吸水性较大,影响尺寸的稳定性。尼龙树脂中还经常加入玻璃纤维填料以提高抗冲击强度。

尼龙材料广泛用于仪表零件(线圈骨架、开关、接插件、垫圈、外壳)、机械零件(齿轮、轴承、凸轮、衬套)等产品。

9. 聚甲醛(POM)

聚甲醛树脂为白色粉末,经造粒后为白色或淡黄色半透明有光泽的硬粒。它具有优异的机械性能,特别是弹性模量高,回弹性很好,冲击强度和耐疲劳强度十分突出。其耐磨性和自润滑性能优异,仅次于尼龙。POM的电气绝缘性能、尺寸稳定性好,耐有机溶剂,但不耐强酸、碱和氧化剂。其热稳定性差,加热时易分解,易燃,在紫外线作用下易老化。

聚甲醛塑料广泛用于生产精密齿轮、轴承、凸轮、轴套等家电产品内部的传动部件及汽车零件、塑料拉链和薄壁制品等。

10. 聚碳酸酯(PC)

聚碳酸酯树脂为无色透明颗粒料,无毒无味。该树脂具有卓越的冲击强度、耐蠕变性;有较高的耐热性、耐寒性(使用温度范围为$-100 \sim +140℃$);透明度较好,可见光的透过率达90%以上;其拉伸强度、弯曲强度、刚性及电气绝缘性能也很突出。PC的不足之处是疲劳强度低,塑件内应力大,容易开裂,耐磨性较差。

聚碳酸酯塑料广泛用于制造齿轮、轴承等机械零件,接线板、骨架等电子仪器仪表零件以及纱管等纺织器材。

11. 聚苯醚(PPO)

聚苯醚树脂一般为白色或微黄色固体颗粒,具有较高的耐热性能和耐化学腐蚀性能;其高温蠕变性能在热塑性塑料中是最好的;在长时间负荷作用下,尺寸没有明显的变化;它的电绝缘性能也很好;长期使用温度范围为 $-127\sim+121℃$。其不足之处是疲劳强度低,塑件内应力大,容易开裂。

聚苯醚塑料适合制造耐高温、防火工程产品,广泛用于生产电子电器、机械、汽车工业部件等。

12. 聚砜(PSU)

聚砜树脂是白色细粉丝状晶体,造粒后为琥珀色的透明颗粒料,也有的为象牙色的不透明颗粒料。它的耐热性好,使用温度高,可在 150℃ 下长期使用,并有较好的抗低温性,在 $-100℃$ 下仍能保留 75% 的机械强度。它的耐蠕变性、电绝缘性、耐化学腐蚀性、尺寸稳定性、耐燃性均优。与 ABS 一样,聚砜塑件的表面也可电镀。其不足之处是耐疲劳强度差,塑件内应力大,容易开裂,不能用于制造受振动负荷的结构零件。

聚砜塑料主要用来制造对尺寸精度、热稳定性、刚性要求高的电子电信零件(如天线罩、齿轮、骨架等)和汽车部件,还可以代替金属和玻璃用于制造航天器、人造卫星、飞机等产品中的部件。

13. 聚对苯二甲酸酯类树脂

聚对苯二甲酸酯类树脂包括聚对苯二甲酸乙二(醇)酯(PET)和聚对苯二甲酸丁二(醇)酯(PBT)。

PET 塑料具有良好的耐热性、电绝缘性和耐化学腐蚀性。以前多作为纤维使用(即涤纶纤维),后又用于薄膜,其薄膜的韧性在热塑性塑料薄膜中最好,并具有优良的耐候性、透光性,使用温度达 120℃。目前广泛用于生产中空容器,被人们称为"聚酯瓶";还可用来制造胶卷筒、胶带等。

PBT 塑料具有与 PET 塑料相同的机械性能、化学性能、热性能。其长期使用温度达 150℃,且尺寸稳定性好,摩擦因数低,可减少对金属或其他零件的磨损。主要用于生产耐热电器产品的壳体。

14. 酚醛树脂(PF)

纯净的酚醛树脂(处于初级反应阶段)为黏稠的黄色半透明液体,或酷似松香的固体,单独的 PF 几乎没有使用价值,而以酚醛树脂为基础加入填料制成的各种酚醛塑料种类很多,应用也十分广泛。常用的主要有以下几种:

1) 酚醛压缩粉

酚醛压缩粉俗称电木粉,是在树脂中加入木粉得到的塑料。它成本低,电绝缘性能好,多用于制造普通的电绝缘零件,如电器开关、仪表外壳、旋钮等。

2) 纤维状酚醛塑料

它是在树脂中加入纤维状填料得到的塑料,具有较高的冲击强度。如玻璃纤维填充的酚醛塑料强度大,有优良的耐热性和耐化学腐蚀性,用于制造骨架、开关、凸轮等;石棉纤维填充的酚醛塑料有卓越的耐热性、耐化学腐蚀性和耐磨性,用于制造摩擦垫片、制动块等。

3) 层状酚醛塑料

它是在片状填料上浸渍酚醛树脂溶液制得的塑料。可以制造层压板、卷绕制品等,例如玻璃布层塑料可以用作地下输油管道的外保护层。

15. 氨基塑料

氨基树脂的主要品种有脲甲醛树脂(UF)和三聚氰胺甲醛树脂(MF)。以氨基树脂为基础添加填充剂、固化剂、润滑剂、着色剂等可制成各种氨基塑料。

1) 脲甲醛树脂(UF)

它俗称电玉粉,纯净的脲甲醛树脂无色透明,着色性能特别优异,制品形同玉石,表面硬度较高,耐电弧性较好,能耐弱酸和弱碱,但耐水性差。用于制造电子绝缘零件,如插座、开关、旋钮等,还可作为木材的黏结剂,制造胶合板。

2) 三聚氰胺甲醛树脂(MF)

它的压塑粉又称密胺塑料,无毒无味,塑件外观可与瓷器媲美,硬度、耐热性、耐水性均比脲甲醛塑料好,耐电弧性较好,耐酸、碱,但价格较贵。它目前是塑料餐具和桌面装饰层压塑料板的主要材料,也广泛用于制造电子绝缘零件。

16. 环氧树脂(EP)

环氧树脂品种多,产量大,其中应用比较广泛的是双酚 A 型环氧树脂,为黏稠液体或低熔点脆性固体。环氧树脂在硬化剂的作用下可交联形成网状结构而固化,不产生气泡,制品可低压成型。它最突出的优点是黏结能力很强,耐酸、碱和有机溶剂,与酚醛树脂相比具有更高的机械强度,耐热性也高。主要制品包括电气开关装置、仪表盘、印制电路板、耐压容器等,还广泛用于生产无线电元件的密封、绝缘、浇铸、防腐涂层和油漆涂料。

2.3 日常生活中塑料的应用

本节说明塑料容器上面循环三角形符号和数字的含义。

当我们购买饮料时,会发现每个塑料容器底部都会有一个循环三角形符号,其中标有数字,其具体含义如下:

1. "三角形" ♻

目前,我国以此三角形符号作为塑料回收标志。

2. 三角形内的数字

三角形内分别有 1~7 共 7 个不同的数字,它们代表不同的材料,表示该制品是用何种树脂制成的,如图 2-1 所示。

图 2-1 塑料回收标志

(1) "1"为 PET(聚酯):用于生产矿泉水瓶、碳酸饮料瓶。耐热至 70℃,只适合装暖饮或冻饮,装高温液体或加热则易变形,有对人体有害的物质溶出。1 号塑料品用了 10 个月后,可能释放出致癌物 DEHP,对睾丸具有毒性。因此,饮料瓶等用完了就丢掉,不要再用来作为水杯,或者用来作储物容器盛装其他物品。

(2)"2"为 HDPE(高密度聚乙烯):多用于盛装清洁用品、沐浴产品,可经仔细清洁后重复使用。但这些容器通常不易清洗,易残留原有的清洁用品,从而变成细菌的温床。

(3)"3"为 PVC(聚氯乙烯):这种材质在高温时容易产生有害物质,甚至在制造过程中也会有释放,有害物质随食物进入人体后,可能引发乳腺癌、新生儿先天缺陷等疾病。目前,这种材料的容器较少用于包装食品。

(4)"4"为 LDPE(低密度聚乙烯):用于制作保鲜膜、塑料膜等,耐热性不强。通常,合格的 PE 保鲜膜在温度超过 110℃时会出现热熔现象,产生一些人体无法分解的塑料成分。并且用保鲜膜包裹食物加热,食物中的油脂很容易将保鲜膜中的有害物质溶解。

(5)"5"为 PP(聚丙烯):用于制作微波炉餐盒。聚丙烯盒是唯一可以放进微波炉加热的塑料盒,可经仔细清洁后重复使用。需要特别注意的是,一些微波炉餐盒,盒体的确以 5 号 PP 制造,但盒盖却以 1 号 PE 制造,建议放入微波炉中时把盖子取下。

(6)"6"为 PS(聚苯乙烯):用于制作碗装泡面盒、快餐盒。它既耐热又抗寒,但不能放进微波炉中加热,以免因温度过高而释放出化学物质,并且不能用于盛装强酸性(如柳橙汁)、强碱性物质,因为它会分解出对人体有害的聚苯乙烯,容易致癌。

(7)"7"为 PC(聚碳酸酯):用于制作水壶、水杯、奶瓶,能耐 120°的高温。但因含有双酚 A 而备受争议,若有少量双酚 A 没有转化成 PC 的塑料结构,则可能会释出而进入食物或饮品中。

2.4　塑料成型工艺特性

塑料原料在加工成为产品的过程中会表现出一系列特性,这些特性与塑料的品种、成型方法和条件、模具结构等密切相关,掌握它们有利于合理地选择成型工艺条件和设计模具,达到控制产品质量的目的。

2.4.1　收缩性

塑件从模具中取出冷却至室温后尺寸发生缩小变化的特性称为收缩性。收缩有如下几种形式:

1) 线尺寸收缩

这主要是由塑料的热胀冷缩引起的。塑料原料在模具中从熔化状态冷却至固体,会发生收缩;制品从模具中取出时,由于树脂的热膨胀系数比制作模具的金属材料的热膨胀系数大,也会发生收缩。收缩的程度主要取决于塑料的品种和模具的温度。

2) 收缩方向性

塑料成型时,其分子会沿一定的方向流动和排列,使塑件出现各向异性,沿料流方向收缩大、强度高,与料流垂直的方向收缩小、强度低。其结果是使塑件发生翘曲、变形、裂纹,在挤塑和注塑成型中这种现象更为明显。收缩方向性与模具的结构密切相关。

3) 后收缩

在成型过程中,因受到各种成型因素的影响,塑件内存在残余应力,塑件脱模后,残余应力发生变化,使塑件发生再收缩。一般塑件脱模后要经过24h,其尺寸才基本稳定。

4) 后处理收缩

有时塑件按其性能和工艺要求,在成型后需进行热处理,热处理后塑件的尺寸也会发生收缩。

对高精度塑件必须考虑后收缩、后处理收缩给塑件尺寸及形状带来的误差。

衡量塑件收缩程度大小的参数称为收缩率。影响成型时收缩率波动的因素主要有以下几个方面:

(1) 塑料品种。热塑性塑料的收缩率一般大于热固性塑料,结晶型塑料的收缩率大于非结晶型塑料。

(2) 成型压力。对注塑成型而言,注塑压力对收缩率影响最明显,提高注塑压力可以使收缩率减小。

(3) 熔体温度。提高熔体温度,有利于向模腔内传递成型压力,将制品压实,减少收缩率;但温度提高会使熔体比体积增大,热胀冷缩明显,收缩率大。熔体温度对制品收缩率的影响是上述两种相反因素叠加的结果。

(4) 模具温度。一般来说,提高模具温度可以使制品收缩率增大。对结晶型塑料来说,模具温度升高可使制品有较长的冷却时间,使结晶度提高,收缩率增大更明显。

(5) 保压时间。延长保压时间,可以使制品收缩率减小。

(6) 模具浇口尺寸。浇口尺寸增大,有利于向模腔内传递成型压力,将制品压实,减小收缩率。

对于一个规定尺寸精度的制品,当塑料材料选定和模具设计完毕后,应在生产中对工艺参数进行正确调节和控制,减少收缩率的波动。

2.4.2　流动性

塑料在一定温度和压力下填充模具型腔的能力称为流动性。不同品种的塑料按其流动性通常分为3个或3个以上不同的等级,以供不同塑件及成型工艺选用。

按模具设计的要求可将常用的热塑性塑料的流动性分为3类。流动性好的有尼龙、聚乙烯、聚苯乙烯、聚丙烯等;流动性中等的有 ABS、AS、有机玻璃、聚甲醛、PET、PBT 等;流动性差的有硬聚氯乙烯、聚碳酸酯、聚苯醚、聚砜等。

影响流动性的因素主要有以下几个方面:

1) 塑料品种

塑料成型时的流动性好坏主要取决于树脂的性能。但各种助剂对流动性也有影响,增塑剂、润滑剂能增加流动性,填料的形状、大小对流动性也会有一定的影响。

2) 模具结构

模具浇注系统的结构和尺寸、冷却系统的布局以及模腔结构的复杂程度等直接影响塑料在模具中的流动性。

3) 成型工艺

对注塑成型而言,注塑压力对流动性影响较明显,提高注塑压力可以增加流动性,尤其对 PE、POM 塑料而言。料温高,流动性也增加,聚苯乙烯、聚丙烯、硬聚氯乙烯、聚碳酸酯、聚苯醚、聚砜、AS、ABS、酚醛树脂等塑料的流动性受温度的影响较大。

2.4.3　结晶性

塑料的结晶是指塑料由熔融状态到冷却固化的过程中,分子发生有规则排列的现象。一般说来,结晶型塑料是不透明或半透明的,非结晶型塑料是透明的。但也有例外的情况,如 ABS 是非结晶型塑料,但不透明。

结晶型塑料成型加工时应注意以下方面:

(1) 熔化时需要的热量多,设备的塑化能力要强。

(2) 冷却时放出的热量大,模具要加强冷却。

(3) 成型收缩大,容易出现方向性收缩,应注意选择浇口位置、数量和工艺条件。

2.4.4　吸湿性、热敏性

根据塑料与水分子亲疏程度的差别,塑料大致分为吸湿性和不吸湿性两种。吸湿性塑料有聚碳酸酯、聚苯醚、聚砜、有机玻璃、尼龙、ABS、酚醛塑料、氨基塑料等,不吸湿性塑料有聚乙烯、聚苯乙烯、聚丙烯、聚甲醛等。

塑料中的水分在高温下变成气泡存在于塑件中会使塑件变形、表面质量变差或机械强度下降,热固性塑料成型时还会严重阻碍化学反应的发生。因此,生产之前塑料原料一定要保持干燥。

有些塑料对热比较敏感,在料温高和受热时间长的情况下就会变色甚至发生分解,这种特性叫热敏性。如硬聚氯乙烯、聚甲醛等。热敏性塑料在成型时应严格控制料温和成型周期,也可加入热稳定剂。

2.4.5　应力开裂

有的塑料在成型时易产生内应力,塑件在外力或溶剂作用下会发生开裂现象。对塑料进行干燥,合理选择成型条件,正确设计塑件结构和模具结构,对塑件进行后处理等都有利于减少或消除内应力。常见塑料的成型工艺特性见表 2-2。

表 2-2　塑料的成型工艺特性

塑料名称	成型工艺特性
聚乙烯	(1) 流动性好,溢边值为 0.02mm,收缩大,容易发生歪、翘、斜等变形; (2) 需要的冷却时间长,成型效率不太高; (3) 模具温度对收缩率影响很大,缺乏稳定性; (4) 塑件上有浅侧凹,能强行脱模
聚丙烯	(1) 流动性好,溢边值为 0.03mm; (2) 容易发生翘曲变形,塑件应避免尖角、缺口; (3) 模具温度对收缩率影响大,冷却时间长; (4) 尺寸稳定性好
聚苯乙烯	(1) 流动性好,溢边值为 0.03mm; (2) 塑件易产生内应力,顶出力应均匀,塑件需要后处理; (3) 宜用高料温、高模温、低注塑压力成型

塑料名称	成型工艺特性
聚氯乙烯	(1) 热稳定性差,应严格控制塑料成型温度; (2) 流动性差,应减小模具流道的阻力; (3) 塑料对模具有腐蚀作用,模具型腔表面应进行处理(镀铬)
PMMA	(1) 流动性中等偏差,宜用高注塑压力成型; (2) 不要混入影响透明度的异物,防止树脂分解,要控制料温、模温; (3) 应减小模具流道的阻力,尽可能使塑件有大的脱模斜度
ABS	(1) 吸湿性强,原料要干燥; (2) 流动性中等,宜用高料温、高模温、高注塑压力成型,溢边值为 0.04mm; (3) 尺寸稳定性好; (4) 尽可能使塑件有大的脱模斜度
AS	(1) 流动性好,成型效率高; (2) 成型部位容易产生裂纹,模具应选择适当的脱模方式,塑件应避免侧凹结构; (3) 不易产生溢料
尼龙	(1) 吸湿性强,原料要干燥; (2) 流动性好,溢边值为 0.02mm; (3) 收缩大,要控制料温、模温,特别注意控制喷嘴温度; (4) 在型腔和主流道上易出现黏模现象
聚甲醛	(1) 热稳定性差,应严格控制塑料成型温度; (2) 流动性中等,流动性对压力敏感,溢边值为 0.04mm; (3) 模具要加热,要控制模温
聚碳酸酯	(1) 熔融温度高,需要高料温、高注塑压力成型; (2) 塑件易产生内应力,原料要干燥,顶出力应均匀,塑件需要后处理; (3) 流动性差,应减小模具流道的阻力,模具要加热
聚苯醚	(1) 流动性差,对温度敏感,冷却固化速度快,成型收缩小; (2) 宜用高速、高注塑压力成型; (3) 应减小模具流道的阻力,模具要加热,要控制模温
聚砜	(1) 流动性差,对温度敏感,凝固速度快,成型收缩小; (2) 成型温度高,宜用高注塑压力成型; (3) 应减小模具流道的阻力,模具要加热,要控制模温
酚醛塑料	(1) 适用于压塑成型,部分适用于传递成型,个别适用于注塑成型; (2) 原料应预热、排气; (3) 模温对流动性影响大,160℃时流动性迅速下降; (4) 硬化速度慢,硬化时放出热量较多
氨基塑料	(1) 适用于压塑成型、传递成型; (2) 原料应预热、排气; (3) 模温对流动性影响大,要严格控制温度; (4) 硬化速度快,装料、合模和加压速度要快
环氧树脂	(1) 适用于浇注成型、传递成型及封装电子元件; (2) 流动性好,收缩小; (3) 硬化速度快,装料、合模和加压速度要快; (4) 原料应预热,一般不需排气

2.5　塑料成型原理

　　塑料模塑成型的方法很多,主要包括注塑成型、压塑成型、挤出成型、吹塑成型等。下面介绍几种主要的模塑成型方法的原理。

2.5.1　注塑成型

　　注塑成型是目前塑料加工中普遍采用的方法之一,注塑成型制品约占塑料制品总量的20％～30％。该成型方法适用于全部热塑性塑料和部分热固性塑料。其成型周期短,花色品种多,制品尺寸稳定,产品易更新换代,生产可自动化、高速化,具有极高的经济效益。

　　注塑成型所用的设备为注塑成型机和注塑模具。注塑模具依其制品的形状而定,没有统一的标准。注塑成型机按其结构分为柱塞式和螺杆式两类,按其外形特征分为立式、卧式、角式、转盘式等多种。目前使用量最大的是往复螺杆式注塑成型机。

　　通用的往复螺杆式注塑机主要由注塑装置、合模装置、液压传动系统和电气控制系统组成,如图 2-2 所示。

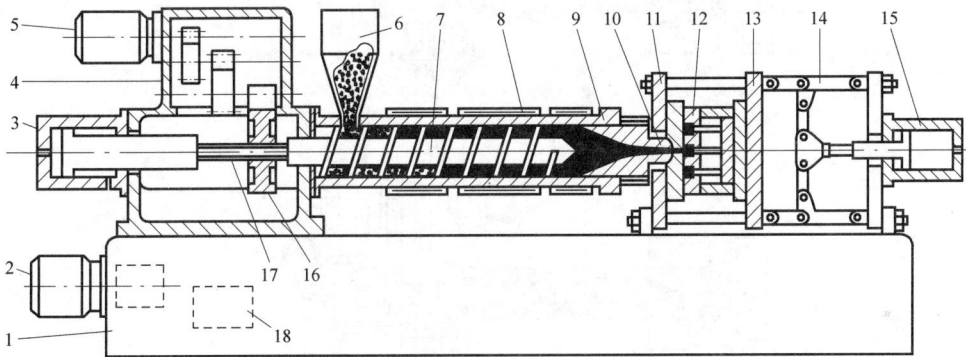

　　1—机座；2—电动机及油泵；3—注塑油缸；4—齿轮箱；5—齿轮传动电动机；6—料斗；
7—螺杆；8—加热器；9—料筒；10—喷嘴；11—定模板；12—模具；13—动模板；
14—锁模机构；15—锁模油缸；16—螺杆传动齿轮；17—螺杆花键槽；18—油箱。

图 2-2　往复螺杆式注塑机结构示意图

　　1. 注塑装置

　　注塑装置主要由塑化部件(由螺杆、料筒、喷嘴及其加热部件组成)以及料斗、计量装置、传动装置、注塑油缸等组成。其主要作用是将塑料原料均匀塑化,并以合适的压力和速度将一定量的塑料熔体注射到模具型腔中。

　　2. 合模装置

　　合模装置主要由固定模板、移动模板、拉杆、合模油缸、连杆机构、调模装置和制品顶出装置等组成。其主要作用是实现模具的开、合模及制品顶出。

　　3. 液压传动和电气控制系统

　　液压系统由各种液压元件和回路等组成。电气控制系统由单片机、电器和仪表等组成。液压传动系统和电气控制系统有机地结合,为注塑机提供动力和对其实施控制,保证注塑机按工艺要求(温度、压力、速度和时间等)和动作顺序准确有效地工作。

4. 注塑成型的工艺过程

先利用料斗将塑料原料加入注塑机料筒内,由于料筒外面有电热圈加热而使塑料熔融,在注塑机螺杆旋转推进的高压下熔融塑料受到剪切和挤压,进一步"塑化"成为具有良好流动性与可塑性的塑料熔体;然后在螺杆的推动下塑料熔体经喷嘴进入模具型腔,充满模腔后,于模腔中冷却、固化、定型;最后,打开模具,取出塑件。

注塑成型的工艺流程为:

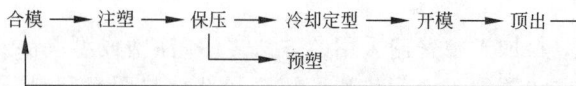

合模 ⟶ 注塑 ⟶ 保压 ⟶ 冷却定型 ⟶ 开模 ⟶ 顶出 ⟶
⟶ 预塑

从该工艺流程可以看出,注塑成型是一个循环过程,需要经过预塑、注塑、冷却定型 3 个阶段,如图 2-3 所示。

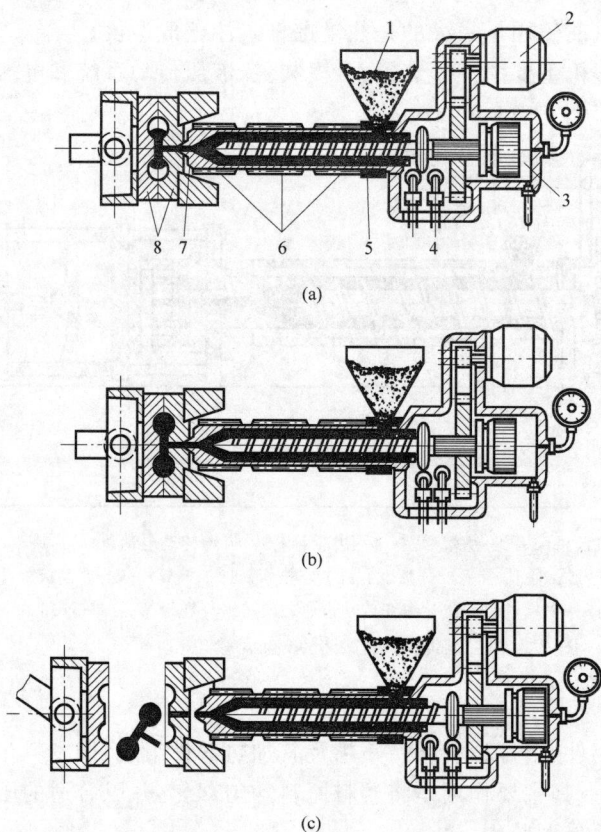

1—料斗;2—螺杆传动装置;3—注塑油缸;4—计量装置;5—螺杆;
6—加热装置;7—喷嘴;8—模具。

动画展示

图 2-3　注塑成型工作循环
(a)预塑阶段;(b)注塑阶段;(c)冷却定型阶段

1. 预塑阶段

在此阶段螺杆旋转,将后端料斗处送来的塑料向螺杆前端输送,塑料在高温和剪切力的作用下塑化均匀并逐步聚集在料筒的前部,当熔融塑料越积越多时,压力越来越大,最后克

服螺杆背压将螺杆逐步往后推。当料筒前部的塑料达到所需的注塑量时,螺杆停止转动和后退,预塑阶段结束。

2. 注塑阶段

螺杆在注塑油缸的压力作用下向前移动,将储存在料筒前部的塑料以多级速度和压力向前推压,经过流道和浇口注入已闭合的模具型腔中。

3. 冷却定型阶段

塑料在模具型腔中进行保压,防止塑料倒流直到模具浇口固化,最后冷却定型。

2.5.2　压塑成型

压塑成型是将粉状、颗粒状或纤维状物料放入成型温度下的模具型腔中,然后闭模加压,使其成型并固化的方法。它可用于热固性塑料和热塑性塑料成型,主要用于热固性塑料成型。

压塑成型的常用设备为液压机和压塑模具。图 2-4 所示为典型的液压机结构,由机身(包括上、下横梁及立柱等)、工作油缸、活动横梁、顶出机构、液压和电气控制系统等组成。工作油缸安装在上横梁上,活动横梁与工作油缸的活塞联结成整体,以立柱为导向上下运动;模具一般放置在下横梁表面,工作油缸内产生的动力通过模具转变为塑料成型所需的压力。

压塑成型的工艺过程为:将预热、预压的塑料原料定量地加入已预热的凹模内,然后合模,置于压机上加压加热;塑料在型腔内受热受压,熔融塑化后向型腔各部位充填,多余部分从分型面溢出成为飞边;经一定时间的化学反应,塑料充分固化定型,卸压开模后取出制品。图 2-5 所示为压塑模具结构示意图。

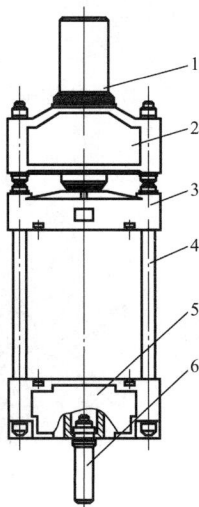

1—工作油缸;2—上横梁;3—活动横梁;
4—立柱;5—下横梁;6—顶出缸。

图 2-4　典型的液压机结构

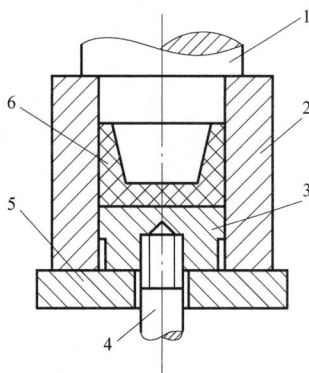

1—上凸模;2—凹模;3—下凸模;
4—顶杆;5—下压板;6—塑件。

图 2-5　压塑模具结构示意图

动画展示

2.5.3　吹塑成型

吹塑成型包括两大类,一类是吹塑薄膜,另一类是吹塑中空制品。用作吹塑薄膜的塑料有 PVC、PE、PP、PS、PA 等多种热塑性塑料,用作吹塑中空制品的塑料有 PE、PP、PVC、PC、PET、PBT 等。

1. 吹塑薄膜的工艺过程

如图 2-6 所示,由挤出机塑化好的物料经环状口模呈圆筒状被挤出,再在膜管中鼓入定量的压缩空气,使之横向吹胀,经过冷却的膜管被导入牵引辊叠成双折薄膜,以恒定的速度进入卷取装置而得到制品。

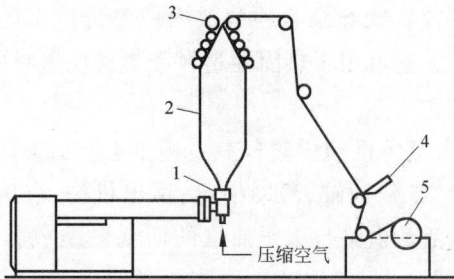

压缩空气

1—管坯挤出;2—吹气膨胀;3—冷却牵引;4—切断;5—辊圈。

图 2-6　吹塑薄膜的工艺过程

2. 中空制品的工艺过程

中空制品的工艺随方法不同而异,分为挤出吹塑和注射吹塑两种。

(1) 挤出吹塑是由挤出机挤出管状型坯,而后趁热将型坯放入打开的瓣合模内,夹紧并通入压缩空气进行吹胀以使其变为模腔形状,在保持一定时间、压力的情况下经冷却定型后,打开模具取出制品。其工艺过程如图 2-7 所示,图 2-7(a)为挤出管状型坯,放入打开的瓣合模内;图 2-7(b)为模具夹紧,并在下方通入压缩空气;图 2-7(c)为打开模具取出制品。

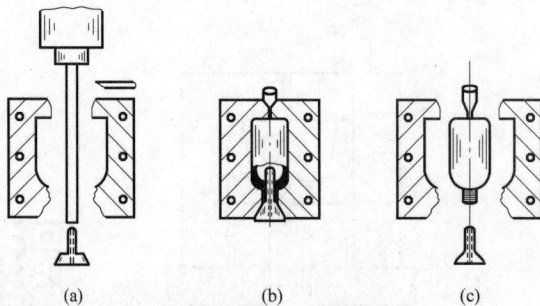

(a)　　　　　　(b)　　　　　　(c)

图 2-7　挤出吹塑的工艺过程　　　　　　动画展示

(2) 注射吹塑是利用注塑机将熔融物料注入注塑模内形成管坯,开模后管坯留在芯模上,而后趁热将型坯放入打开的瓣合模内并夹紧,从芯模原设通道引入压缩空气,使型坯吹胀,变为模腔形状,在保持一定时间、压力的情况下经冷却定型后,打开模具取出制品。其工艺过程如图 2-8 所示。

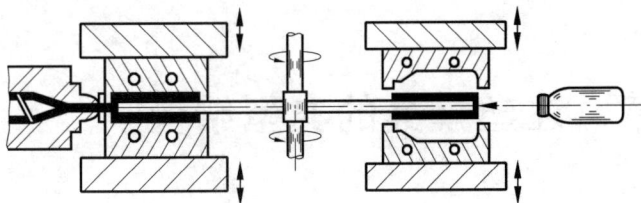

图 2-8　注射吹塑的工艺过程　　　　　　　　　动画展示

挤出吹塑适用于多种塑料,能生产大型容器,型坯温度较均匀,制品破裂少。注射吹塑的壁厚均匀,适于生产批量大的小型精致产品。

习　　题

2-1　简述塑料的组成及各成分的作用。

2-2　何谓热塑性塑料、热固性塑料? 分别列出 4 种塑料名称。

2-3　简述 PE、PP、POM、PA、UF、MF 等塑料材料的性能。

2-4　何谓收缩性? 影响收缩性的因素有哪些?

2-5　简述收缩的形式及收缩性波动的原因。

2-6　何谓流动性? 影响流动性的因素有哪些?

2-7　从收缩率、流动性等方面比较 PS、PC、ABS、AS 等塑料材料的性能。

2-8　下列产品分别选用什么材料?
　　　饭碗,电视机外壳,汽车挡风玻璃,仪表罩,下水道排水管,食品袋。

2-9　简述注塑成型原理。

2-10　注塑机主要由哪几部分组成?

2-11　完整的注塑工艺流程是怎样的?

第 3 章　注塑模具的典型结构

3.1　概述

俗话说："熟读唐诗三百首，不会作诗也会吟。"同样，读者只要多观察一些典型的模具结构，利用自己掌握的机械制图知识，即使没有学过模具设计知识，也能设计简单的模具。实际上，虽然世界上的塑料产品形状千变万化，但模具种类不过十余种。下面介绍一些常见的模具结构。

3.1.1　注塑模具分类

注塑模具的分类方法很多。其中，按其结构特征可以分为单分型面注塑模具、双分型面注塑模具、斜导柱侧向抽芯注塑模具、带活动镶件的注塑模具、齿轮齿条侧向抽芯注塑模具和热流道注塑模具等。

现在模具企业都采用计算机软件自动设计注塑模具，使用最广泛的软件是 UG NX，其中的注塑模向导模块将注塑模具根据其进浇口方式的不同分成两大类：①大水口模具，即我们过去所说的单分型面模具；②小水口（细水口）模具，即我们过去所说的双分型面模具。

3.1.2　注塑模具的结构组成

在介绍各种注塑模具结构之前，先对注塑模具结构作概括性的说明。

注塑模具分为动模和定模两大部分，定模部分安装在注塑机的固定座板上，动模部分安装在注塑机的移动座板上。注塑时，动、定模闭合，塑料经喷嘴进入模具型腔。开模时，动、定模分离，然后顶出机构动作，从而推出塑件。

根据模具上各个部件所起的作用，注塑模具可分为以下几个部分。

（1）成型部分。成型部分是由模具型腔组成的，包括模具的动、定模相关部件，通常由凸模（成型塑件内部形状）、凹模（成型塑件外部形状）、型芯、嵌件和镶块等组成。

（2）浇注系统。熔融塑料从注塑机喷嘴进入模具型腔所流经的模具内通道称为浇注系统，通常由主流道、分流道、浇口及冷料井等组成。

（3）导向机构。为了确保动、定模之间的正确导向与定位，通常在动、定模部分采用导柱、导套或在动、定模部分设置互相吻合的内外锥面导向。

（4）侧向抽芯机构。塑件上的侧向如有凹、凸形状的孔或凸台，就需要有侧向的凹、凸模或型芯来成型。在塑件被推出之前，必须先拔出侧向凸模或抽出侧向型芯，然后方能顺利脱出。使侧向凸模或侧向型芯移动的机构称为侧向抽芯机构。

（5）顶出机构。顶出机构是指模具分型以后将塑件顶出的装置（又称脱模机构）。通常，顶出机构由顶杆、复位杆、顶杆固定板、顶板和主流道拉料杆等组成。

（6）冷却和加热系统。为了使熔融塑料在模具型腔内尽快固化成型,提高生产效率,在一些塑料成型时必须对模具进行冷却。通常是在模具上开设冷却水道,当塑料充满型腔并经一定的保压时间后,水道通以循环冷水对模具进行冷却。

另外,一些塑料成型时对模具有一定的温度要求(要求对模具加热)。方法是在模具内部或四周安装加热组件。

大部分的热塑性塑料成型时需对模具进行冷却。

3.2　大水口（单分型面）注塑模具

大水口注塑模具也称单分型面注塑模具,或称二板式注塑模具,它是注塑模具中最简单的一种形式。这种模具只有一个分型面,其结构与工作状态如图 3-1 所示。该模具为一模四腔,即在一个模具中同时成型 4 个塑件。

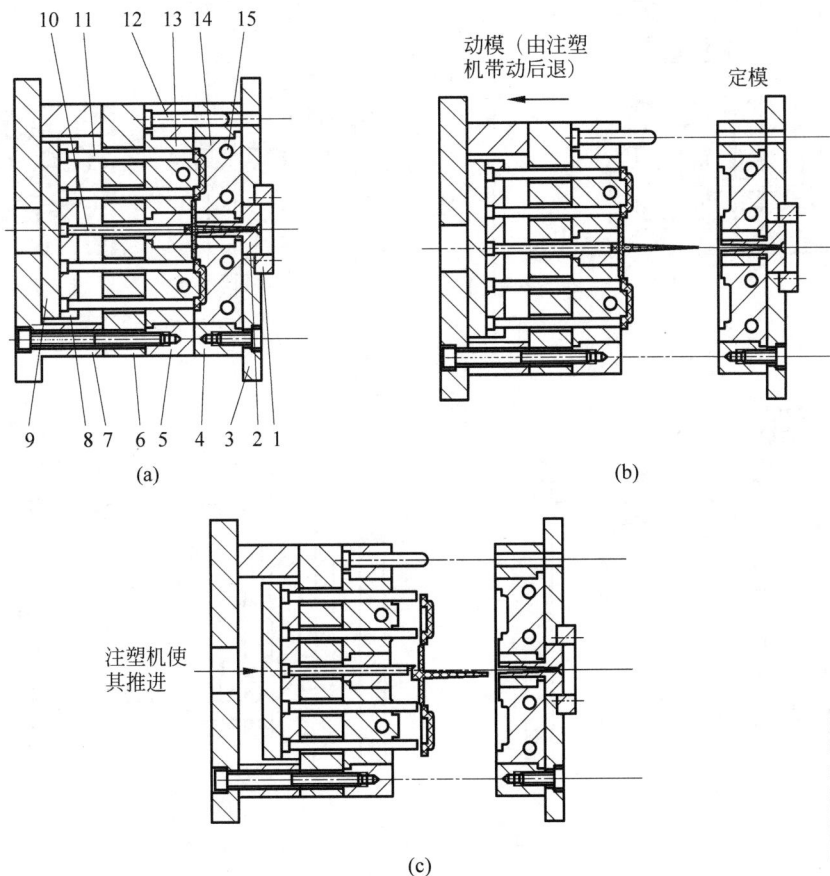

1—定位环；2—浇口套；3—定模座板；4—定模板；5—动模板；6—支承板；7—垫块；
8—推杆固定板；9—推板；10—拉料杆；11—顶杆；12—导柱；13—凸模；14—凹模；15—冷却水通道。

动画展示

图 3-1　大水口(单分型面)注塑模具

(a) 合模状态；(b) 开模状态；(c) 塑件被顶出状态

　　应当指出：顶杆的作用是顶出包在凸模上的塑件；回程杆的作用是使顶杆在闭模时回到原来位置；拉料杆的作用是在开模时,拉出主浇道的凝料。

3.3　小水口（双分型面）注塑模具

　　小水口注塑模具也称双分型面注塑模具,即具有两个分型面,如图 3-2 所示。$A—A$ 处为第一分型面,$B—B$ 处为第二分型面。第一次分型的目的是拉出浇道的凝料,第二次分型的目的是拉断进料口使浇道的凝料与塑件分离,从而顶出的塑件不需要再进行去除浇道凝料的处理。双分型面注塑模具常用于点浇口进料的单型腔或多型腔模具。点浇口直径通常为 1mm 左右。

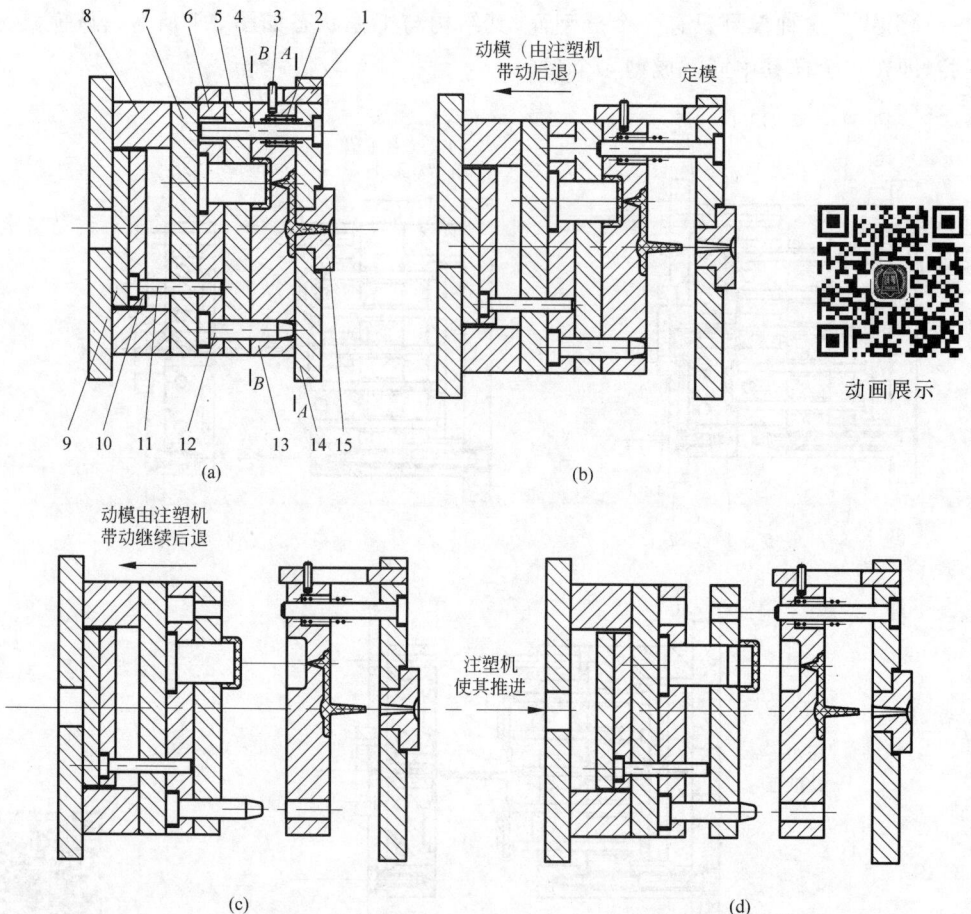

1—定距拉板；2—弹簧；3—限位钉；4—导柱；5—推件板；6—型芯固定板；7—支承板；8—垫块；
9—推板；10—顶杆固定板；11—顶杆；12—导柱；13—定模板；14—定模座板；15—浇口套。

图 3-2　定距拉板式小水口（双分型面）注塑模具

（a）合模状态；（b）第一次开模分型,拉出主浇道凝料；（c）第二次开模分型,拉断点浇口；（d）顶出塑件

　　双分型面的结构形式很多,除了上述的弹簧定距拉板式外,还有定距导柱式(图 3-3)、拉钩式(图 3-4)和定距拉杆式(图 3-5)等形式。

(a)　　　　　　　　　　　　　　　　(b)

(c)　　　　　　　　　　　　　　　　(d)

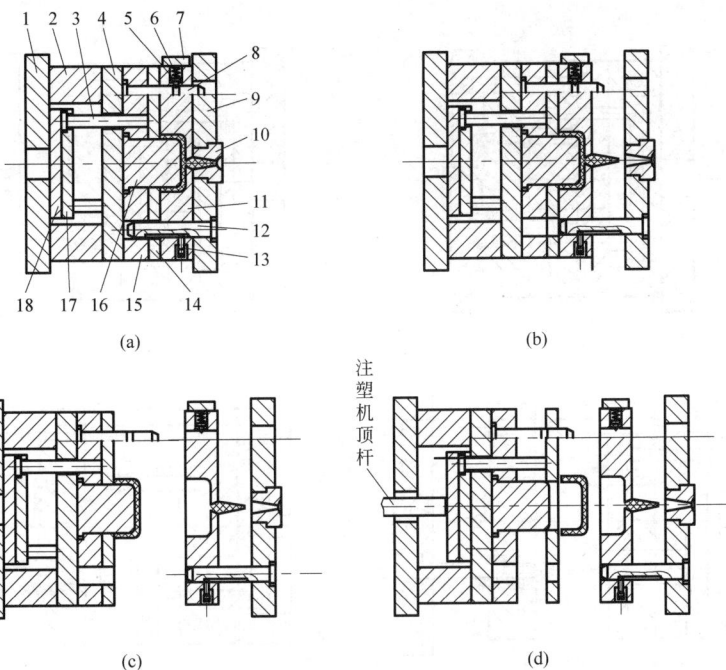

1—动模座板；2—支承块；3—顶杆；4—支承板；5—顶销；6—弹簧；7—压块；8—导柱；9—定模板；10—浇口；
11—中间板；12—导柱；13—定距钉；14—推件板；15—动模板；16—凸模；17—顶杆固定板；18—顶板。

图 3-3　定距导柱式双分型面注塑模具

（a）合模状态；（b）第一次开模分型，拉出主浇道凝料；（c）第二次开模分型，拉断点浇口；（d）顶出塑件

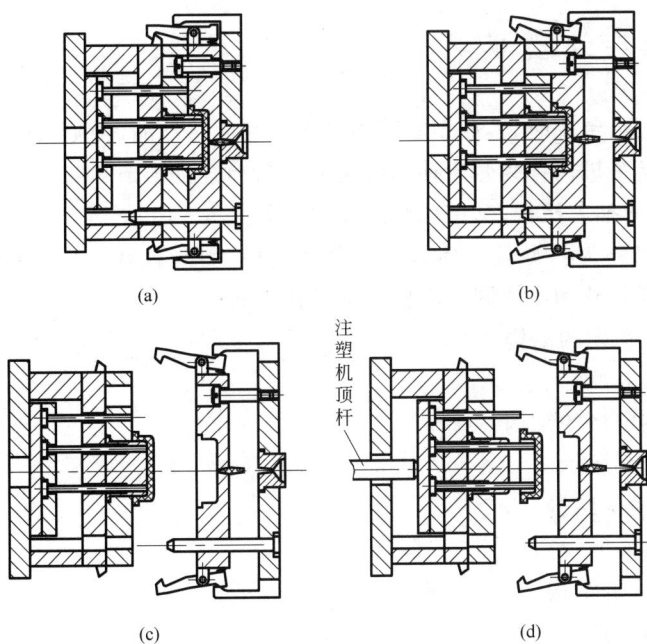

(a)　　　　　　　　　　　　　　　　(b)

(c)　　　　　　　　　　　　　　　　(d)

图 3-4　拉钩式双分型面注塑模具

（a）合模状态；（b）第一次分型；（c）第二次分型；（d）顶出塑件

动画展示

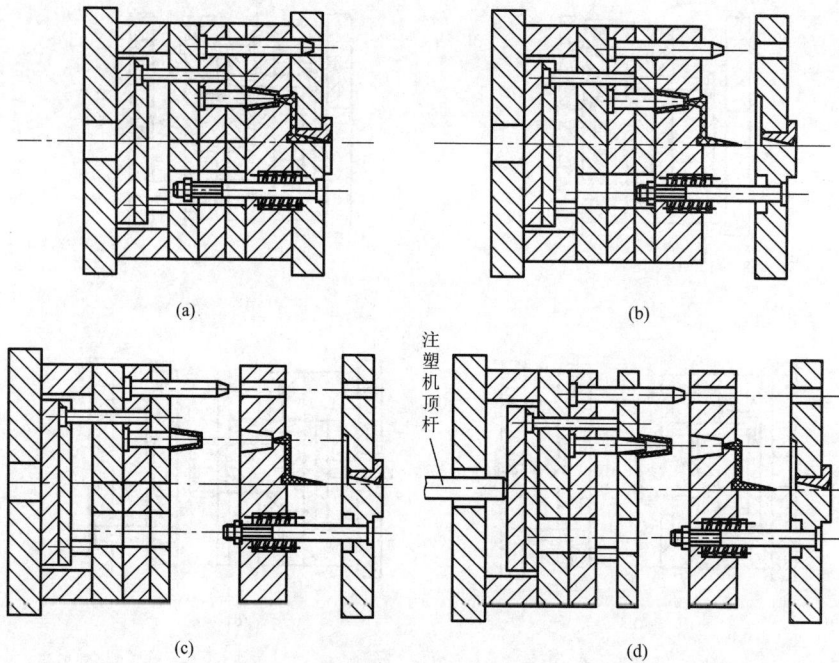

(a)　　　　　　　　　　　　　　　(b)

(c)　　　　　　　　　　　　　　　(d)

图 3-5　定距拉杆式双分型面注塑模具

（a）合模状态；（b）第一次分型,拉出主浇道凝料；
（c）第二次分型,拉断点浇口；（d）顶出机构的顶板顶出塑件

3.4　斜导柱侧向抽芯注塑模具

当塑件侧壁有通孔、凹穴、凸台等时,其成型零件须做成可侧向移动的,否则塑件无法脱模。带动型芯向侧向移动的整个机构称为侧向抽芯机构或横向抽芯机构。侧向抽芯机构种类很多,最常见的有斜导柱侧向抽芯机构,其结构与工作原理如图 3-6 所示。

斜导柱抽芯注塑模具可以分为斜导柱在定模、滑块在动模,斜导柱在动模、滑块在定模,斜导柱和滑块同在定模,斜导柱和滑块同在动模 4 种结构形式。

1. 斜导柱在定模、滑块在动模的结构

其结构与工作原理如图 3-6 所示。

2. 斜导柱在动模、滑块在定模的结构

其结构与工作原理如图 3-7 所示。

3. 斜导柱和滑块同在定模的结构

其结构与工作原理如图 3-8 所示。

4. 斜导柱和滑块同在动模的结构

其结构与工作原理如图 3-9 所示。

5. 斜导柱的内抽芯结构

其结构与工作原理如图 3-10 所示。

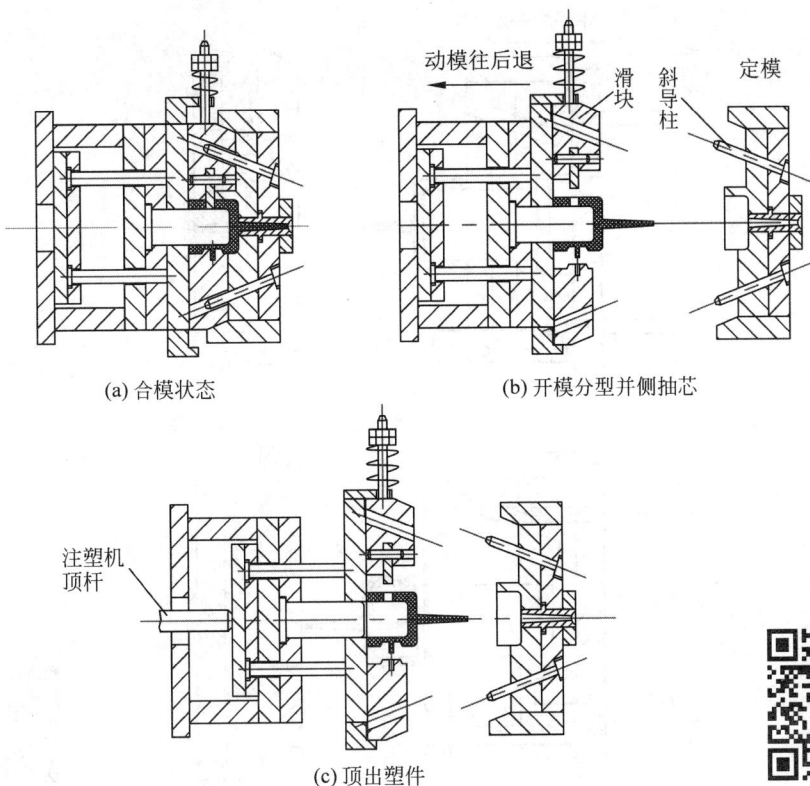

(a) 合模状态　　　　　　　　　　　　　　(b) 开模分型并侧抽芯

(c) 顶出塑件

图 3-6　斜导柱侧向分型抽芯机构（斜导柱在定模、滑块在动模）
(a) 合模状态；(b) 开模分型并侧抽芯；(c) 顶出塑件

动画展示

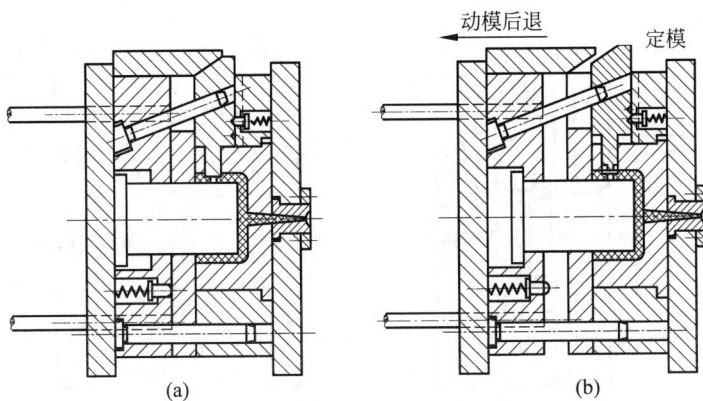

(a)　　　　　　　　　　　　　　　　　　(b)

图 3-7　斜导柱在动模、滑块在定模的结构

(a) 合模状态；(b) 第一次分型完成侧抽芯动作；(c) 动模在注塑机的带动下
继续开模，拉出主浇道凝料；(d) 注塑机推出机构推动模具的顶杆，从而推动
模具的顶板将塑件推出

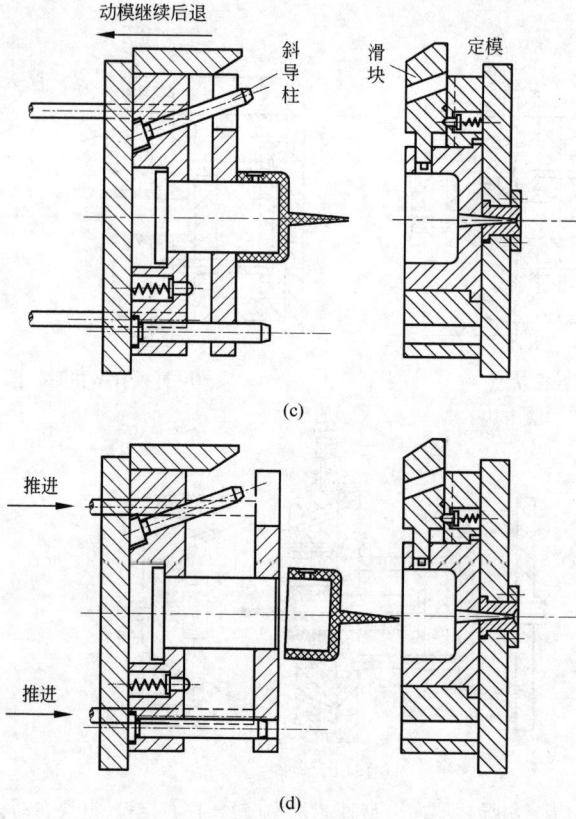

(c)

(d)

图 3-7 （续）　　　　　　　　　　　　　动画展示

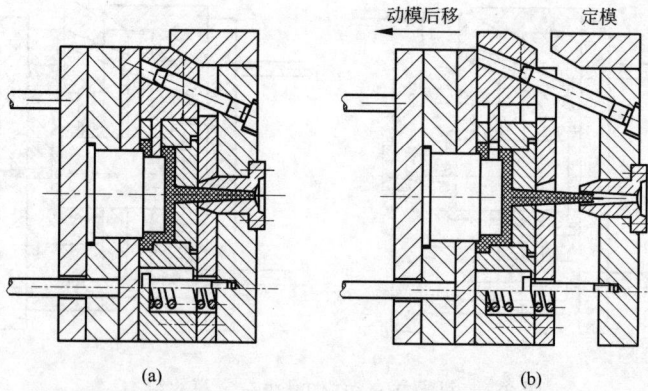

(a)　　　　　　　　　　　　　　　(b)

图 3-8　斜导柱和滑块同在定模的结构

(a) 合模状态；(b) 第一次开模，完成侧抽芯及拉出主浇道的凝料；(c) 继续开模，动、定模分开，塑件随着凸模脱离凹模；(d) 注塑机顶杆推动模具顶出机构，从而顶出塑件

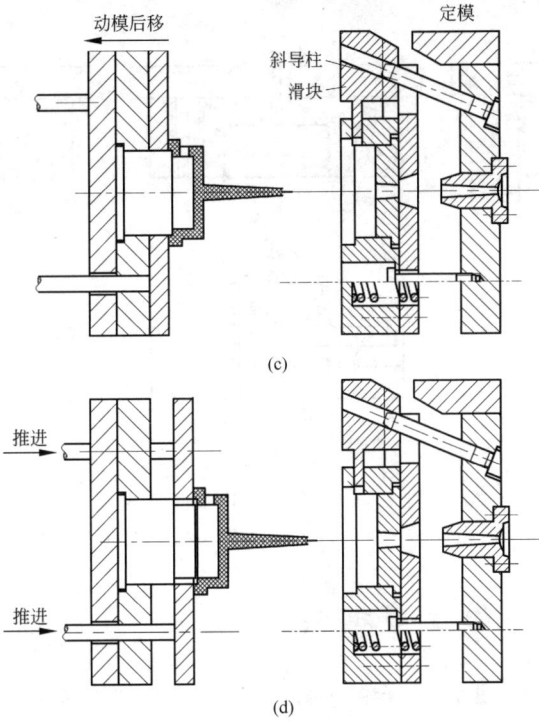

动模后移　　　　　　　　　　定模
斜导柱
滑块

(c)

推进

推进

(d)

图 3-8　（续）

动模后退　　　　定模

(a)　　　　　　　　　　　(b)

注塑机顶杆推进

(c)

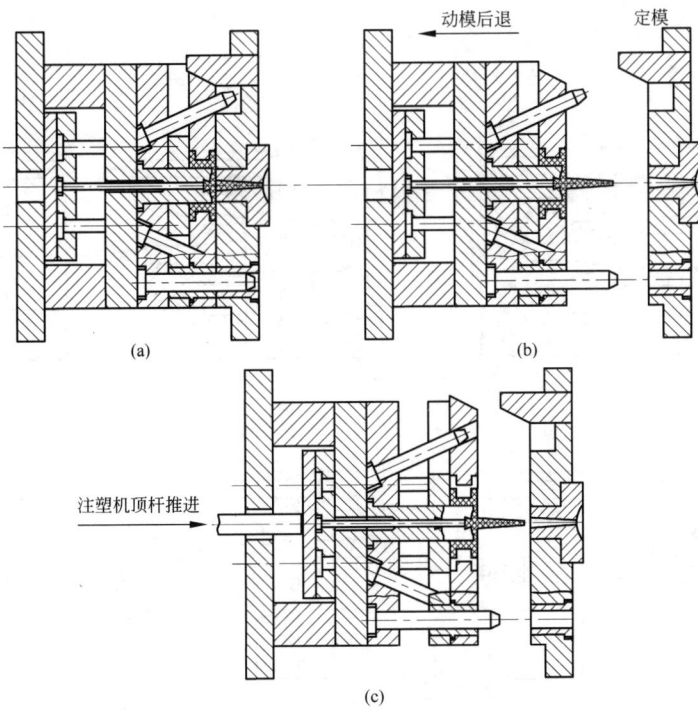

图 3-9　斜导柱和滑块同在动模的结构

（a）合模状态；（b）开模拉出主浇道凝料；（c）顶出并侧抽芯

动画展示

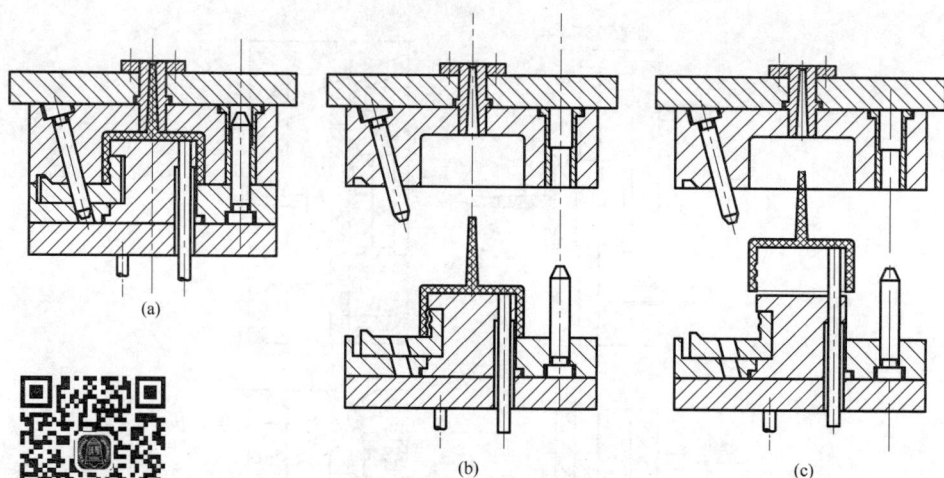

图 3-10　斜导柱的内抽芯结构
（a）合模状态；（b）开模分型并完成侧抽芯；（c）顶出塑件

动画展示

3.5　带活动镶件的注塑模具

对一些具有侧向通孔、凹穴、凸台的塑件，为了使模具结构简单，有时不采用侧向抽芯机构，而是在型腔的局部设置活动镶件。开模时，这些活动镶件与塑件一起脱出模具外，然后通过手动或专门的工具使其与塑件分离，在下一次合模注塑之前，再重新将其放入模内。其结构与工作原理如图 3-11 所示。

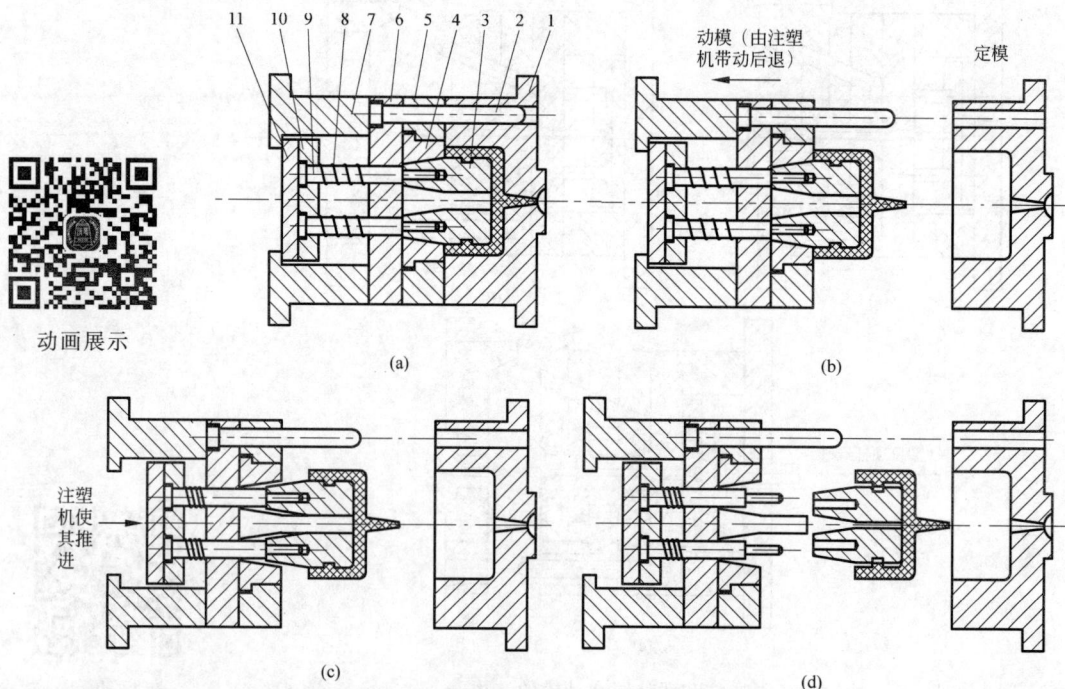

动画展示

1—定模板；2—导柱；3—活动镶件；4—型芯；5—动模板；6—垫板；7—模脚；8—弹簧；9—顶杆；10—顶杆固定板；11—顶板。
图 3-11　带活动镶件的注塑模具结构与工作原理
（a）合模注塑状态；（b）开模状态；（c）顶出状态；（d）手动取出

3.6　齿轮齿条侧向抽芯注塑模具

斜导柱侧向抽芯机构仅适用于抽芯距较短的塑件。当塑件上侧向抽芯抽距大于 80mm 时,往往采用齿轮齿条抽芯或液压抽芯等。图 3-12 所示为齿轮齿条侧向抽芯注塑模具的结构及工作原理。

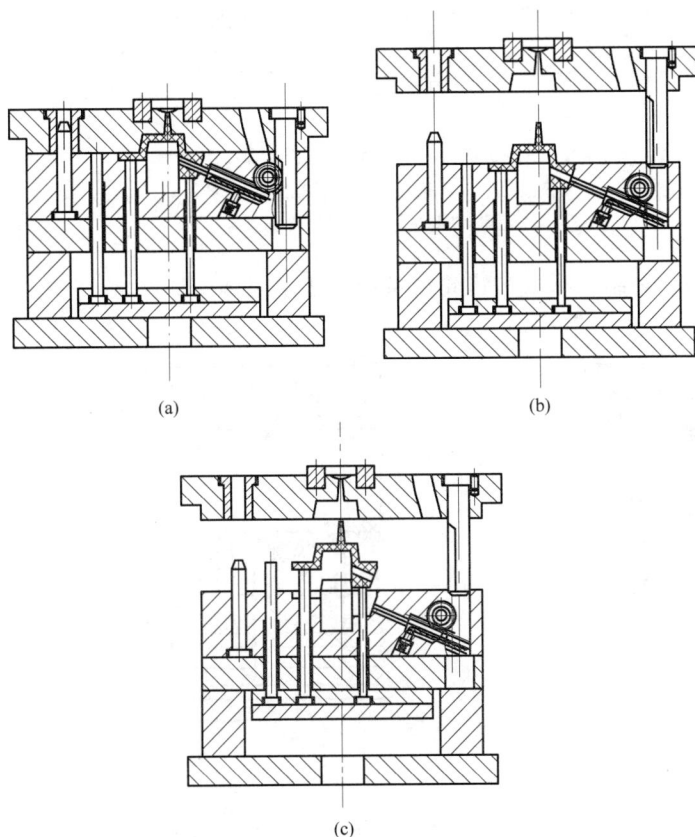

(a)　　　　　　　　　(b)

(c)

图 3-12　齿轮齿条侧向抽芯、传动齿条固定在定模一侧的结构
(a) 合模状态;(b) 第一次开模,传动齿条通过齿轮带齿条型芯完成侧
抽芯动作;(c) 顶出塑件

动画展示

应当指出:齿条型芯抽芯后,为使齿轮停留在与传动齿条最后脱离的位置,保证在合模时传动齿条与齿轮正确啮合,必须采用齿轮定位机构,如图 3-13 所示。

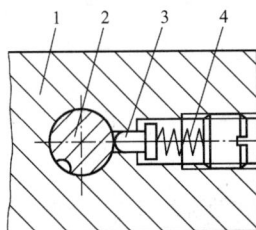

1—动模板;2—齿轮轴;3—顶销;4—弹簧。
图 3-13　齿轮定位机构示意图

　　另外,合模时,为防止齿条型芯在成型压力作用下后退,一般均要设置锁紧楔将齿轮或齿条型芯压紧,如图 3-14 所示。

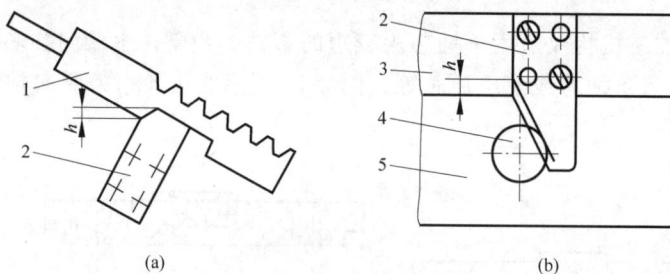

1—齿条型芯;2—楔紧块;3—定模板;4—齿轮轴;5—动模板。

图 3-14　齿条型芯的锁紧形式

(a) 楔紧块压紧齿条型芯;(b) 楔紧块压紧齿轮轴

图 3-15 所示为另一种结构形式的齿轮齿条抽芯注塑模具。

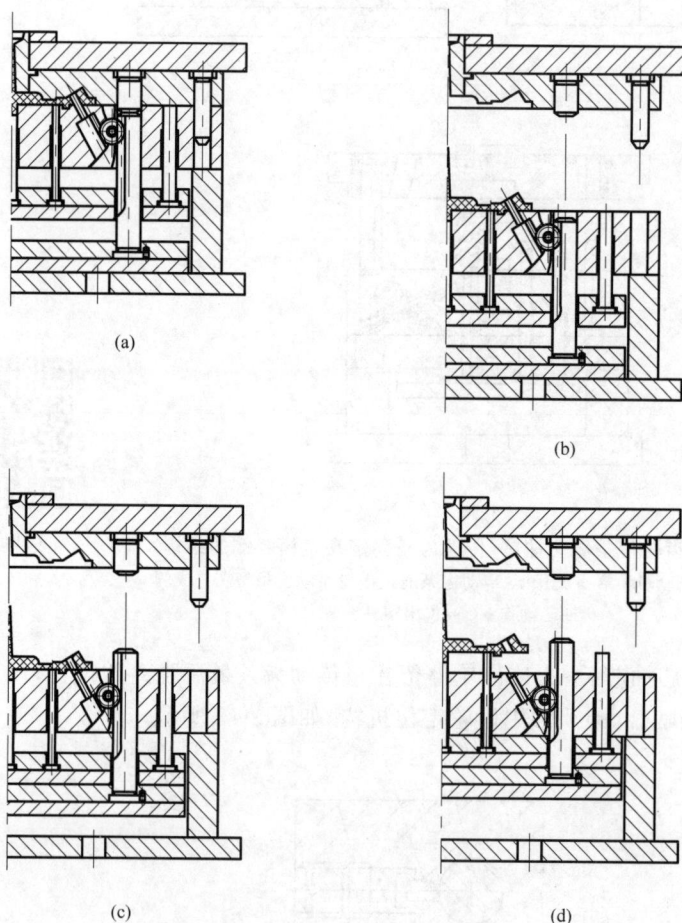

动画展示

图 3-15　齿轮齿条抽芯、传动齿条固定在动模一侧的结构

(a) 合模状态;(b) 开模将塑件拉出凹模;(c) 推出机构动作完成齿条侧抽芯;
(d) 推出机构进一步推进,从而顶出塑件

3.7 热流道注塑模具

由于快速自动化注塑成型工艺的发展,热流道注塑模具正逐渐推广使用。它与一般注塑模具的区别是注塑成型过程中浇注系统内的塑料是不会凝固的,也不会随塑件脱模,所以这种模具又称无流道模具。这种模具的主要优点如下:

(1) 基本上实现了无废料加工,既节约原材料,又省去了切除冷料工序;

(2) 减少进料系统压力损失,充分利用注塑压力,有利于保证塑件质量。

热流道注塑模具通常分为绝热流道注塑模具和加热流道注塑模具两种。

3.7.1 绝热流道注塑模具

所谓绝热流道是将流道截面尺寸设计得较大,让靠近流道表壁的塑料熔体因温度较低而迅速冷凝成一个固化层,这一固化层对流道中部的熔融塑料产生绝热作用。

1. 井式喷嘴绝热流道注塑模

这是最简单的绝热式流道,适用于单型腔注塑模。它是在注塑机喷嘴和模具入口之间装设主流道杯。杯外侧采用空气隔热,杯内物料容积应为塑件体积的 $1/3 \sim 1/2$,主要结构尺寸如图 3-16 所示。此种形式主要适合于成型周期较短的塑件(每分钟注塑次数不少于3次)。

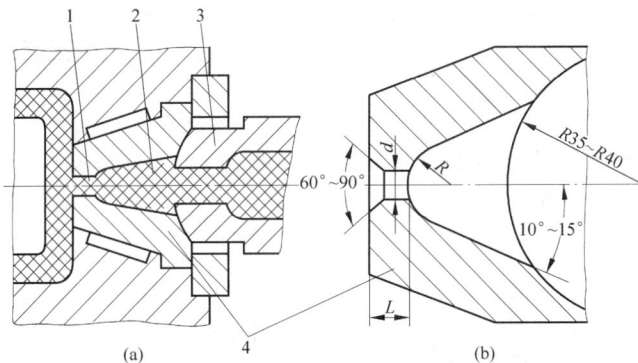

1—点浇口;2—贮料井;3—井式喷嘴;4—主流道杯。

图 3-16 井式喷嘴结构之一

为了避免流道中物料凝固,有的结构设计成在开模时或塑件基本固化后,使主流道杯连同喷嘴一起与定模稍微分离一点,如图 3-17 所示。

使喷嘴前端伸入主流道杯中一段距离的设计如图 3-18 所示。

使主流道杯中的凝固料随喷嘴一起拔出的结构设计如图 3-19 所示。

2. 多型腔绝热流道注塑模

如图 3-20 所示,这类流道的周围有一固化绝缘层,流道的截面尺寸都取得相当大并多用圆形截面,分流道直径取 $16 \sim 32\text{mm}$,最大可达 75mm。为了加工分流道,模具中一般增设一块分流道板,同时在其上面开凹槽,以减少分流道对模板的传热。

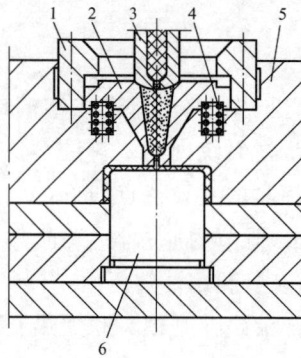

1—定位盘；2—主流道杯；3—喷嘴；
4—弹簧；5—定模；6—型芯。

图 3-17　井式喷嘴结构之二

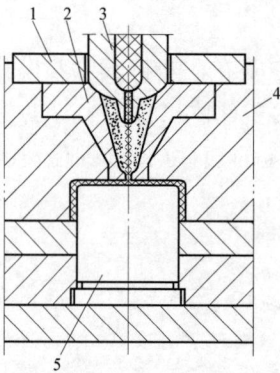

1—定位盘；2—主流道杯；3—喷嘴；4—定模；5—型芯。

图 3-18　井式喷嘴结构之三

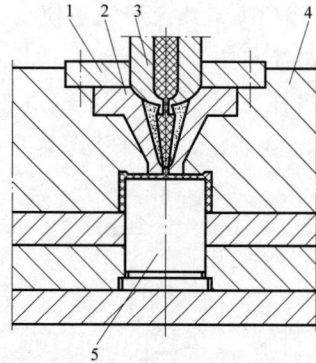

1—定位盘；2—主流道杯；3—喷嘴；4—定模；5—型芯。

图 3-19　井式喷嘴结构之四

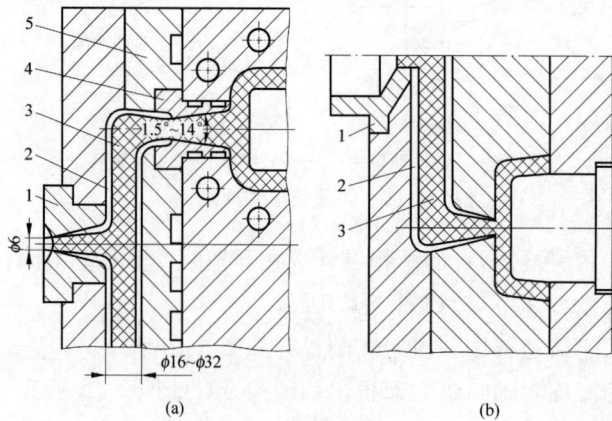

1—主浇口套；2—固化绝热层；3—分流道；4—二级喷嘴；5—分流道板。

图 3-20　多型腔绝热流道示意图

（a）直接浇口式；（b）点浇口式

3.7.2 加热流道注塑模具

加热流道是指在流道内或流道附近设置加热组件,利用加热的方法使注塑机喷嘴到浇口之间的浇注系统处于高温状态,从而使浇注系统内的塑料在生产过程中一直保持熔融状态。

现在将加热组件与流道体一起做成标准件,用户可到市场上购买,其具体结构如图 3-21 所示,这里只列出少数几种。这些热流道组件品种繁多,进行热流道模具设计时可通过向有关企业索取热流道组件资料进行选购。

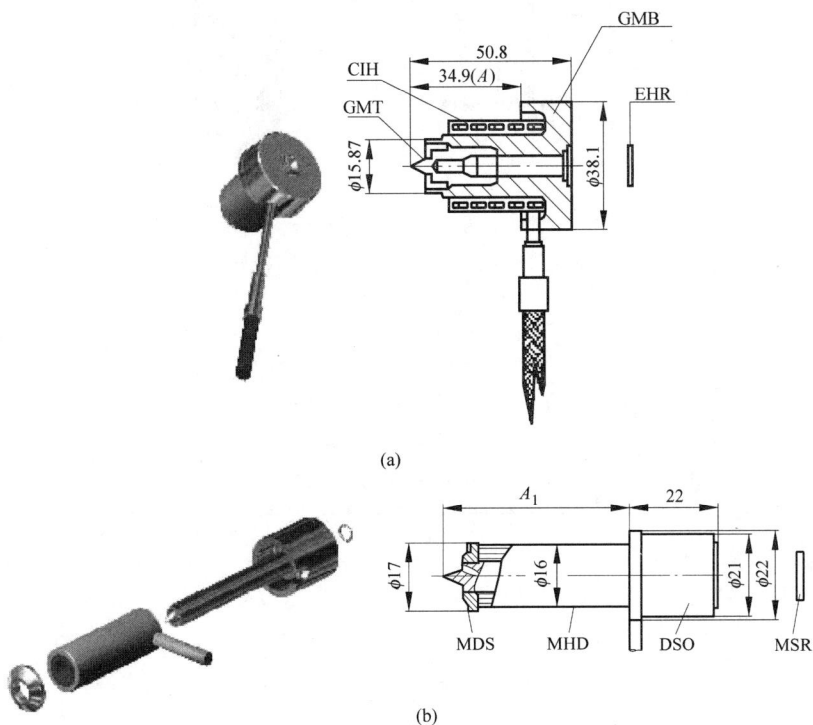

(a)

(b)

CIH—热电偶加热器;GMT—喷嘴头;GMB—喷嘴体;EHR—密封环;
MDS—法兰盘;MHD—热电偶加热器;DSO—平头体;MSR—密封环。

图 3-21 各种带有加热组件的喷嘴结构

加热流道组件在模具分流道板上的安装如图 3-22 所示。

多型腔热流道组件如图 3-23 所示。

加热流道注塑模具浇注系统结构如图 3-24 和图 3-25 所示。

以上结构的加热流道注塑模具在沿海企业使用相当广泛,如深圳的康佳集团精密模具厂、深圳爱义模具厂等企业的热流道注塑模具浇注系统都采用这种加热流道结构,加热组件及相应的结构都是在外购买的。

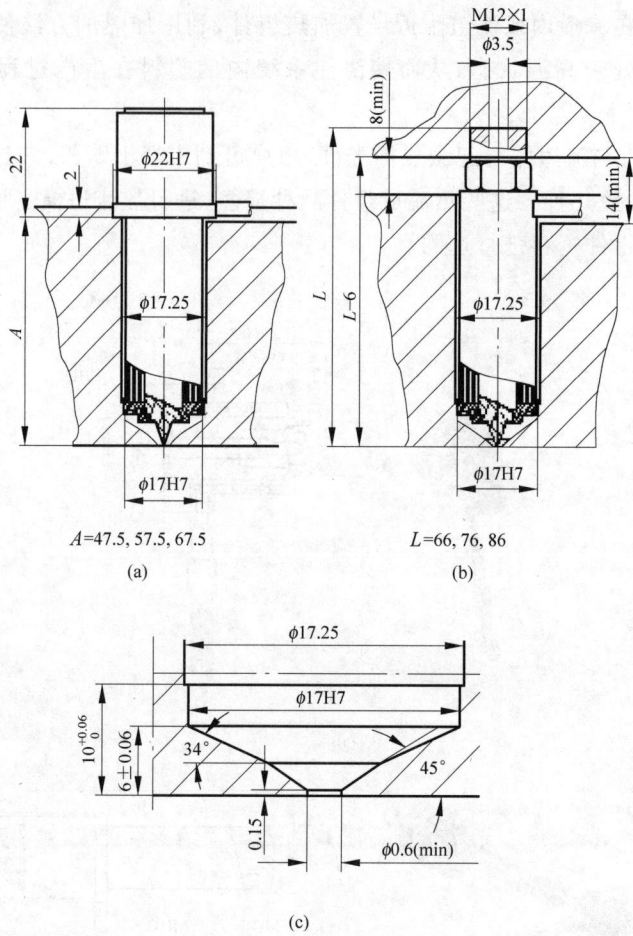

A=47.5, 57.5, 67.5

(a)

L=66, 76, 86

(b)

(c)

图 3-22　加热流道组件在模具分流道板上的安装

（a）平头喷嘴；（b）螺纹头喷嘴；（c）分流道口尺寸

图 3-23　多型腔热流道组件

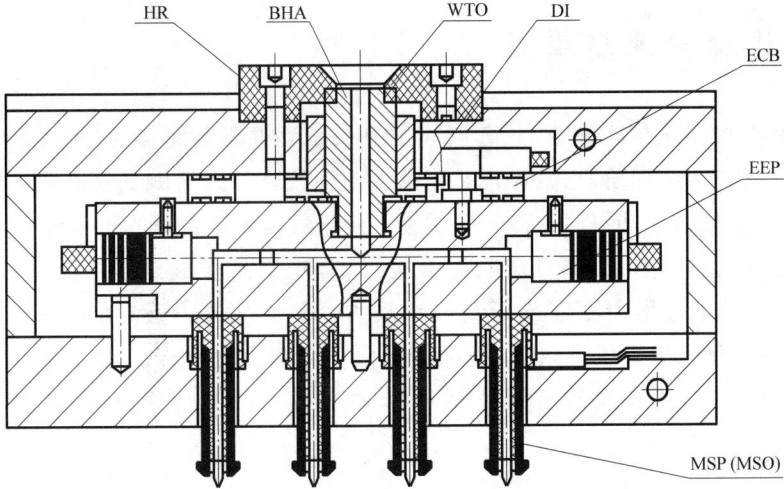

HR—喷嘴定位圈；BHA—加热体；WTO—绝缘环；DI—热电偶加热组件；

ECB—支承块；EEP—端盖；MSP(MSO)—平头针口式喷嘴。

图 3-24　多型腔加热流道注塑模具浇注系统结构

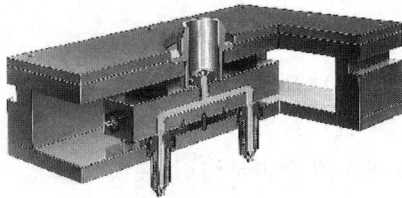

(a)

动画展示

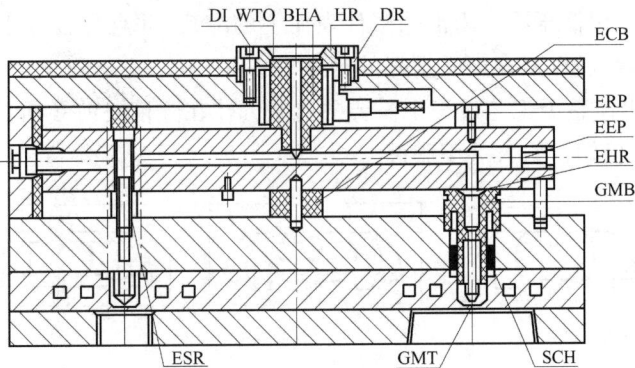

(b)

DI—热电偶加热组件；WTO—绝缘环；BHA—加热体；HR—喷嘴定位圈；DR—垫片；ECB—支承块；
ERP—垫块；EEP—端盖；EHR—密封环；GMB—喷嘴体；SCH—热电偶线圈加热组件；GMT—针式喷
嘴；ESR—间隔环。

图 3-25　双型腔加热流道注塑模具浇注系统结构

（a）模具浇注系统部分立体图；（b）模具浇注系统部分剖面图

3.8　气体辅助注塑模具

气体辅助注塑工艺是国外 20 世纪 80 年代研究成功并不断完善的,90 年代作为一项成功的注塑新工艺进入实用阶段,其原理是将高压惰性气体注入熔融的塑料中形成真空截面并推动熔料前进,实现注塑、保压、冷却等过程。由于气体具有很好的压力传递性,可使气道内部各处的压力保持一致,因而可消除内部应力,防止制品变形,同时可大幅降低模腔内的压力,因此在成型过程中不需要很高的锁模力。除此之外,气体辅助注塑还具有减轻制品质量、消除缩痕、提高生产效率、提高制品设计自由度等优点。近年来,在家电、汽车部件、大型家具、办公用品及建材用品等方面,气体辅助注塑得到越来越广泛的应用,前景看好。

3.8.1　气体辅助注塑成型工艺过程

气体辅助注塑成型工艺一般可以分为 4 个步骤,图 3-26 示出了前 3 个步骤:

(1) 树脂充模。模具型腔部分地被熔体填充,成型工艺参数尽量参照制造商建议的压力和温度。

(2) 气体充模。根据要求将氮气注入模具的熔体之中,气体在高温低压区域沿着阻力最小的方向迅速流动。气道通常设计在便于引导气体到低压区域的地方,从而实现用压力气体代替塑件中厚截面处的热熔融物料,即用该压力气体来完成塑料的填充。

(3) 气体保压。由于熔体和气体的共同作用,在模具填充之后,氮气留在塑件的气体流道内,气体有足够的压力使塑件压实,随后树脂冷却和收缩,气体压迫还未凝固的树脂到收缩造成的空隙中。用保压压力来消除塑件表面上的缩痕,并且保证在下一个成型周期模具有较好的表面质量,以成型表面质量好的塑件。

(4) 气体排出。整个工艺过程中需要的所有气体在开模之前必须排出。如果没有及时排出压力气体,会使塑件胀大甚至胀破。

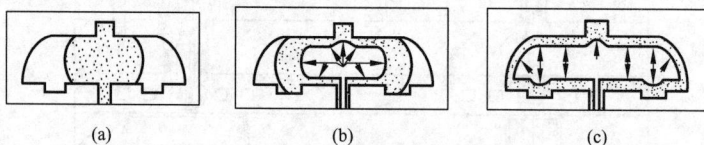

(a)　　　　　　　　　　(b)　　　　　　　　　　(c)

图 3-26　气体辅助注塑成型工艺过程

(a) 树脂充模阶段；(b) 气体充模阶段；(c) 气体保压阶段

3.8.2　两种常见的气体辅助注塑成型方法

常见的气体辅助注塑成型方法是短射法和满射法。

短射法(欠料注塑)又称为标准气体辅助注塑成型工艺。模具中只充入部分熔体,没有必要完全充满。在塑料注射后,立刻或稍后注入气体,依靠气体压力来使熔体完全充满型腔。为了保证气体不穿透熔体前锋,在注入气体之前应注入足量的塑料,见图 3-27(a)。

在满射法(满射注塑)中,模具被塑料全部充满,然后将气体注入。由于塑料已经充满型腔,所以只有当熔体体积收缩时气体才能够充入,见图 3-27(b)。

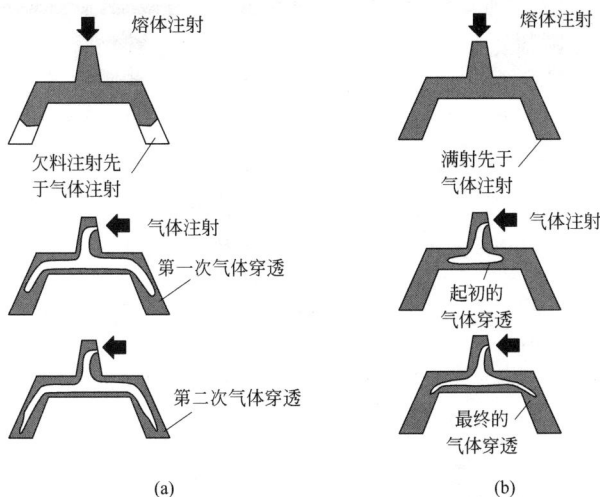

图 3-27　两种常见的气体辅助注塑成型方法

(a) 短射法；(b) 满射法

与满射法相比,短射法允许更多的气体渗入,这种设计必须对气体渗入进行精确控制。虽然满射法限制了气体渗入,但是它更利于控制气体渗入,尤其是为了用气体掏空隔离较厚的区域。满射法特别适合于收缩率较大的塑料,从而使得气体能够掏空塑件较厚的部分。否则,如果厚截面内有实体留下就需要较长的冷却时间,而且会弱化气体辅助注塑工艺的优势。

3.8.3　气体辅助注塑的方式

在气体辅助注塑模具中,气体进入模具主要有 3 种方式：通过喷嘴进入(图 3-28(a))、从流道内进入(图 3-28(b))或从制品内进入(图 3-28(c))。

在设计气体辅助注塑模具时,重要的一点是要知道究竟采用上述 3 种进气方式中的哪一种进行气体辅助注塑成型。如果采用从流道内和通过喷嘴进气的方式,为防止塑胶在注入之前就已经凝固,浇口尺寸要设计得足够大。这对于点浇口或潜伏式浇口来说非常关键,它们的尺寸通常都比普通注塑成型时的尺寸大一些。同样,边缘浇口或扇形浇口应设气体通道来提供一条明确的路径,以便使气体进入模腔内部。

从流道内或从制品中进气等其他气体辅助注塑系统,气体喷嘴位置的选择是个比较复杂的问题。因为气体喷嘴必须包含在模具里面,冷却通道、顶出机构和其他模具功能可能会因此而受到影响。另外,在选择气体喷嘴位置时需要注意的一点是,要保证在气体进入模具之前喷嘴是由物料包裹的,否则无法形成气道。在确定喷嘴位置时,必须清楚冷却路线、制品的设计以及充填方式。

当然,从另一个角度来看,气体辅助注塑模具与传统注塑模具无多大差别,只增加了进气零件(称为气针),并增加了气道的设计。所谓"气道"可简单理解为气体的通道,即气体进

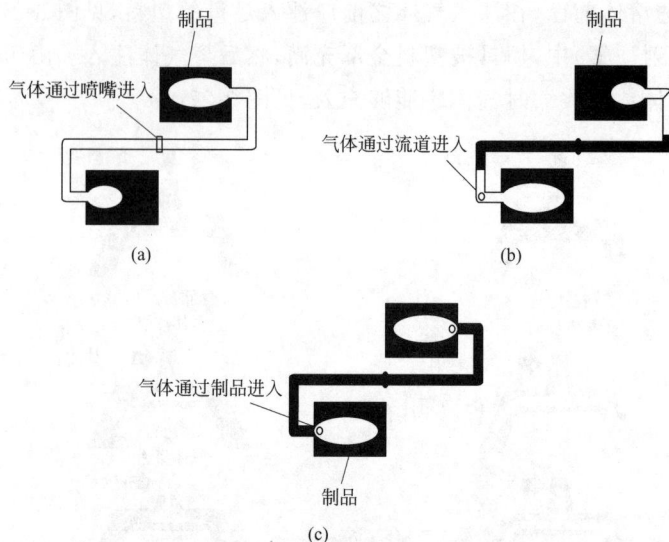

图 3-28　气体进入模具的 3 种方式

入后所流经的部分。有些气道是制品的一部分,有些是为引导气流而专门设计的胶位。气针是气体辅助注塑模具很关键的部件,它直接影响工艺的稳定和产品质量。气针的核心部分是由众多细小缝隙组成的圆柱体,缝隙大小直接影响出气量。缝隙大,则出气量也大,对注塑充模有利。但缝隙太大会被熔胶堵塞,出气量反而下降。

3.8.4　电视机前壳气体辅助注塑模具应用实例

应用：CRT 电视机前壳

材料：HIPS

工艺：短射法

大型电视机前壳的外观要求很高,如采用普通注塑工艺,筋条和柱位会出现收缩痕迹,外观容易出现流痕,产品刚度较差。采用气体辅助注塑技术可以改善产品的质量,提高产品的刚度,见图 3-29。

3.8.5　气体辅助注塑成型的特点

从技术角度讲,大多数热塑性材料都可以利用气体辅助注塑成型,其主要应用于管状或杆状制品、大型片状结构制品以及同时包含厚薄部分的复杂制品。与传统的注塑成型方法相比,气体辅助注塑成型有以下优点：

(1) 在气体辅助注塑成型中,当气体注入模腔后,气体取代了黏性聚合物流体的位置,推动它充满型腔的末端。由于气体基本是非黏性的,因此可以有效地将气体压力传递到前行中的气体-熔体界面,不产生显著的压降。所以气体辅助注塑成型中充模的压力较传统的压力小,合模力要求降低,可以使用小吨位的机台,同时可降低模腔内的压力,使模具的损耗减少,提高其工作寿命。

(2) 制品内的压力分布更加均匀,使得聚合物在充模后阶段冷却产生的残余应力减少,

(a)

(b)

图 3-29　气体辅助注塑制造的 29″ CRT 电视机前壳

翘曲变形降到最低。低的残余应力同样会提高制品的尺寸公差和稳定性,减少或消除制品飞边的出现,使制品有极好的表面粗糙度。

(3) 制品厚壁部分是中空的,从而可以减少塑料原料的消耗,一般可减少 $10\% \sim 20\%$。

(4) 由于厚壁部分成为中空的,减少了冷却时间,因此可缩短生产周期,提高生产效率。

(5) 沿筋板和凸起根部的气体通道扩大了制品的横截面,增加了制品特别是大型结构件的刚度,同时又不会引起缩痕现象发生。

(6) 使结构完整性和设计自由度大幅提高,设计人员可以在同一制品中根据产品的特性和要求设计出薄壁和厚壁部分。

气体辅助注塑成型也存在着自身的缺点:

(1) 需要增加设备投资,包括供气装置和充气设备等。同时对注塑机的精度和控制系统有一定的要求。

(2) 气体喷嘴的设计及位置选择也是潜在的问题。采用从制品内部和从流道内方式进行气体注塑时,喷嘴位置的选择是个很棘手的问题。如果气嘴设计不当,就会在气体注入和排气阶段出现问题,使生产效率降低,生产成本增加。

3.9　双色注塑模具

使用两种不同类型的塑料,且两种塑料在产品上能够明显区分的塑料制品称为双色制品,如图 3-30 所示。安装在具有两套注塑装置的同一台注塑机(即双色注塑机)上,按照先后顺序注入两种塑料并制作双色制品的模具称为双色模具。

3.9.1　双色注塑成型机

双色注塑成型机通常有两种类型：注塑螺杆平行式注塑机和注塑螺杆垂直式注塑机。

1. 注塑螺杆平行式注塑机

这种类型注塑机的注塑螺杆平行布置，如图 3-31 所示，可以独立或同时动作，有两套独立作用的顶出机构，如图 3-32 所示。

图 3-30　双色制品

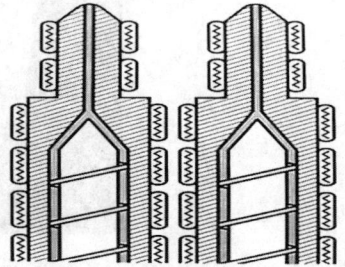

图 3-31　双色平行螺杆分布

2. 注塑螺杆垂直式注塑机

这种类型注塑机的注塑螺杆在一个平面内垂直布置，如图 3-33 所示，也可以独立或同时动作，但只有一套顶出机构。

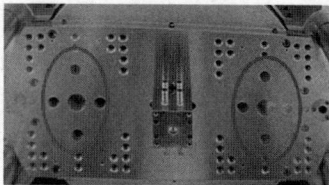

图 3-32　双色注塑机顶出机构

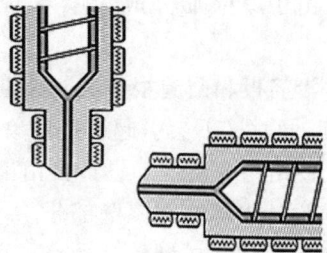

图 3-33　双色垂直螺杆分布

3.9.2　双色模具的种类

双色模具按结构分类可分为型芯旋转式、型芯后退式和推板旋转式 3 种。其中型芯旋转式又可分成分体式和连体式两种类型，所谓分体式是用装在一台注塑机上的两副模具来完成双色产品的注塑成型，连体式是在一副模具中完成双色产品的注塑成型。其中型芯旋转分体式应用较为广泛。

3.9.3　型芯旋转分体式双色模具

1. 模具结构特点

（1）具有两套相同的动模。

（2）有两套分别用于第一次成型和第二次成型的定模。定模的型腔有所不同，其余结构尽量要求做到完全相同。

（3）用来制作模具的两套模架要保证：分中尺寸完全一致，导柱孔位置完全一致。两套模架的总高必须相等，动模部分、定模部分的高度也要相等。一句话就是，要求两套模架的定、动模能够完全互换。

2. 材料要求

双色注塑成型塑料制品要选用热稳定性好、熔体黏度低的原料，以避免因熔料温度高，在流道内停留时间较长而分解。应用较多的塑料是聚烯烃类树脂、聚苯乙烯和 ABS 料等。通常选用不同颜色的同一种塑料，这样嵌件和包封塑料的结合强度好。若要选不同种类塑料，则应在嵌件上增设凹槽以增加结合强度。一次料硬塑料可以用 ABS、PC、PP、PBT 或 POM，二次料硬塑料可以用 PA 或 ABS，软塑料用 TPR、TPU、TPV 或 TPE。

3. 设计注意事项

（1）两个型腔的形状是不同的，分别成型一种产品。而两个型芯的形状完全一样，一射的产品作为二射的嵌件。

（2）模具安装后，其定、动模部分绕中心旋转 180° 后必须吻合。

（3）在设计第二次注塑的型腔时，为了避免型腔插（或擦）伤第一次已经成型好的产品，可以设计一部分避空。但是必须慎重考虑每一处密封的强度，即在注塑中，是否会有在大的注塑压力下塑料发生溢出，导致第二次注塑有飞边产生的可能。

（4）注塑时，第一次注塑成型的产品尺寸可以略大，以便在第二次成型时它能与另一个型腔压得更紧，起到防止产生飞边的作用。

（5）两型腔和型芯的水道布置尽量充分，并且均衡、一致。

（6）一般是先注塑产品的硬塑料部分，再注塑产品的软塑料部分。因为软塑料易变形。

（7）双色塑料制品在注射成型时，为了使两种不同颜色的熔料在成型时能很好地在模具中熔接、保证注塑制品的成型质量，应采用较高的熔料温度、较高的模具温度、较高的注射压力和注射速率。

4. 模具工作方法

通常，双色成型是通过交换定模来完成的。在注塑生产时，两套模具同时进行，第一次注塑完成开模后，注塑机动模模座旋转 180°，带动上面固定的两套模具的动模部分也旋转 180°，从而实现两套模具动模型芯的交换。其中，第一次成型的塑件不脱模，而是作为第二次成型模具的嵌件，在第二次注塑完成后，顶出机构才动作，将产品顶出。

习　　题

3-1　注塑模具按结构分成哪几类？

3-2　注塑模具的基本组成部分有哪些？

3-3　成型部分包括哪些零件？

3-4　何谓单分型面注塑模具？何谓双分型面注塑模具？各适合哪种浇口进料？

3-5　双分型面注塑模具有哪几种结构形式？

3-6　什么形状的注塑件其模具需要采用侧抽芯结构？举例说明。

3-7　斜导柱抽芯注塑模具有哪几种结构形式？

3-8　齿轮齿条侧向抽芯结构与斜导柱侧向抽芯结构相比有什么优点？

3-9　何谓热流道注塑模具？它有哪些优点？

3-10　何谓绝热流道？何谓加热流道？现在常用哪一种热流道？

3-11　气体辅助注塑成型有哪些优点？

第4章 注塑模具的标准零部件

4.1 概述

前面已经提到,模具设计主要是形成产品外形的凹、凸模零件以及开模和脱模方式的设计,模具上的大部分零部件可以直接选购由专门厂家生产的标准件,尤其是模架的直接选购,可以大大节约模具制造时间和费用。现在,厂家设计制造出一套中等复杂程度的注塑模具,10 天左右即可完成。

不同国家和地区的模具标准件有些许差别,主要是品种和名称有所区别,其结构基本上是相同的。

由于 UG NX 软件及注塑模向导模块是国内外模具企业最常用的模具设计软件,其中的模架及标准件库汇聚了全世界主要生产厂商的资料,例如美国的 DME、日本的 FUTABA、德国的 HASCO、我国港台地区的龙记 LKM。本章将根据 UG NX 的注塑模向导(Mold Wizard)模块介绍注塑模具的一些主要标准件,另外,为了使读者以后方便地使用 UG NX 软件,标准件名称都使用 UG NX 中的英文标注,目的是使读者熟悉可供选购的模架及其他零部件的结构并能正确地选用。读者在工作中选购模架及其他标准件时,应向有关厂家索取详细的供货资料。

4.2 注塑模具标准模架

4.2.1 标准模架分类

按进料口(浇口)的形式将模架(moldbase)分为大水口模架和小水口模架两大类,我国香港地区将浇口称为水口,大水口模架指采用除点浇口外的其他浇口形式的模具(二板式模具)所选用的模架,小水口模架指进料口采用点浇口模具(三板式模具)所选用的模架。

4.2.2 标准模架结构

以龙记 LKM 为例,分类如下:

1. 大水口模架(LKM_SG)

共有 4 种形式:A 型、B 型、C 型和 D 型,如图 4-1 所示。为使图纸简洁,模架图省略了剖面线。在国外很多模具装配图都不画剖面线。

为更清楚地展现模架结构,我们给出大水口 A 型、B 型、C 型 3 种类型的三维结构,如图 4-2 所示。

2. 小水口模架(LKM_PP)

小水口模架是指采用点浇口的模具所选用的模架,共有 8 种形式:DA 型、DB 型、DC 型、DD 型、EA 型、EB 型、EC 型和 ED 型,其中以 D 字母开头的 4 种形式适用于自动断浇口模具的模架,如图 4-3 所示。

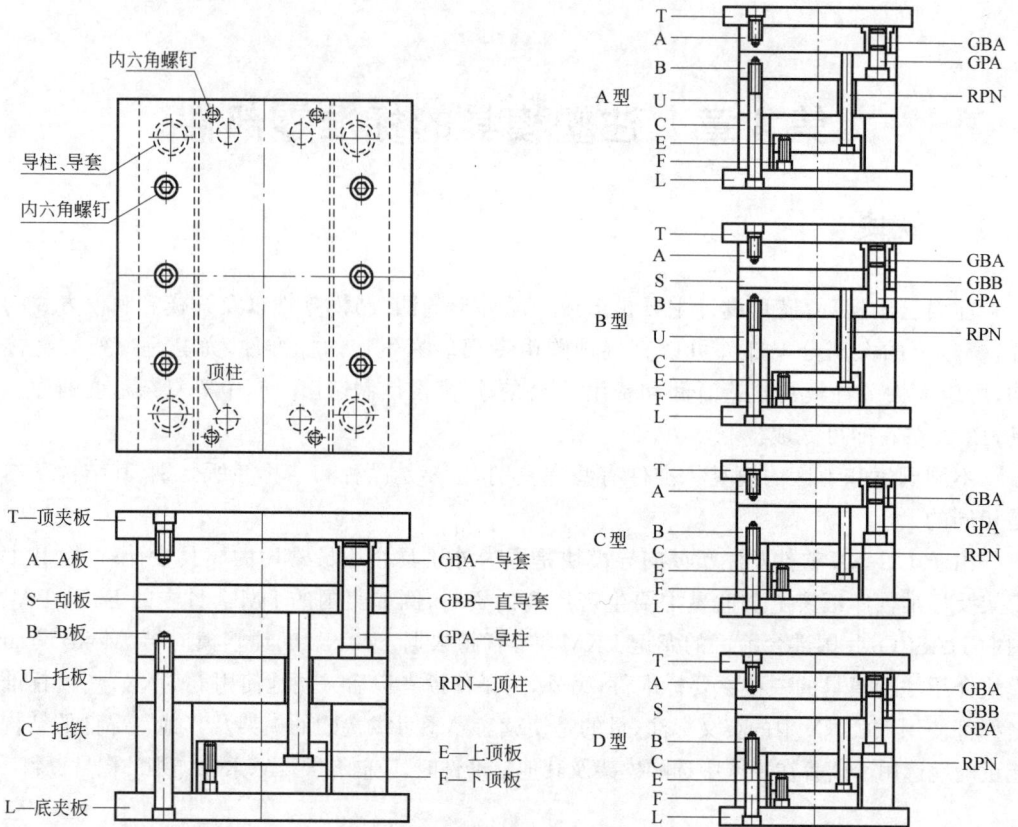

图 4-1　大水口模架平面结构图

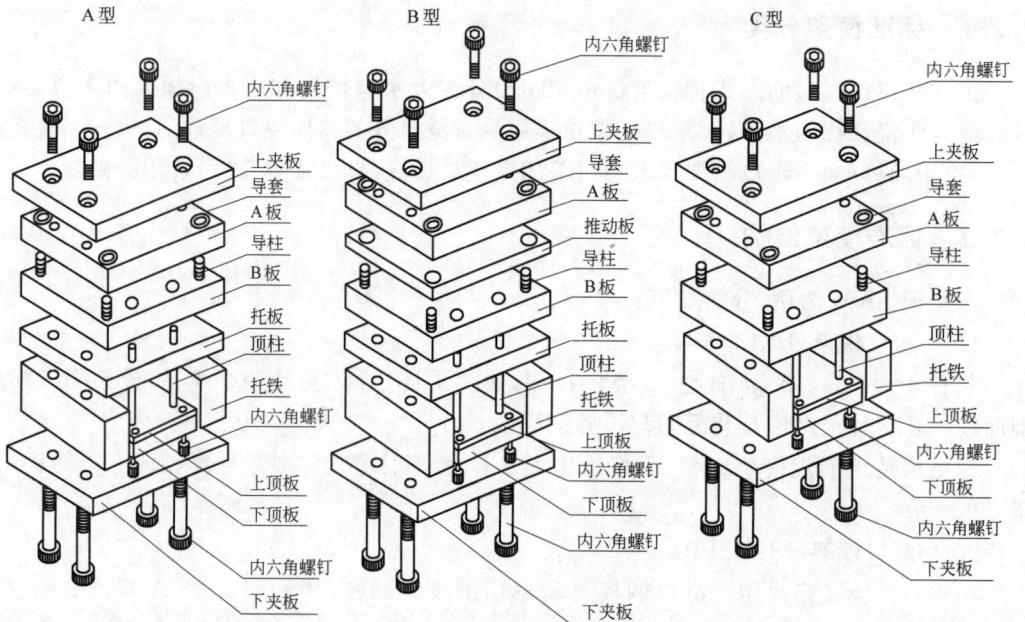

图 4-2　大水口模架立体结构图

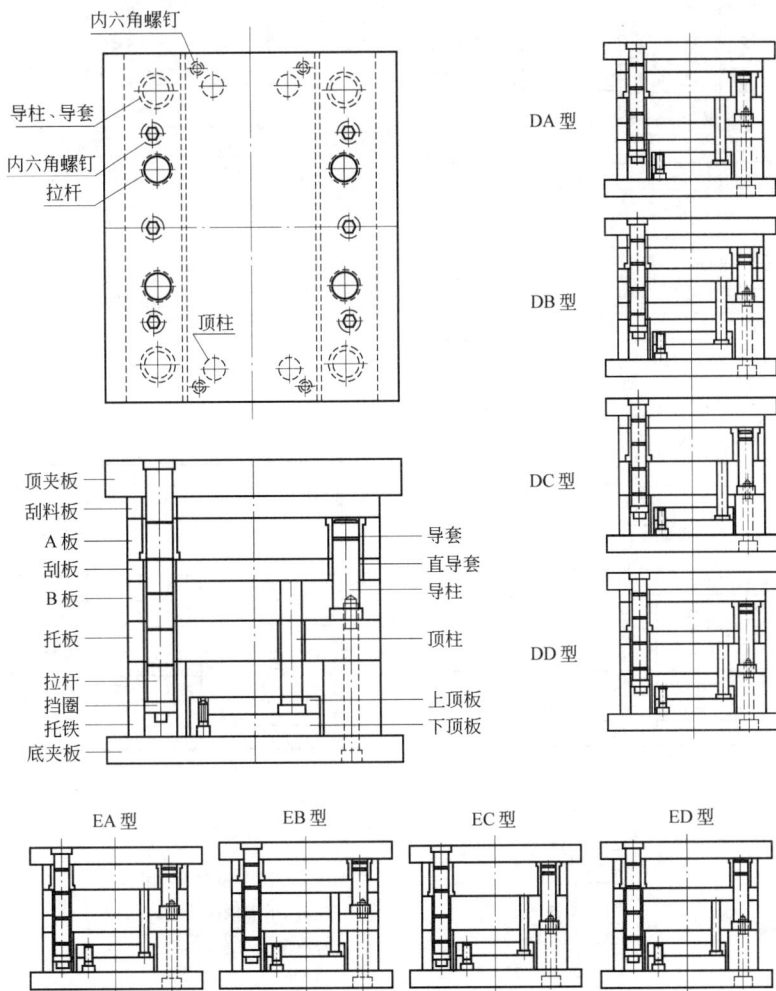

图 4-3　小水口模架平面结构图

本书附录 B 中所示标准模架图例是深圳南方模具厂形式,与国际标准没有多大区别,限于篇幅,只附有几张不同尺寸型号的模架图,以供读者进一步了解。实际上标准模架库中尺寸间隔很小,读者在设计模具时,可直接在 UG NX 模具向导中的模架库中选用所需类型和尺寸的模架。

3. 模架配件零件的结构形式

模架配件零件的结构形式如图 4-4、图 4-5 所示。

4.2.3　各种形式及大小的模架明细单

本书模架明细单摘录了深圳南方模具厂的模架订购本中的一部分,由于篇幅有限,摘录的各大小模架尺寸规格间隔较大(实际上是很小的),主要目的是使读者了解模架的供货状况。另外,本书只是为学生进行模具课程设计提供模架选择资料,而不是作为具体资料介绍给读者。标准模架图例详见附录 B。

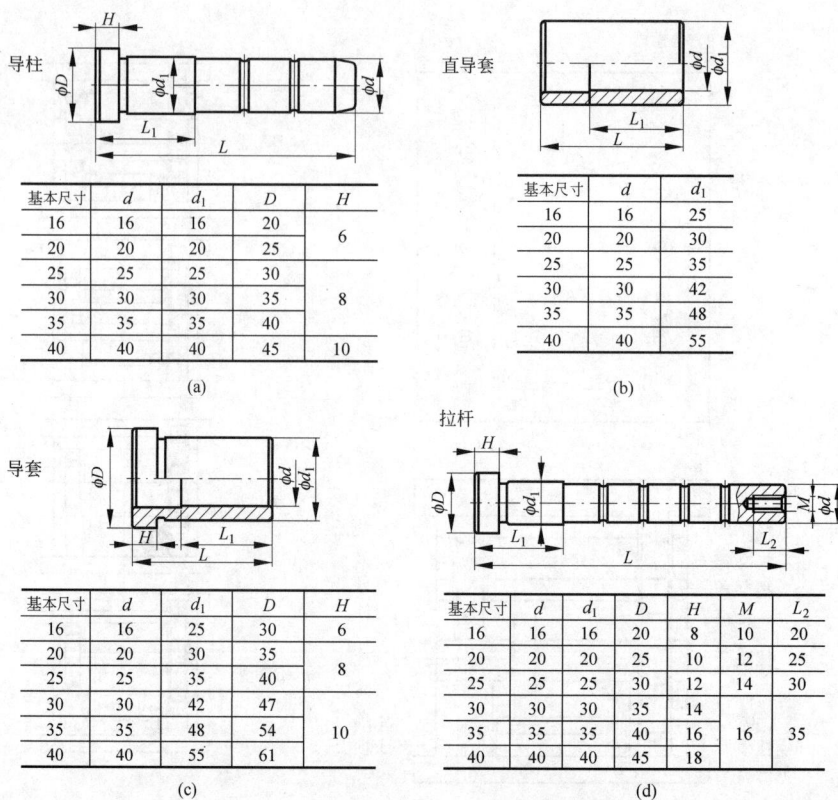

导柱 (a)

基本尺寸	d	d₁	D	H
16	16	16	20	6
20	20	20	25	
25	25	25	30	
30	30	30	35	8
35	35	35	40	
40	40	40	45	10

直导套 (b)

基本尺寸	d	d₁
16	16	25
20	20	30
25	25	35
30	30	42
35	35	48
40	40	55

导套 (c)

基本尺寸	d	d₁	D	H
16	16	25	30	6
20	20	30	35	8
25	25	35	40	
30	30	42	47	
35	35	48	54	10
40	40	55	61	

拉杆 (d)

基本尺寸	d	d₁	D	H	M	L₂
16	16	16	20	8	10	20
20	20	20	25	10	12	25
25	25	25	30	12	14	30
30	30	30	35	14		
35	35	35	40	16	16	35
40	40	40	45	18		

图 4-4 模架零件图

挡圈 (a)

基本尺寸	T	D	d
16	8	20	10.1
20	10	26	12.1
25	12	31	14.1
30	14	38	
35	16	43	16.1
40	18	48	

· 所有材料都经过严格选择。
· 所有零件都经过精密加工制成。
· 款式多样，规格齐全。
· 价廉物美，交货迅速。

顶柱 (b)

基本尺寸	d	D	H
12	12	17	6
15	15	20	
20	20	25	
25	25	30	8
30	30	35	

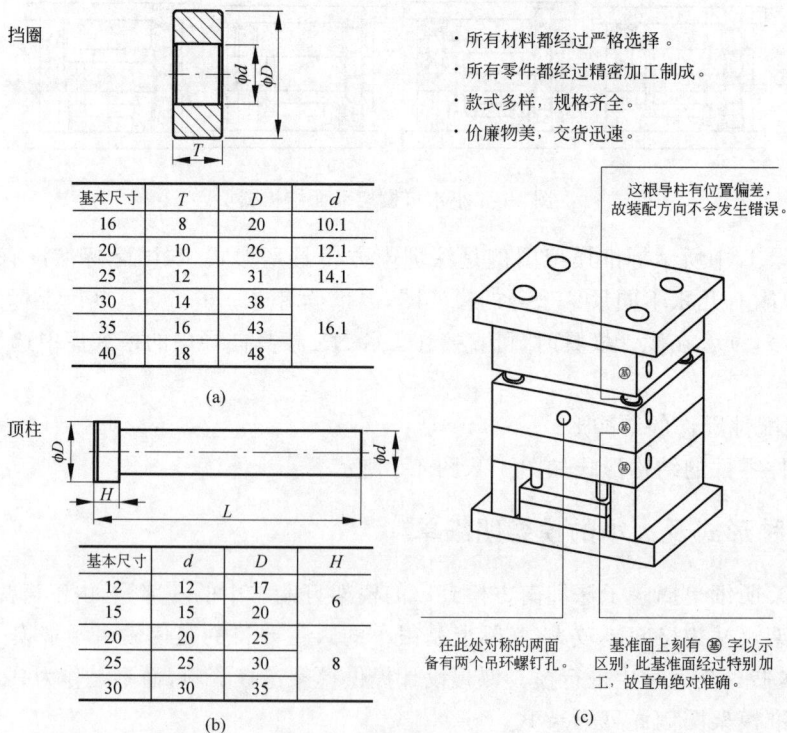

这根导柱有位置偏差，故装配方向不会发生错误。

在此处对称的两面备有两个吊环螺钉孔。

基准面上刻有 ⑱ 字以示区别，此基准面经过特别加工，故直角绝对准确。

(c)

图 4-5 模架零件及总装图

4.2.4　其他形式的模架

斜导柱式侧抽芯注塑模具模架的结构如图 4-6 所示。

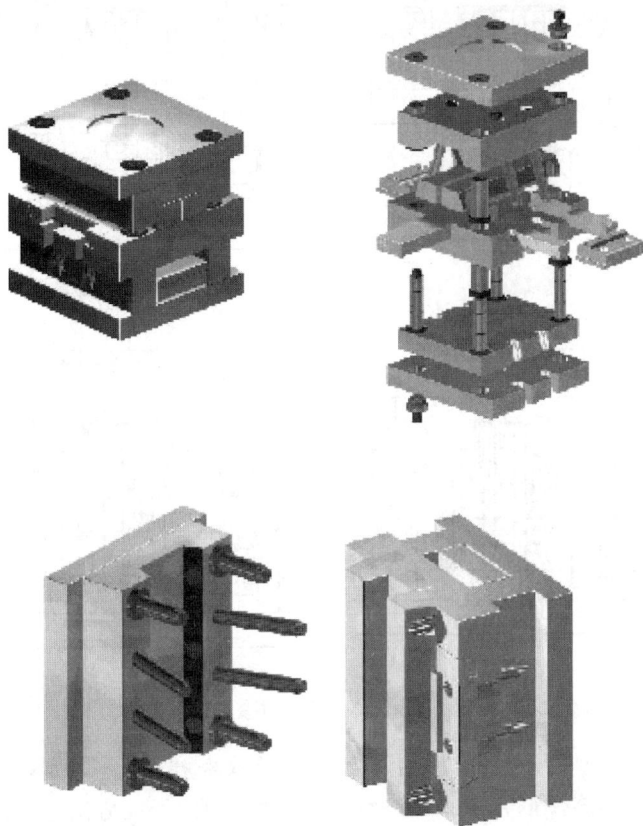

图 4-6　斜导柱式侧抽芯注塑模具模架结构

此种模架在国内很少有厂家生产,深圳一些模具制造企业都是通过外商订货。由于篇幅有限,各种具体尺寸型号在此不一一列出。

4.3　注塑模具标准模架的选用

模架的选用与塑件的尺寸大小、形状及模具设计师的设计风格以及模具制造所具有的生产设备有关。此处以图 4-7 所示的塑件为例,说明怎样选用模架。

若浇注系统采用点浇口进料,手动脱落浇口则可选择小水口的 EA、EB、EC、ED 型号模架,模架尺寸的大小及各板的厚度都可以根据塑件的尺寸自己选定。根据所选不同类型的模架,设计的模具大致结构如图 4-8 所示。由于图形较简单,图中省略了剖面线。

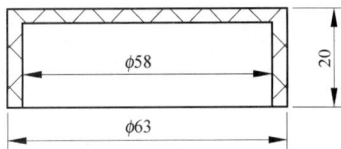

图 4-7　塑件

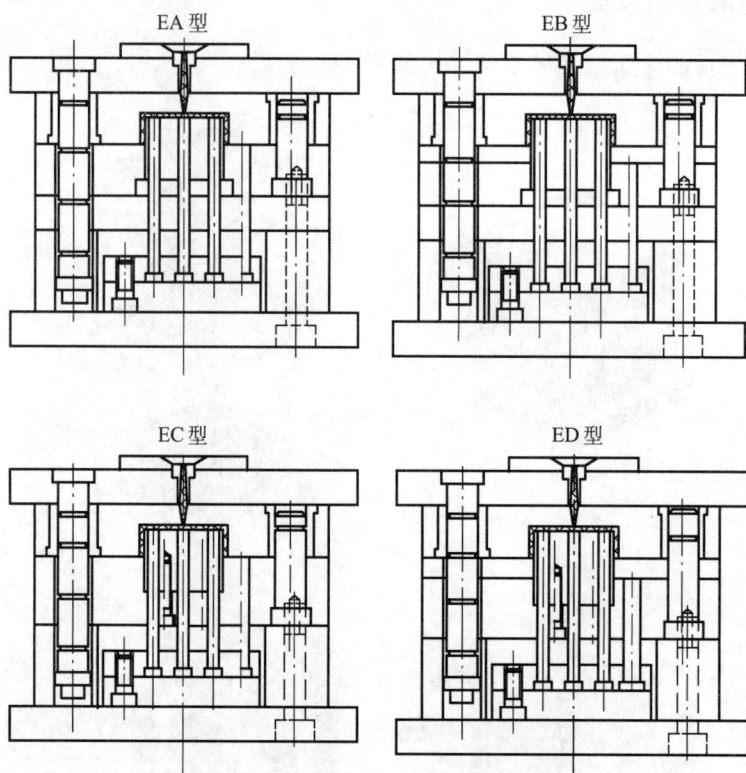

图 4-8 各种形式小水口模架的结构

ED 型模架比 EC 型模架多一块推板,塑件脱模效果好;EC 型模架比 EA 型模架少一块支承板,从而凸模的固定形式不同,导致模具零件选用的加工方法也不同。具体选哪种模架形式,主要根据个人的喜好及所具有的加工设备而定。

根据本书的附录 B 选代号为 S1520 的模架,另选 A 板厚度为 40mm,B 板厚度为 50mm,C 板厚度为 60mm。

S1520 表示规格为小水口、长×宽为 150mm×200mm 的模架,该尺寸是根据塑件径向尺寸凭经验选取的。A、B、C 板厚度根据塑件的厚度凭经验选取。

若进料方式选用其他浇口形式(图 4-8 中为直浇口),则可选用大水口模架的 A、B、C、D 型,设计的模具大致结构如图 4-9 所示(由于篇幅有限,只画出 B 型模架)。其模架型号为 1520—B—I—40—40—60,该代码表示规格为大水口、长×宽为 150mm×200mm、B 型、凸边、A 板厚度为 40mm、B 板厚度为 40mm、C 板厚度为 60mm 的模架。

若进料方式选用点浇口形式,且需要自动脱落浇口,则可选用小水口模架的 DA、DB、DC、DD 型,设计的模具大致结构如图 4-10 所示(由于篇幅有限,只画出 DB 型模架)。模架型号为 S1520—DB—I—40—40—60。

采用 DB 型模架设计的模具动作过程如图 4-11 所示。

B 型

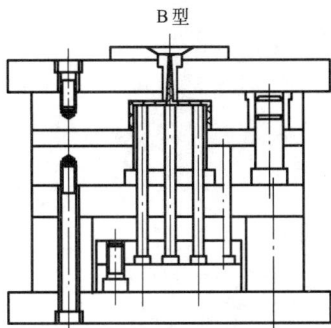

DB型

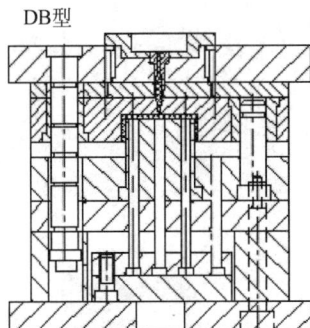

图 4-9　大水口模架的结构　　　动画展示　　　图 4-10　小水口自动脱浇模架的结构

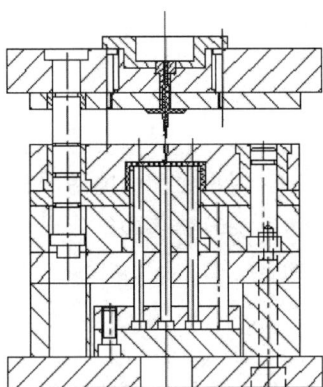

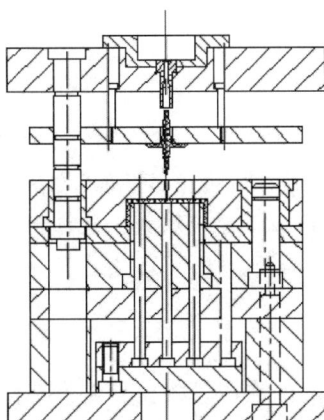

(a)　　　　　　　　　　　　　(b)

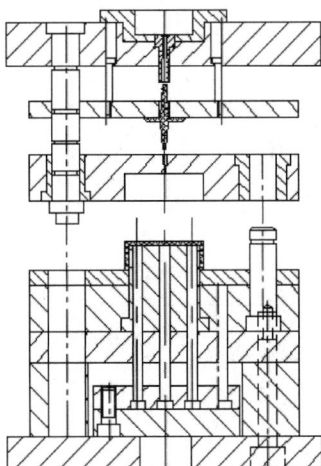

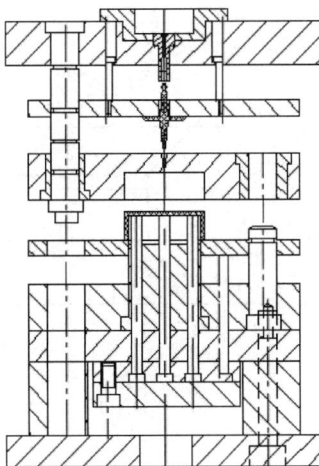

(c)　　　　　　　　　　　　　(d)

图 4-11　采用 DB 型模架设计的模具动作过程　　　动画展示

(a) 拉断点浇口；(b) 刮下主浇道凝料；(c) 动、定模分开；(d) 推出塑件

4.4   注塑模具其他标准件

4.4.1   浇口套

浇口套(sprue)的结构如图 4-12 所示。

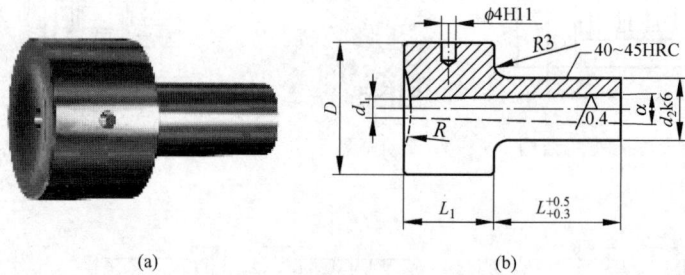

图 4-12   浇口套的结构

(a)立体图；(b)剖面图

浇口套的主要参数是进料口直径 d_1 和顶面的球面半径 R，根据注塑机喷嘴的相关尺寸进行选择，即浇口套的进料口直径应略大于注塑机喷嘴口直径，浇口套顶面的球面半径应略大于注塑机喷塑嘴的球面半径。

4.4.2   定位环

定位环(locating ring)的作用是将模具定位在注塑机上，便于快捷地安装。

定位环的主要参数是环的外圆柱直径，应根据注塑机定位孔的直径选用，通常定位环的外直径等于注塑机安装孔的直径。另外，定位环的内孔直径等于浇口套头的外圆柱直径，其在模具中的装配如图 4-13 所示。

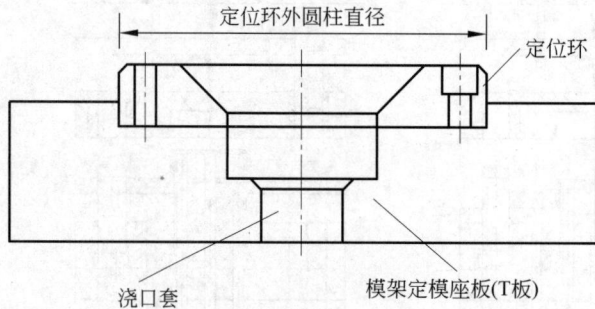

图 4-13   定位环

4.4.3   主浇道拉料套

主浇道拉料套(sprue puller insert)的结构如图 4-14 所示，它安装在动模中心处，开模时由倒锥孔拉出浇口套里的凝料，另外倒锥孔还起捕捉注塑时塑料流动前锋的冷料作用，孔中心安装有顶杆，随着顶出机构运动将凝料顶出。

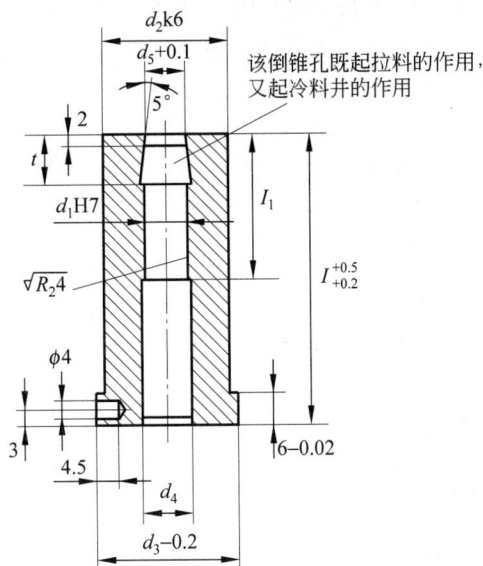

图 4-14　主浇道拉料套的结构

4.4.4　顶杆及顶管

1. 顶杆的结构

顶杆(eject pin)的结构如图 4-15 所示。

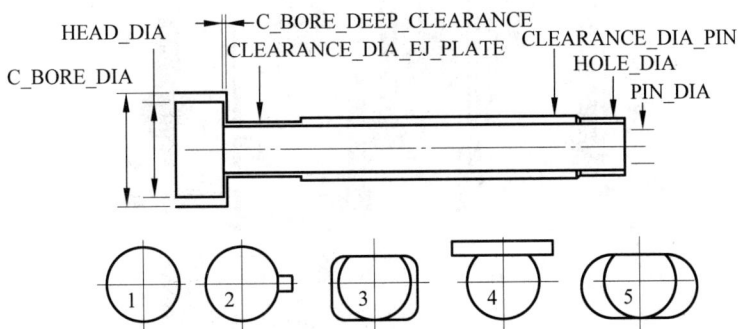

图 4-15　顶杆的结构

2. 顶管的结构

顶管(ejector sleeve)的结构如图 4-16 所示。

3. 各种不同结构的顶杆、顶管及型芯

各种不同结构的顶杆、顶管及型芯结构如图 4-17 所示。

以上杆类模具配件种类繁多,直径为 0.5～18mm,长度从数十毫米到数百毫米,材料种类也很多,热处理也有不同,可以根据需要进行选购。

4.4.5　尼龙锁模器

尼龙锁模器(pull pin)的作用是:在三板模(小水口模具)开合时,使动模板与定模板暂时保持闭合状态。它的工作原理是通过锥形螺栓的锁紧力使尼龙树脂膨胀,并利用其和模板之间的摩擦力进行锁紧。尼龙套在使用过程中会有磨损,需要经常利用锥形螺栓增强锁紧力来调整。其结构如图 4-18 所示。

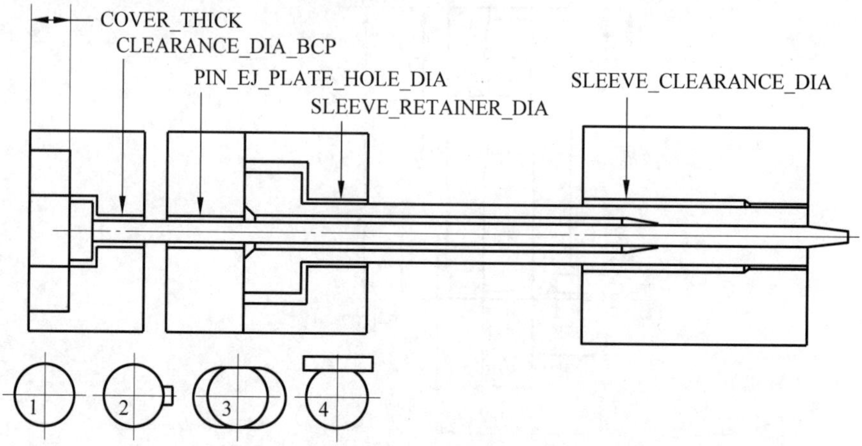

图 4-16　顶管的结构

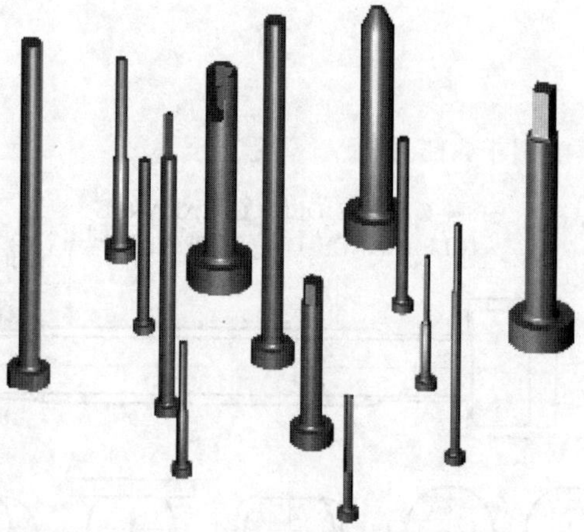

图 4-17　模具各类标准杆件

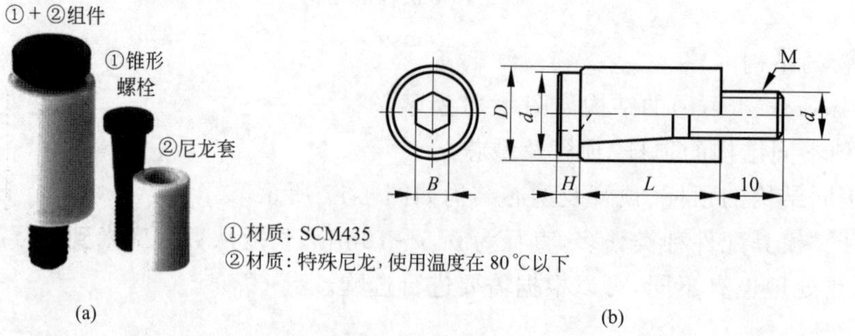

①材质:SCM435
②材质:特殊尼龙,使用温度在 80℃以下

(a)　　　　　　　　　　　　　　　　(b)

图 4-18　尼龙锁模器的结构

(a) 立体图；(b) 简图

常见的尼龙锁模器尺寸见表 4-1。

表 4-1　常见的尼龙锁模器尺寸

d_1/mm	d/mm	B/mm	L/mm	H/mm	D/mm	使用数量/个	模具质量/kg
8.5	5	4	18	3	10	4	100 以下
11.5	6	5	20	3.2	13	4	250 以下
14	8	6	25	4	16	4	250 以上
18	10	7	30	4	20	4	300 以上

4.4.6　止动螺栓、螺栓拉杆

止动螺栓、螺栓拉杆主要用于控制三板模(小水口模具)中的定模板、流道推板和定模板之间的开模行程,装配示意图一般如图 4-19 所示。止动螺栓的结构如图 4-20 所示。

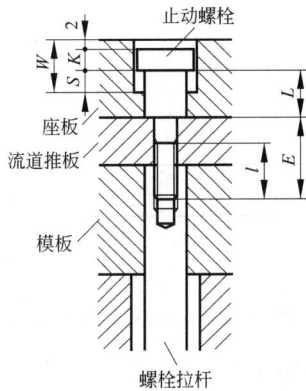

图 4-19　止动螺栓装配示意图

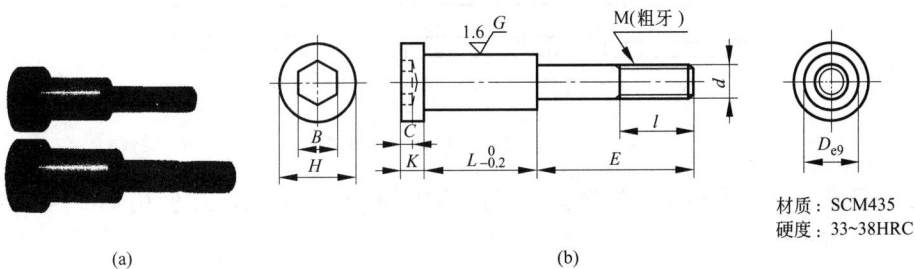

材质:SCM435
硬度:33~38HRC

(a)　　　　　　　　　　　　(b)

图 4-20　止动螺栓的结构
(a) 立体图;(b) 简图

螺栓拉杆的结构如图 4-21 所示。

4.4.7　定距拉板

定距拉板主要用于控制三板模(小水口模具)中的定模板、动模板之间的开模行程,其结构简图如图 4-22 所示。

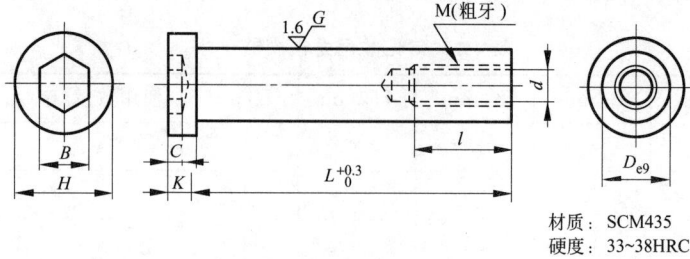

材质：SCM435
硬度：33~38HRC

图 4-21　螺栓拉杆结构简图

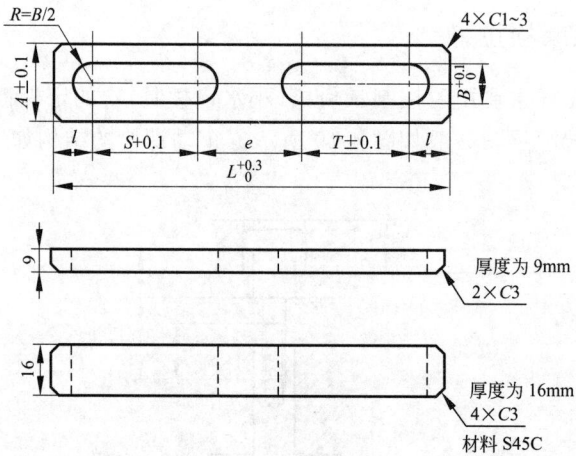

图 4-22　定距拉板结构简图

其他形式的定距拉板结构如图 4-23 所示。

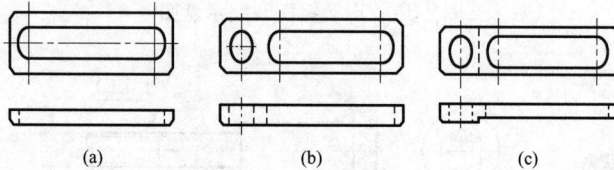

(a)　　　　　　　(b)　　　　　　　(c)

图 4-23　其他形式定距拉板的结构

另外，还有各种形式和尺寸的螺钉、销钉、垫块、弹簧等标准件，在使用 UG NX 进行注塑模具设计时都可以选用。

习　　题

4-1　标准模架分成哪几类？各类模架有哪几种形式？

4-2　按进料口（浇口）的形式，怎样选择模架的类型？

4-3　除了模架以外还有哪些模具标准零件？

4-4　根据题 4-4 图所示塑件，分别按直浇口、点浇口的进料形式并根据附录提供的标准模架图形选择模架的型号。

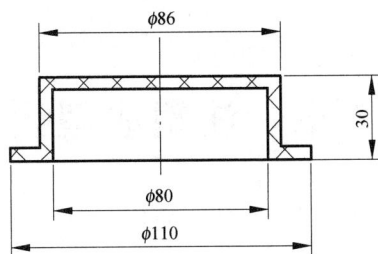

题 4-4 图

4-5 尼龙锁模器的工作原理是什么？

4-6 画出止动螺栓、螺栓拉杆用于控制三板模开模行程的装配简图。

第 5 章　注塑成型设备

注塑成型设备,原名注射成型设备,最初采用金属压铸机原理设计,主要用来加工纤维素硝酸酯和醋酸纤维一类的塑料,直到 1932 年,德国弗兰兹-布劳恩(Franz-Braun)厂生产出全自动柱塞式卧式注塑机。随着塑料工业的发展,注塑成型工艺和注塑机也不断改进和发展。1948 年,注塑机的塑化装置开始使用螺杆;1959 年世界上第一台往复螺杆式注塑机问世,这是注塑成型工艺技术的一大突破,推动了注塑成型工艺的广泛应用。

注塑成型设备主要用来成型塑料制品,所以注塑成型设备俗称注塑机。图 5-1 所示为一台往复螺杆式注塑机,主要由合模装置、注塑装置、液压传动系统和电气控制系统组成。

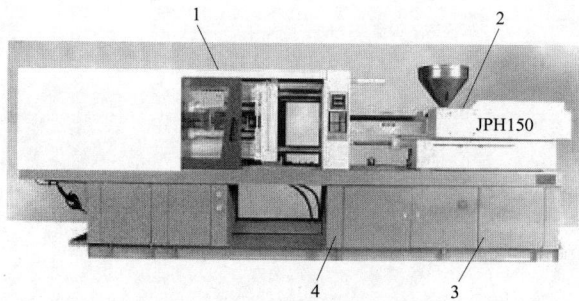

1—合模装置;2—注塑装置;3—液压传动系统;4—电气控制系统。

图 5-1　往复螺杆式注塑机

5.1　注塑成型设备的分类

近年来注塑机发展迅速,种类日益增多,分类方式也较多。至今尚未形成完全统一标准的分类方法,目前用得比较多的分类方法有以下几种。

1. 按设备外形特征分类

这是根据注塑装置和合模装置的相对位置进行的分类,据此注塑机分为卧式注塑机、立式注塑机和角式注塑机。

(1)卧式注塑机。卧式注塑机如图 5-2 所示,这是最常见的形式。其合模装置和注塑装置的轴线呈水平一线排列。它具有机身低,易于操作和维修,自动化程度高,安装较平稳等特点。目前大部分注塑机采用这种形式。

(2)立式注塑机。立式注塑机如图 5-3 所示,它的合模装置与注塑装置的轴线竖直排列。

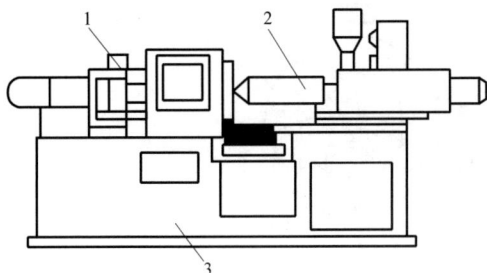

1—合模装置；2—注塑装置；3—机身。

图 5-2　卧式注塑机

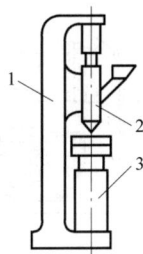

1—机身；2—注塑装置；3—合模装置。

图 5-3　立式注塑机

（3）角式注塑机。角式注塑机如图 5-4 所示，其注塑装置和合模装置的轴线呈垂直排列。

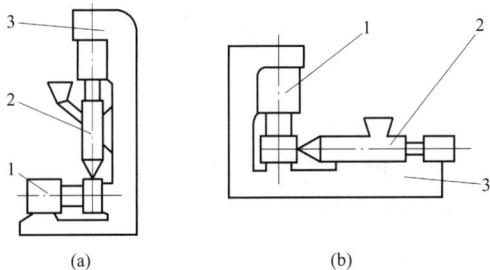

(a)　　　　　　　(b)

1—合模装置；2—注塑装置；3—机身。

图 5-4　角式注塑机

立式注塑机和角式注塑机适宜小型机。

前述注塑机也可称单工位注塑机，另外也有多工位注塑机。多工位注塑机的特点是注塑装置或合模装置具有两个以上的工作位置，分为单注塑头多模位、多注塑头单模位和多注塑头多模位注塑机 3 种。

图 5-5 所示为单注塑头多模位注塑机，图 5-6 所示为三注塑头单模位注塑机，图 5-7 所示为双注塑头两模位注塑机。这些注塑机主要用来成型两种以上颜色或物料的制品，可实现多模注塑，适于大批量生产，能提高生产效率。

2．按注塑机加工能力分类

注塑机的加工能力主要用合模力和注塑量参数表示，国际上通用表示法也是同时采用注塑量和合模力来表示。按其加工能力可分为超小型、小型、中型、大型和超大型注塑机，相应的注塑量和合模力见表 5-1。

3．按注塑机用途分类

按注塑机用途可分为通用和专用两种。专用注塑机又可分热固型、排气型、转盘式、发泡、多色和玻璃纤维增强塑料等几种。

4．按合模装置的特征分类

按合模装置的特征可分为液压式、液压机械式和机械式 3 种。

(a)

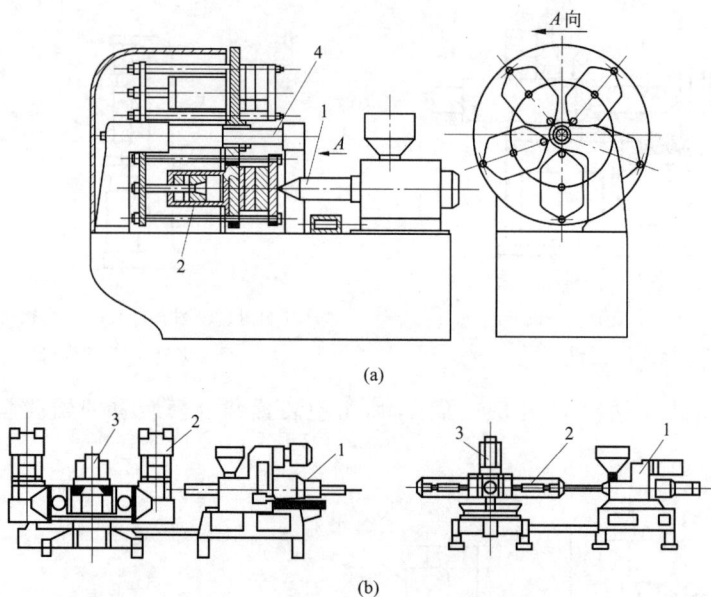

(b)

1—注塑装置；2—合模装置；3—转盘轴；4—滑道。

动画展示

图 5-5　单注塑头多模位注塑机

（a）合模机构绕水平轴转动；（b）合模机构绕垂直轴转动

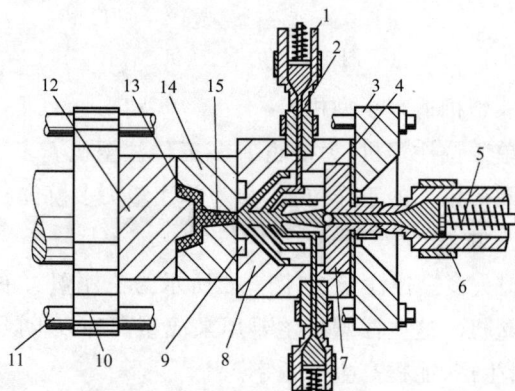

1—塑化料筒；2—注塑喷嘴；3—定模座；4—隔板；5—塑化螺杆；6—加热圈；

7—主浇套；8—分配模；9—冷却槽；10—动模座；11—拉杆；12—动模；

13—制品；14—定模；15—主浇道。

图 5-6　三注塑头单模位注塑机

　　液压式合模装置利用液压动力与液压元件等来实现模具启闭及锁紧,在大、中、小型机上都已得到广泛应用,如图 5-8 所示。液压机械式合模装置利用液压和机械相联合来实现模具启闭及锁紧,常用于中小型机,如图 5-9 所示。机械式合模装置利用电动机械、机械传动装置等来实现模具启闭及锁紧,目前应用较少。

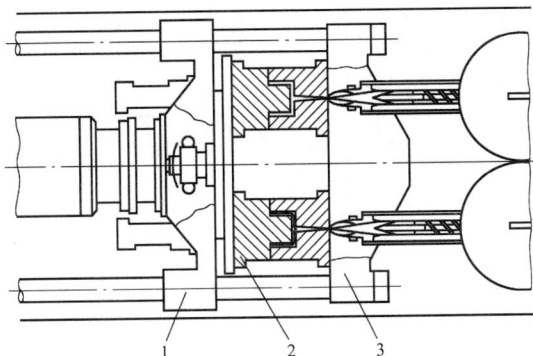

1—动模座；2—模具；3—定模座。

图 5-7 双注塑头两模位水平旋转注塑机

表 5-1 按注塑机加工能力范围分类

类 型	合模力/kN	理论注塑容量/cm³
超小型	<160	<16
小型	160～2000	16～630
中型	2500～4000	800～3150
大型	5000～12 500	4000～10 000
超大型	>16 000	>16 000

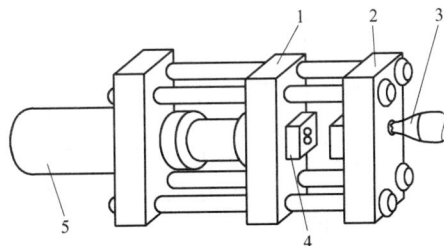

1—动模座；2—定模座；3—喷嘴；4—模具；5—液压油缸。

图 5-8 液压式合模装置

动画展示

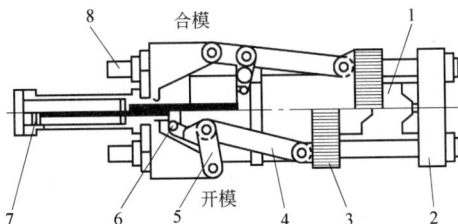

1—模具；2—定模座；3—动模座；4—前连杆；5—后连杆；6—十字连杆；7—液压油缸；8—拉杆。

图 5-9 液压机械式合模装置

5.2 部分国产注塑机技术参数

部分国产注塑机主要技术参数如表 5-2 所示。

表5-2　JPH、AT系列注塑机的主要技术参数

类别	项目	JPH50			JPH80			JPH120			JPH150			JPH180			JPH250			JPH330		
		A	B	C	A	B	C	A	B	C	A	B	C	A	B	C	A	B	C	A	B	C
注塑装置	螺杆直径/mm	28	33	36	31	36	42	38	42.5	45	40	45	50	45	50	55	60	67	75	65	75	83
	螺杆转速/(r·min⁻¹)	21	19	18	20.5	19	16	20	18	17	22.5	20	18	20	19	17	21	19	17	21	19	17
	理论注塑容积/cm³	73	102	122	107	127	173	155	200	220	200	254	310	315	388	470	672	839	1050	926	1157	1433
	理论注塑容量 g	67	94	113	98	115	155	145	185	202	186	232	285	288	356	428	598	740	936	825	1030	1275
	oz	2.2	3.3	4	3.5	4	5.4	5	6.5	7	6.5	8	10	10	12.5	15	21	26	33	29	36	45
	注塑压力/MPa	214	154	130	214	154	110	200	165	153	194	153	124	205	166	138	196	164	137	195	155	130
	注塑速率/(g·s⁻¹)	58	80	95	98	105	125	72	92	102	90	115	140	106	131	160	138	164	195	240	300	367
	塑化能力/(kg·h⁻¹)	24	28	35	30	38	47	38	43	55	40	55	65	59	68	80	83	95	111	124	158	218
	螺杆最大转速/(r·min⁻¹)		185			150			150			150			150			140			140	
锁模装置	锁模形式	全液压式																				
	锁模力/kN		500			800			1200			1500			1800			2500			3300	
	拉杆间距(H×V)/(mm×mm)		295×295			360×310			410×360			410×410			460×460			560×510			710×510	
	模板行程/mm		380			540			540			620			700			830			920	
	最大开模距/mm		530			700			700			800			900			1050			1200	
	最小模厚/mm		150			160			160			180			200			220			280	
	定位孔直径/mm		100			100			125			125			125			150			150	
	定位孔深度/mm		25			25			35			35			35			40			40	
	喷嘴伸出量/mm		25			25			35			35			35			40			40	
	喷嘴球半径/mm		10			10			10			10			10			15			15	
	油泵顶出力/kN		25			41			41			41			41			47.5			54	
	顶出行程/mm		60			80			80			80			80			100			120	
电气	油泵电机功率/kW		11			11			15			15			18.5			22.5			37.5	
	加热功率/kW		4.5			5.8			6.5			7.45			10			16			20	
其他	油箱容量/L		180			180			210			210			300			400			600	
	机器质量/t		2.6			3.8			4.0			4.6			5.5			8.0			14.0	
	外形尺寸(L×W×H)/(m×m×m)		3.03×1.0×1.6			3.1×1.1×1.7			3.8×1.2×1.7			4.11×1.2×1.7			4.55×1.2×1.8			5.6×1.4×1.9			6.3×1.5×1.9	

续表

项目	JPH500 A	JPH500 B	JPH500 C	AT-80 A	AT-80 B	AT-80 C	AT-150 A	AT-150 B	AT-150 C	AT-200 A	AT-200 B	AT-200 C	AT-250 A	AT-250 B	AT-250 C	AT-330 A	AT-330 B	AT-330 C	说明
螺杆型号																			
注塑装置 螺杆直径/mm	80	88	95	31	36	42	45	50	55	50	55	60	60	67	75	67	75	83	JPH系列机型为我国独创的新产品,领先于世界先进水平,它的锁模装置采用四缸直压式锁模,具有锁紧力大,开模行程长,无须调节模厚度,和回调拉杆,不必另注润滑油等优点。AT系列采用的是五铰双曲肘锁模机构,螺杆驱动选用具有高扭力,低能耗的意大利马达,采用液压调模装置
螺杆转速/(r·min⁻¹)	21	19	17	21	18	16	21	19	17	21	19	17	21	19	17	21	19	17	
理论注塑容积/cm³	1960	2212	2480	94	127	173	286	350	415	393	478	570	672	839	1050	926	1157	1433	
理论注塑量 g	1750	1984	2224	85	113	154	255	312	370	350	426	509	598	740	936	825	1030	1275	
理论注塑量 oz	62	70	78.5	3	4	5.4	9	11	13	12	15	18	21	26	33	29	36	45	
注塑压力/MPa	186	165	147	206	153	113	180	151	125	175	145	122	171	137	109	195	155	130	
注塑速率/(g·s⁻¹)	460	520	585	65	85	115	107	132	160	136	165	196	213	265	332	240	300	363	
塑化能力/(kg·h⁻¹)	230	270	298	22	33	45	59	68	83	70	92	105	113	170	186	175	190	248	
螺杆最大转速/(r·min⁻¹)	130			150			150			150			150			150			
锁模装置 锁模形式	全液压式			肘杆式															
锁模力/kN	5000			800			1500			2000			2500			3000			
拉杆间距(H×V)/(mm×mm)	820×760			355×300			450×380			490×420			570×500			680×600			
模板行程/mm	1250			270			400			400			540			670			
最大开距/mm	1650			570			800			870			1100			1340			
最小模厚/mm	400			130			160			200			200			250			
定位孔直径/mm	180			100			120			120			150			150			
定位孔深度/mm	40			25			25			25			25			25			
喷嘴伸出量/mm	40			25			40			40			40			40			
喷嘴球半径/mm	15			10			10			10			15			15			
油压顶出力/kN	160			23			44			44			70			85			
顶出行程/mm	200			60			100			100			130			130			
电气 油泵电机功率/kW	55			7.5			15			22			30			37			
加热功率/kW	26			6.5			11			13			20			24			
其他 油箱容量/L	900			150			350			360			530			650			
机器质量/t	25.0			2.4			5.5			7.5			11.2			14.0			
外形尺寸(L×W×H)/(m×m×m)	7.3×1.8×2.5			3.93×0.945×1.5			4.27×1.06×1.9			5.1×1.2×1			6.1×1.4×2.1			7.5×1.5×2.1			

注:本表所示参数由广东顺德市秦川恒利塑机有限公司提供。

5.3　注塑机与注塑模具的装配关系

如图 5-10 所示,注塑模具的动模座板 4 与注塑机动模座 2 用压板螺钉相连,定模座板 7 和定模座 8 用螺钉与注塑机相连。

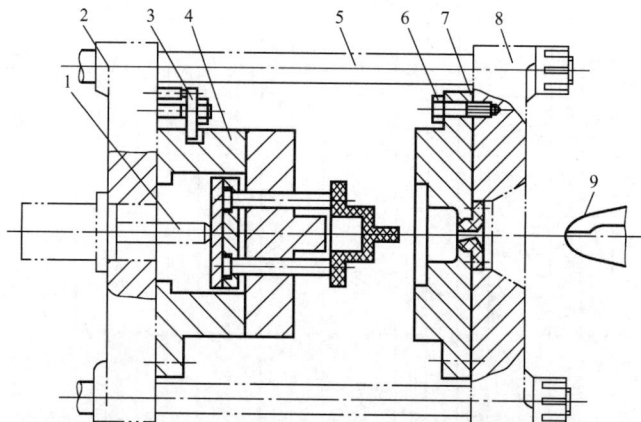

1—注塑机顶杆；2—注塑机动模座；3—压板螺钉；4—动模座板；
5—注塑机拉杆；6—螺钉；7—定模座板；8—定模座；9—喷嘴。
图 5-10　注塑机与注塑模具的装配关系

5.3.1　注塑量与塑件质量的关系

1. 理论注塑量

理论注塑量是指注塑机在对空注塑的条件下,注塑螺杆(或柱塞)做一次最大注塑行程时,注塑装置所能达到的最大注出量。理论注塑量一般有两种表示方法:一种以注塑聚苯乙烯(PS)塑料(密度约为 1g/cm³)的最大克数(g)为标准,称为理论注塑质量;另一种以注塑塑料的最大容积(cm³)为标准,称为理论注塑容量。

2. 实际注塑量(质量或容量)

在应用中,注塑机的实际注塑量为理论注塑量的 80% 左右,表达式为

$$M_s = \alpha M_1 \tag{5-1}$$

$$V_s = \alpha V_1 \tag{5-2}$$

式中：M_1——理论注塑质量,g;

V_1——理论注塑容量,cm³;

M_s——实际注塑质量,g;

V_s——实际注塑容量,cm³;

α——注塑系数,一般取 0.8。

在注塑生产中,注塑机在每一个成型周期内向模内注入熔融塑料的容积或质量称为塑件的注塑量 M,塑件的注塑量必须小于或等于注塑机的实际注塑量。

当实际注塑量以实际注塑容量 V_s 表示时,有

$$M_s' = \rho' V_s \tag{5-3}$$

式中：M_s'——注塑密度为 ρ 时塑料的实际注塑质量，g；

　　　ρ'——在塑化温度和压力下熔融塑料密度，g/cm^3。

$$\rho' = c\rho \tag{5-4}$$

式中：ρ——注塑塑料在常温下的密度，g/cm^3；

　　　c——塑化温度和压力下塑料密度变化的校正系数。对结晶型塑料，$c=0.85$；对非结晶型塑料，$c=0.93$。

当实际注塑量以实际注塑质量 M_s 表示时，有

$$M_s' = M_s(\rho/\rho_{ps}) \tag{5-5}$$

式中：ρ_{ps}——聚苯乙烯在常温下的密度（约为 $1g/cm^3$）。

所以，塑件注塑量 M 应满足下式：

$$M_s' \geqslant M = nM_z + M_j \tag{5-6}$$

式中：n——型腔个数；

　　　M_z——每个塑件的质量，g；

　　　M_j——浇注系统及飞边的质量，g。

5.3.2　塑化量与型腔数的关系

塑化量是注塑机每小时能塑化塑料的质量（g/h）。根据注塑机的塑化量确定多型腔模具的型腔数 n，其计算公式如下：

$$n \leqslant \frac{kWt/3600 - M_j}{M_z} \tag{5-7}$$

式中：W——注塑机的塑化量，g/h；

　　　t——注塑最短成型周期，s；

　　　k——塑化量的利用系数，一般取 0.85。

其余符号的含义同前。

5.3.3　合模力及注塑面积和型腔数的关系

注塑时，在熔料流经机筒、喷嘴和模具的浇注系统后，螺杆作用于塑料熔体的压力在型腔中余下的部分即为模腔压力 p（一般为 $20\sim40MPa$），该压力在型腔中产生一个使模具沿分型面胀开的胀模力 F_z，其大小为

$$F_z = pA = p(nA_x + A_j) \tag{5-8}$$

式中：A——塑件和浇注系统在分型面上的投影面积之和；

　　　A_x——塑件型腔在模具分型面上的投影面积；

　　　A_j——塑件浇注系统在模具分型面上的投影面积。

在注塑过程中，为使模具不在胀模力 F_z 作用下胀开，注塑机的合模装置必须对模具施以足够的夹紧力，即合模力 F_s。合模力的大小必须满足下式：

$$F_s \geqslant F_z = p(nA_x + A_j) \tag{5-9}$$

5.3.4　注塑机模座行程及间距和模具闭合高度的关系

注塑机模座间距是指注塑机动模座和定模座之间的距离，如图 5-11 所示，S_k 为注塑机

动模座与定模座的最大模座间距,对液压机械式合模装置可调,可调范围为 ΔH;注塑机模座行程 S 是指动模座在开闭模中实际移动的距离,对液压式合模装置可调,可调范围为 ΔH;H_{min} 为注塑机允许的最小模具闭合高度,即最小模座间距;H_{max} 为注塑机允许的最大模具闭合高度;ΔH 为模具可调距离。

对于所选用的注塑机,模具的闭模高度必须满足

$$H_{min} \leqslant H_m \leqslant H_{max} \tag{5-10}$$

式中:H_m——模具的实际闭合高度。

对液压式合模装置,注塑机模座最大间距 S_k 是固定值,注塑机最大模座行程 S_{max} 在 ΔH 范围内可调;对液压机械式合模装置,注塑机最大模座行程 S_{max} 是固定值,模座最大间距 S_k 在 ΔH 范围内可调。实际模座行程 S 可分为下面几种情况计算。

如图 5-12 所示,对单分型面模具,实际模座行程 S 可按下式计算:

$$S = H_1 + H_2 + (5 \sim 10)\text{mm} \leqslant S_{max} = S_k - H_m \tag{5-11}$$

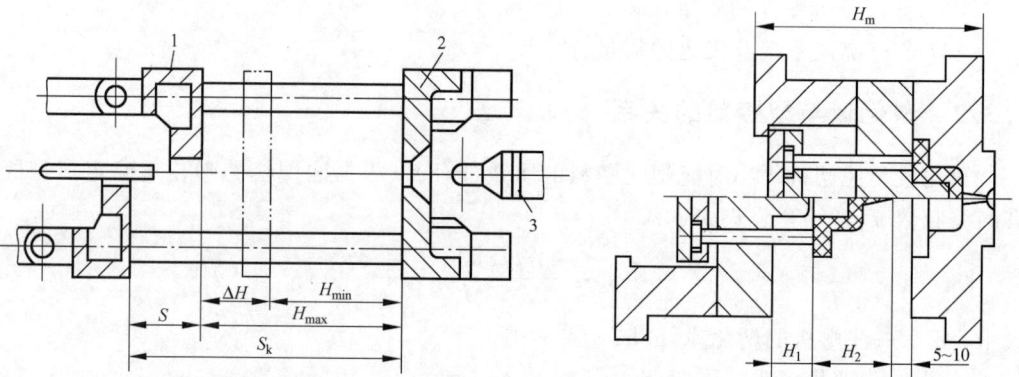

1—动模座;2—定模座;3—喷嘴。

图 5-11　注塑机动、定模座的间距

图 5-12　单分型面注塑机模座行程

如图 5-13 所示,对双分型面模具,按下式计算实际模座行程 S:

$$S = H_1 + H_2 + a + (5 \sim 10)\text{mm}$$
$$\leqslant S_{max} = S_k - H_m \tag{5-12}$$

式中:H_1——塑件顶出距离。

　　　H_2——对于单分型面模具,为塑件和浇注系统的总高度;对于双分型面模具,为塑件的高度。

　　　a——拉出主浇道凝料时定模板与浇口板脱开的距离。

　　　S_{max}——模具闭合高度为 H_m 时的最大模座行程。

对带有侧向抽芯机构的模具,分型抽芯动作是由斜导柱完成的,这种情况下计算模座行程 S 还必须考虑分型机构的抽拔距离。如图 5-14 所示,当 $H_e > H_1 + H_2$ 时,模座行程可由下式计算:

$$S = H_e + (5 \sim 10)\text{mm} \leqslant S_k - H_m \tag{5-13}$$

当 $H_e \leqslant H_1 + H_2$ 时仍按式(5-11)计算。当抽芯机构的形式发生变化时,上式不一定适用,应根据具体情况决定,详见侧向分型抽芯机构部分。其他形式的脱模机构也应视具体情况来计算实际模座行程。

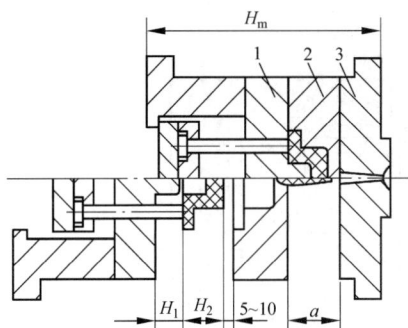

1—定模板；2—浇口板；3—动模板。

图 5-13　双分型面注塑机模座行程

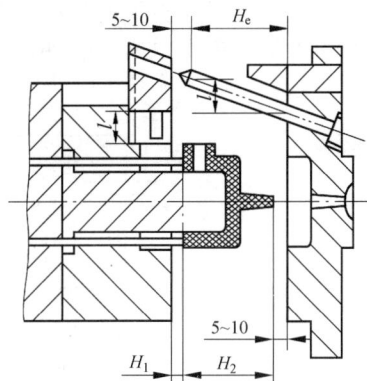

图 5-14　有侧向抽芯机构的模具模座行程

应当指出：表 5-2 中，注塑机主要技术参数中的合模行程（或移模行程或开模行程）是模座间距 S_k 与模具最小闭合高度 $H_{\min}$（或 $H_{\max}$）之差，即模具闭合高度为 $H_{\min}$（或 $H_{\max}$）时的最大模座行程 $S_{\max}$。

5.3.5　注塑机模座尺寸及拉杆间距和模具尺寸的关系

图 5-15 所示为注塑机模座外形尺寸和拉杆位置，注塑机模座尺寸为 $H \times V$，拉杆间距为 $H_0 \times V_0$，它们是表示模具安装面积的主要参数。注塑模具的最长边应小于 $\min\{H, V\}$，最短边应小于 $\min\{H_0, V_0\}$，如图 5-16 所示。

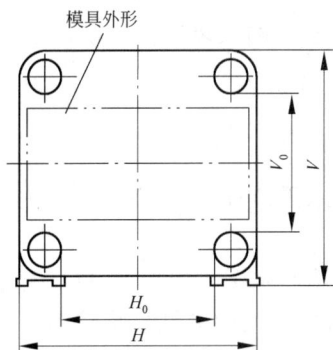

图 5-15　模具外形尺寸与拉杆位置

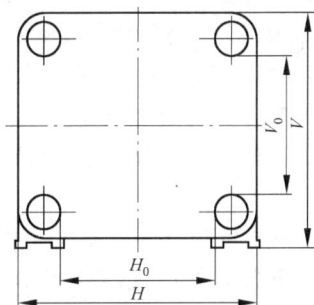

图 5-16　模具与注塑机模座尺寸关系

5.3.6　注塑机顶出装置和注塑模具顶出机构的关系

注塑机顶出装置的主要形式有机械顶出、液压顶出和气压吹出。常用的是机械顶出和液压顶出两种。

机械顶出装置的顶杆可放在动模座的中心，也可放在动模座的两侧；液压顶出装置的顶杆放在动模座的中心部位；液压机械式顶出装置的机械顶杆一般放在动模座的两侧，液压顶杆放在动模座的中心。

气压吹出需要增设气源和气路，故较少使用。

注塑机动模座顶杆大小、位置与模具顶出装置相适应,注塑机顶出装置的顶出距离 D 应大于或等于塑件顶出距离 H_1,如图 5-17 所示。

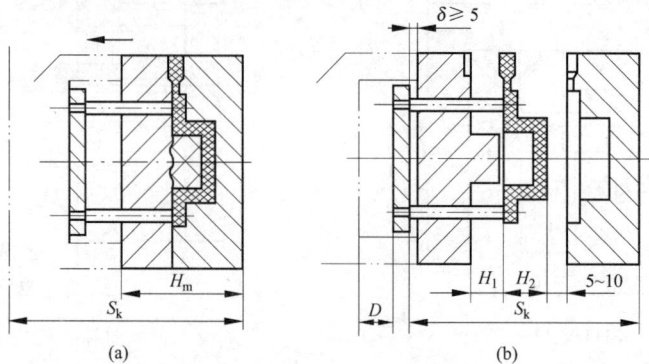

图 5-17　模具开模顶出情况

(a) 开模前;(b) 开模后

5.3.7　模具在注塑机上的安装与调试

模具在注塑机上的安装与调试包括预检、吊装与紧固、顶出距离的调节、合模松紧程度的调节,以及加热线路、冷却水管等配套部分的安装、试模。

1. 预检

模具安装前,应根据模具装配图对其进行检验,了解模具的基本结构、工作原理及注意事项。

2. 吊装与紧固

首先将注塑机置于手动控制状态,根据模具图上标示出的吊装位置及方向,按一定的吊装方式吊起模具(尽量将模具整体吊起)。

1) 模具吊装方向

模具吊装方向的选择遵循如下几个原则:

(1) 模具有侧向分型抽芯机构时,尽量将滑块置于水平位置,使其在水平面内可以左右移动。

(2) 模具长度与宽度方向尺寸相差较大时,使较长边与水平方向平行,可以有效地减轻导柱拉杆在开模时的负载,并使因模具重量而造成导向件产生的弹性变形控制在最小范围内。图 5-18(a)所示为正确的方法,图 5-18(b)所示为错误的方法。

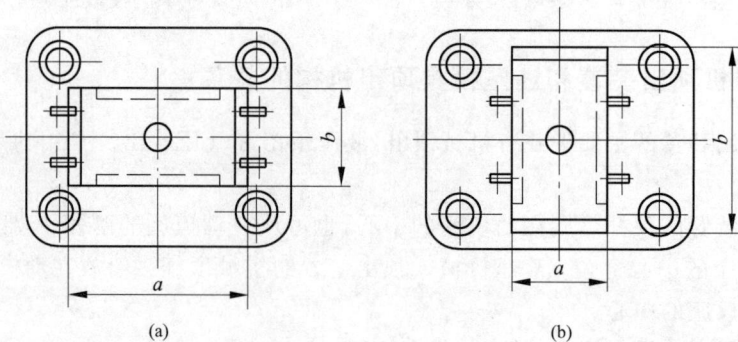

图 5-18　模具吊装方向

（3）模具带有液压油路接头、气动接头、热流道元件接线板时，尽可能将其放置在非操作面侧面，以方便操作。

2）吊装方式

一般将模具从注塑机上方吊到拉杆模座之间。当模具水平或垂直方向尺寸大于拉杆间的距离时，吊装方式如下：

（1）当模具长度方向尺寸大于拉杆间水平距离 H_0 时，采用从拉杆侧面滑进的方法，适用于中小型模具。

（2）使模具长度方向平行于拉杆轴线（模具高度小于拉杆水平距离 H_0，模具宽度方向尺寸小于拉杆垂直距离 V_0），从拉杆上方滑进拉杆之后，旋转 90°即可，如图 5-19 所示。

整体吊装成功后，将模具定模板上的定位环装配入注塑机定模座上的定位孔，用螺钉或压板螺钉压紧定模，并初步固定定模，依靠导柱及导套将动、定模两部分启闭几次，检查模具在启闭过程中是否平稳、灵活，无卡住现象，最后固定动、定模。图 5-20 所示为模具紧固方式。

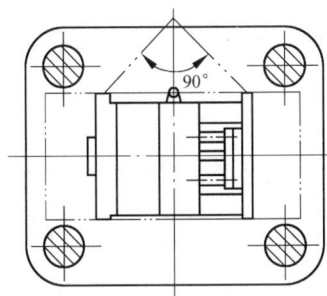

图 5-19　模具吊装方式

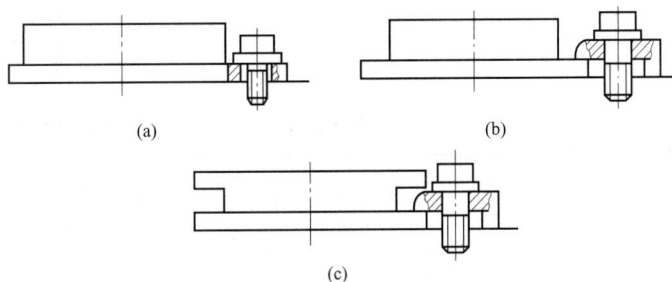

图 5-20　模具紧固方式
（a）螺钉紧固；（b）、（c）压板螺钉紧固

分体吊装与整体吊装相似，不同之处是模具动模部分在定模吊装初步固定之后再吊装紧固。

工人吊装适用于中小型模具，一般从注塑面侧面装入，在拉杆上垫两块木板将模具滑入拉杆中。

3. 顶出距离的调节

模具紧固后，慢速开启模具，达到模座行程 S 时，动模板停止后退，调节注塑机顶杆顶出距离 D，使模具上顶出板和动模板之间的间隙 $\delta \geqslant 5mm$，既能顶出塑件，又能防止损坏模具，如图 5-17 所示。

4. 合模松紧程度的调节

合模松紧程度以注塑塑件时既不产生飞边，又保证模具有足够的排气间隙为宜。对全液压式锁模机构，判断合模松紧程度只要观察合模力是否在预定的工艺范围内即可；对于液压肘杆式锁模机构，目前主要凭经验和目测来调节，即在开模时，肘杆先快后慢，既不很自然，也不太勉强地伸直，合模松紧正好合适。

5. 模具配套部分安装

配套部分的安装包括：热流道元件及电气元件的接线，电控部分的调整，液压回路连接，气压回路连接，冷却水路的连接等辅助部分的安装。

6. 试模

试模前必须对设备的油路、水路及电路进行检查，并按规定保养设备，做好开车前的准备。

1）模具预热

模具预热方法大致有两种：一是利用模具本身的冷却水孔，通入热水进行加热；二是外加热法，即将铸铝加热板安装在模具外部，从外向内进行加热，这种方法加热快，但消耗量大。中小型模具无须进行预热。

2）料筒和喷嘴的加热

根据工艺手册中推荐的工艺参数对料筒和喷嘴进行加热，与模具预热同时进行。

3）工艺参数的选择和调整

根据工艺手册中推荐的工艺参数初选温度、压力、时间参数，调整工艺参数按压力、时间、温度的顺序进行。

4）试注塑

当料筒中的塑料和模具达到预热温度，就可以进行试注塑，观察注塑塑件的质量缺陷，分析产生缺陷的原因，调整工艺参数和其他技术参数，直至达到最佳状态。

试注塑过程中，应详细记录模具状态和工艺参数，对不合格的模具应及时进行返修。

表 5-3 列出了试模过程中易产生的缺陷及产生原因。

表 5-3　试模时易产生的缺陷及产生原因

原　因	缺　　　陷							
	制件不足	溢边	凹痕	银丝	熔接痕	气泡	裂纹	翘曲变形
料筒温度太高		✓	✓	✓		✓		✓
料筒温度太低	✓				✓		✓	
注塑压力太高		✓					✓	✓
注塑压力太低	✓		✓		✓	✓		
模具温度太高			✓					✓
模具温度太低	✓		✓		✓	✓	✓	
注塑速度太慢	✓							
注塑时间太长				✓	✓		✓	
注塑时间太短	✓							
成型周期太长		✓		✓	✓			
加料太多		✓						
加料太少	✓		✓					
原料含水分过多			✓					
分流道或浇口太小	✓		✓	✓	✓			
模穴排气不好	✓			✓		✓		
塑件太薄	✓							
塑件太厚			✓			✓		✓
成型机能力不足	✓		✓	✓				
成型机锁模力不足		✓						

7. 模具的维护

模具在使用过程中会产生正常的磨损或不正常的损坏。不正常损坏绝大多数是由操作不当所致,例如嵌件没放稳就合模,致使型腔被打缺,或是型芯较细,当塑件脱模不下时,用手锤重力敲击而使型芯弯曲。总体来说有如下几种情况:①型芯或导向柱碰弯;②型腔局部损坏,大部分仍是好的;③由于型腔材料硬度太低或制件精度太差,使用一段时间后分型面不严密,以致溢边太厚,影响制件质量。

在这些情况下,并不需要将整个模具报废,只需局部修复即可。局部修复应由专门的模具工进行。修前应研究模具图样,以了解模具结构、材料和热处理状态。对于零件损坏的,可将坏的零件拆下,另外加工一个新零件装上。型腔打缺的,当其未经热处理硬化时,可用铜焊或镶嵌的方法修复;而经热处理硬化的型腔,可用环氧树脂来补缺。

第三种情况大多数是日用品塑件模具。由于尺寸精度要求不高,因此往往可用平头錾子挤压分型面,使其产生局部塑性变形而相互配合严密。但使用一段时间后又会出现同样的问题。所以根本途径是改用强度较高的材料和提高模具的制造精度。

对于模具应经常检查维修,不要等到损坏严重了才来修复。注塑机要保持良好的工作状态,发现问题及时维修,以免损伤模具。

习　　题

5-1　注塑机的主要技术参数有哪些? 在注塑模具设计时应考虑注塑机的哪些技术参数?

5-2　参见题 5-2 图(上面长锥台是浇注系统——直浇口,下面是塑件),塑件材料为 PP(密度为 0.9g/cm³),模具采用一模一腔,注塑机的最小理论注塑容积是多少? 最小理论注塑质量是多少(以 PS 塑料作为标准)? 若模具采用一模四腔,则最小理论注塑容积及注塑质量各为多少?

5-3　若模具采用一模一腔,根据题 5-2 图计算注塑机所需最小开模行程、顶出行程以及注塑机所需的最小锁模力。

5-4　如何选择模具吊装方向和吊装方式? 常用注塑模在注塑机上的紧固方式是怎样的?

5-5　为什么模具设计制造完成后要进行试模?

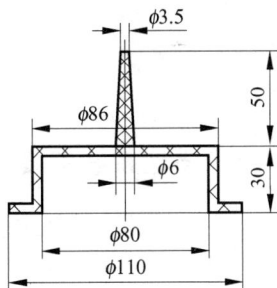

题 5-2 图

第6章 注塑模具设计

前面已经介绍了一些注塑模具的结构,也分析了模具与注塑机之间的关系,读者接着可以进一步了解模具设计的有关知识。下面将逐步介绍模具设计的具体方法。

6.1 浇注系统设计

注塑机将熔融塑料注入模具型腔形成塑料产品,通常把模具与注塑机喷嘴接触处到模具型腔之间的塑料熔体的流动通道以及在此通道内凝结的固体塑料称为浇注系统(gating system)。浇注系统分为普通流道浇注系统和无流道(热流道)浇注系统两大类。这里主要介绍普通流道浇注系统。普通流道浇注系统由主流道、分流道、冷料井和浇口组成,如图 6-1 所示。

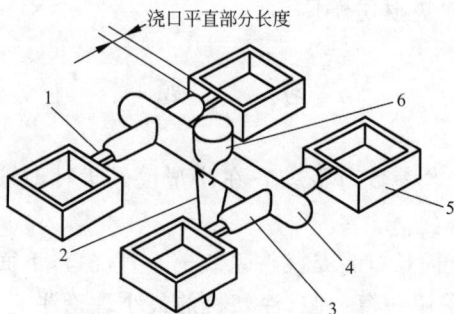

1—浇口;2—主流道;3—次分流道;4—分流道;5—塑件;6—冷料井。

图 6-1 浇注系统的组成

6.1.1 浇注系统的设计原则

浇注系统的设计是注塑模具设计的一个重要环节,它对注塑成型周期和塑件质量(如外观、物理性能、尺寸精度等)都有直接影响,设计时须遵循如下原则:

(1)型腔布置和浇口开设部位力求对称,防止模具承受偏载而产生溢料现象,如图 6-2 所示。

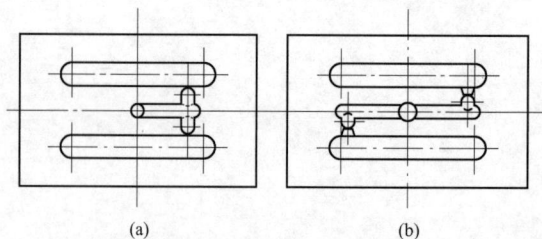

图 6-2 流道布置力求对称
(a) 不合理;(b) 合理

（2）型腔和浇口的排列要尽可能地减小模具外形尺寸，如图 6-3 所示。

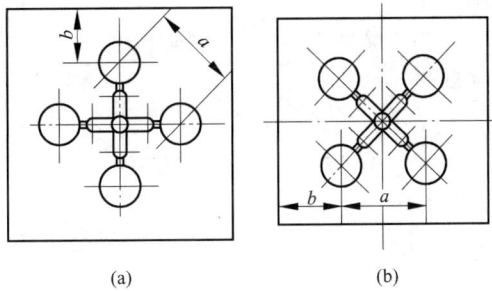

图 6-3　型腔布置力求紧凑

（a）不合理；（b）合理

（3）系统流道应尽可能短，断面尺寸适当（太小则压力及热量损失大，太大则塑料耗费多）；尽量减小弯折，表面粗糙度要低，以使热量及压力损失尽可能小。

（4）对多型腔应尽可能使塑料熔体在同一时间内进入各个型腔的深处及角落，即分流道尽可能采用平衡式布置。

（5）满足型腔充满的前提下，浇注系统容积尽量小，以减少塑料的耗量。

（6）浇口位置要适当，尽量避免冲击嵌件和细小的型芯，防止型芯变形；浇口的残痕不应影响塑件的外观。

6.1.2　浇注系统设计内容

1. 主流道设计

主流道是塑料熔体进入模具型腔时最先经过的部位，它将注塑机喷嘴注出的塑料熔体导入分流道或型腔。其形状为圆锥形，便于熔体顺利地向前流动，开模时主流道凝料又能顺利地拉出来。主流道的尺寸直接影响塑料熔体的流动速度和充模时间。由于主流道要与高温塑料和注塑机喷嘴反复接触和碰撞，通常不直接开在定模板上，而是为其单独设计衬套并镶入定模板内。主流道衬套通常由高碳工具钢制造并经热处理淬硬。主流道衬套又称浇口套，其结构如图 6-4 所示，现在有标准件可供选购。具体结构见第 4 章。使用 UG NX 软件设计模具时直接在标准件库选用。

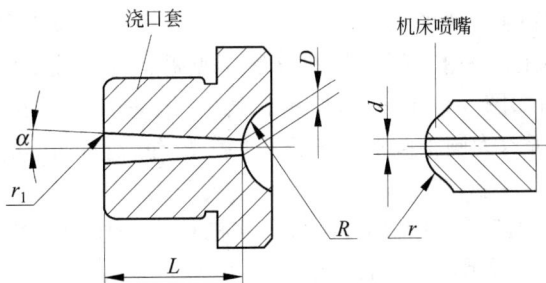

图 6-4　主流道衬套的结构

选用方法及采用的公式如下：

（1）浇口套进料口直径

$$D = d + (0.5 \sim 1)\text{mm}$$

式中：d——注塑机喷嘴口直径。

（2）球面凹坑半径

$$R = r + (0.5 \sim 1)\text{mm}$$

式中：r——注塑机喷嘴球头半径。

（3）浇口套与定模板的配合可采用 H7/m6，浇口套与定位圈的配合可采用 H9/f8，如图 6-5 所示。

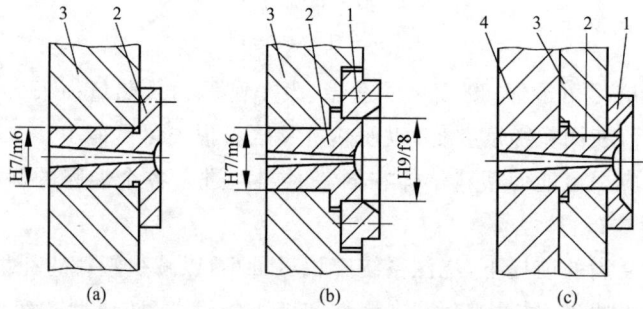

1—定位圈；2—浇口套；3—定模底板；4—定模板。

图 6-5　浇口套与定模板及定位圈的配合

2. 冷料井设计

冷料井位于主流道正对面的动模板上，或处于分流道末端。其作用是捕集料流前锋的"冷料"，防止"冷料"进入型腔而影响塑件质量，以及在开模时能将主流道的凝料拉出。冷料井的直径宜大于主流道大端直径，长度约等于主流道大端直径。

1）底部带有推杆的冷料井

这类冷料井的底部有一根推杆，推杆装于推杆固定板上，因此冷料井常与推杆或推管脱模机构连用。这类冷料井的结构如图 6-6(a)～(c)所示，其中图 6-6(a)所示为 Z 形推料杆的冷料井，采用此结构便于将主流道的凝料拉出；图 6-6(b)所示为倒锥孔冷料井；图 6-6(c)所示为圆环槽冷料井，由冷料井倒锥或侧凹将主流道凝料拉出，但仅适合于韧性塑料。当其被推出时，塑件和流道能自动坠落，易实现自动化操作。

2）底部带有拉料杆的冷料井

这类冷料井的底部有一根拉料杆，拉料杆装于型芯固定板上，因此它不随脱模机构运动。此种冷料井的结构如图 6-6(d)～(f)所示。其中，图 6-6(d)所示为球头形，图 6-6(e)所示为菌头形，图 6-6(f)所示为圆锥头形。圆锥头形无贮存冷料的作用，仅靠塑料收缩的包紧力拉出主流道凝料，可靠性差。

使用 UG NX 设计模具时，可调用标准件库中的标准件作为冷料井，例如，图 4-14 所示的主浇道拉料套及图 6-7 所示的拉料杆(sprue puller)。

3. 分流道设计

1）分流道的截面形状

分流道的截面形状可以是圆形、半圆形、矩形、梯形和 U 形等，如图 6-8 所示。圆形和正方形截面流道的比表面积最小(流道表面积与体积的比值称为比表面积),塑料熔体的温度下降少,阻力亦小,流道的效率最高。但加工较困难,而且正方形截面不易脱模,所以在实际生产中较常用的截面形状为梯形、半圆形及 U 形。

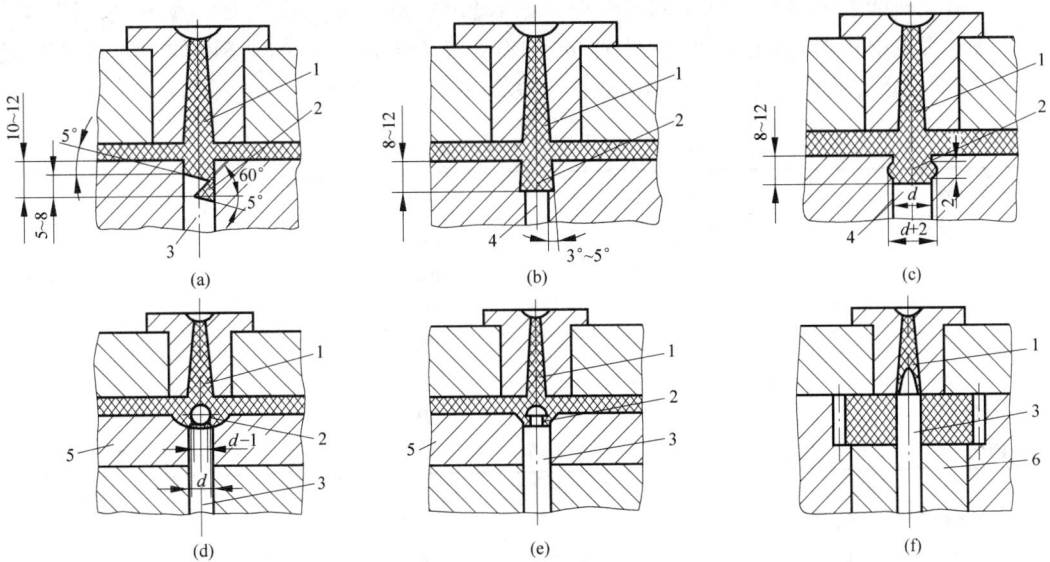

1—主流道;2—冷料井;3—拉料杆;4—推杆;5—脱模板;6—推块。

图 6-6　常用冷料井与拉料杆形式

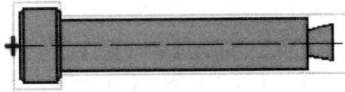

图 6-7　拉料杆

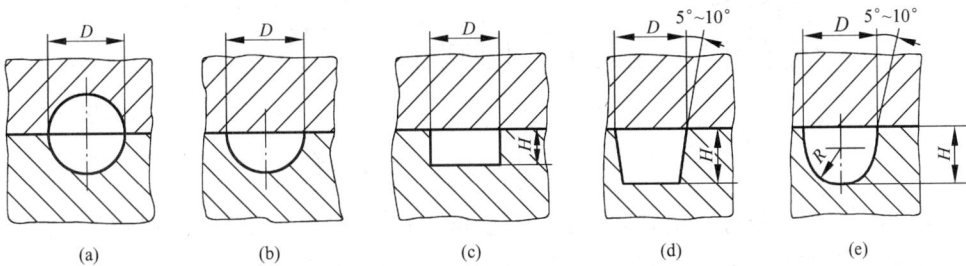

图 6-8　分流道的截面形状

(a) 圆形;(b) 半圆形;(c) 矩形;(d) 梯形;(e) U 形

2) 分流道的尺寸

分流道的尺寸由塑料品种、塑件的大小及流道长度确定。对于质量在 200g 以下、壁厚在 3mm 以下的塑件可用下面的经验公式计算分流道的直径:

$$D = 0.2654W^{1/2}L^{1/4}$$

式中: D ——分流道的直径,mm;

　　　W ——塑件的质量,g;

　　　L ——分流道的长度,mm。

此式计算的分流道直径限于 3.2～9.5mm。对于 HPVC 和 PMMA,应将计算结果增加 25%。对于梯形分流道,$H=2D/3$;对于 U 形分流道,$H=1.25R$,$R=0.5D$。D 算出后一般取整数;对于半圆形分流道,$H=0.45D$。

常用塑料的分流道直径列于表 6-1 中。由表可见,对于流动性极好的塑料(如 PE、PA等),当分流道很短时,其直径可小到 2mm 左右;对于流动性差的塑料(如 PC、HPVC 及 PMMA 等),分流道直径可以大到 13mm;大多数塑料所用分流道的直径为 6～10mm。

表 6-1　常用塑料分流道直径推荐值　　　　　　　　　　单位：mm

材 料 名 称	分流道直径	材 料 名 称	分流道直径
ABS、SAN、AS	4.5～9.5,1.6～10	PC	6.4～10
POM	3.0～10	PE	1.6～10
PP	1.6～10	HIPS	3.2～10
CA	1.6～11	PS	1.6～10
PA	1.6～10	PSF	6.4～10
PPO	6.4～10	SPVC	3.1～10
PPS	6.4～13	HPVC	6.4～16

3) 分流道的布置

在多型腔模具中分流道的布置方式有平衡式和非平衡式两类。平衡式布置是指分流道到各型腔浇口的长度、断面形状、尺寸都相同的布置形式,它要求各对应部位的尺寸相等,如图 6-9 所示。这种布置可实现均衡送料和同时充满型腔的目的,使成型的塑件力学性能基本一致。但是,这种形式的分流道比较长。

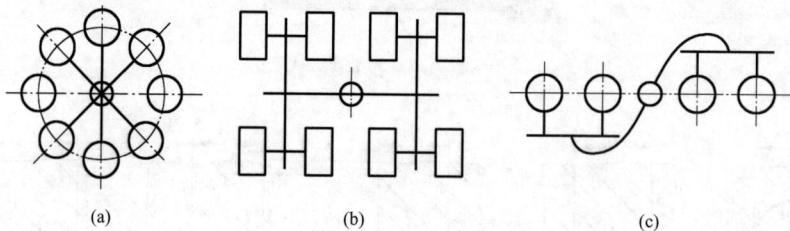

图 6-9　分流道平衡式布置示意图

非平衡式布置是指分流道到各型腔浇口长度不相等的布置,如图 6-10 所示。这种布置使塑料进入各型腔有先有后,因此不利于均衡送料。但对于型腔数量多的模具,为不使流道过长,也常采用。为了达到同时充满型腔的目的,各浇口的断面尺寸要制作得不同,在试模中要多次修改才能实现。

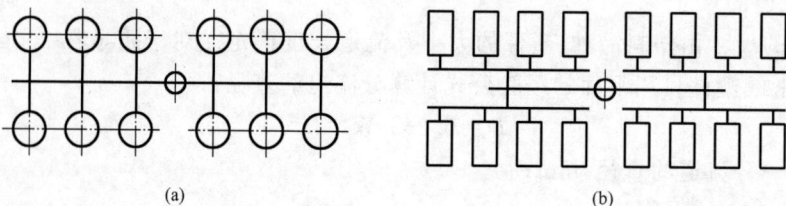

图 6-10　分流道非平衡式布置示意图

4）分流道设计要点

（1）在确保注塑压力足以使塑料熔体顺利充满型腔的前提下，分流道截面积与长度尽量取小值，分流道转折处应以圆弧过渡。

（2）分流道较长时，在分流道的末端应开设冷料井。

（3）分流道可单独设在定模板上或动模板上，也可以同时设在动、定模板上，合模后形成分流道截面形状。

（4）分流道与浇口连接处应加工成斜面，并用圆弧过渡，如图 6-11 所示。

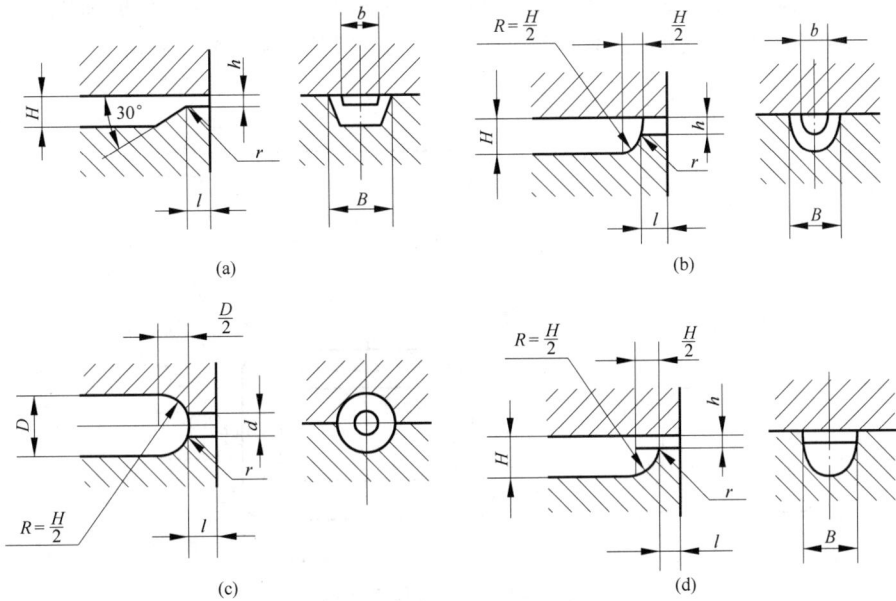

图 6-11　分流道与浇口的连接方式

（a）梯形分流道，梯形浇口；（b）U 形分流道，U 形浇口；（c）圆形分流道，圆形浇口；（d）U 形分流道，矩形浇口

4. 浇口设计

浇口又称进料口，是连接分流道与型腔的一段细短流道（除直接浇口外），它是浇注系统的关键部分。其主要作用如下：

（1）型腔充满后，熔体在浇口处首先凝结，防止倒流。

（2）易于在浇口切除浇注系统的凝料。浇口截面积约为分流道截面积的 0.03～0.09。浇口长度为 0.5～2mm，浇口具体尺寸一般根据经验确定，取其下限值，在试模时逐步修正。

当塑料熔体通过浇口时，剪切速率增高，同时熔体的内摩擦加剧，使料流的温度升高，黏度降低，从而提高流动性能，有利于充型。但浇口尺寸过小会使压力损失增大，凝料速度加快，补缩困难，甚至形成喷射现象，影响塑件质量。

浇口的形式有以下几种：

1）直浇口

直浇口又称中心浇口，这种浇口的流动阻力小，进料速度快，在单型腔模具中常用来成型大而深的塑件,如图 6-12(a)所示。它对各种塑料都适用,特别是黏度高、流动性差的塑料,如 PC、PSF 等。

用直浇口成型浅而平的塑件时会产生弯曲和翘曲现象,并且去除浇口不便,有明显的浇口痕迹,有时因浇口部位热量集中,型腔封口迟,内应力大而成为产生裂纹的根源,所以设计时,浇口应尽可能小些。成型薄壁塑件时,浇口根部的直径最大等于塑件壁厚的 2 倍。

　　2)侧浇口

侧浇口又称边缘浇口,其断面为矩形,一般开在分型面上,从塑件侧面进料,可按需要合理选择浇口位置,尤其适用于一模多腔。侧浇口如图 6-12(b)所示。一般取宽 $B=1.5\sim5$mm,厚 $h=0.5\sim2$mm(也可取塑件壁厚的 $1/3\sim2/3$),长 $L=0.7\sim2$mm。

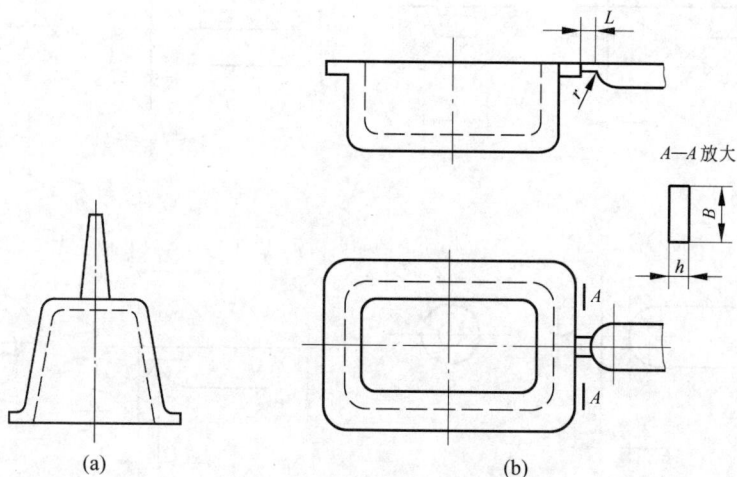

图 6-12　直浇口与侧浇口

(a)直浇口;(b)侧浇口

对于不同形状的塑件,根据成型的需要,侧浇口可设计成多种变异形式,如图 6-13 所示。

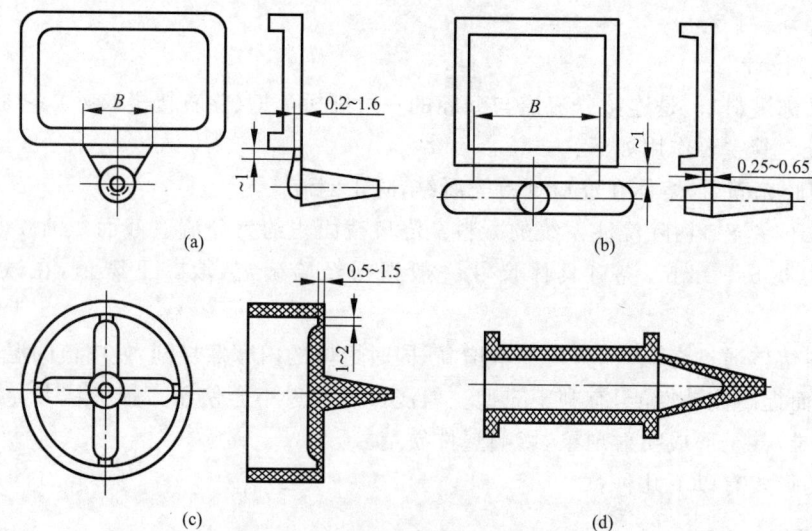

图 6-13　侧浇口的变异形式

3）点浇口

点浇口又称针点式浇口,是一种尺寸很小的浇口,如图 6-14 所示。塑料熔体通过点浇口时产生很高的剪切速率。它广泛地用于生产各类壳型塑件。开模时,浇口可自行拉断。

为防止点浇口拉断时损坏塑件,浇口与塑件连接处可设计成具有小凸台的形式,如图 6-14（b）所示。

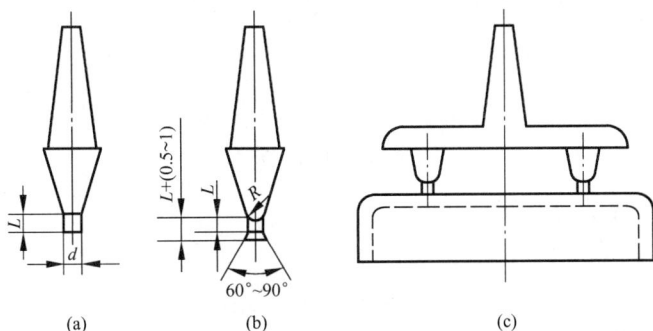

$L = 0.5 \sim 2\text{mm}$, $d = 0.5 \sim 1.5\text{mm}$, $R = 1.5 \sim 3\text{mm}$。

图 6-14　点浇口

点浇口截面积小,冷凝快,不利于补缩,不宜成型壁厚较厚的塑件。

4）潜伏式浇口

潜伏式浇口又称剪切浇口,是由点浇口演变而来的。点浇口用于三板模,而潜伏式浇口用于二板模,从而可以简化模具结构。潜伏式浇口设置在塑件内侧或外侧隐蔽部位,不影响塑件的外形美观。在推出塑件时浇口被切断,但需要有较大的推力,强韧的塑料不宜采用。其具体结构如图 6-15 所示。

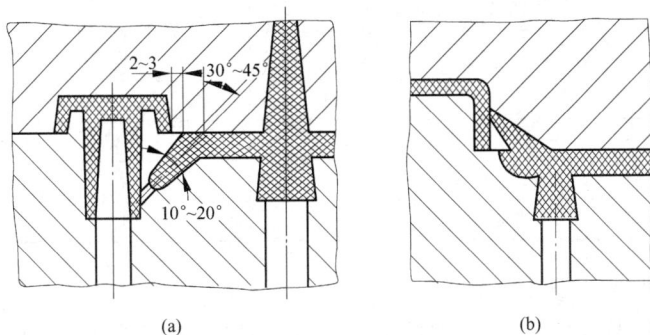

图 6-15　潜伏式浇口

5）护耳式浇口

如图 6-16 所示,在浇口与型腔之间设置护耳,使高速流动的熔体冲击在护耳壁上,从而降低流速,改变流向,使熔体得以均匀地流入型腔。它适用于 PC、PMMA 等流动性较差的塑料。采用这种浇口可减少成型时浇口处的残余应力,但成型后要增加去除护耳工序,应用受到限制。

一般护耳的宽度 b 等于分流道直径,长度 L 为宽度 b 的 1.5 倍,$l = 0.5L$,厚度为塑件壁厚的 0.9 倍左右。浇口厚度与护耳厚度相同,宽为 $1.5 \sim 3\text{mm}$,浇口长度一般在 1.5mm 以上。

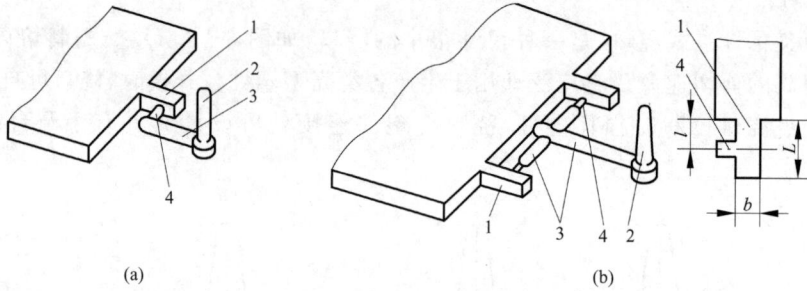

1—护耳；2—主流道；3—分流道；4—浇口。

图 6-16　护耳式浇口

5. 常见浇口尺寸的经验值

常见浇口尺寸见表 6-2 和表 6-3。

表 6-2　常用塑料的直浇口尺寸　　　　　　　　　　　　单位：mm

塑件质量/g	<35		<340		≥340	
主流道直径	d	D	d	D	d	D
PS	2.5	4	3	6	3	8
PE	2.5	4	3	6	3	7
ABS	2.5	5	3	7	4	8
PC	3	5	3	8	5	10

表 6-3　侧浇口和点浇口尺寸的推荐值　　　　　　　　　　单位：mm

塑件壁厚	侧浇口截面尺寸		点浇口直径 d	浇口长度 l
	深度 h	宽度 b		
<0.8	~0.5	~1.0	—	
0.8~2.4	0.5~1.5	0.8~2.4	0.8~1.3	—
2.4~3.2	1.5~2.2	2.4~3.3	—	—
3.2~6.4	2.2~2.4	3.3~6.4	1.0~3.0	1.0

6. 浇口位置的选择

浇口的位置对塑件质量有直接影响，位置选择不当会使塑件产生变形、熔接痕、凹陷、裂纹等缺陷。

1）浇口的位置应使填充型腔的流程最短

这样的结构压力损失最小，易使料流充满整个型腔。对大型塑件，要进行流动比的校核。流动比 K 由流动通道的长度 L 与厚度 t 之比确定：

$$K = \sum_{i=1}^{n} \frac{L_i}{t_i}$$

式中：L_i——各段流道的流程长度，mm；

t_i——各段流道的厚度或直径，mm。

流动比的允许值随塑料熔体的性质、温度、注塑压力等的不同而变化，表 6-4 列出通过实验得出的流动比的允许值,供模具设计时参考。

流动比的计算示例如图 6-17 所示。其计算式为

$$① \ K = \frac{L_1}{t_1} + \frac{L_2 + L_3}{t_2};$$

$$② \ K = \frac{L_1}{t_1} + \frac{L_2}{t_2} + \frac{L_3}{t_3} + \frac{2L_4}{t_4} + \frac{L_5}{t_5}$$

表 6-4　常用塑料的允许流动范围

塑料名称	注塑压力/MPa	L/t	塑料名称	注塑压力/MPa	L/t
PE	150	25~280	HPVC	130	130~170
	60	10~140		90	100~140
PP	120	280		70	70~110
	70	20~240	SPVC	90	200~280
PS	90	20~300		70	100~240
PA	90	20~360	PC	130	120~180
POM	100	11~210		90	90~130

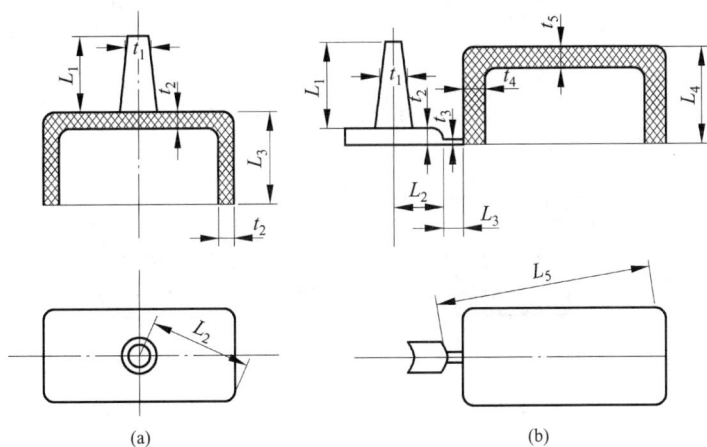

图 6-17　流动比的计算示例

若计算的流动比超过允许值会出现充型不足,对此应调整浇口位置或增加浇口数量。

2) 浇口设置应有利于排气和补缩

图 6-18(a)采用侧浇口,在进料时顶部形成封闭气囊,在塑件顶部常留下明显的熔接痕;图 6-18(b)采用点浇口,有利于排气,整件质量较好。图 6-19 所示塑件壁厚相差较大,图 6-19(a)将浇口开在薄壁处不合理;图 6-19(b)将浇口设在厚壁处,有利于补缩,可避免缩孔、凹痕产生。

3) 浇口位置的选择要避免塑件变形

如图 6-20(a)所示,平板形塑件只用一个中心浇口,塑件会因内应力集中而翘曲变形;而图 6-20(b)采用多个点浇口,可以弥补翘曲变形的缺陷。

4) 浇口位置的设置应减少或避免产生熔接痕

熔接痕处是充型时前端较冷的料流在型腔中的对接部位,它的存在会降低塑件的强度,所以设置浇口时应考虑料流的方向。例如,如果塑件成型采用图 6-21(a)的形式,浇口数量

多,产生熔接痕的机会就多。流程不长时应尽量采用一个浇口,图 6-21(b)的形式可以减少熔接痕的数量。对大多数框形塑件,图 6-22(a)所示浇口位置使料流的流程过长,熔接处料温过低,熔接痕处强度低,会形成明显的接缝。图 6-22(b)所示浇口位置使料流的流程短,熔接痕处强度高。为提高熔接痕处强度,可在熔接处增设溢流槽,使冷料进入溢流槽,如图 6-23 所示。筒形塑件采用环形浇口无熔接痕,而轮辐式浇口会产生熔接痕。

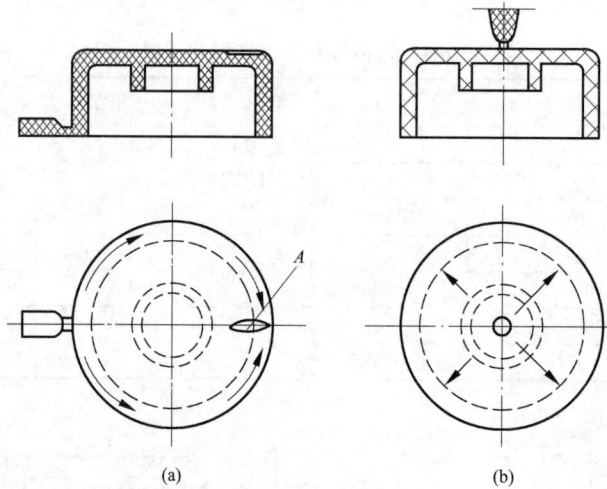

(a)　(b)

图 6-18　浇口位置应有利于排气

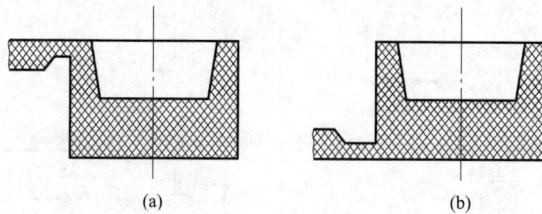

(a)　(b)

图 6-19　浇口位置应有利于补缩

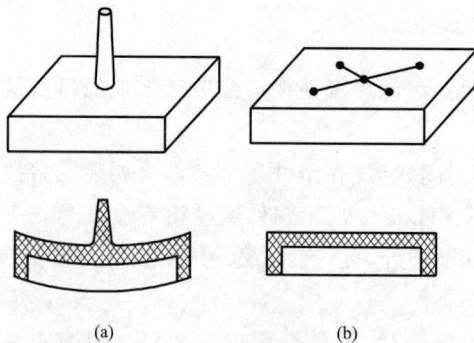

(a)　(b)

图 6-20　浇口要避免塑件变形

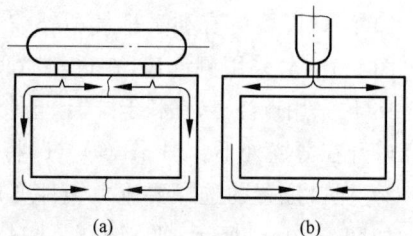

(a)　(b)

图 6-21　浇口应减少熔接痕的数量

5) 浇口的位置应避免侧面冲击细长型芯或镶件

塑件成型如采用图 6-24(a)的形式,细长型芯易发生变形或弯曲;而图 6-24(b)的形式采用正对着型芯顶部的点浇口,就不会使型芯变形。

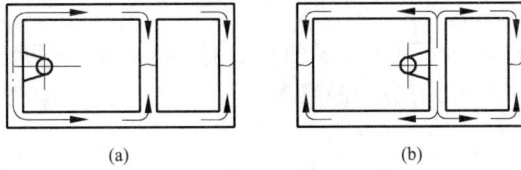

图 6-22　浇口应使料流流程短

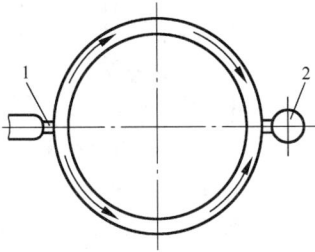

1—浇口；2—溢流槽。

图 6-23　熔接处开溢流槽

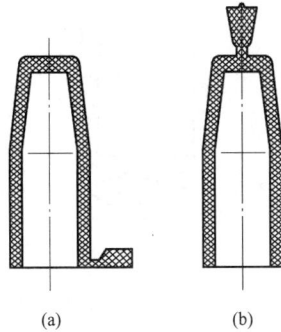

图 6-24　浇口应避免冲击细长型芯

6.2　分型面的选择与排气系统的设计

6.2.1　分型面的选择

　　塑料在模具型腔凝固形成塑件，为将塑件取出，必须将模具型腔打开，即必须将模具分成定模和动模两部分。定模和动模相接触的面称为分型面。分型面的形状有平面、斜面、阶梯面、曲面等，如图 6-25 所示。

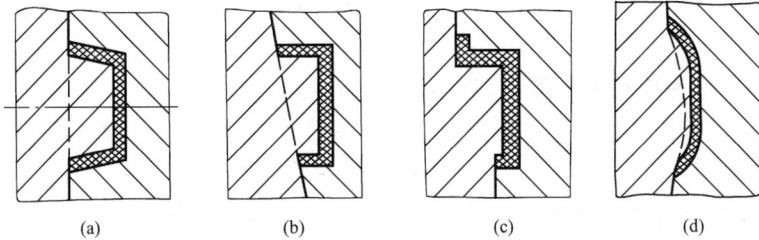

图 6-25　分型面的形状

　　分型面的选择对塑件质量、操作难易程度、模具结构及制造都有很大的影响。通常遵循以下原则：

　　1) 分型面的选择应有利于脱模

　　(1) 分型面应取在塑件尺寸最大处。如图 6-26 所示，在 A—A 处设置分型面可顺利脱模，若将分型面设在 B—B 处则取不出塑件。

　　(2) 分型面应使塑件留在动模部分。由于推出机构通常设置在动模一侧，将型芯设置在动模部分，塑件冷却收缩后包紧型芯，使塑件留在动模，这样有利于脱模，如图 6-27 所示。如果塑件的壁厚较大、内孔较小或者有嵌件，为使塑件留在动模，一般应将凹模(型腔)也设在动模一侧,如图 6-28 所示。

(3) 拔模斜度小或塑件较高时,为了便于脱模,可将分型面选在塑件的中间部位,如图 6-29 所示。但此时塑件外形有分型的痕迹。

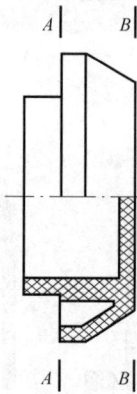

图 6-26 分型面取在塑件尺寸最大处

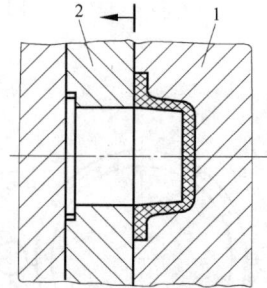

1—定模;2—动模。

图 6-27 分型面应使塑件留在动模

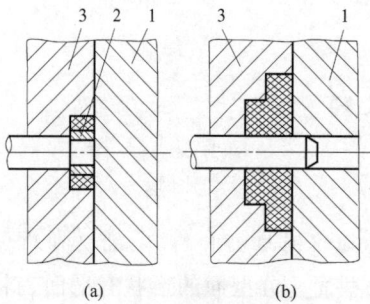

(a)   (b)

1—定模;2—嵌件;3—动模。

图 6-28 有嵌件或小孔时的分型面

(a) 有嵌件;(b) 有小孔

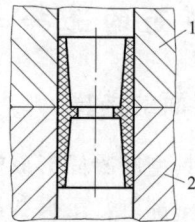

1—定模;2—动模。

图 6-29 拔模斜度小、塑件较高的分型面

2) 分型面的选择应有利于保证塑件的外观质量和精度要求

如图 6-30(a)所示的分型面方案较合理;如果用图 6-30(b)的形式,即在圆弧处分型会影响外观,应尽量避免。

塑件有同轴度要求时,为防止两部分错型,一般将型腔放在模具的同一侧,如图 6-30(c)所示。图 6-30(d)的形式不妥。

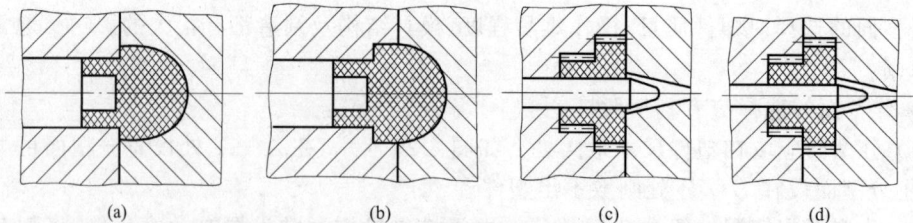

(a)   (b)   (c)   (d)

图 6-30 分型面应保证塑件的外观质量和精度要求

　　3）分型面的选择应有利于成型零件的加工制造

　　如图 6-31(a)所示的斜分型面，凸模与凹模的倾斜角度一致，加工成型较方便；而图 6-31(b)的形式较难加工。

　　4）分型面应有利于侧向抽芯

　　塑件有侧凹或侧孔时，侧向滑块型芯宜放在动模一侧，这样模具结构较简单。由于侧向抽芯机构的抽拔距离都较小（除液压抽芯机构外），选择分型面时应将抽芯距离小的方向放在侧向，如图 6-32(a)所示。图 6-32(b)所示的分型面不妥。但是，当投影面积较大而又需侧向分型抽芯时，由于侧向滑块合

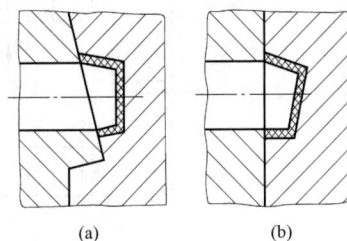

图 6-31　分型面应有利于成型零件加工

模时的锁紧力较小，应将投影面积较大的分型面设在垂直于合模方向上，如图 6-32(c)所示；如采用图 6-32(d)的形式会由于侧滑块锁不紧而产生溢料。

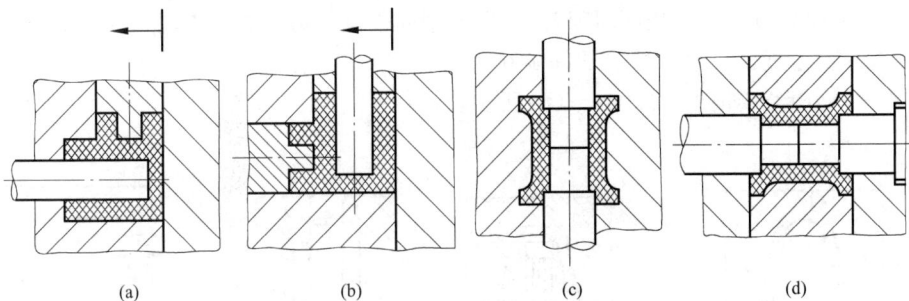

图 6-32　分型面应有利于侧向抽芯

6.2.2　排气系统的设计

　　塑料熔体在填充模具的型腔过程中会同时排出型腔及流道原有的空气，除此以外，塑料熔体会产生微量的分解气体。这些气体必须及时排出。否则，被压缩的气体产生高温，会引起塑件局部碳化烧焦，或使塑件产生气泡，或使塑件熔接不良引起强度下降，甚至充模不满等。

　　一般有以下几种排气方式：

　　1）排气槽排气

　　成型大中型塑件的模具，通常在分型面上的凹模一边开设排气槽，排气槽的位置以处于熔体流动末端为宜，如图 6-33 所示。排气槽宽度 $b=3\sim5\text{mm}$，深度 $h=0.05\text{mm}$，长度 $l=0.7\sim1.0\text{mm}$，可增加到 $0.8\sim1.5\text{mm}$。常用塑料的排气槽深度尺寸见表 6-5。

表 6-5　常用塑料的排气槽深度　　　　　　　　　　单位：mm

塑料品种	排气槽深度	塑料品种	排气槽深度
PE	0.02	AS	0.03
PP	0.01~0.02	POM	0.01~0.03
PS	0.02	PA	0.01
SB	0.03	PA（GF）	0.01~0.03
ABS	0.03	PETP	0.01~0.03
SAN	0.03	PC	0.01~0.03

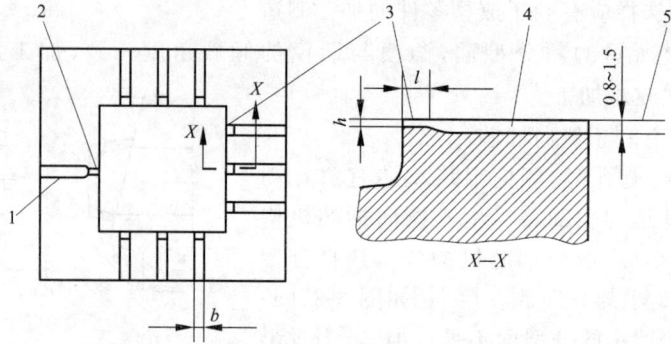

1—分流道；2—浇口；3—排气槽；4—导向沟；5—分型面。

图 6-33　排气槽设计

2）分型面排气

对于小型模具可利用分型面间隙排气，但分型面须位于熔体流动末端，如图 6-34(a)所示。

3）利用型芯、顶杆、镶拼件等的间隙排气

这几种排气形式如图 6-34(b)～(d)所示。

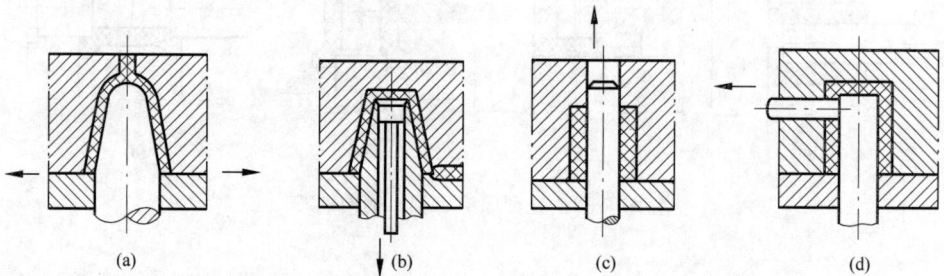

图 6-34　排气形式

另外，对于一些大型、深腔、壳型塑件，注塑成型以后，整个型腔由塑料填满，型腔内部气体被排除。当塑件脱模时，塑件的包容面与型芯的被包容面基本上构成真空，由于受到大气压力的作用，致使脱模困难，因而必须考虑引气。引气同样可利用型芯与顶杆之间的间隙、加大型芯的斜度或镶块边上开侧隙（与排气槽的尺寸相同）等方法。

6.3　成型零件设计

直接与塑料接触构成塑件形状的零件称为成型零件，其中构成塑件外形的成型零件称为凹模，构成塑件内部形状的成型零件称为凸模（或型芯）。由于凹、凸模件直接与高温、高压的塑料接触，并且脱模时反复与塑件摩擦，因此，要求凹、凸模件具有足够的强度、刚度、硬度、耐磨性、耐腐蚀性以及足够低的表面粗糙度。

6.3.1　成型零件结构设计

1．凹模结构

1）整体式凹模

直接在选购的模架板上开挖型腔，如图 6-35 所示。其优

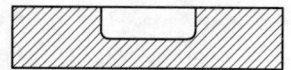

图 6-35　整体式凹模

点是加工成本低。但是,通常模架的模板材料为普通的中碳钢,用作凹模,使用寿命短;若选用价格昂贵的模板材料制作整体凹模,则制造成本高。

通常,对于成型 1 万次以下塑件的模具或塑件精度要求低、形状简单的模具可采用整体式凹模。

2) 整体嵌入式凹模

将稍大于塑件外形(大一个足够强度的壁厚)的较好的材料(高碳钢或合金工具钢)制成凹模,再将此凹模嵌入模板中固定(图 6-36)。

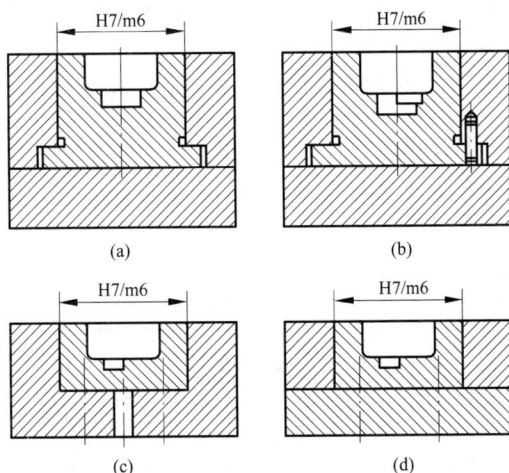

图 6-36 整体嵌入式凹模

其优点是"好钢用在了刀刃上",既可保证凹模的使用寿命,又不浪费价格昂贵的材料;并且凹模损坏后,维修、更换方便。

3) 局部镶拼式凹模

对于形状复杂或某局部易损坏的凹模,将难以加工或易损坏的部分设计成镶件形式,嵌在型腔主体上,如图 6-37 所示。

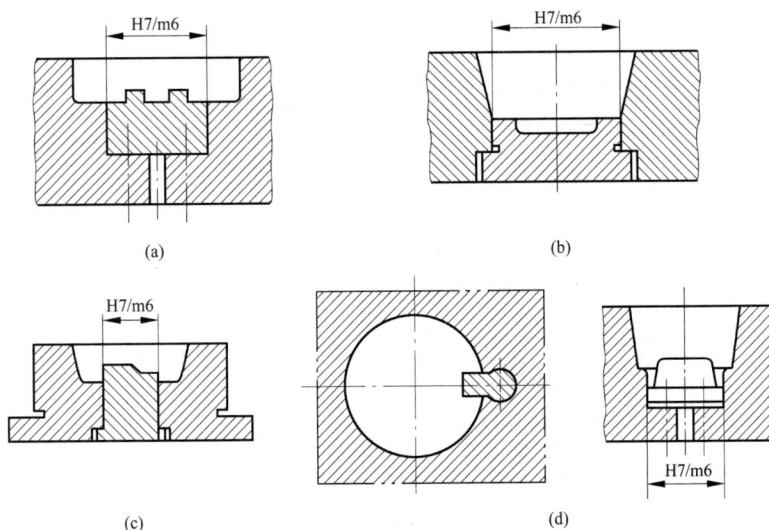

图 6-37 局部镶拼式凹模

4）四壁拼合式凹模

对于大型的复杂凹模,可以采用将凹模四壁单独加工后镶入模套中,然后再和底板组合的形式,如图 6-38 所示。

5）螺纹型环

螺纹型环是用来成型塑件外螺纹的一类活动镶件,成型后随塑件一起脱模,在模外卸下。图 6-39(a)所示为整体式螺纹型环,配合长度 5～8mm,为了便于安装,其余部分制成 3°～5°斜度,下端加工出四侧平面,便于用工具将其从塑件上拧下来。图 6-39(b)所示为对开组合式型环,用于成型精度不高的粗牙螺纹。对开两半之间用销定位,上部制出撬口,便于成型后在模外用工具将两对开块分开。

综上所述,凹模结构用得最多的是整体嵌入式和局部镶拼式。

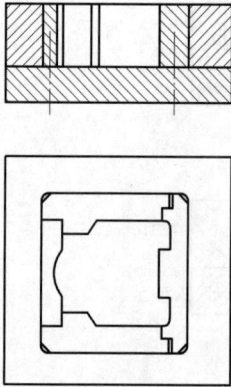

图 6-38　四壁拼合式凹模

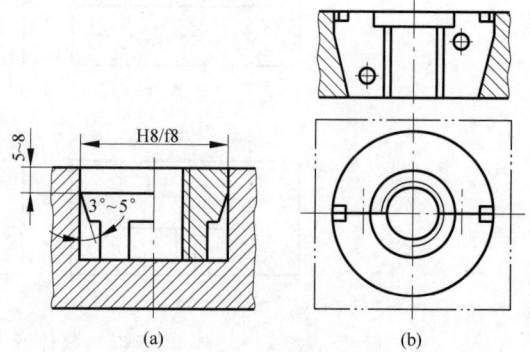

(a)　　　　(b)

图 6-39　螺纹型环

2. 凸模结构

整体式凸模浪费材料太多且切削加工量大,现今的模具中几乎没有这种结构。主要有整体嵌入式凸模和镶拼组合式凸模两种,如图 6-40 和图 6-41 所示。

3. 小型芯

细小的凸模通常称为型芯,用于塑件孔或凹槽的成型。各种孔的成型方法如图 6-42～图 6-44 所示。

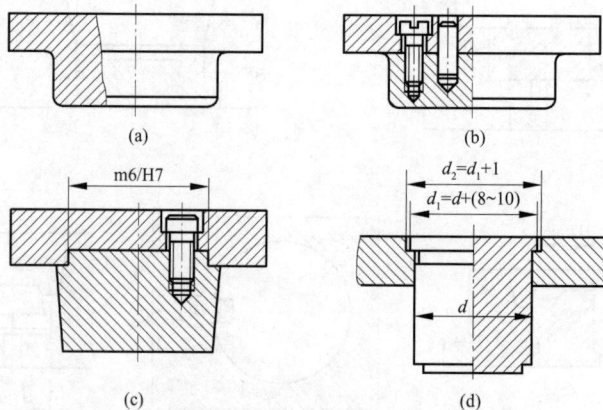

(a)　　　　(b)

(c)　　　　(d)

图 6-40　整体嵌入式凸模

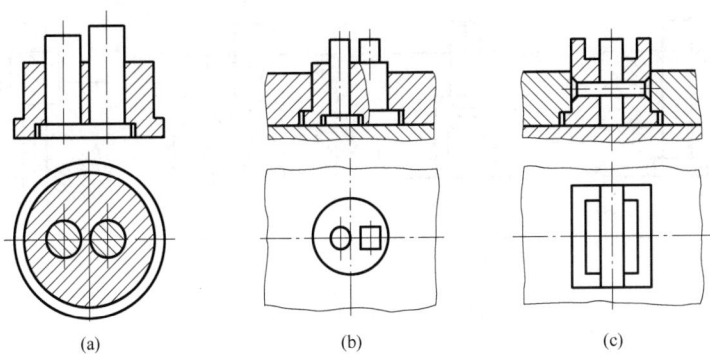

图 6-41 镶拼组合式凸模

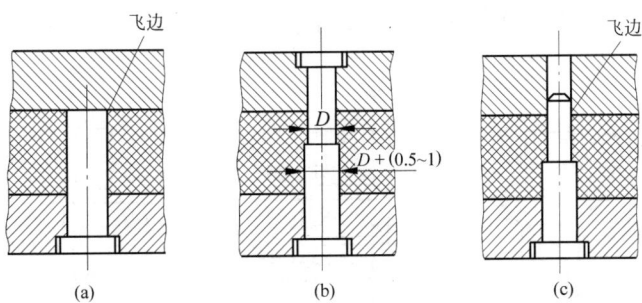

图 6-42 通孔的成型方法

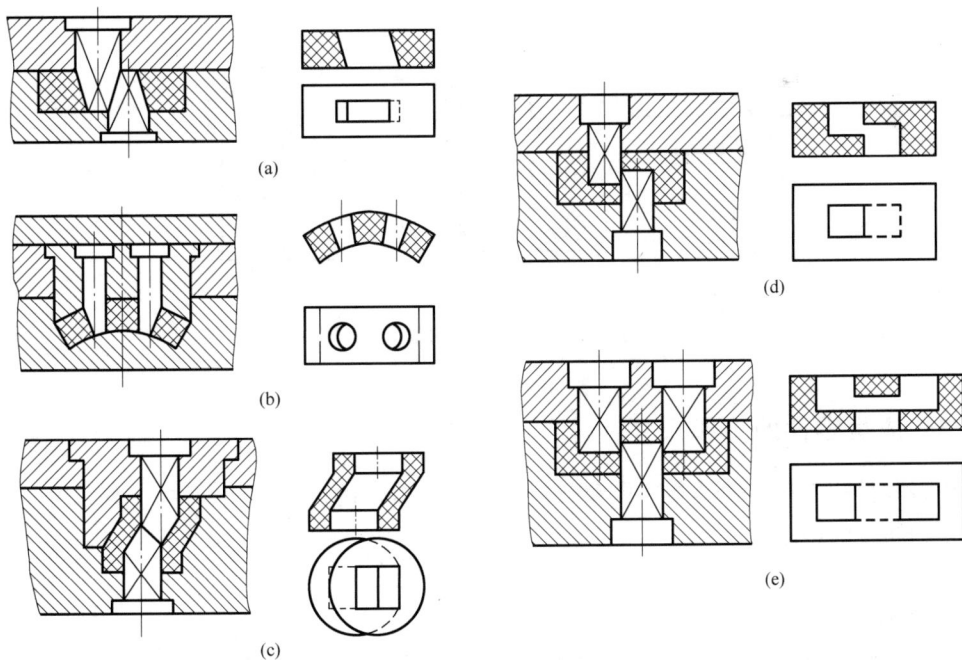

图 6-43 用拼合型芯成型异型孔

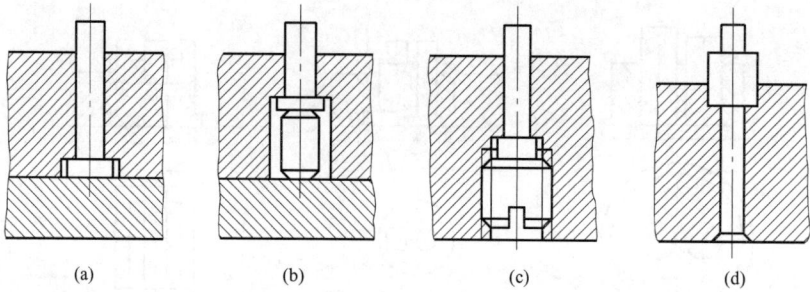

图 6-44　小型芯的固定方法

4．活动型芯

有时为了使模具简单，将螺纹型芯或安放螺纹型环嵌件用的型芯做成活动的镶件。这种形式的型芯成型前在模具中常以 H8/f8 配合活动放置，成型后随塑件一起在模外取出，如图 6-45 所示。

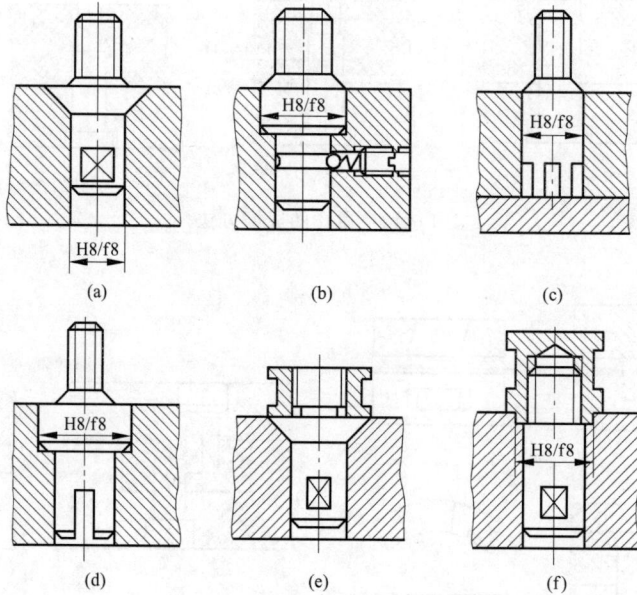

图 6-45　活动型芯的安装形式

6.3.2　成型零件的工作尺寸计算

成型零件的工作尺寸是指凹模和凸模直接构成塑件的尺寸。凹、凸模工作尺寸的精度直接影响塑件的精度。

1．影响工作尺寸的因素

1）塑件收缩率的影响

由于塑料热胀冷缩，成型冷却后的塑件尺寸小于模具型腔的尺寸。

2）凹、凸模工作尺寸的制造公差

它直接影响塑件的尺寸公差。通常凹、凸模的制造公差取塑件公差的 1/3～1/6，表面

粗糙度取值为 $Ra = 0.8 \sim 0.4 \mu m$。

　　3）凹、凸模使用过程中的磨损量及其他因素的影响

　　生产过程中的磨损以及修复会使得凸模尺寸变小，凹模尺寸变大。

　　因此，成型大型塑件时，收缩率对塑件的尺寸影响较大；而成型小型塑件时，制造公差与磨损量对塑件的尺寸影响较大。常用塑件的收缩率通常在百分之几到千分之几之间。具体塑料的收缩率参见第 2 章及有关手册或某种塑料产品说明书。

　　2. 凹、凸模的工作尺寸计算

　　通常凹、凸模的工作尺寸根据塑料的收缩率，凹、凸模零件的制造公差以及磨损量 3 个因素确定。

　　1）凹模的工作尺寸计算

　　凹模是成型塑件外形的模具零件，其工作尺寸属包容尺寸，在使用过程中凹模的磨损会使包容尺寸逐渐增大。所以，为了使得模具的磨损留有修模的余地以及由于装配的需要，在设计模具时，包容尺寸尽量取下限尺寸，尺寸公差取上偏差。具体计算公式如下：

　　凹模的径向尺寸计算公式为

$$L = [L_塑(1 + k) - (3/4)\Delta]_0^{+\delta} \tag{6-1}$$

式中：$L_塑$——塑件外形径向公称尺寸；

　　　　k——塑料的平均收缩率；

　　　　Δ——塑件的尺寸公差；

　　　　δ——模具制造公差，取塑件相应尺寸公差的 $1/3 \sim 1/6$。

　　凹模的深度尺寸计算公式为

$$H = [H_塑(1 + k) - (2/3)\Delta]_0^{+\delta} \tag{6-2}$$

式中：$H_塑$——塑件高度方向的公称尺寸。

　　2）凸模的工作尺寸计算

　　凸模是成型塑件内形的模具零件，其工作尺寸属被包容尺寸，在使用过程中凸模的磨损会使被包容尺寸逐渐减小。所以，为了使得模具的磨损留有修模的余地以及由于装配的需要，在设计模具时，被包容尺寸尽量取上限尺寸，尺寸公差取下偏差。具体计算公式如下：

　　凸模的径向尺寸计算公式为

$$l = [l_塑(1 + k) + (3/4)\Delta]_{-\delta}^0 \tag{6-3}$$

式中：$l_塑$——塑件内形径向公称尺寸。

　　凸模的高度尺寸计算公式为

$$h = [h_塑(1 + k) + (2/3)\Delta]_{-\delta}^0 \tag{6-4}$$

式中：$h_塑$——塑件深度方向的公称尺寸。

　　3）模具中的位置尺寸计算（如孔的中心距尺寸）

　　计算公式为

$$C = C_塑(1 + k) \pm \delta/2 \tag{6-5}$$

式中：$C_塑$——塑件位置尺寸。

　　4）计算实例

　　图 6-46 所示为塑件结构尺寸以及相应的模具型腔结构，已知塑件材料为聚丙烯，收缩率为 $1\% \sim 3\%$，求凹凸模构成型腔的尺寸。

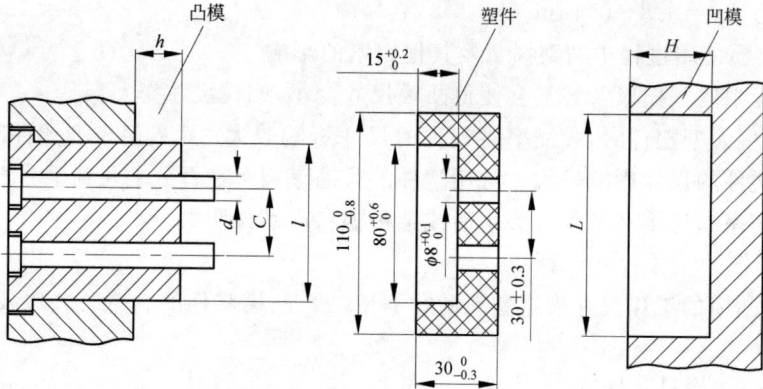

图 6-46　塑件及相应的凹、凸模结构

解：塑料的平均收缩率为 2%。

（1）凹模有关尺寸的计算

径向尺寸：

$$L = [L_{塑}(1+k) - (3/4)\Delta]_{0}^{+\delta}$$
$$= [110 \times (1+0.02) - (3/4) \times 0.8]_{0}^{0.8 \times 1/6} \text{mm}$$
$$= 111.6_{0}^{+0.13} \text{mm}$$

深度尺寸：

$$H = [H_{塑}(1+k) - (2/3)\Delta]_{0}^{+\delta}$$
$$= [30 \times (1+0.02) - (2/3) \times 0.3]_{0}^{0.3 \times 1/6} \text{mm}$$
$$= 30.4_{0}^{+0.05} \text{mm}$$

（2）凸模有关尺寸的计算

径向尺寸：

$$l = [l_{塑}(1+k) + (3/4)\Delta]_{-\delta}^{0}$$
$$= [80 \times (1+0.02) + (3/4) \times 0.6]_{-0.6 \times 1/6}^{0} \text{mm}$$
$$= 82.05_{-0.1}^{0} \text{mm}$$

深度尺寸：

$$h = [h_{塑}(1+k) + (2/3)\Delta]_{-\delta}^{0}$$
$$= [15 \times (1+0.02) + (2/3) \times 0.2]_{-0.2 \times 1/5}^{0} \text{mm}$$
$$= 15.43_{-0.04}^{0} \text{mm}$$

型芯直径：

$$d = [d_{塑}(1+K) + (3/4)\Delta]_{-\delta}^{0}$$
$$= [8 \times (1+0.02) + (3/4) \times 0.1]_{-0.1 \times 1/5}^{0} \text{mm}$$
$$= 8.24_{-0.02}^{0} \text{mm}$$

（3）模具型芯位置尺寸计算

$$C = C_{塑}(1+k) \pm \delta/2$$
$$= [30 \times (1+0.02) \pm (0.6 \times 1/6)/2] \text{mm}$$
$$= (30.6 \pm 0.05) \text{mm}$$

3. 螺纹型环和螺纹型芯的尺寸计算

1）螺纹型环的尺寸计算

计算公式为

$$D_{中} = [D_{塑中}(1+k)-\Delta]_0^{+\delta} \tag{6-6}$$

$$D_{大} = [D_{塑大}(1+k)-\Delta]_0^{+\delta} \tag{6-7}$$

$$D_{小} = [D_{塑小}(1+k)-\Delta]_0^{+\delta} \tag{6-8}$$

式中：$D_{中}$——螺纹型环的中径尺寸；

$D_{大}$——螺纹型环的大径尺寸；

$D_{小}$——螺纹型环的小径尺寸；

$D_{塑中}$——塑件外螺纹的中径公称尺寸；

$D_{塑大}$——塑件外螺纹的大径公称尺寸；

$D_{塑小}$——塑件外螺纹的小径公称尺寸；

Δ——塑件外螺纹的中径公差；

δ——螺纹型环的制造公差，对于中径，$\delta=\Delta/5$，对于大径和小径，$\delta=\Delta/4$。

2）螺纹型芯的尺寸计算

计算公式为

$$d_{中} = [d_{塑中}(1+k)+\Delta]_{-\delta}^0 \tag{6-9}$$

$$d_{大} = [d_{塑大}(1+k)+\Delta]_{-\delta}^0 \tag{6-10}$$

$$d_{小} = [d_{塑小}(1+k)+\Delta]_{-\delta}^0 \tag{6-11}$$

式中：$d_{中}$——螺纹型芯的中径尺寸；

$d_{大}$——螺纹型芯的大径尺寸；

$d_{小}$——螺纹型芯的小径尺寸；

$d_{塑中}$——塑件内螺纹的中径公称尺寸；

$d_{塑大}$——塑件内螺纹的大径公称尺寸；

$d_{塑小}$——塑件内螺纹的小径公称尺寸；

Δ——塑件内螺纹的中径公差；

δ——螺纹型芯的制造公差，对于中径，$\delta=\Delta/5$，对于大径和小径，$\delta=\Delta/4$。

3）螺距工作尺寸计算

计算公式为

$$P = P_{塑}(1+k)\pm\delta/2 \tag{6-12}$$

式中：$P_{塑}$——塑料螺纹制件螺距的公称尺寸；

δ——螺距的制造公差，见表 6-6；

P——螺纹型环或螺纹型芯的螺距尺寸。

表 6-6　螺纹型芯或型环螺距的制造公差　　　　　　　单位：mm

螺纹直径	配合长度	制造公差 δ
3～10	～12	0.01～0.03
12～22	>12～20	0.02～0.04
24～66	>20	0.03～0.05

一般情况下,当螺纹牙数少于7～8牙时,可不进行螺距工作尺寸计算,而是靠螺纹的旋合间隙补偿。

6.3.3　型腔的侧壁和底板厚度计算

在注塑成型过程中,型腔承受塑料熔体的高压作用,因此凹模侧壁与凹模的底板必须具有足够的强度和刚度。如果凹模和底板的厚度过小,则强度、刚度会不足。强度不足会导致型腔产生塑性变形甚至破裂;刚度不足将产生过大的弹性变形,并产生溢料间隙。表6-7示出了常用塑料的刚度条件[δ]值的允许范围。

表 6-7　常用塑料的[δ]值允许范围　　　　　　　　　单位：mm

黏度特性	塑料品种	[δ]值允许范围
高黏度	PC,PPO,PSF,HPVC	0.06～0.08
中黏度	PS,ABS,PMMA	0.04～0.05
低黏度	PA,PE,PP	0.025～0.04

模具型腔受力状况如图 6-47 所示。

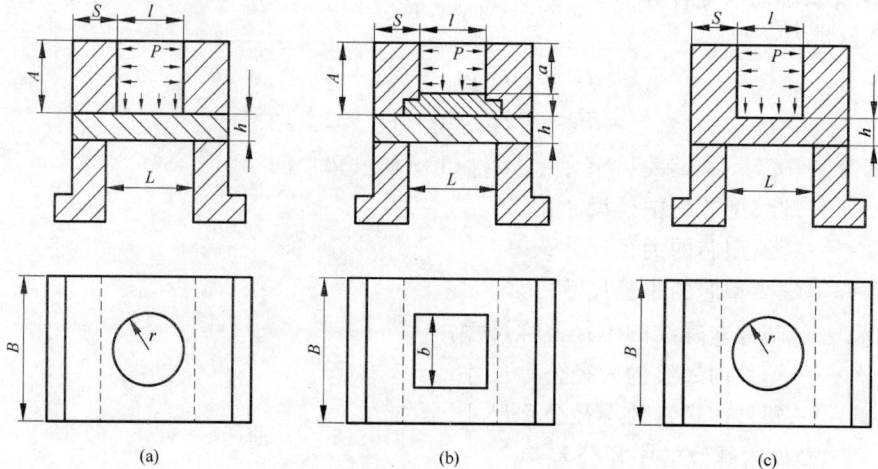

图 6-47　各种形式模具型腔受力状况

1. 型腔侧壁的厚度计算

对型腔侧壁的厚度分别作强度和刚度计算,图 6-47(a)所示结构的强度、刚度最差,取计算所得数值大者作为厚度设计依据,则这个厚度值也能够满足后两种结构形式。

若型腔为圆形,则刚度计算公式为

$$S = r\left[\left(\frac{E[\delta]/rP - \mu + 1}{E[\delta]/rP - \mu - 1}\right)^{1/2} - 1\right] = \left[\left(\frac{E(\delta) + 0.75rP}{E(\delta) - 1.25rP}\right)^{1/2} - 1\right] \qquad (6\text{-}13)$$

强度计算公式为

$$S = \left[\left(\frac{[\sigma]}{[\sigma] - 2P}\right)^{1/2} - 1\right] \qquad (6\text{-}14)$$

式中：S——型腔侧壁厚度,mm;

　　　r——型腔半径,mm;

　　　$[\sigma]$——模具材料的许用应力,MPa;

P——型腔所受压力,MPa;

E——模具材料的弹性模量,MPa,碳钢为 2.1×10^5 MPa;

$[\delta]$——刚度条件,即允许变形量,mm,按表 6-7 选取;

μ——模具材料的泊松比,碳钢为 0.25。

若型腔为矩形(图 6-47(b)),则刚度计算公式为

$$S = \left(\frac{aPL^4}{32EA[\delta]}\right)^{1/3} = 0.31L\left(\frac{aPL}{EA[\delta]}\right)^{1/3} \tag{6-15}$$

强度计算公式为

$$S = \left(\frac{aPL^2}{2A[\sigma]}\right)^{1/2} = 0.71L\left(\frac{aP}{A[\sigma]}\right)^{1/2} \tag{6-16}$$

式中:S——矩形型腔长边侧壁厚度,mm;

P——型腔压力,MPa;

L——型腔长边长度,mm;

a——型腔侧壁受压高度,mm;

A——型腔侧壁全高度,mm;

$[\delta]$——允许变形量,mm,由表 6-7 查得;

E——模具材料的弹性模量,MPa;

$[\sigma]$——模具材料的许用应力,MPa。

2. 型腔底板厚度计算

通常凹、凸模下面有一底板,起支承作用。在动模一侧的底板因其下面顶出机构的空间,故此底板应具有足够的强度与刚度,其厚度可根据下列公式计算。

若型腔为圆形(图 6-47(a)),则刚度计算公式为

$$h = \left[\frac{Pr^2}{120EB[\delta]}(30\pi L^3 - 45\pi Lr^2 + 64r^3)\right]^{1/3} \tag{6-17}$$

强度计算公式为

$$h = r\left[\frac{P(3\pi L - 8r)}{2B[\sigma]}\right]^{1/2} \tag{6-18}$$

若型腔为矩形(图 6-47(b)),则刚度计算公式为

$$h = \left[\frac{Pbl}{32EB[\delta]}(8L^3 - 4Ll^2 + l^3)\right]^{1/3} \tag{6-19}$$

强度计算公式为

$$h = \left[\frac{3Pbl}{4B[\sigma]}(2L - l)\right]^{1/2} \tag{6-20}$$

设型腔压力通过型芯或型腔镶块传递到支承板上,如图 6-48 所示。

在利用以上公式时将型腔压力换算成支承板上的压力 P_1,即

$$P_1 = \left(\frac{f}{f_1}\right)P \tag{6-21}$$

式中:P——型腔压力,MPa;

P_1——支承板承受压力,MPa;

f——型芯或镶块受压面积,mm^2;

f_1——型芯或镶块底面面积,mm^2。

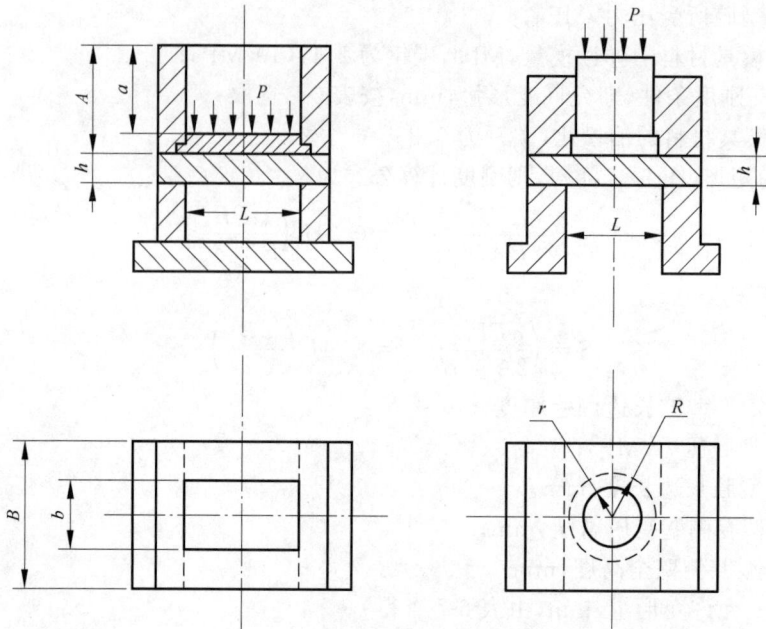

图 6-48　支承板受力情况

　　由于注塑成型受温度、压力、塑料特性及塑件形状复杂程度等因素的影响,所以以上计算结果并不能完全真实地反映模具型腔的受力情况。通常进行模具设计时,型腔壁厚及支承板厚度不通过计算确定,而是凭经验确定。表 6-8 和表 6-9 列举了一些经验数据,供设计时参考。

表 6-8　型腔侧壁厚度 S 的经验数据

型腔压力 P/MPa	型腔侧壁厚度 S/mm	
<29(压塑)	$0.14L+12$	
<49(压塑)	$0.16L+15$	
<49(注塑)	$0.20L+17$	

注:型腔为整体式,$L>100$mm 时,取表中值乘以 $0.85\sim0.9$。

表 6-9　支承板厚度 h 的经验数据　　　　　　　　　　　单位:mm

b	$b\approx L$	$b\approx1.5L$	$b\approx2L$	
<102	$(0.12\sim0.13)b$	$(0.10\sim0.11)b$	$0.08b$	
$102\sim300$	$(0.13\sim0.15)b$	$(0.11\sim0.12)b$	$(0.08\sim0.09)b$	
$300\sim500$	$(0.15\sim0.17)b$	$(0.12\sim0.13)b$	$(0.09\sim0.10)b$	

　　注:当压力 $P<29$MPa,$L\geqslant1.5b$ 时,取表中数值乘以 $1.25\sim1.35$;当 29MPa$\leqslant P<49$MPa,$L\geqslant1.5b$ 时,取表中数值乘以 $1.5\sim1.6$。

6.4　导向与定位机构设计

注塑模具的导向机构主要有导柱导向和锥面定位两种类型。导柱导向机构主要用于动、定模之间的开合模导向,锥面定位机构主要用于动、定模之间的精密对中定位。

6.4.1　导向机构设计

1. 导向机构的作用

(1) 定位作用:合模时确保动、定模的位置正确,以便合模后保持模具型腔的正确形状。

(2) 导向作用:合模时引导动模按序正确闭合,防止损坏凹、凸模。

(3) 承载作用:导柱在工作中承受一定的侧向压力。

2. 导向机构结构及设计

模具设计通常购买标准模架,其中包括导向机构。其结构参见第 4 章标准模架的内容。若自己制造模架,可参考标准模架设计。

6.4.2　定位机构设计

通常采用导向机构就足以确保动、定模之间正确定位。但由于导套和导柱之间存在间隙,所以对于薄壁、精密塑件的注塑模具,仅有导柱导向机构是不够的,还必须在动、定模之间增设锥面定位机构,以满足精密定位和同轴度的要求。

常见的定位机构见图 6-49 锥形导柱定位装置及图 6-50 斜面长条定位装置。

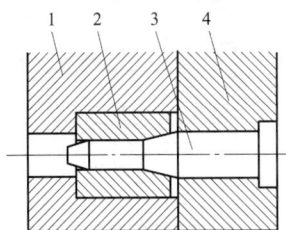

1—动模;2—导套;3—锥形导柱;4—定模。

图 6-49　锥形导柱定位装置

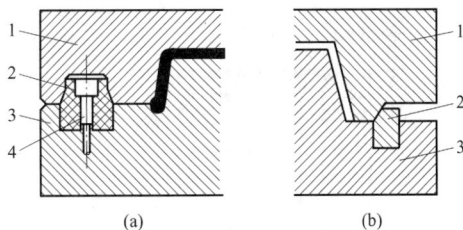

1—凹模板;2—斜面长条;3—型芯;4—螺钉。

图 6-50　斜面长条定位装置

6.5　脱模机构设计

注塑成型每一循环中,塑件必须从模具的凹、凸模上脱出,使塑件脱出的装置称为脱模机构,也称顶出机构。

6.5.1　设计原则

脱模机构设计须遵循以下原则:

(1) 因为塑料收缩时会包紧凸模,所以顶出力的作用点应尽量靠近凸模。

（2）顶出力应作用在塑件刚性和强度最大的部位，如加强肋、凸缘、厚壁等处，作用面积也尽可能大一些，以防止塑件变形和损坏。

（3）为保证良好的塑件外观，顶出位置应尽量设在塑件内部或对塑件外观影响不大的部位。

（4）若顶出部位需设在塑件使用或装配的基面上，为不影响塑件尺寸和使用，一般顶杆与塑件接触处凹进塑件 0.1mm；否则塑件会出现凸起，影响基面的平整。

6.5.2　脱模机构分类

按模具结构来分，脱模机构分为以下几类。

1. 简单脱模机构

在动模一边施加一次顶出力，就可实现塑件脱模的机构称为简单脱模机构。通常包括顶杆（或推杆）脱模机构、顶管（或推管）脱模机构、顶板（或推板）脱模机构、顶块（或推块）脱模机构、活动镶件和凹模脱模机构。

1）顶杆脱模机构

这是最常用的一种脱模机构，如图 6-51 所示。普通顶杆的形状如图 6-52 所示，这些顶杆一般只起顶出作用。有时根据塑件的需要，顶杆还可以参与塑件的成型过程，这时可将顶杆做成与塑件某一部分具有相同形状或作为型芯。顶杆多用 T8A 或 T10A 材料，头部淬火硬度达 50HRC 以上，表面粗糙度值 Ra 小于 $0.8\mu m$，和顶杆孔呈 H8/f8 配合。顶杆是模具标准件，在很多城市的模具标准件商场里有各种直径、长度、断面形状的顶杆出售。

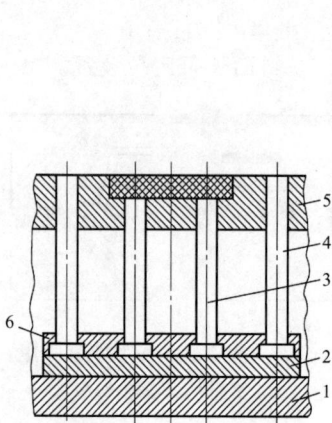

1—动模板；2—顶板；3—顶杆；4—回程杆；
5—动模型板；6—固定板。
图 6-51　顶杆脱模机构

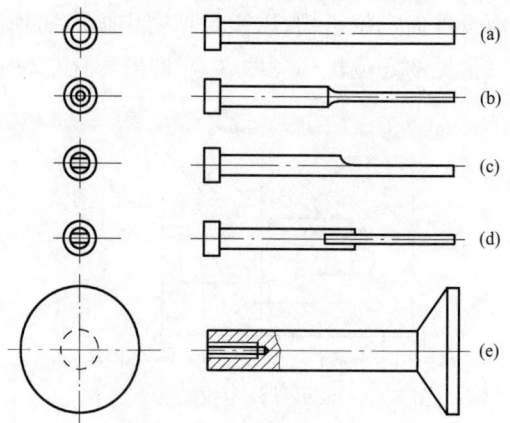

图 6-52　普通顶杆的形状

顶杆的固定一般采用图 6-53 所示的各种形式。

顶杆顶出塑件后，必须回到顶出前的初始位置，才能进行下一循环的工作。因此，还必须设计复位杆来实现这一动作。复位杆又称回程杆。目前常见的回程形式有 3 种：

（1）回程（复位）杆回程，如图 6-54 所示。复位杆端面与分型面平齐，合模时，定模板 4 推动复位杆 5，通过顶杆固定板 7、顶板 8 使顶杆 6 回复到顶出前的位置。复位杆必须与固定顶杆安装在同一固定板上。

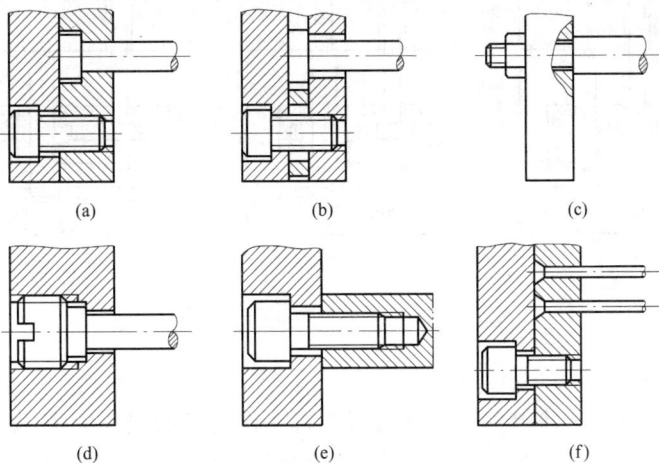

图 6-53　顶杆固定形式

（2）顶杆兼作回程杆回程，如图 6-55 所示。

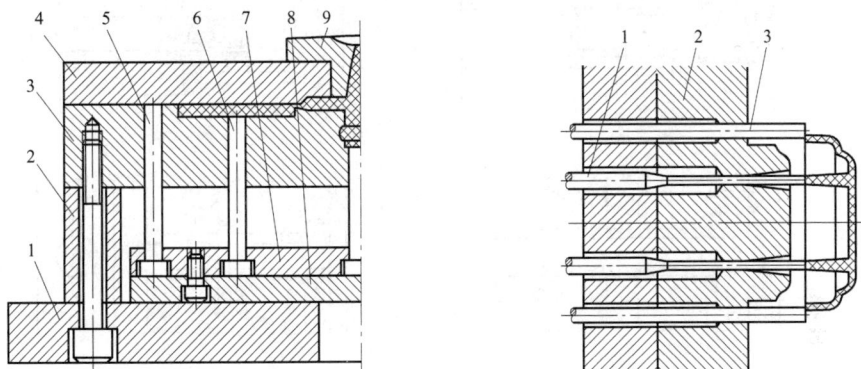

1—动模底板；2—支脚；3—动模板；4—定模板；
5—复位杆；6—顶杆；7—顶杆固定板；8—顶板；9—浇口套。

图 6-54　复位杆回程

1—顶杆；2—动模；3—顶杆（回程杆）。

图 6-55　顶杆兼作回程杆

（3）弹簧回程，如图 6-56 所示。

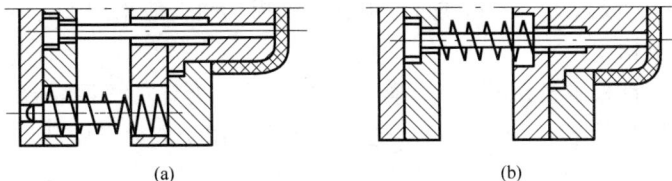

图 6-56　弹簧回程

　　有时，顶出机构中的顶杆较多、顶杆较细，或顶出力不均衡，顶出后顶杆可能发生偏斜，造成顶杆弯曲或折断，为此应考虑设计顶出机构的导向装置。常见的顶出机构导向装置如图 6-57 所示。

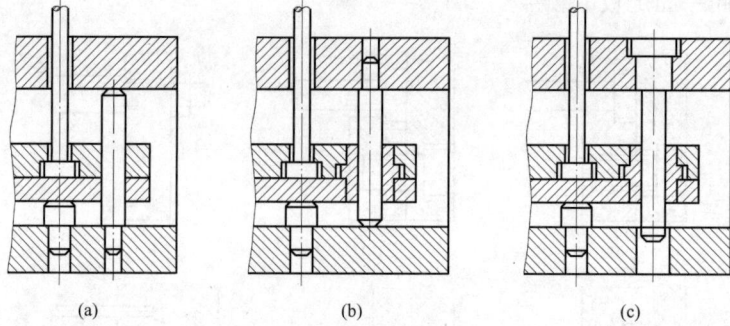

图 6-57　顶出机构的导向装置

2) 顶管脱模机构

顶管脱模机构适用于薄壁圆筒形塑件或局部为圆筒形的塑件脱模,如图 6-58 所示。其顶出的运动方式与顶杆顶出塑件基本相同,只是顶管的中间有一固定型芯,所以要求顶管的固定形式必须与型芯的固定方法相适应。

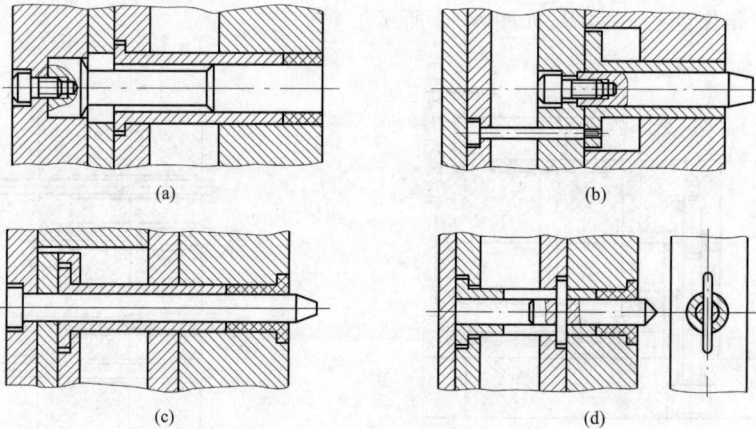

图 6-58　顶管脱模机构

为了缩短顶管与型芯配合长度以减少摩擦,可将顶管配合孔的后半段直径减小;同时为了保护型腔和型芯表面不被擦伤,顶管外径要略小于塑件的外径,而顶管内径则应略大于塑件相应孔的内径,如图 6-59 所示,图中 H 为顶出距离。

顶管与型芯间一般采用 H7/e7 配合,顶管与模板之间一般采用 H7/f7 配合。

3) 推板脱模机构

图 6-60 所示为推板脱模机构,在凸模根部安装了一块与之密切配合的推板。顶出时,推板沿凸模周边移动,将塑件推离凸模。这种机构主要用于大筒形塑件、薄壁容器及各种罩壳形塑件的脱模。推板脱模的特点是顶出均匀、力量大、运动平稳,塑件不易变形,表面无顶痕,结构简单,不需设置复位杆。

为防止推板刮伤凸模,推板内孔直径应比凸模成型部分大 0.20~0.25mm。另外,将凸模和推板的配合面做成锥面,以防止因推板偏心而出现飞边,其单边斜度以 10°左右为宜。

图 6-61 所示为推板脱模机构的各种形式。

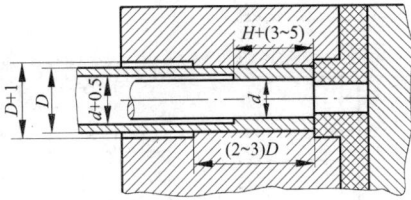

图 6-59　顶管的形状

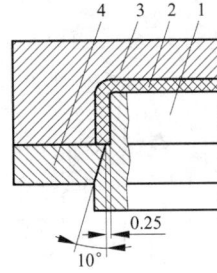

1—型芯；2—塑件；3—定模；4—推板。

图 6-60　推板脱模机构

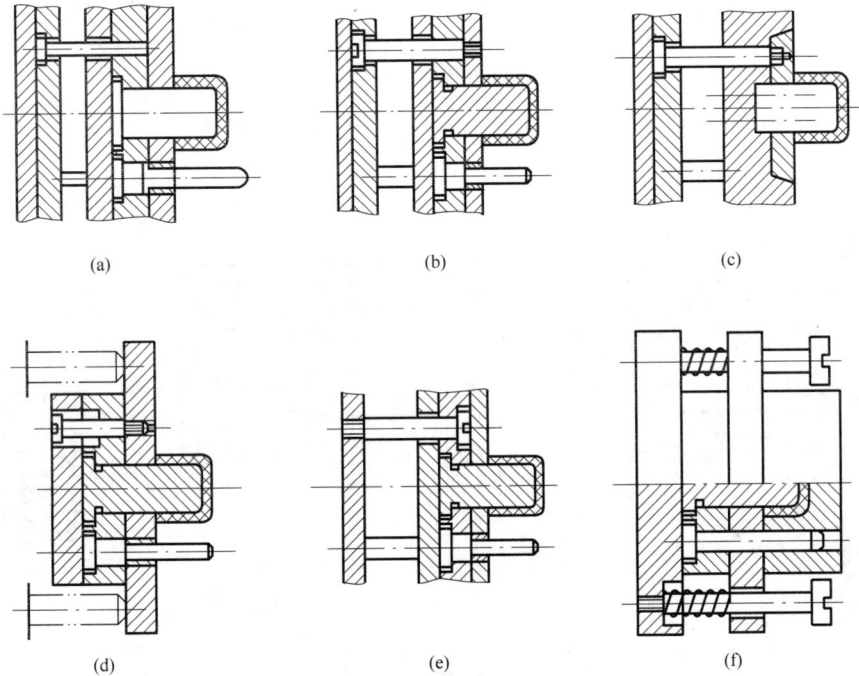

(a)　　　　　　　　　　(b)　　　　　　　　　　(c)

(d)　　　　　　　　　　(e)　　　　　　　　　　(f)

图 6-61　推板脱模机构的形式

图 6-61(b)、(c)中推板由定距螺钉拉住,以防脱落。图 6-61(e)的形式适用于大型深腔容器类塑件,在塑件内表面底部增加一个锥面顶杆与推板联合使用,从运动一开始,就会有空气进入塑件与凸模件之间,防止顶出时塑件与凸模之间形成真空,阻碍塑件脱模。

4) 推块脱模机构

推块脱模机构如图 6-62 所示。

5) 活动镶件和凹模脱模机构

这两种脱模机构如图 6-63 和图 6-64 所示。

2. 二级脱模机构

一般来说,只需一次顶出就可以将塑件从模具型腔中取出。但是由于有些塑件的形状特殊,在一次顶出动作完成后,塑件仍难以从模具型腔中取出或塑件不能从模具中自由脱落,因此需要增加一次顶出动作才能使塑件脱落;有时为避免一次顶出塑件受力过大也采用二级顶出,如薄壁深腔塑件或形状复杂的塑件,由于塑件和模具的接触面积很大,若一次顶出易使塑件破裂或变形,因此采用二级顶出,以分散脱模力,保证塑件质量。

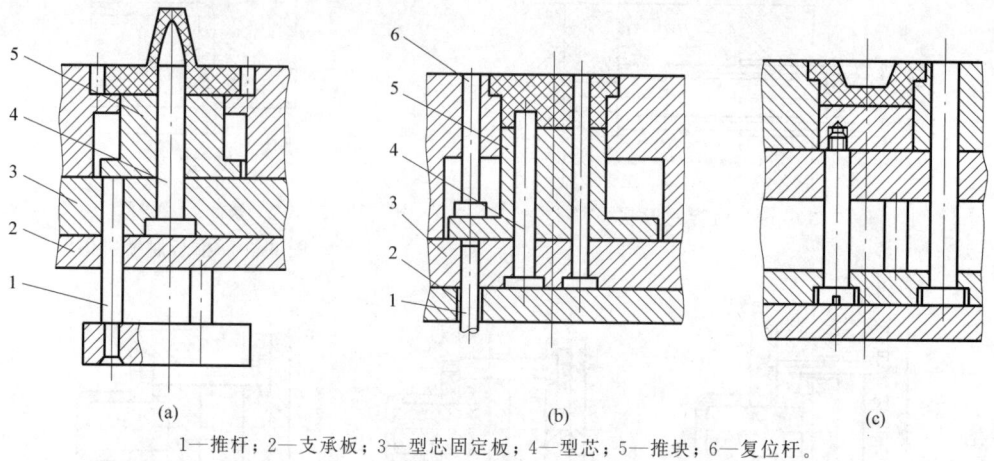

1—推杆;2—支承板;3—型芯固定板;4—型芯;5—推块;6—复位杆。

图 6-62 推块脱模机构

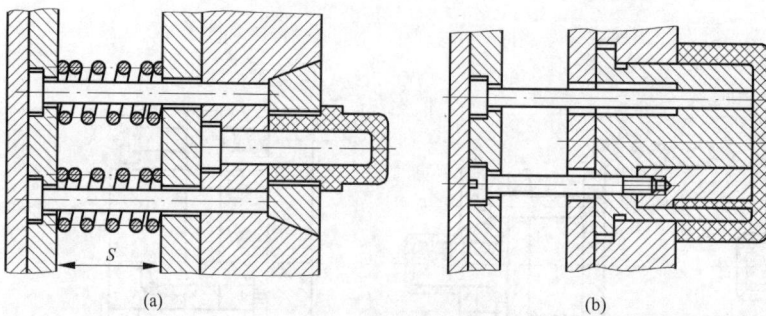

图 6-63 利用镶件脱模机构

动画展示

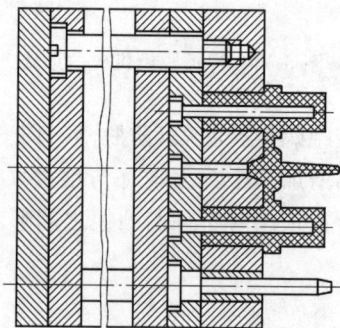

图 6-64 利用凹模带出塑件的脱模机构

图 6-65 所示为摆块拉杆式二级脱模机构。图 6-65(a)为合模状态;开模后,固定在定模侧的拉杆 10 拉住摆块 7,使摆块 7 推起动模型腔 9,从而使塑件脱出型芯 3,完成第一次推出,如图 6-65(b)所示,其推出距离由定距螺钉 2 来控制;图 6-65(c)为第二次推出情形,一次推出后,动模继续运动,最后推出机构动作,推杆 11 将塑件从动模型腔 9 中推出,完成第

二次推出。图中推出机构的复位由复位杆 6 完成,弹簧 8 用以保证摆块与动模型腔始终接触,使拉杆位于正确位置。

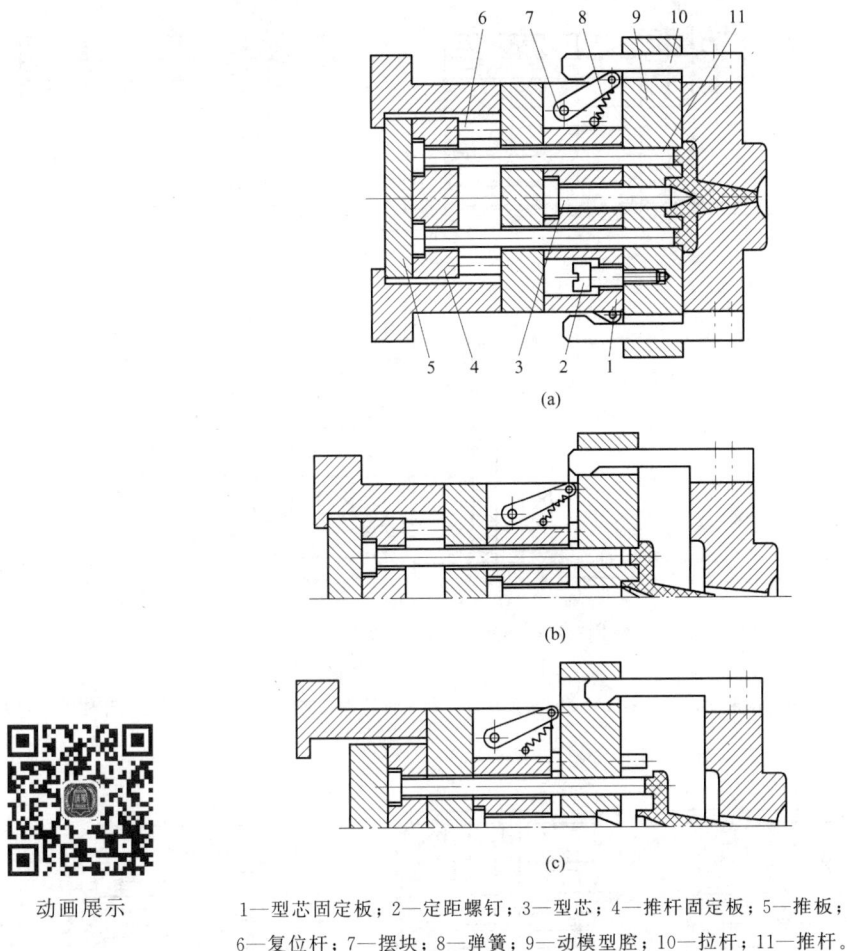

(a)

(b)

(c)

动画展示

1—型芯固定板;2—定距螺钉;3—型芯;4—推杆固定板;5—推板;
6—复位杆;7—摆块;8—弹簧;9—动模型腔;10—拉杆;11—推杆。

图 6-65　摆块拉杆式二级脱模机构

　　图 6-66 所示为拉钩式二级脱模机构。开模时,注塑机顶杆作用于前推板 3 上,因前推板与后推板 1 由弯钩 4 钩住,故开始推出时,推杆 5 和动模一起将塑件从型芯 7 上推出,但塑件仍留在动模型腔 6 内。当推出行程增加到弯钩的前端接触垫板而使弯钩逐渐抬起,使弯钩松开推杆固定板 2 时,后推板停止运动,前推板带动推杆将塑件从凹模中推出。

　　图 6-67 所示机构是通过 U 形限制架和摆杆来完成二级脱模的。图 6-67(a)为闭模状态,U 形限制架 2 固定在动模底板 1 上,摆杆 3 的一端固定在推杆固定板上,夹在 U 形限制架内,圆柱销 4 固定在型腔(动模)上。在模具开模时,注塑机推杆推动推板。推出开始时,由于限制架的限制,摆杆只能向前运动,推动圆柱销使型腔和推杆同时推出塑件,塑件脱离型芯 6,完成一次脱模。当推到图 6-67(b)所示位置时,摆杆脱离限制架,限位螺钉 5 阻止型腔继续向前移动,同时圆柱销将两个摆杆分开,弹簧 7 拉住摆杆紧靠在圆柱销上,当注塑机推杆继续推出时,推杆推动塑件脱离型腔,如图 6-67(c)所示。

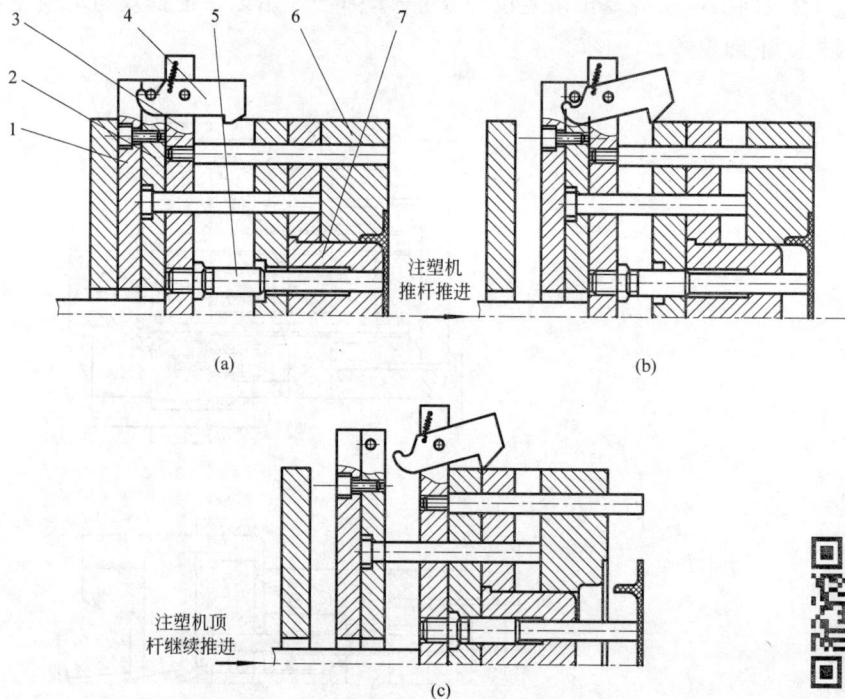

1—后推板；2—推杆固定板；3—前推板；4—弯钩；5—推杆；6—动模型腔；7—型芯。　动画展示

图 6-66　拉钩式二级脱模机构

（a）顶出机构未动作之前；（b）第一次顶出动作使塑件脱离型芯；（c）第二次顶出动作使塑件脱离凹模

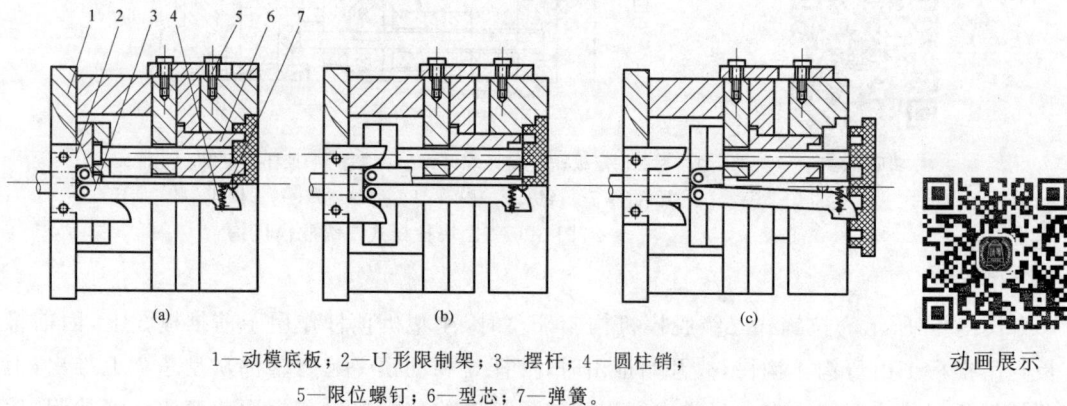

1—动模底板；2—U形限制架；3—摆杆；4—圆柱销；

5—限位螺钉；6—型芯；7—弹簧。　　　　　　　　动画展示

图 6-67　U 形限制架二级脱模机构

（a）闭模状态；（b）第一次顶出，塑件脱离凸模；（c）第二次顶出，塑件脱离凹模

　　图 6-68 所示为八字摆杆式二级脱模机构。图 6-68(a)为推出前的状态；开始顶出时，由于定距块的作用使推杆 2 和 5 同步右移使塑件脱离型芯 10，完成第一次脱模，如图 6-68(b)所示；继续顶出时，由于八字摆杆 6 的加速作用，使推杆 5 超前于推杆 2 向前移动，从而使塑件脱出凹模型腔 9，如图 6-68(c)所示，完成二次脱模。

　　图 6-69 所示为斜楔拉钩式二级脱模机构。图 6-69(a)为推出前的状态；开模一段距离后，注塑机的顶杆推动一次推板 2，由于固定在一次推板上的拉钩 6 紧紧钩住二次推板 3 上的

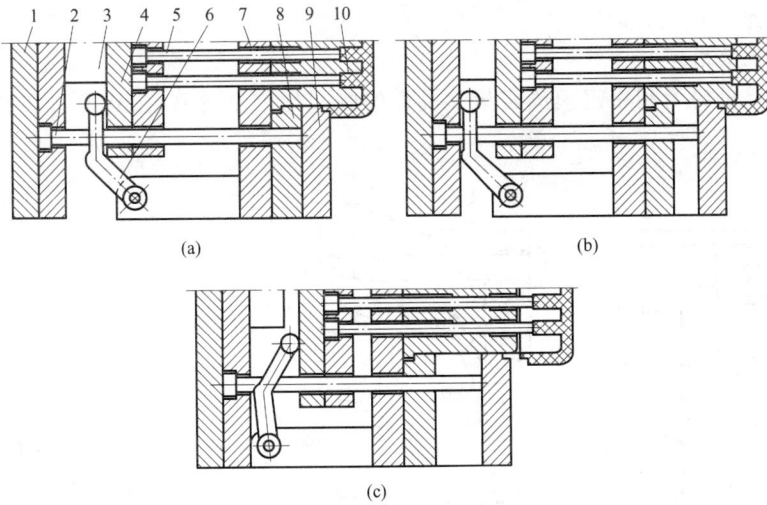

1——一次推板；2,5——推杆；3——定距块；4——二次推板；

6——八字摆杆；7——支承板；8——型芯固定板；9——凹模型腔；10——型芯。

图 6-68　八字摆杆式二级脱模机构

圆柱销 7,所以螺栓推杆 9 和推杆 1 一起将塑件从型芯 12 上推出,塑件仍滞留在凹模型腔 11 中,实现第一次脱模,如图 6-69(b)所示；当动模继续运动时,斜楔 10 楔入两拉钩之间,迫使拉钩转动,使拉钩与圆柱销 7 脱开,这时螺栓推杆 9 不工作而推杆 1 继续推动塑件,使塑件从凹模中脱出,实现第二次脱模,如图 6-69(c)所示。

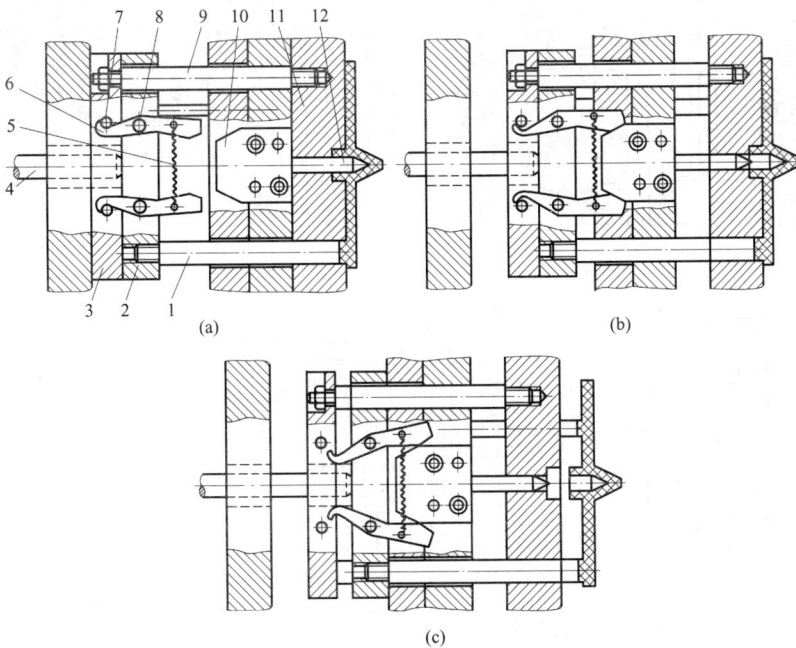

1——推杆；2——一次推板；3——二次推板；4——注塑机顶杆；5——弹簧；6——拉钩；

7——圆柱销；8——销轴；9——螺栓推杆；10——斜楔；11——凹模型腔；12——型芯。

图 6-69　斜楔拉钩式二级脱模机构

3. 其他脱模机构

1) 点浇口自动脱落形式

图 6-70 所示脱模机构为利用定模固定板上浇道的侧凹孔拉住浇道,在开模时切断进料口,然后顶出浇道。

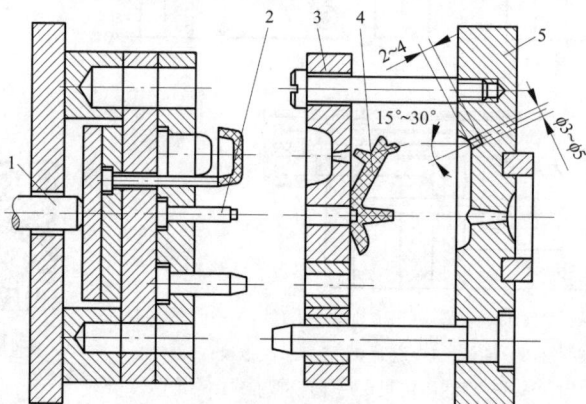

1—注塑机顶杆;2—拉料杆;3—中间板;4—浇道凝料;5—定模板。

图 6-70　分流道拉断浇注系统凝料

图 6-71 所示脱模机构为利用浇道拉料杆拉住浇道,在开模时切断进料口,然后浇道脱件板将浇道脱掉。

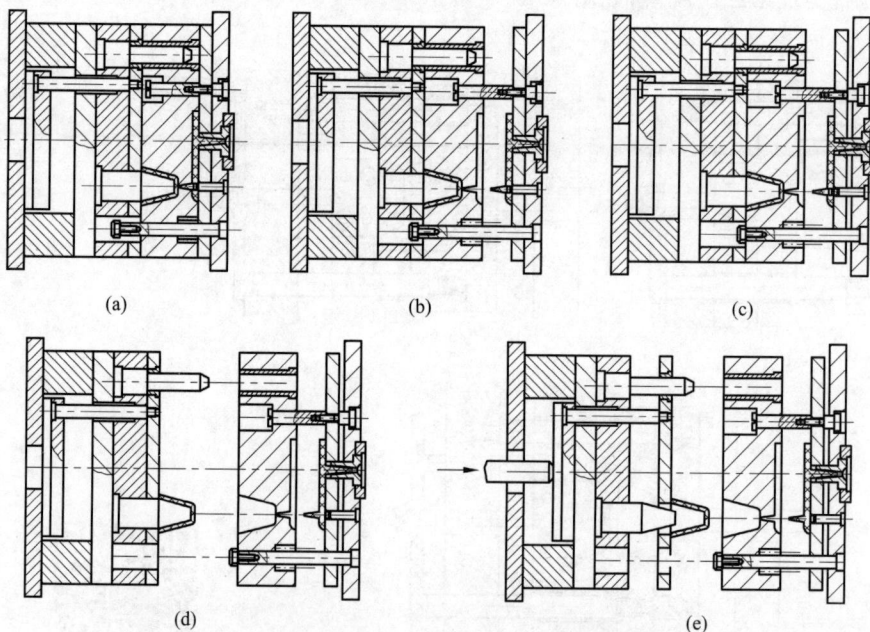

图 6-71　利用拉料杆拉断点浇口凝料

(a) 合模状态;(b) 初始开模,拉断点浇口;(c) 继续开模,刮板将分流道及主流道从拉杆及浇口套中拉出;(d) 继续开模,塑件分型;(e) 顶出塑件

图 6-72 所示为在开模时用分流道推板将进料口切断的脱模机构。

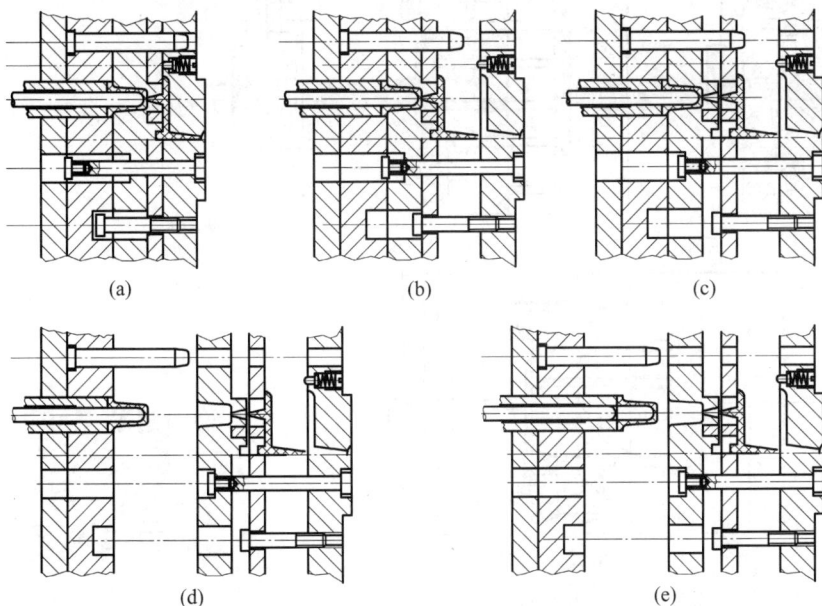

动画展示

图 6-72　分流道推板脱卸浇注系统凝料

(a) 合模状态；(b) 开模拉出主浇道凝料；(c) 继续开模,拉断点浇口；
(d) 继续开模,动、定模分型使塑件脱离凹模；(e) 注塑机顶杆使模具的顶管顶出塑件

图 6-73 所示为利用定模推板拉断点浇口凝料的脱模机构。

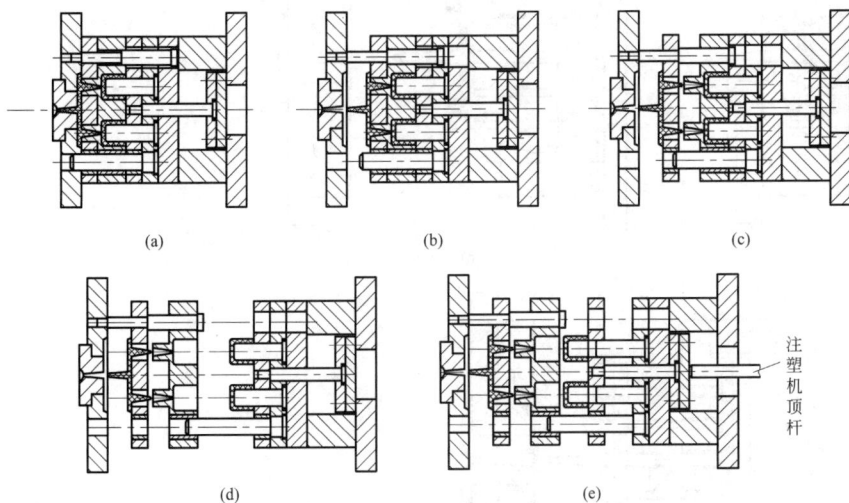

注塑机顶杆

动画展示

图 6-73　利用定模推板拉断点浇口凝料的脱模机构

(a) 合模状态；(b) 初始开模,拉出主浇道凝料；(c) 继续开模,拉断点浇口；
(d) 继续开模,动、定模分型；(e) 继续开模,注塑机顶杆使模具顶出机构推出塑件

2) 潜伏式浇口的自动切断形式

图 6-74 和图 6-75 所示为潜伏式浇口的自动切断形式的模具结构。

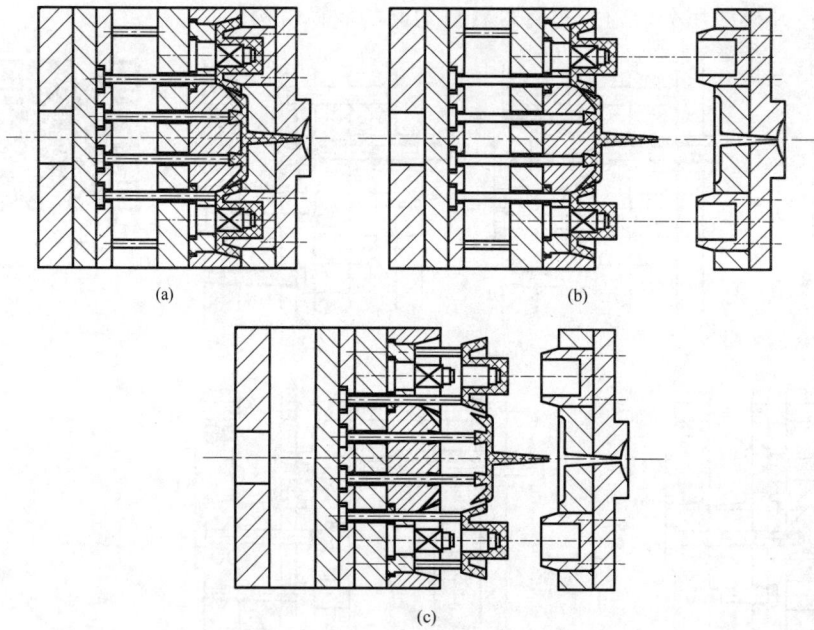

图 6-74　潜伏式浇口顶出自动切断形式

(a) 合模状态；(b) 开模分型；(c) 顶出塑件并切断浇口

动画展示

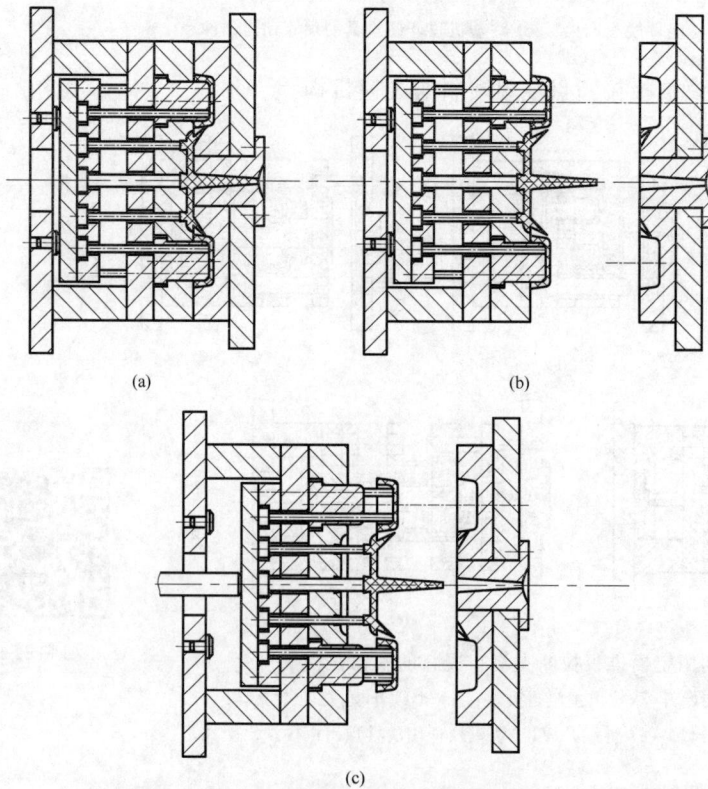

图 6-75　潜伏式浇口开模自动切断形式

(a) 合模状态；(b) 开模分型并切断浇口；(c) 顶出塑件及浇道

动画展示

6.6　侧向抽芯机构设计

塑件的侧面常设计成带有孔或凹槽形状,如图 6-76 所示。在这种情况下,必须采用侧向成型芯才能满足塑件成型要求。但是,这种成型芯必须制成活动件,并可以在塑件脱模前抽出。实现这种活动成型芯抽出和复位的机构叫作抽芯机构。

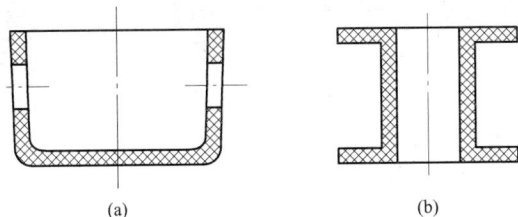

(a)　　　　　　　　　　　　(b)

图 6-76　有侧孔和侧凹槽的塑件

6.6.1　抽芯机构分类

抽芯机构一般分为以下几种类型:

(1)手动抽芯:在开模前用手或手工工具抽出侧向型芯,如图 6-77 所示。其结构简单,但生产率低,劳动强度大。

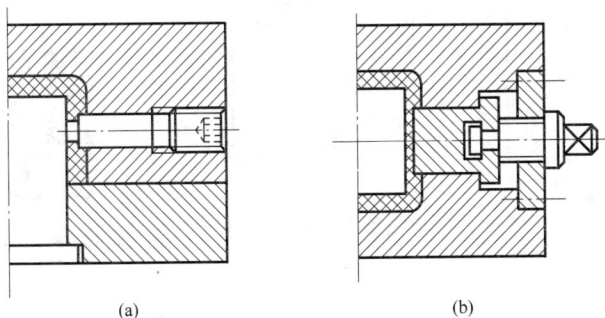

(a)　　　　　　　　　　　　(b)

图 6-77　丝杠手动侧抽芯机构

(2)液压或气动抽芯:以压力油或压缩空气作为动力,在模具上配置专门的液压缸或气缸,通过活塞的往复运动来实现抽芯,如图 6-78～图 6-80 所示。此种结构抽拔力大,但制造费用较高。

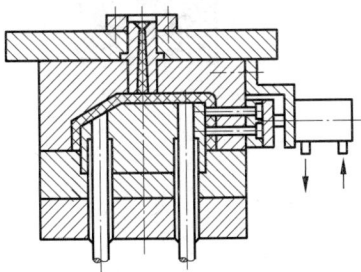

图 6-78　定模部分的液压(气动)侧抽芯机构　　　图 6-79　动模部分的液压(气动)侧抽芯机构

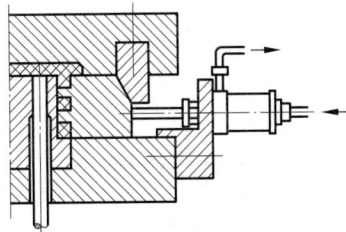

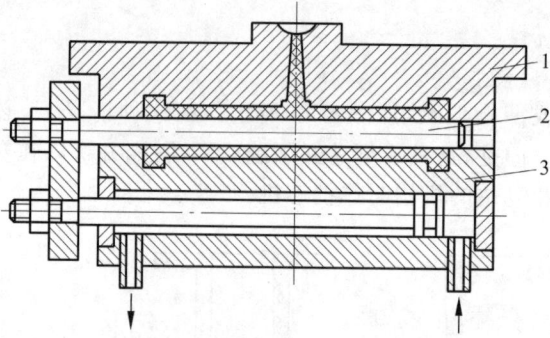

动画展示

1—定模板；2—长型芯；3—动模板。

图 6-80　液压抽长型芯机构

（3）机动抽芯：利用注塑机的开模力，通过传动零件将活动型芯抽出，如斜导柱抽芯机构，齿轮、齿条抽芯机构等。这类抽芯机构广泛应用于生产中。

（4）弹簧驱动侧抽芯：当塑件的侧凹较浅，所需抽拔力不大时，可采用弹簧或硬橡皮实现抽芯动作，如图 6-81～图 6-83 所示。

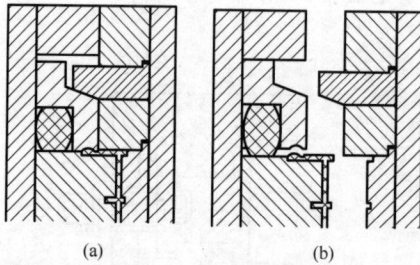

动画展示

（a）　　　　　　（b）

图 6-81　硬橡皮抽芯

（a）合模状态；（b）开模侧抽芯

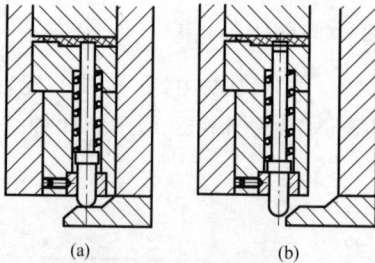

动画展示

（a）　　　　　　（b）

图 6-82　弹簧抽芯

（a）合模状态；（b）开模侧抽芯

6.6.2　斜导柱抽芯机构

1. 结构及工作原理

斜导柱抽芯机构由与模具开模方向成一定角度的斜导柱和滑块组成，并有确保抽芯动作稳妥可靠的滑块定位装置和锁紧装置。典型的斜导柱抽芯机构如图 6-84 所示。斜导柱 3

固定在定模板 2 上,滑块 8 在动模板 7 上的导滑槽内滑动,侧型芯 5 用销钉 4 固定在滑块 8 上。开模时,开模力通过斜导柱作用于滑块,迫使滑块在动模板上的导滑槽内向外滑出,完成抽芯。塑件由推管 6 推出。限位挡块 9、螺钉 11、弹簧 10 组成的限位装置用于确保滑块停留在抽芯后的最终位置,使合模时导柱能顺利地进入滑块的斜导孔中,使滑块顺利复位。楔紧块 1 用于锁紧滑块,防止侧型芯受到成型压力的作用而使滑块向外移动。

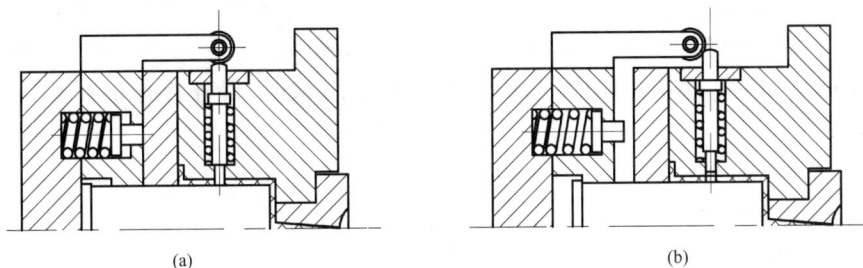

(a)　　　　　　　　　　　　　　(b)

图 6-83　定模弹簧抽芯

(a) 合模状态;(b) 开模侧抽芯

动画展示

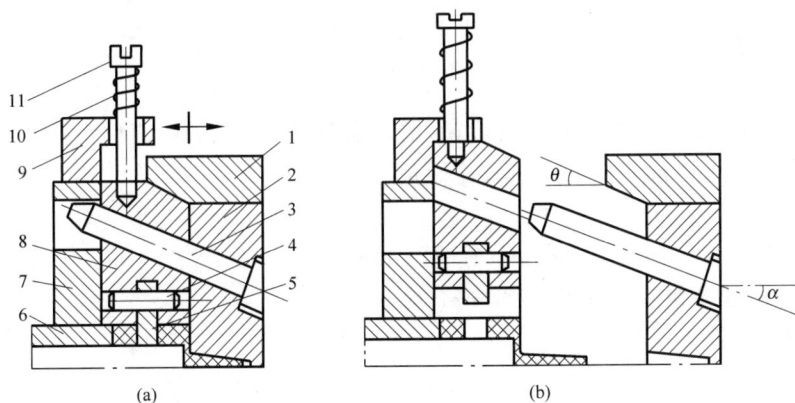

(a)　　　　　　　　　　　　　　(b)

1—楔紧块;2—定模板;3—斜导柱;4—销钉;5—侧型芯;6—推管;
7—动模板;8—滑块;9—限位挡块;10—弹簧;11—螺钉。

图 6-84　斜导柱抽芯机构

动画展示

2. 设计注意事项

(1) 型芯尽可能设置在与分型面垂直的动模或定模内,利用开模或推出动作抽出侧型芯;

(2) 尽可能采用斜导柱在定模、滑块在动模的抽芯机构;

(3) 锁紧楔的楔角 θ 应大于斜导柱倾角 α,通常大 2°～3°,否则,斜导柱无法带动滑块;

(4) 滑块完成抽芯动作后,留在滑槽内的滑块长度不应小于滑块全长的 2/3;

(5) 应尽可能不使顶杆和活动型芯在分型面上的投影重合,防止滑块和顶出机构复位时的互相干涉;

(6) 滑块设在定模上时,为保证塑件留在动模上,开模前必须先抽出侧向型芯,因此采用定距拉紧装置。

3. 抽拔力

塑件在模具中冷却定型时,由于体积收缩,而使型芯或凸模包紧;塑件在脱模时,必须克服这一包紧力及抽芯机构所产生的摩擦力才能抽出活动型芯。在开始抽拔的瞬时所需的抽拔力称为初始抽拔力,以后抽拔所需的力称为相继抽拔力。初始抽拔力比相继抽拔力大,所以,在设计计算时总是考虑初始抽拔力。

抽拔力 F 可用下式计算:

$$F = pA\cos\alpha(f - \tan\alpha)/(1 + f\sin\alpha_1\cos\alpha_1) \tag{6-22}$$

式中:p——塑件的收缩应力,MPa,模内冷却的塑件为 19.6MPa,模外冷却的塑件为 39.2MPa;

A——塑件包围型芯的侧面积,m^2;

f——摩擦因数,一般 $f=0.15\sim1.0$;

α——斜导柱倾斜角;

α_1——脱模斜度;

F——抽拔力,N。

斜导柱所受弯曲力为

$$F_弯 = F/\cos\alpha \tag{6-23}$$

式中:$F_弯$——斜导柱所受弯曲力,N。

4. 抽芯距

将型芯从成型位置抽至不妨碍塑件脱模的位置,型芯或滑块所移动的距离称为抽芯距。一般来说,抽芯距等于侧孔深度加 $2\sim3$mm 的安全距离。

其计算公式为

$$S = H\tan\alpha + (2\sim3)\text{mm} \tag{6-24}$$

式中:H——斜导柱完成抽芯距所需开模行程,mm;

α——斜导柱倾斜角;

S——抽芯距,mm。

5. 斜导柱倾斜角 α

斜导柱倾斜角的大小关系到斜导柱所承受的弯曲力和实际达到的抽拔力,也关系到斜导柱的工作长度、抽芯距和开模行程。为保证一定的抽拔力及斜导柱的强度,α 取值小于 25°,一般在 12°~25°内选取。

6. 斜导柱直径

根据材料力学可以推导出斜导柱直径计算公式为

$$d = (F_弯 \times L/0.1[\sigma]_弯 \cos\alpha)^{1/3} \tag{6-25}$$

式中:α——斜导柱倾斜角;

$F_弯$——斜导柱所受弯曲力,N;

L——斜导柱的有效工作长度,m;

d——斜导柱直径,m;

$[\sigma]_弯$——弯曲许用应力,对于碳钢可取 140MPa。

7. 斜导柱的长度计算

斜导柱的有效工作长度 L 与抽芯距 S、斜导柱倾斜角 α 及滑块与分型面倾角 β 有关。

通常 β 为零。所以，$L = S/\sin\alpha$。

斜导柱总长度还与导柱直径、固定板厚度有关，如图 6-85 所示，计算公式为

$$L_z = L_1 + L_2 + L_3 + L_4 + L_5$$

$$= d_2/2\tan\alpha + h/\cos\alpha + d/2\tan\alpha + S/\sin\alpha + (5 \sim 10)\text{mm} \qquad (6\text{-}26)$$

通常，斜导柱的有关参数计算主要是进行倾斜角与抽芯距及斜导柱长度、开模行程的关系计算。其他诸如抽拔力、斜导柱直径等一般凭经验确定。

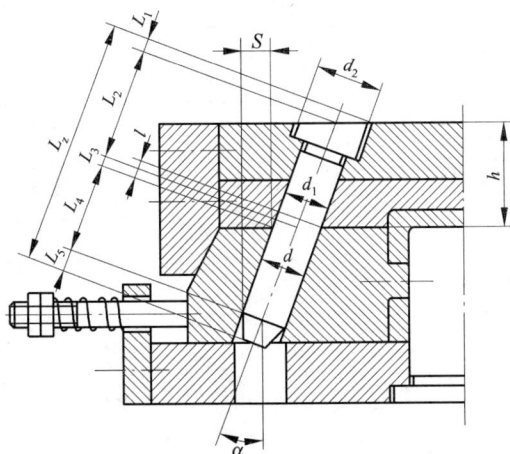

图 6-85　斜导柱的长度

8. 斜导柱抽芯机构的结构设计

1) 斜导柱

斜导柱的形状如图 6-86 所示。斜导柱的材料多用 45 钢，淬火后硬度为 35HRC，或采用 T8、T10 等，淬火后硬度在 55HRC 以上。斜导柱与固定板之间采用 H7/m6 配合。由于斜导柱主要起驱动滑块作用，滑块的平稳性由导滑槽与滑块间的配合精度保证，因此，滑块与斜导柱间可采用较松的间隙配合 H11/h11 或留 0.5～1mm 的间隙。

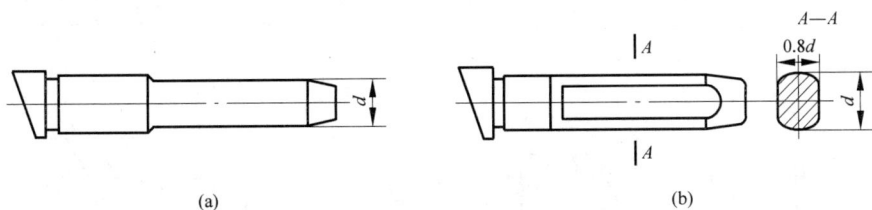

(a)　　　　　　　　　　(b)

图 6-86　斜导柱的形状

2) 滑块

滑块分整体式和组合式两种。组合式是将型芯安装在滑块上，这样可以节省钢材，且加工方便。图 6-87 所示为各种与型芯组合的滑块结构。

3) 滑块的导滑形式

各种滑块的导滑形式如图 6-88 所示，其中图 6-88(c)和(e)所示的两种形式最常用。导滑部分通常采用 H8/g7 配合。

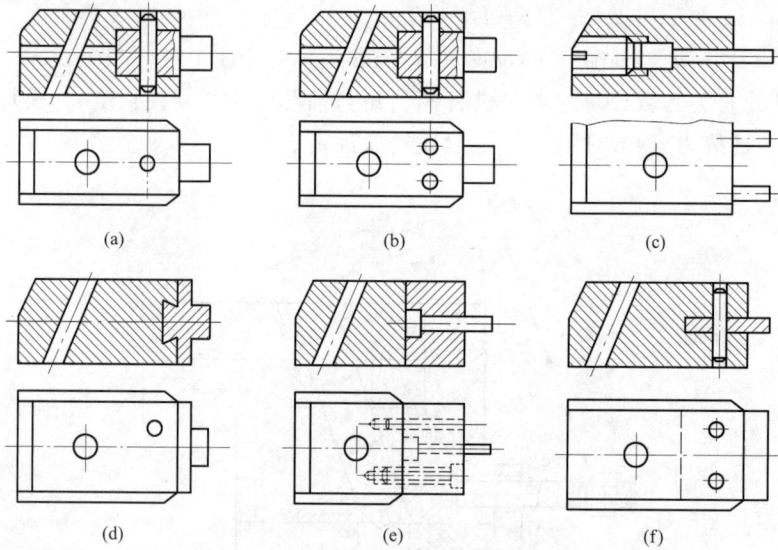

图 6-87　型芯与滑块的固定形式

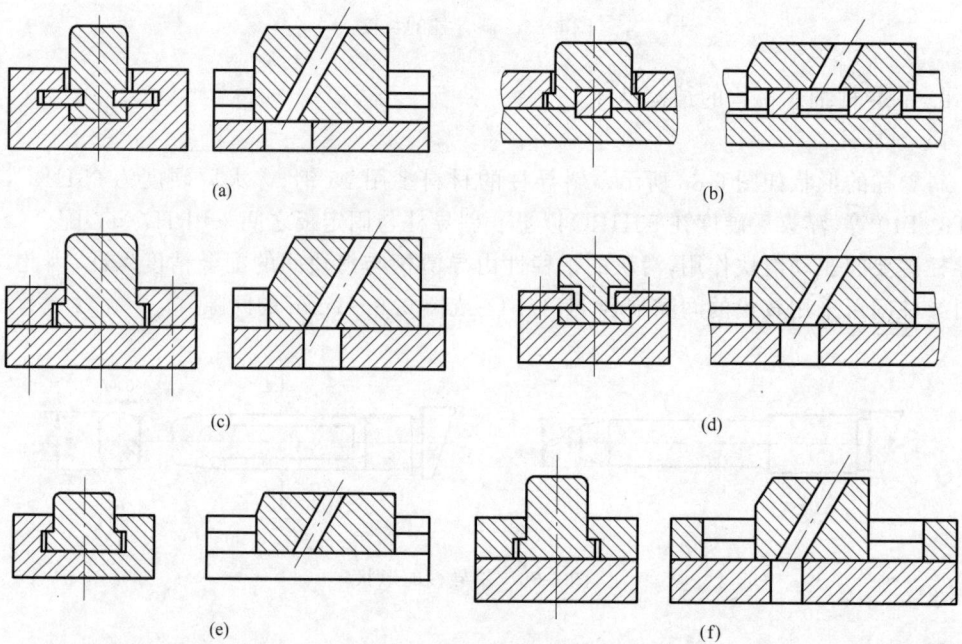

图 6-88　滑块的导滑形式

导滑槽与滑块还要保持一定的配合长度。滑块的滑动配合长度通常大于滑块宽度的
1.5 倍,滑块完成抽拔动作后,保留在导滑槽内的长度不应小于导滑配合长度的 2/3。

4）滑块定位装置

滑块的定位装置用于确保开模后滑块停留在刚刚脱离斜导柱的位置上,在合模时使斜导柱能准确地进入滑块上的斜导孔内,不致损坏模具。各种定位装置结构如图 6-89 所示。

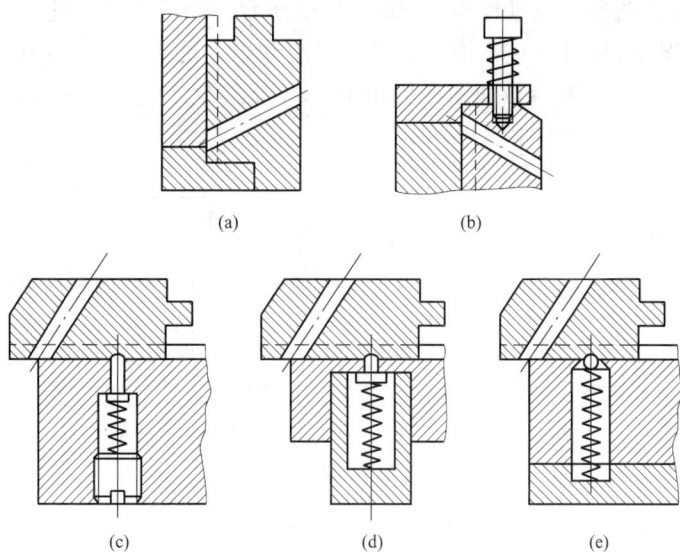

图 6-89 滑块的定位装置结构

5) 锁紧楔

在塑料注塑过程中,活动型芯在抽芯方向会受到塑料较大的推力作用,必须设计锁紧楔,使滑块不致产生移动。其结构如图 6-90 所示。锁紧楔的楔角 α_1 应大于斜导柱倾斜角 α,这样当模具一开模时,锁紧楔就能让开。一般 $\alpha_1 = \alpha + (2° \sim 3°)$,当滑块倾斜角度为 β 时(图 6-91),α_1 值不受 β 的影响。

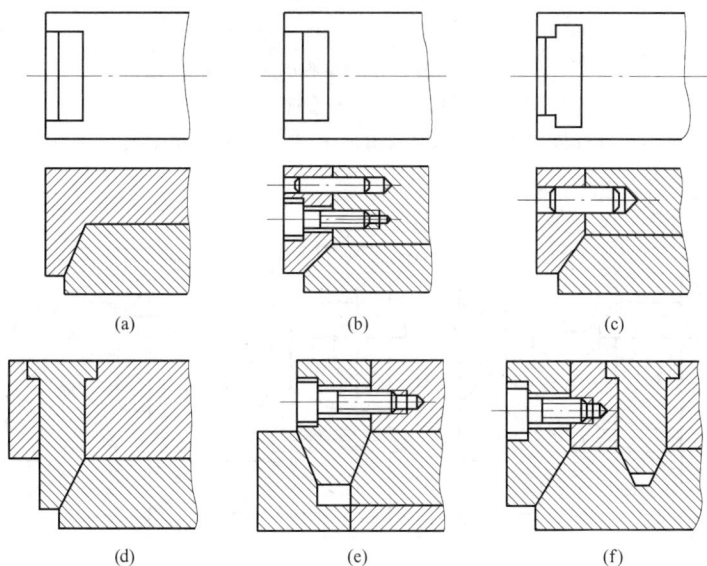

图 6-90 锁紧楔的结构

6) 抽芯时的干涉现象

设计斜导柱在定模以及滑块在动模的结构形式时应注意,滑块与推杆在合模复位过程中不能发生"干涉"现象。所谓干涉现象是指滑块的复位先于推杆的复位,致使活动型芯与推杆相碰撞,造成活动型芯或推杆损坏,如图 6-92 所示。为了避免上述干涉现象发生,在塑件结构允许的情况下,尽量避免将推杆设计在与活动型芯的水平投影面相重合处,否则,必须满足条件 $h_c\tan\alpha > S_c$(各参数如图 6-93 所示),才能避免产生干涉现象。

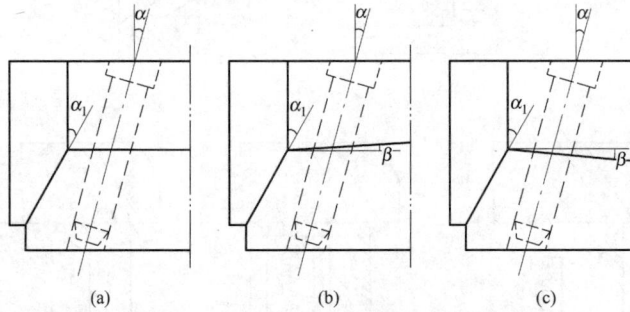

(a) (b) (c)

图 6-91 锁紧楔的角度

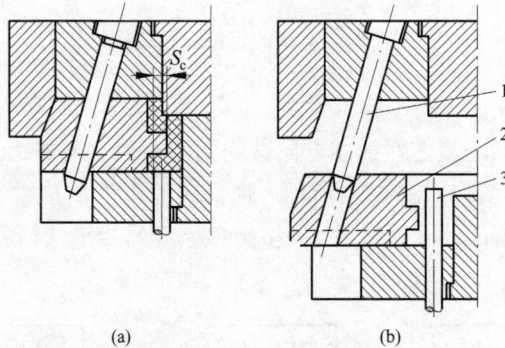

(a) (b)

1—斜导柱;2—侧型芯;3—推杆。

图 6-92 干涉现象

(a) 在侧型芯投影面下设有推杆;(b) 即将发生干涉现象

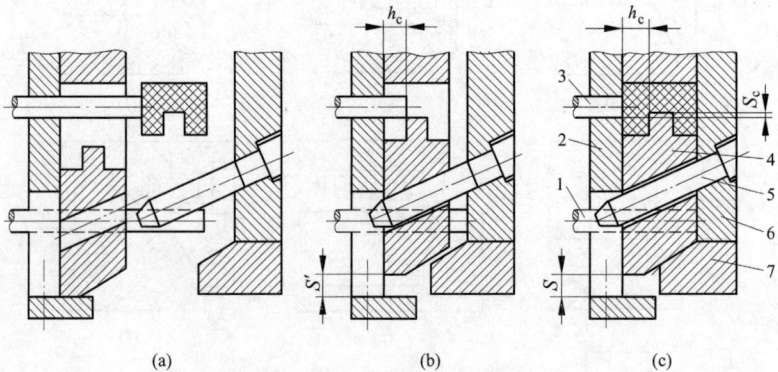

(a) (b) (c)

1—复位杆;2—动模板;3—推杆;4—侧型芯滑块;5—斜导柱;6—定模板;7—楔紧块。

图 6-93 不发生干涉的条件

(a) 开模推出状态;(b) 合模过程不发生干涉的临界状态;(c) 合模复位完毕状态

对于某些结构的塑件,推杆的复位必须选用较复杂的先复位机构,如图 6-94～图 6-96 所示。

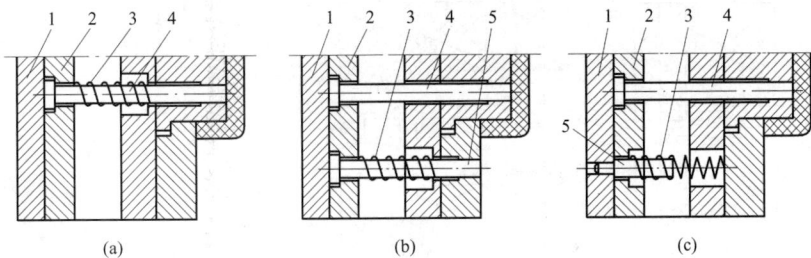

1—推板；2—推杆固定板；3—弹簧；4—推杆；5—复位杆。

图 6-94　弹簧式先复位机构

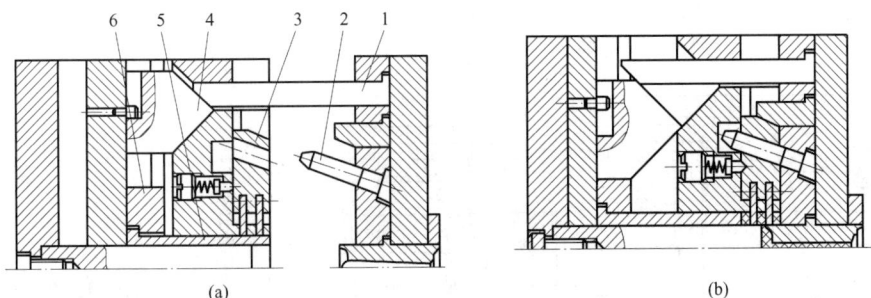

1—楔杆；2—斜导柱；3—侧型芯滑块；4—三角滑块；5—推管；6—推管固定板。

图 6-95　楔杆三角滑块式先复位机构

（a）楔杆接触三角滑块初始状态；（b）合模状态

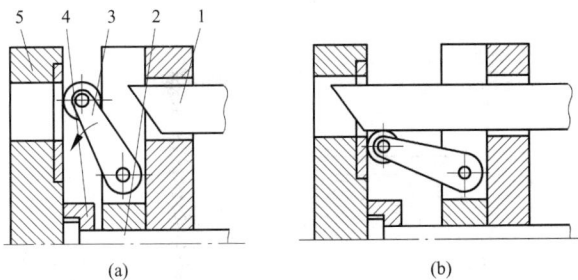

动画展示

1—楔杆；2—推杆；3—摆杆；4—推杆固定板；5—推板。

图 6-96　楔杆摆杆式先复位机构

（a）开模状态；（b）合模状态

各种斜导柱抽芯模具详见第 3 章。

6.6.3　斜滑块侧向抽芯机构

1. 工作原理及结构

当塑件的侧凹较浅,所需的抽芯距不大,但侧凹的成型面积较大,因而需较大的抽芯力时,可采用斜滑块机构进行侧向分型与抽芯。其特点是利用推出机构的推力驱动斜滑块斜向运动,在塑件被推出脱模时由斜滑块完成侧向分型与抽芯动作。各种结构如图 6-97～图 6-99 所示。

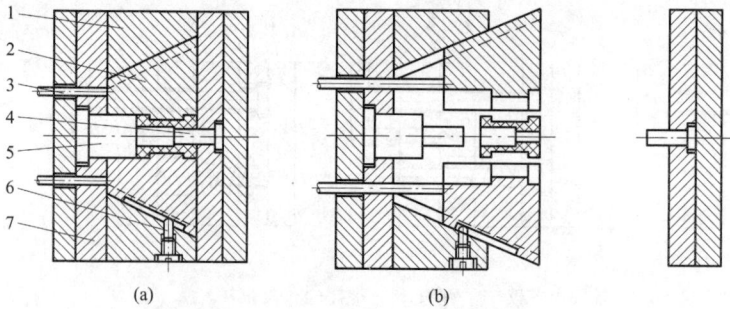

1—模套；2—斜滑块(对开式凹模镶块)；3—推杆；4—定模型芯；
5—动模型芯；6—限位螺销；7—动模型芯固定板。

图 6-97　斜滑块外侧分型机构
(a) 合模注塑状态；(b) 分型推出状态

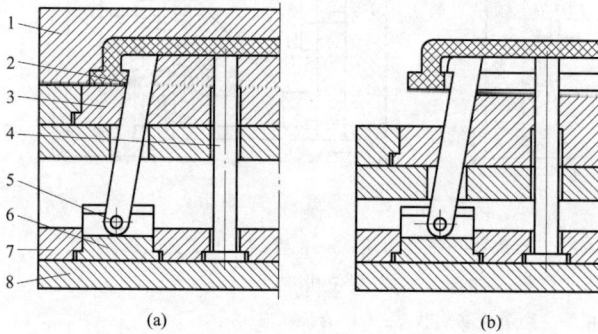

1—定模板；2—斜滑块；3—凸模；4—推杆；5—转销；6—滑块座；
7—推杆固定板；8—推板。

图 6-98　斜滑块的内侧抽芯机构之一
(a) 合模注塑状态；(b) 抽芯推出状态

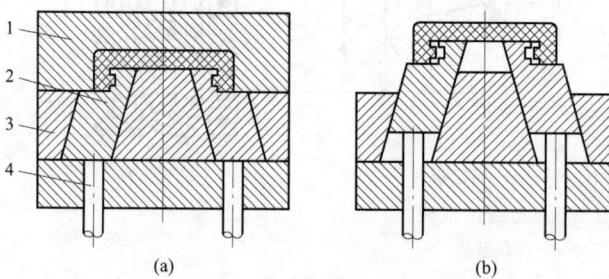

1—定模板；2—斜滑块；3—动模板；4—推杆。

图 6-99　斜滑块的内侧抽芯机构之二
(a) 合模注塑状态；(b) 抽芯推出状态

2. 斜滑块的组合与导滑形式

通常由 2～6 块斜滑块组成瓣合凹模,在某些特殊情况下,可使用更多斜滑块。其常见组合形式如图 6-100 所示,导滑形式如图 6-101 所示。

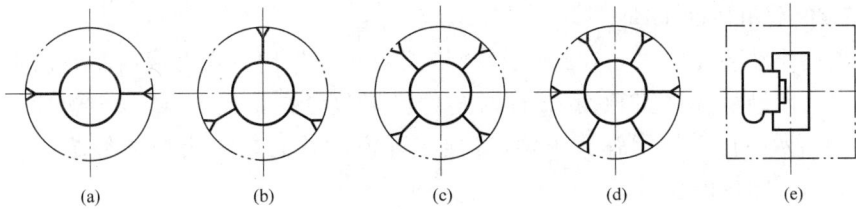

图 6-100　斜滑块的组合形式

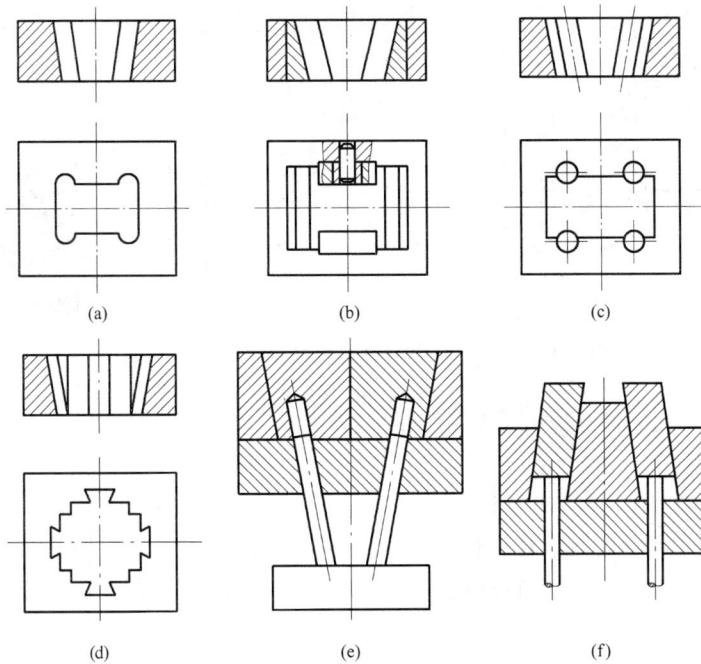

图 6-101　斜滑块的导滑形式

3. 设计要点

1) 正确选择主型芯的位置

主型芯位置的选择如图 6-102 所示。图 6-102(a)是将型芯设置在定模上,开模顶出后塑件可能会粘在一边的斜滑块上;而图 6-102(b)是将型芯设置在动模上,这样开模顶出后塑件就不会粘在斜滑块上。所以,图 6-102(b)的形式优于图 6-102(a)。

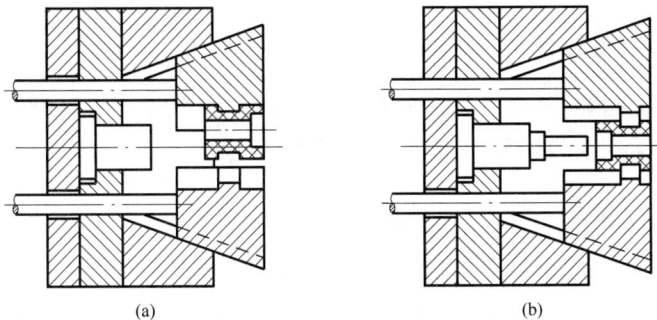

图 6-102　主型芯位置的选择

动画展示

2）开模时斜滑块的止动

弹簧顶销止动装置如图 6-103 所示,弹簧顶销 6 的作用是在开模时防止斜滑块运动。图 6-103(a)所示结构无弹簧顶销,开模时塑件可能包紧在定模上,给取出塑件带来困难。图 6-103(b)所示结构增加了弹簧顶销,这样在开模时首先拔出定模的型芯,从而克服了图 6-103(a)所示结构的缺点。

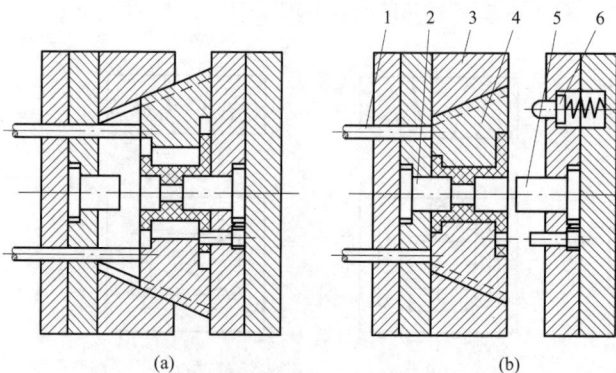

1—推杆；2—动模型芯；3—模套；4—斜滑块(对开式凹模镶块)；
5—定模型芯；6—弹簧顶销。
图 6-103　弹簧顶销止动装置

动画展示

4. 斜滑块的倾斜角和推出行程

滑块的倾斜角可以比斜导柱的倾斜角大一些,一般在小于 $30°$ 范围内取。推出行程不大于斜滑块高度的 $1/3$。

5. 斜滑块的装配要求

为了确保斜滑块在合模时其拼合面密合,斜滑块装配后必须使其底面与模套有 $0.2\sim0.5mm$ 的间隙,上面高出模套 $0.4\sim0.6mm$,如图 6-104 所示。这样,当斜滑块与导滑槽之间有磨损后,再通过修磨斜滑块的下端面,可继续保持其密合性。

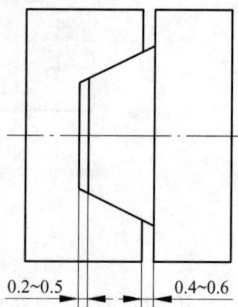

0.2~0.5　　0.4~0.6

图 6-104　斜滑块的装配要求

6. 斜滑块推出时的限位

在斜滑块上开一长槽,模套上加一螺销定位。

6.6.4　齿轮齿条侧向抽芯机构

斜导柱、斜滑块侧向抽芯机构只适合于抽芯距较短的塑件。当塑件上的侧向抽芯距较长时,尤其是斜向抽芯时,可采用齿轮齿条抽芯。具体结构详见第 3 章。

6.6.5　带螺纹塑件的脱模机构

1. 强制脱模螺纹机构

这种机构是利用塑件本身的弹性,或利用具有一定弹性的材料作螺纹型芯,使塑件脱模。通常适用于精度要求不高且螺纹较浅,材料为聚丙烯、聚乙烯等的软性塑件,可采用推件板将塑件从型芯上强制推出,如图 6-105(a)所示。图 6-105(b)所示断面结构为圆形,不宜强制推出。

2. 拼合螺纹型环脱模机构

对于精度要求不高的外螺纹塑件,可采用两块拼合的螺纹型环成型,如图 6-106 所示。

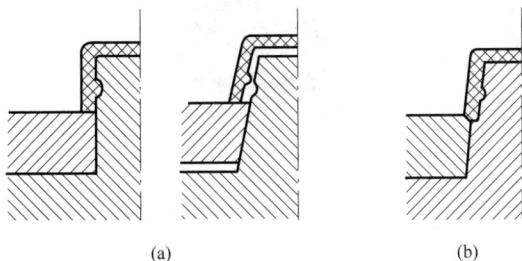

图 6-105 利用塑件弹性强制脱螺纹

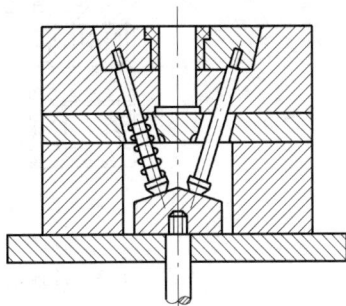

图 6-106 外螺纹型环推出分开

3. 机动脱模机构

这种机构利用开合模动作使螺纹型芯脱模与复位。此类螺纹塑件的外形或端面上须有止转花纹或图案,如图 6-107 所示。

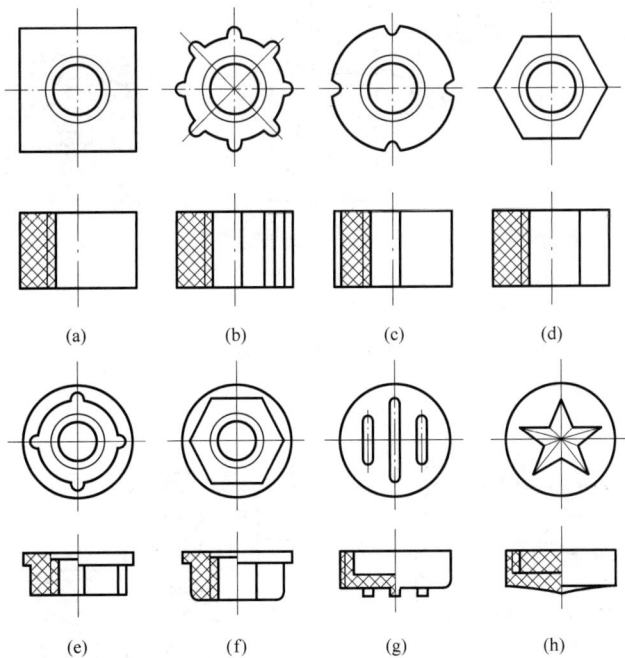

图 6-107 螺纹塑件的止转花纹

各种带螺纹机动脱模机构如图 6-108 和图 6-109 所示。

6.6.6 其他脱模装置

图 6-110 所示为定模带有脱模装置的注塑模具。

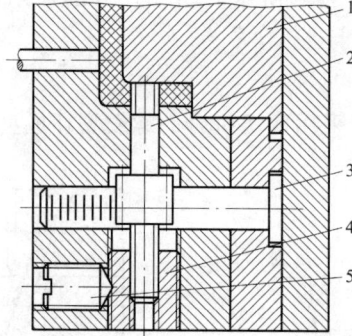

1—定模型芯；2—螺纹型芯；3—导柱齿条；
4—套筒螺母；5—紧固螺钉。

图 6-108　带横向螺纹的机动脱模机构

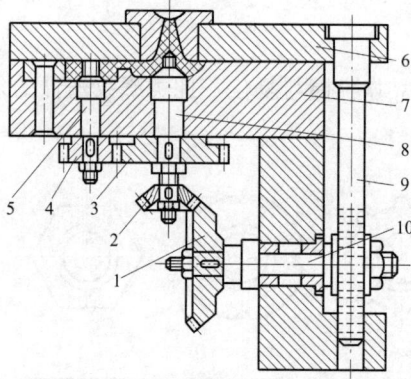

1,2—锥齿轮；3,4—圆柱齿轮；5—螺纹型芯；
6—定模底板；7—动模板；8—螺纹拉料杆；
9—齿条导柱；10—齿轮轴。

图 6-109　带轴向螺纹的机动脱模机构

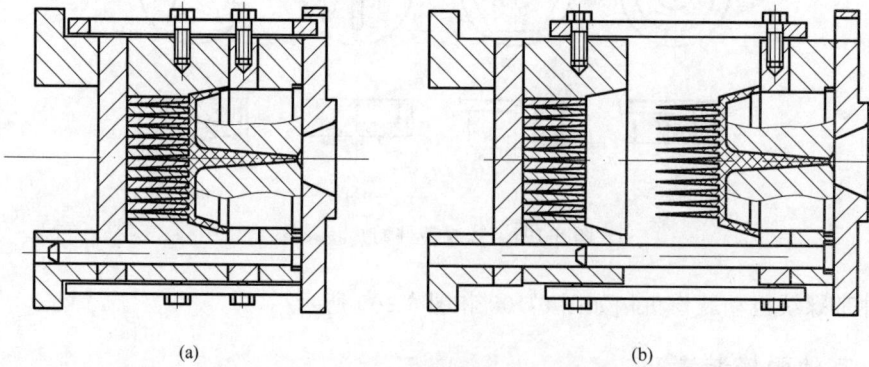

(a)　　　　　　　　　　　　(b)

图 6-110　定模带有脱模装置的注塑模具

(a)合模状态；(b)开模分型,塑件脱离动模；(c)继续开模,塑件被推板刮出定模

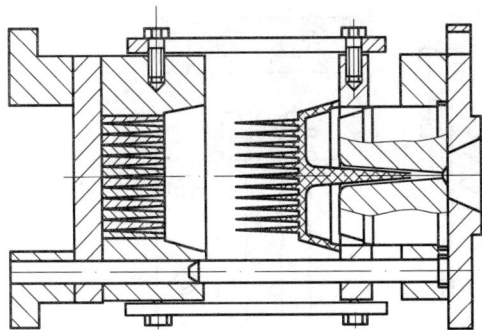

(c)

图 6-110(续)

动画展示

6.7　加热和冷却装置设计

塑料模具的温度直接影响塑件的成型质量和生产率。对于热固性塑料,要求模具有较高的温度,有的热塑性塑料流动性较差(如 PC、POM、PPO、PSF 等),也要求模具加温,这些塑料成型时模具上需要有加热装置。表 6-10 所示为常用热塑性塑料要求的模具温度。

表 6-10　常用热塑性塑料要求的模具温度　　　　　　单位: ℃

塑料名称	模具温度	塑料名称	模具温度
聚苯乙烯	40~60	聚丙烯	55~65
低压聚乙烯	60~70	ABS	40~60
高压苯乙烯	35~55	聚碳酸酯	80~110
尼龙 1010	40~60	聚甲醛	90~120
聚氯乙烯	30~60	聚苯醚	110~150
有机玻璃	40~60	聚砜	130~150

6.7.1　加热装置的设计

当要求模具温度在 80℃ 以上时,模具上就须有加热装置。主要采用电流加热,一般包括以下 3 种:

(1) 电阻丝直接加热:将选好的电阻丝放入绝缘瓷管中再装入模板内,通电后对模具加热。这种方法不常用。

(2) 电热棒加热:电热棒是一种标准加热组件,只要将其插入模板上的孔内通电即可,如图 6-111 所示。这种方法较常用。

(3) 电热圈加热:将扁状电阻丝绕在云母片上,再装夹在特制的金属外壳中而构成电热圈,其形式如图 6-112 所示,模具放在其中进行加热。这种加热装置较适合于压塑模、压注模的加热。

通常采用下面的经验公式计算电加热装置的功率:

$$P = mq$$

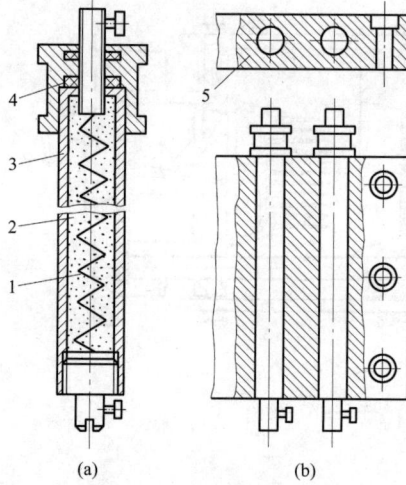

1—电阻丝；2—耐热填料(硅砂或氧化镁)；3—金属密封管；

4—耐热绝缘垫片(云母或石棉)；5—加热板。

图 6-111　电热棒及其安装

(a) 电热棒的结构；(b) 电热棒的安装

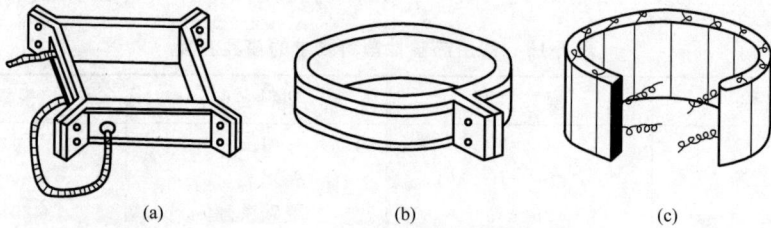

图 6-112　电热圈的形式

式中：P——电加热装置的功率，W；

m——模具质量，kg；

q——每千克模具加热所需电功率，见表 6-11。

表 6-11　每千克模具加热所需电功率　　　　　　　　单位：W/kg

模具类型	q	
	采用加热棒	采用加热圈
大型	35	60
中型	30	50
小型	25	40

6.7.2　冷却装置的设计

　　对于大多数热塑性塑料，模具上不需设置加热装置。为了缩短成型周期，需要对模具进行冷却。通常用水对模具进行冷却，即在注塑完成后通循环冷水到靠近型腔的零件上或型腔零件上的孔内，以便迅速使模具冷却。

1. 冷却水孔的设计原则

（1）冷却水孔数量应尽可能多,孔径应尽可能大。冷却水孔中心线与型腔壁的距离应为冷却水道直径的 1～2 倍(通常为 12～15mm),冷却水道之间的中心距约为水孔直径的3～5 倍。水道直径一般在 8mm 以上。

（2）冷却水孔至型腔表面的距离应尽可能相等。当塑件壁厚均匀时,冷却水孔与型腔表面的距离应尽可能处处相等,如图 6-113 所示;当塑件壁厚不均匀时,应在厚壁处强化冷却,如图 6-114 所示。

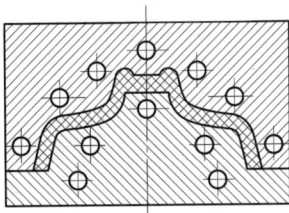

图 6-113 塑件壁厚均匀时冷却水孔的布置

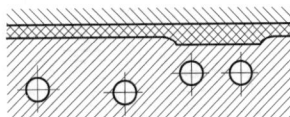

图 6-114 塑件壁厚不均匀时冷却水孔的布置

（3）浇口处要加强冷却,如图 6-115 所示。

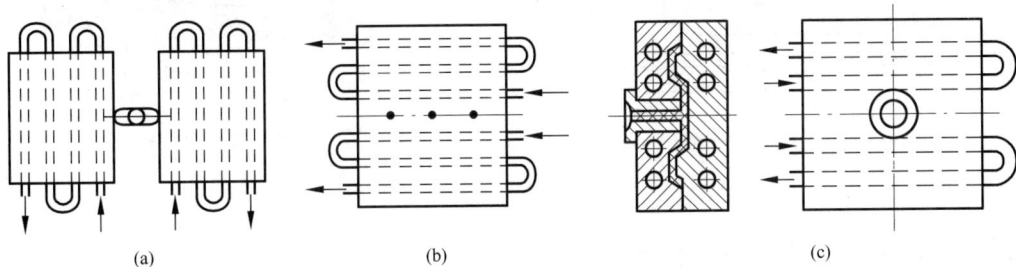

图 6-115 冷却水道的出、入口排布

(a) 侧浇口的冷却水道;(b) 多点浇口冷却水道;(c) 直接浇口冷却水道

（4）冷却水孔道不应穿过镶块或其接缝部位,以防漏水。

（5）冷却水孔应避免设在塑件的熔接痕处。

（6）进出口水管接头应尽可能设在模具的同一侧,通常应设在注塑机的背面。

2. 常见冷却系统结构

常见的冷却系统结构如图 6-116～图 6-120 所示。

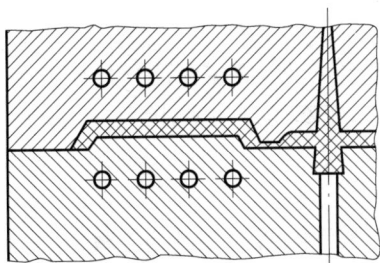

图 6-116 浅型腔塑件的冷却水道

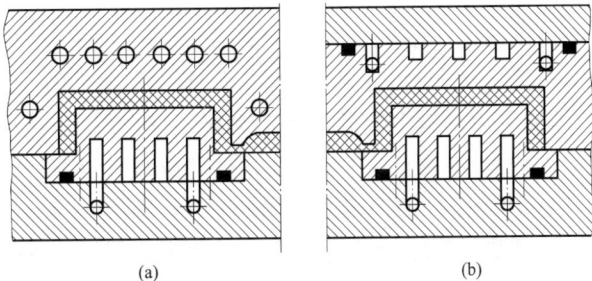

图 6-117 中等深度塑件的冷却水道

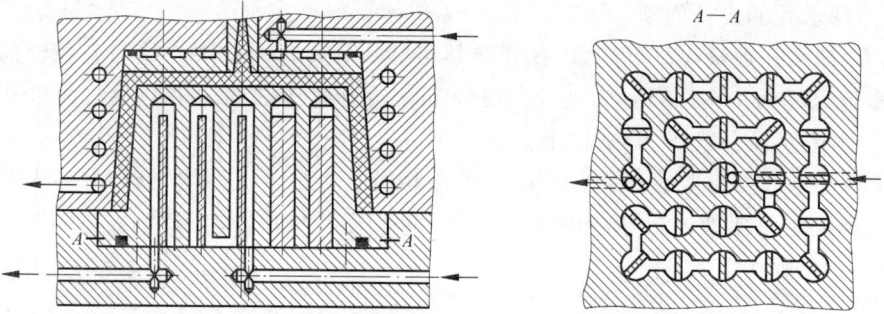

图 6-118 大型深型腔塑件的冷却水道

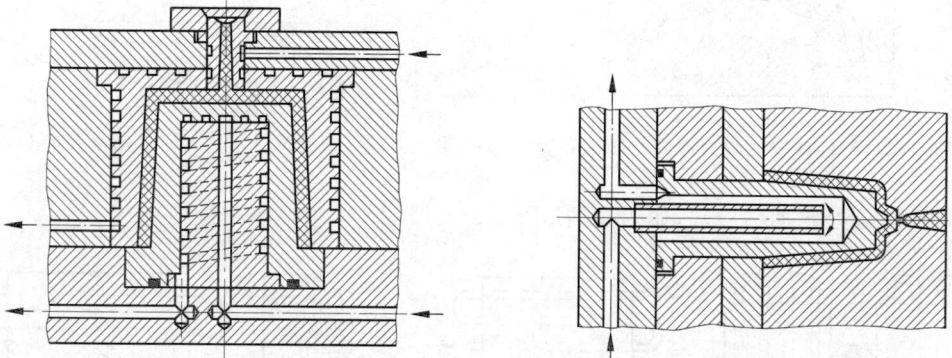

图 6-119 特深型腔塑件的冷却水道

图 6-120 细长凸模的喷射式冷却

6.8 注塑模具设计步骤及实例

6.8.1 注塑模具设计步骤

注塑模具的设计须按照以下几个步骤进行。

1. 塑件分析

1）明确塑件设计要求

仔细阅读塑件制品零件图,从制品的塑料品种、塑件形状、尺寸精度、表面粗糙度等各方面考虑注塑成型工艺的可行性和经济性,必要时,要与产品设计者探讨塑件的材料种类与结构修改的可能性。

2）明确塑件的生产批量

小批量生产时,为降低成本,模具尽可能简单;大批量生产时,应在保证塑件质量前提下,尽量采用一模多腔或高速自动化生产,以缩短生产周期,提高生产效率,因此对模具的推出机构、塑件和流道凝料的自动脱模机构提出严格要求。

3）计算塑件的体积和质量

计算塑件的体积和质量是为了选用注塑机,提高设备利用率,确定模具型腔数。

2. 注塑机选用

根据塑件的体积或质量大致确定模具的结构,初步确定注塑机型号,了解所使用的注塑机与设计模具有关的技术参数,如注塑机定位圈的直径、喷嘴前端孔径及球面半径、注塑机最大注塑量、锁模力、注塑压力、固定模板和移动模板面积大小及安装螺孔位置、注塑机拉杆的间距、闭合厚度、开模行程、顶出行程等。

3. 模具设计的有关计算

(1) 凹、凸模零件工作尺寸的计算;

(2) 型腔壁厚、底板厚度的确定;

(3) 模具加热、冷却系统的确定。

4. 模具结构设计

(1) 塑件成型位置及分型面选择;

(2) 模具型腔数的确定,型腔的排列和流道布局以及浇口位置设置;

(3) 模具工作零件的结构设计;

(4) 侧分型与抽芯机构的设计;

(5) 顶出机构设计;

(6) 拉料杆的形式选择;

(7) 排气方式设计。

5. 模具总体尺寸的确定,选购模架

模架已逐渐标准化,根据生产厂家提供的模架图册选定模架,在以上模具零部件设计基础上初步绘出模具的完整结构图。

6. 注塑机参数的校核

(1) 最大注塑量的校核;

(2) 注塑压力的校核;

(3) 锁模力的校核;

(4) 模具与注塑机安装部分相关尺寸校核,包括闭合高度、开模行程、模座安装尺寸等几个方面的相关尺寸校核。

7. 模具结构总装图和零件工作图的绘制

模具总图绘制必须符合机械制图国家标准,其画法与一般机械图画法原则上没有区别,只是为了更清楚地表达模具中成型制品的形状、浇口位置的设置,在模具总图的俯视图上可省去定模,而只画动模部分。

模具总装图应包括必要尺寸,如模具闭合尺寸、外形尺寸、特征尺寸(与注塑机配合的定位环尺寸)、装配尺寸、极限尺寸(活动零件移动起止点),以及技术条件,编写零件明细表等。

通常主要工作零件加工周期较长,加工精度较高,因此应首先认真绘制,其余零部件应尽量采用标准件。

8. 全面审核并投产制造

模具设计人员一般应参与加工、组装、试模、投产的全过程。

6.8.2　注塑模具设计实例

实例 1——塑料草坪网砖模具设计

1. 塑件分析

1) 明确塑件设计要求

图 6-121 和图 6-122 所示分别为塑料草坪网砖三维立体图和二维工程图,该产品用于

草坪上,对上面的草起保护作用,可用于草坪停车场上。该产品形状如网格,精度及表面粗糙度要求不高,但网砖相互联结处采用榫结构,有一定的配合精度要求。

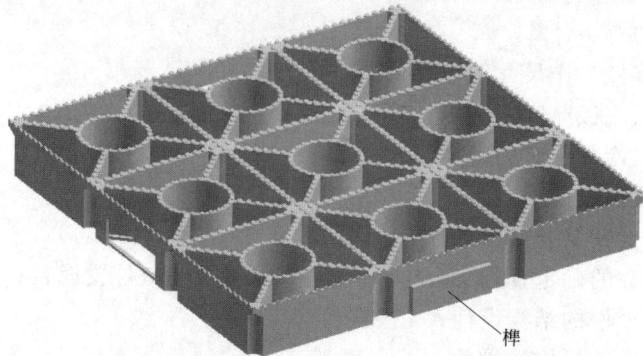

图 6-121 塑料草坪网砖三维立体图

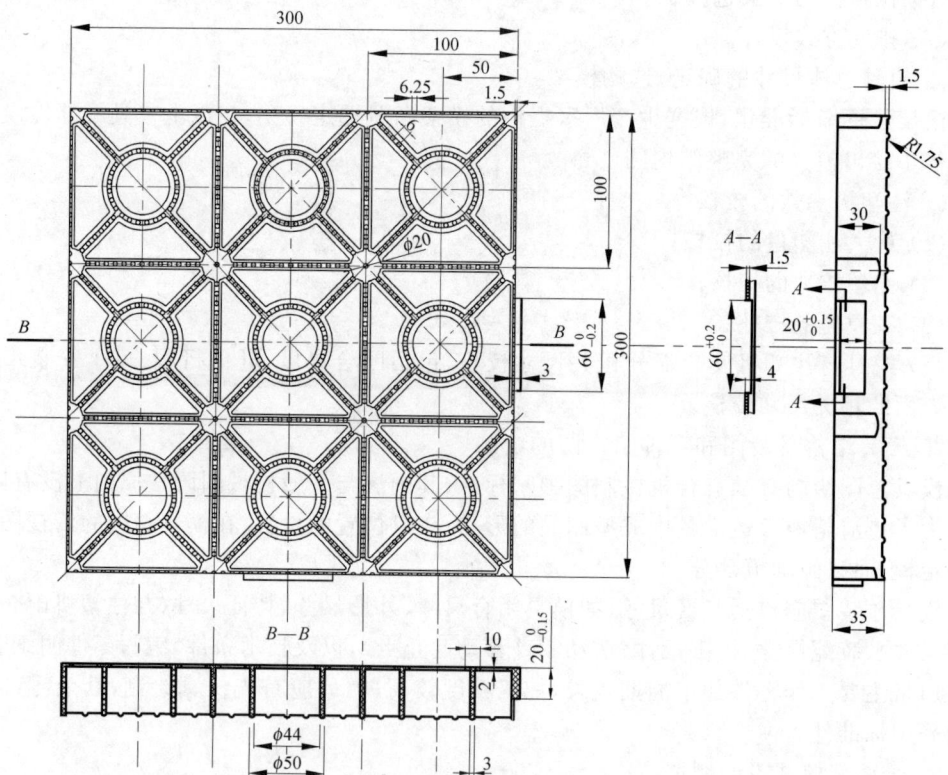

图 6-122 塑料草坪网砖二维工程图

2) 明确塑件批量

该产品为大批量生产,故设计的模具要有较高的注塑效率,浇注系统应能自动脱模,可采用点浇口自动脱模结构。由于该塑件较大,所以模具采用一模一腔结构,浇口形式采用点浇口;又由于塑件较大且为网格状,所以采用四点进料,以利于充满型腔,如图 6-123所示。

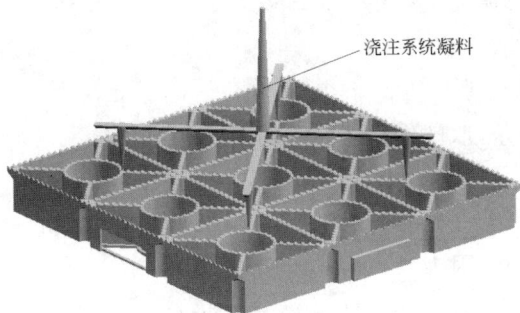

图 6-123 塑料草坪网砖及四点进料浇注系统凝料

3）计算塑件的体积和质量

该产品材料为聚丙烯，查手册或产品说明可知其密度为 $0.90 \sim 0.91 \mathrm{g/cm^3}$，收缩率为 $1.0\% \sim 2.5\%$，计算出其平均密度为 $0.905 \mathrm{g/cm^3}$，平均收缩率为 1.75%。

使用 UG 或 Pro/E 软件画出三维实体图，软件能自动计算出所画图形的体积，当然也可根据形状进行手动计算得到草坪网砖的体积。

通过计算塑件的体积（计算过程从略）$V_{塑} = 614 \mathrm{cm^3}$，可得塑件的质量为

$$M_{塑件} = \rho V_{塑} = 0.905 \times 614 \mathrm{g} = 557 \mathrm{g}$$

式中：ρ——塑料密度，$\mathrm{g/cm^3}$。

由浇注系统体积 $V_{浇} = 198 \mathrm{cm^3}$，可得浇注系统质量为

$$M_{浇} = V_{浇} \rho = 198 \times 0.905 \mathrm{g} = 179 \mathrm{g}$$

故

$$V_{总} = V_{塑} + V_{浇} = (614 + 198) \mathrm{cm^3} = 812 \mathrm{cm^3}$$

$$M_{总} = M_{塑件} + M_{浇} = (557 + 179) \mathrm{g} = 736 \mathrm{g}$$

2. 注塑机的确定

根据塑料制品的体积或质量查表 5-2 或有关手册选定注塑机型号为：JPH250C。

注塑机的参数如下：

注塑机最大注塑量：$1050 \mathrm{cm^3}$；锁模力：2500kN；

注塑压力：137MPa；最小模厚：220mm；

模板行程：830mm；注塑机定位孔直径：$\phi 150 \mathrm{mm}$；

喷嘴前端孔径：$\phi 4 \mathrm{mm}$；喷嘴球面半径：$SR15 \mathrm{mm}$；

注塑机拉杆的间距：560mm×510mm。

3. 模具设计的有关计算

相关计算主要是凹、凸模工作尺寸的计算。由于塑料草坪网砖外形尺寸无精度要求，只是在每个网砖之间用榫拼接，所以对榫有配合要求，故要计算相对于榫的凹、凸模尺寸，其余凹、凸模型腔尺寸则采用产品尺寸。

1）相对于榫的凹模工作尺寸计算

对于塑件 $60_{-0.2}$ 尺寸，因为

$$L_{模具} = \left[L_{塑件}(1+k) - (3/4)\Delta \right]^{+\delta}_{0}$$

式中：$L_{塑件}$——塑件外形最大尺寸；

　　　k——塑件的平均收缩率；

　　　Δ——塑件的尺寸公差；

　　　δ——模具制造公差，取塑件尺寸公差的 $1/3\sim1/6$。

故

$$L_{模具}=[60\times(1+0.0175)-(3/4)\times0.2]_{0}^{(1/5)\times0.2}\text{mm}=60.9_{0}^{+0.04}\text{mm}$$

对于塑件 $20_{-0.15}$ 尺寸，因为

$$H_{模具}=[H_{塑件}(1+k)-(2/3)\Delta]_{0}^{+\delta}$$

式中：$H_{塑件}$——塑件高度方向的最大尺寸。故

$$H_{模具}=[20\times(1+0.0175)-(2/3)\times0.15]_{0}^{(1/5)\times0.15}\text{mm}=20.25_{0}^{+0.03}\text{mm}$$

2) 相对于凸模的工作尺寸计算

对于塑件 $60^{+0.2}$ 尺寸，因为

$$l_{模具}=[l_{塑}(1+k)+(3/4)\Delta]_{-\delta}^{0}$$

式中：$l_{塑}$——塑件内形径向的最小尺寸。故

$$l_{模具}=[60\times(1+0.0175)+(3/4)\times0.2]_{-(1/5)\times0.2}^{0}\text{mm}=61.2_{-0.04}^{0}\text{mm}$$

对于塑件 $20^{+0.15}$ 尺寸，因为

$$h_{模具}=[h_{塑}(1+k)+(2/3)\Delta]_{-\delta}^{0}$$

式中：$h_{塑}$——塑件内腔的深度最小尺寸。故

$$h_{模具}=[20\times(1+0.0175)+(2/3)\times0.15]_{-(1/5)\times0.15}^{0}\text{mm}=21.6_{-0.03}^{0}\text{mm}$$

其他尺寸由于没有精度要求，可采用制品有关尺寸。

4. 模具结构设计

模具结构采用一模一腔三板式、点浇口自动脱落浇注系统结构，顶出机构采用顶杆式。

根据本书附录 B 所提供的标准模架图例选定模架型号为 S5050—DCI—80—100—100，模架结构如图 6-124 所示。

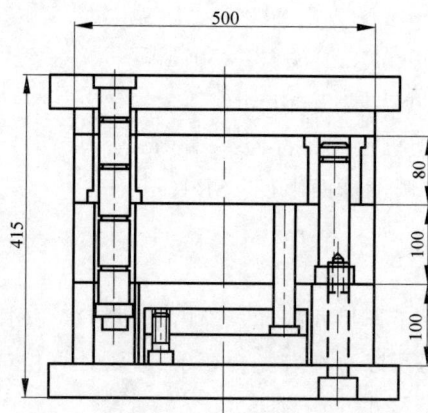

图 6-124　S5050—DCI—80—100—100 模架结构

浇口套也可选标准件,因为注塑机喷嘴口直径为 $\phi4$,可选择进料口直径为 $\phi5$ 的浇口套,具体结构见模具装配图(图 6-125)。

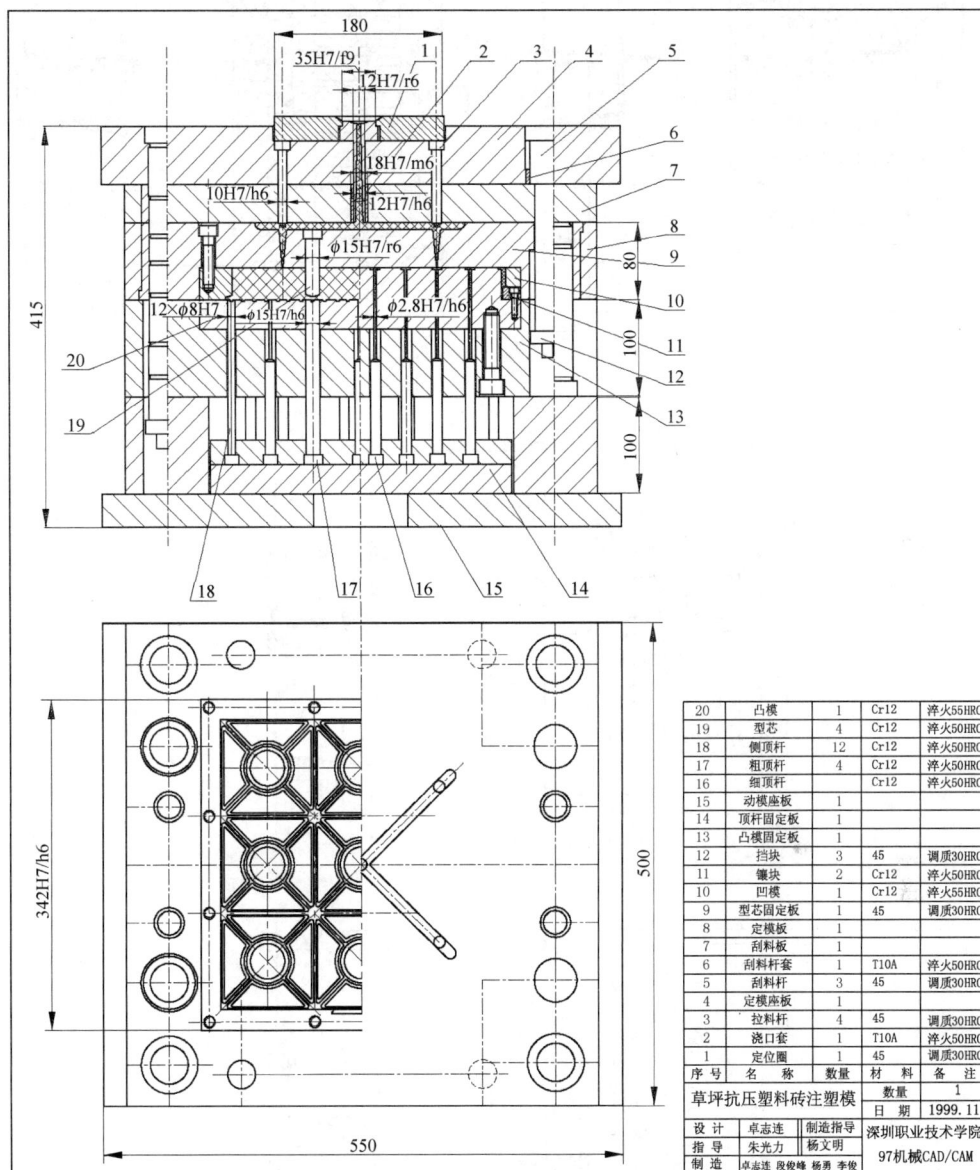

20	凸模	1	Cr12	淬火55HRC
19	型芯	4	Cr12	淬火50HRC
18	侧顶杆	12	Cr12	淬火50HRC
17	粗顶杆	4	Cr12	淬火50HRC
16	细顶杆		Cr12	淬火50HRC
15	动模座板	1		
14	顶杆固定板	1		
13	凸模固定板	1		
12	挡块	3	45	调质30HRC
11	镶块	2	Cr12	淬火50HRC
10	凹模	1	Cr12	淬火55HRC
9	型芯固定板	1	45	调质30HRC
8	定模板	1		
7	刮料板	1		
6	刮料杆套	1	T10A	淬火50HRC
5	刮料杆	3	45	调质30HRC
4	定模座板	1		
3	拉杆	4	45	调质30HRC
2	浇口套	1	T10A	淬火50HRC
1	定位圈	1	45	调质30HRC
序号	名　称	数量	材　料	备　注

草坪抗压塑料砖注塑模		数量	1
		日 期	1999.11
设 计	卓志连	制造指导	深圳职业技术学院
指 导	朱光力	杨文明	
制 造	卓志连 段俊峰 杨勇 李俊		97机械CAD/CAM

图 6-125　塑料草坪网砖模具装配图

模具结构及动作过程如图 6-126 所示。

5. 注塑机参数校核

1)最大注塑量校核

注塑机的最大注塑量应大于制品的质量或体积(包括流道及浇口凝料和飞边)。通常注塑机的实际注塑量最好为注塑机最大注塑量的 80%。所以,选用的注塑机最大注塑量应满足下式:

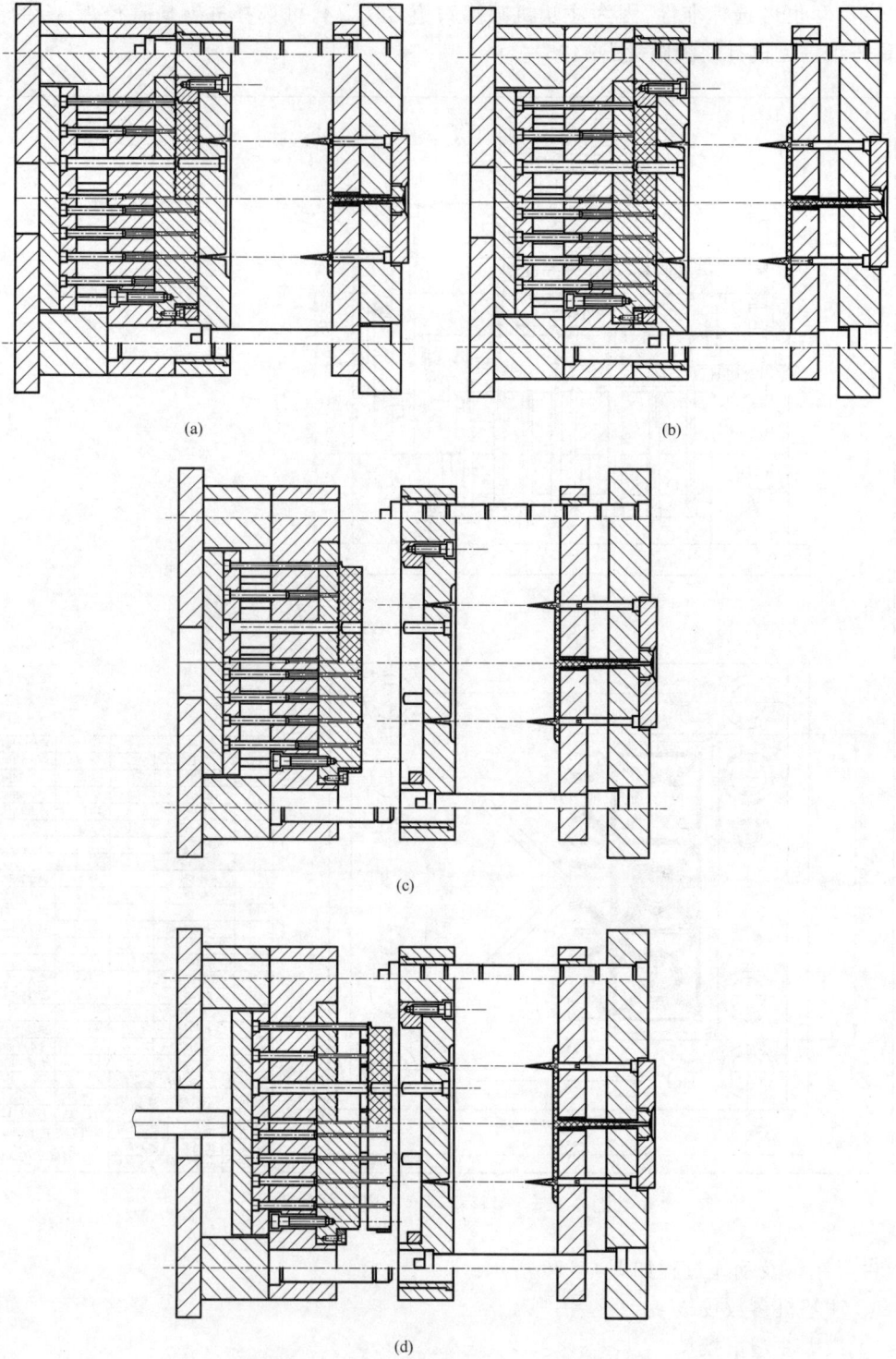

(a)

(b)

(c)

(d)

图 6-126　塑料草坪网砖模具结构及动作过程

(a) 第一次分型,拉断点浇口;(b) 继续分型,定模上的刮板刮脱浇道凝料;

(c) 第二次分型,动、定模分开;(d) 顶出塑件

$$0.8V_{机} \geqslant V_{塑件} + V_{浇}$$

式中：$V_{机}$——注塑机的最大注塑量，cm^3；

　　　$V_{塑件}$——塑件的体积，cm^3，该产品 $V_{塑件} = 614cm^3$；

　　　$V_{浇}$——浇注系统体积，cm^3，该产品 $V_{浇} = 198cm^3$。

故

$$V_{机} \geqslant \frac{V_{塑件} + V_{浇}}{0.8} = \frac{614 + 198}{0.8}cm^3 = 1015cm^3$$

此处选定的注塑机的注塑量为 $1050cm^3$，所以满足要求。

2）锁模力校核

$$F_{锁机} > P_{模} A$$

式中：$P_{模}$——熔融塑料在型腔内的压力，为 $20 \sim 40MPa$；

　　　A——塑件和浇注系统在分型面上的投影面积之和，经计算为 $36\,145mm^2$；

　　　$F_{锁机}$——注塑机的额定锁模力，kN。

故

$$F_{锁机} > P_{模} A = 40 \times 36\,145N = 1445.8kN$$

此处选定的注塑机的锁模力为 $2500kN$，满足要求。

3）模具与注塑机安装部分相关尺寸校核

（1）模具闭合高度长宽尺寸与注塑机模板尺寸和拉杆间距相适合：

模具长×宽<拉杆面积；

模具的长×宽为 $550mm \times 500mm$<注塑机拉杆的间距 $560mm \times 510mm$，故满足要求。

（2）模具闭合高度校核：

模具实际厚度 $H_{模} = 415mm$；

注塑机最小闭合厚度 $H_{min} = 220mm$；

即 $H_{模} > H_{min}$，故满足要求。

4）开模行程校核

所选注塑机的最大行程与模具厚度有关（如全液压合模机构的注塑机），故注塑机的开模行程应满足下式：

$$S_{机} - (H_{模} - H_{min}) > H_1 + H_2 + (5 \sim 10)mm$$

因为

$$S_{机} - (H_{模} - H_{min}) = [830 - (415 - 220)]mm = 635mm$$

$$H_1 + H_2 + (5 \sim 10) = (35 + 185 + 10)mm = 230mm$$

式中：H_1——推出距离，mm；

　　　H_2——包括浇注系统在内的塑件高度，mm；

　　　$S_{机}$——注塑机最大开模行程，mm。

故满足要求。

5）腔壁厚、底板厚度的确定

根据经验确定壁厚及底板厚度，具体厚度见模具装配图（图 6-125）。

6）模具冷却系统的设计

在模具上开设冷却水道,通循环水对模具进行冷却。具体结构从略。

实例 2——放大镜注塑模具设计

设计如图 6-127 所示放大镜注塑模具(该模具为深圳职业技术学院学生模具 CAD/CAM 实训课题,实训时间四周,设计制造出该模具并注塑出产品)。

1．塑件分析

1）明确塑件设计要求

如图 6-127 和图 6-128 所示分别为放大镜三维立体图和二维工程图。

2）明确塑件批量

该产品为大批量生产,故设计的模具要有较高的注塑效率,模具采用一模二腔结构,浇口形式采用侧浇口,如图 6-129 所示。

图 6-127 放大镜三维立体图

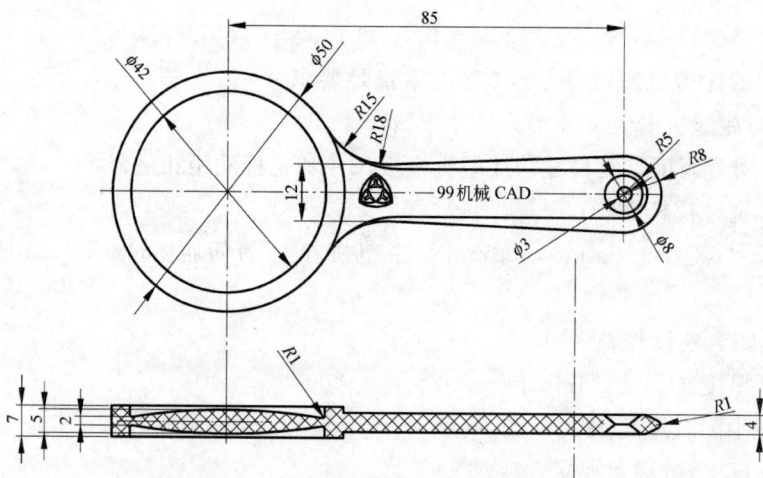

图 6-128 放大镜二维工程图(材料：PS)

图 6-129 一模二腔浇注系统

3）计算塑件的体积和质量

该产品为放大镜，需透光，所以材料采用聚丙乙烯，查附录表 A-3 或塑料产品说明可知其密度为 1.05，收缩率为 0.7％。

使用 UG 或 Pro/E 软件画出三维实体图，软件能自动计算出所画图形的体积，当然也可根据形状进行手动计算得到图形的体积。

通过计算塑件的体积 $V_塑＝12.2\text{cm}^3$（计算过程从略），可得塑件的质量为

$$M_{塑件}＝\rho V_塑＝1.05\times12.2\text{g}＝12.8\text{g}$$

式中：ρ——塑料密度，g/cm^3。

由浇注系统体积 $V_浇＝4.6\text{cm}^3$，可得浇注系统的质量为

$$M_浇＝V_浇\rho＝4.6\times1.05\text{g}＝4.83\text{g}$$

故

$$V_总＝2V_塑＋V_浇＝(2\times12.2＋4.6)\text{cm}^3＝29\text{cm}^3$$
$$M_总＝V_总\rho＝29\times1.05\text{g}＝30.5\text{g}$$

2. 注塑机的确定

根据塑料制品的体积或质量查表 5-2 或有关手册选定注塑机型号为：JPH50A。

注塑机的参数如下：

注塑机最大注塑量：67g；锁模力：500kN；

注塑压力：154MPa；最小模厚：150mm；

开模行程：380mm；最大开距：530mm；

顶出行程：60mm；注塑机定位孔直径：$\phi100\text{mm}$；

喷嘴前端孔径：$\phi3\text{mm}$；喷嘴球面半径：$SR10\text{mm}$；

注塑机拉杆的间距：295mm×295mm。

3. 模具设计的有关计算

由于放大镜外形尺寸无精度要求，且无须与其他零件相配，所以凹凸模零件型腔尺寸可直接采用产品尺寸。

4. 模具结构设计

模具结构采用一模二腔二板式、侧浇口浇注系统结构，顶出机构直接采用型腔零件兼作顶杆。

根据本书附录 B 所提供的模架图选定模架型号为 2025—AI—30—30—70，模架结构如图 6-130 所示。

浇口套也可选标准件，因为注塑机喷嘴口直径为 $\phi3$，可选择进料口直径为 $\phi3.5$ 的浇口

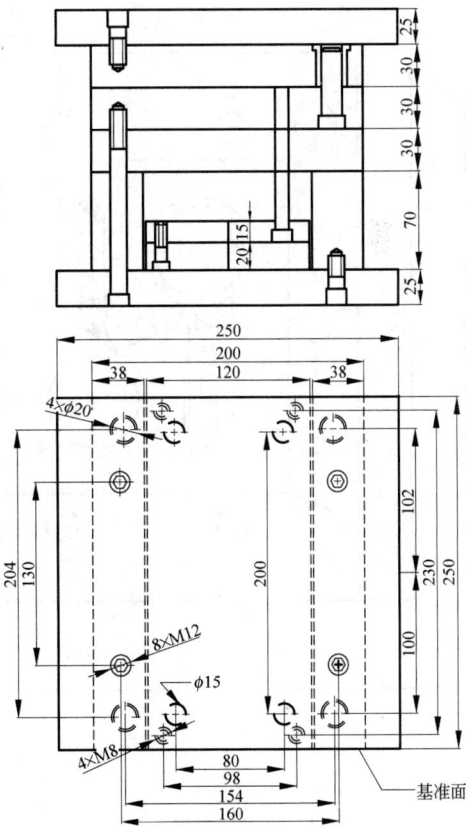

图 6-130 2025—AI—30—30—70 模架结构

套,具体结构见模具装配图(图 6-131)。

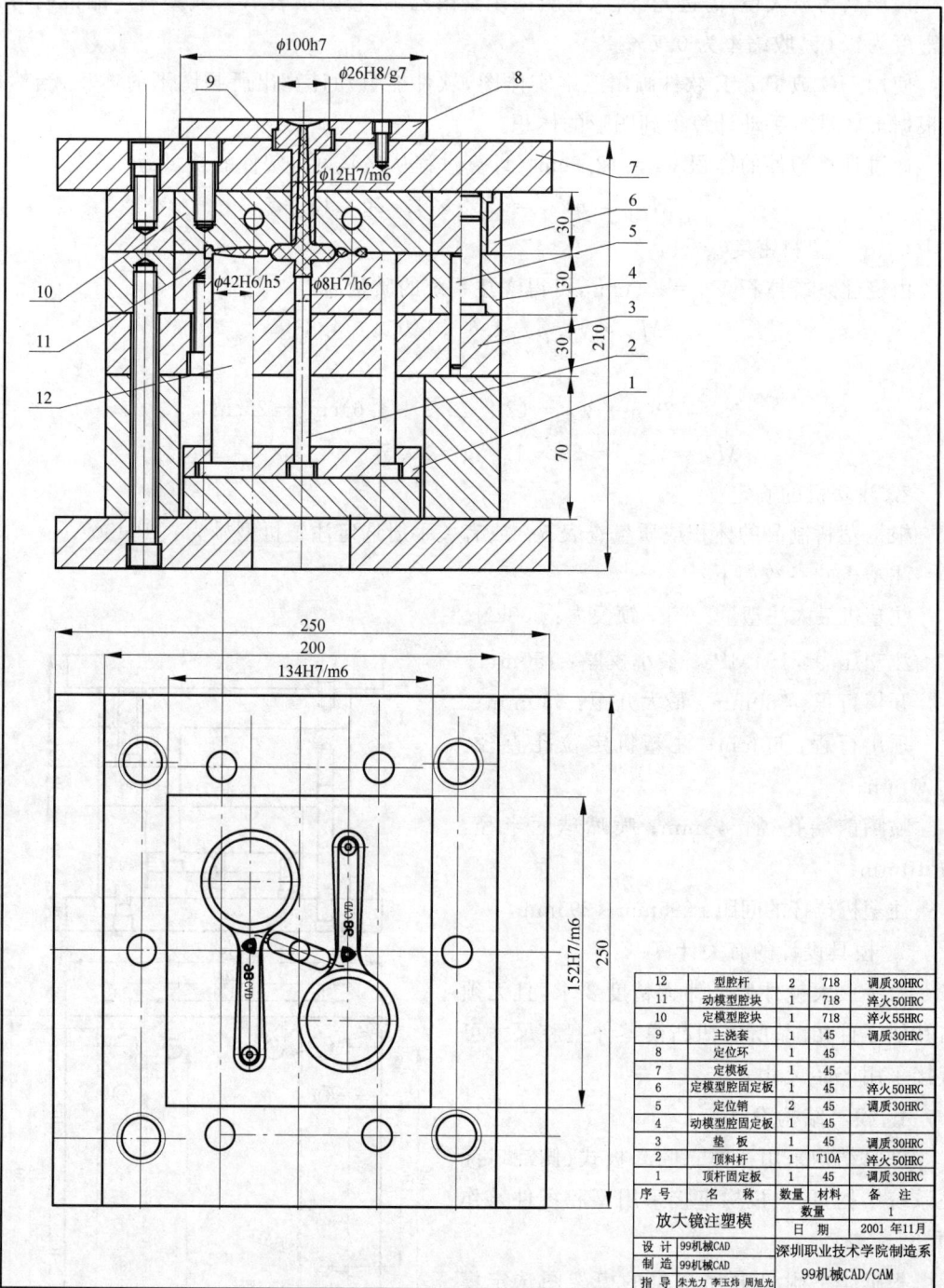

12	型腔杆	2	718	调质30HRC
11	动模型腔块	1	718	淬火50HRC
10	定模型腔块	1	718	淬火55HRC
9	主浇套	1	45	调质30HRC
8	定位环	1	45	
7	定模板	1	45	
6	定模型腔固定板	1	45	淬火50HRC
5	定位销	2	45	调质30HRC
4	动模型腔固定板	1	45	
3	垫板	1	45	调质30HRC
2	顶料杆	1	T10A	淬火50HRC
1	顶杆固定板	1	45	调质30HRC
序 号	名 称	数量	材料	备 注

放大镜注塑模	数量	1
	日 期	2001 年11月

设 计	99机械CAD	深圳职业技术学院制造系
制 造	99机械CAD	99机械CAD/CAM
指 导	朱光力 李玉炜 周旭光	

图 6-131 放大镜注塑模具装配图

该模具的主要型腔零件如图 6-132 所示。

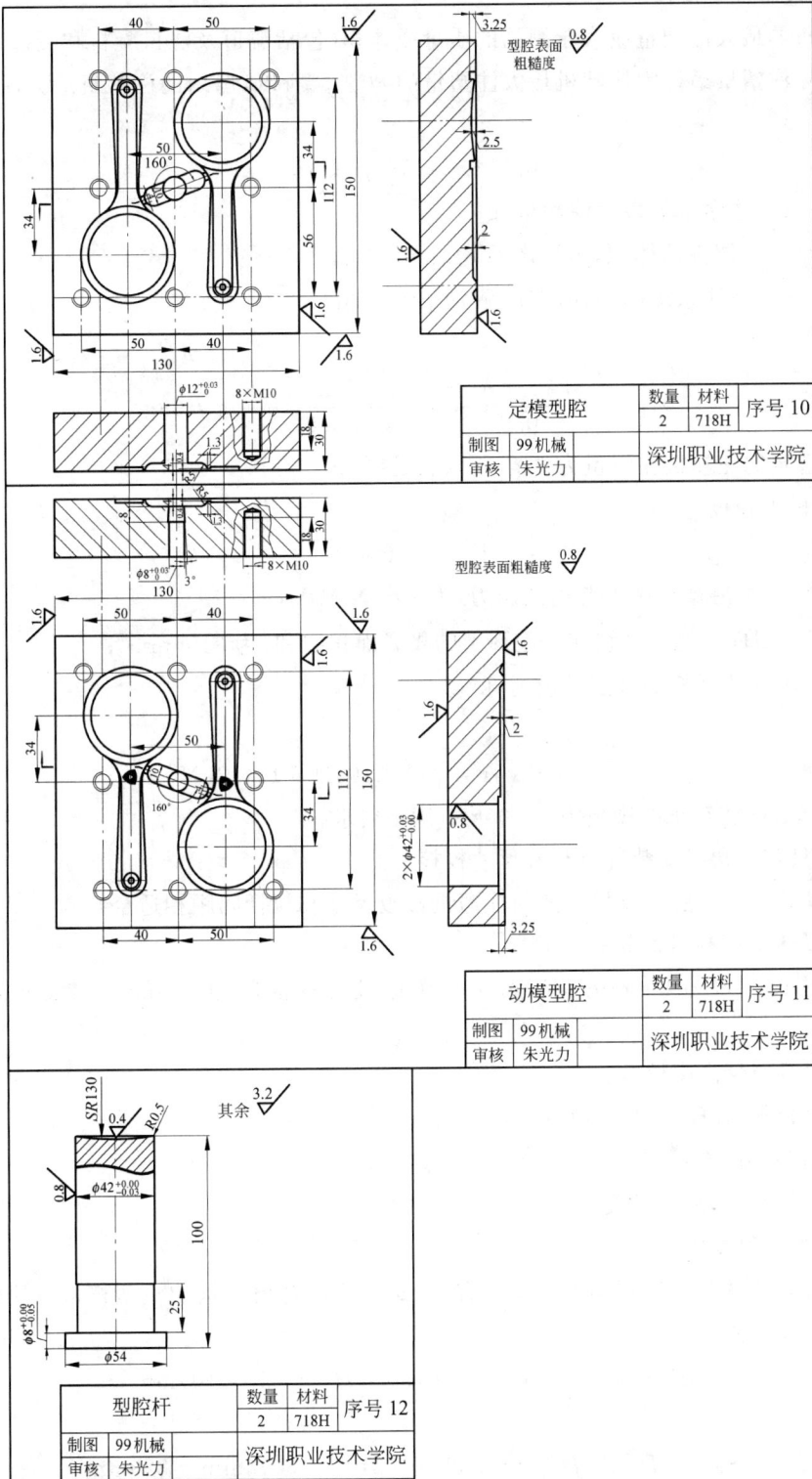

图 6-132　放大镜注塑模具主要型腔零件

5. 注塑机参数校核

1) 最大注塑量校核

注塑机的最大注塑量应大于制品的质量或体积(包括流道及浇口凝料和飞边)。通常注塑机的实际注塑量最好为注塑机最大注塑量的 80%。所以,选用的注塑机最大注塑量应满足下式:

$$0.8 M_{机} \geqslant M_{塑件} + M_{浇}$$

式中:$M_{机}$——注塑机的最大注塑量,g;

　　　$M_{塑件}$——塑件的体积,g,该产品 $M_{塑件} = 12.8g$;

　　　$M_{浇}$——浇注系统体积,g,该产品 $M_{浇} = 4.83g$。

故

$$M_{机} \geqslant \frac{M_{塑件} + M_{浇}}{0.8} = \frac{2 \times 12.8 + 4.83}{0.8}g = 38g$$

此处选定的注塑机注塑量为 67g,所以满足要求。

2) 锁模力校核

$$F_{锁机} > P_{模} A$$

式中:$P_{模}$——熔融塑料在型腔内的压力,为 20～40MPa;

　　　A——塑件和浇注系统在分型面上的投影面积之和,为 3105mm²;

　　　$F_{锁机}$——注塑机的额定锁模力,kN。

故

$$F_{锁机} > P_{模} A = 40 \times 3105N = 124.2kN$$

此处选定的注塑机的锁模力为 500kN,满足要求。

3) 模具与注塑机安装部分相关尺寸校核

(1) 模具闭合高度长宽尺寸要与注塑机模板尺寸和拉杆间距相适合:

模具长×宽<拉杆面积;

模具的长×宽为 200mm×250mm<注塑机拉杆的间距 295mm×295mm,故满足要求。

(2) 模具闭合高度校核:

模具实际厚度 $H_{模} = 210mm$;

注塑机最小闭合厚度 $H_{min} = 150mm$;

即 $H_{模} > H_{min}$,故满足要求。

4) 开模行程校核

所选注塑机的最大行程与模具厚度有关(如全液压合模机构的注塑机),故注塑机的开模行程应满足下式:

$$S_{机} - (H_{模} - H_{min}) > H_1 + H_2 + (5 \sim 10)mm$$

因为

$$S_{机} - (H_{模} - H_{min}) = [380 - (210 - 150)]mm = 320mm$$

$$H_1 + H_2 + (5 \sim 10) = (15 + 74 + 10)mm = 99mm$$

式中：H_1——推出距离，mm；

$\quad\quad H_2$——包括浇注系统在内的塑件高度，mm；

$\quad\quad S_{机}$——注塑机最大开模行程，mm。

故满足要求。

5）腔壁厚、底板厚度的确定

根据经验确定壁厚及底板厚度，具体厚度见模具装配图（图 6-131）。

6）模具冷却系统的设计

在模具上开设冷却水道，通循环水对模具进行冷却，具体结构见装配图（图 6-131）。

习　题

6-1　何谓浇注系统？它由哪些部分组成？浇注系统的设计原则是什么？

6-2　浇口有哪些基本类型和特点？各自的应用场合是什么？

6-3　冷料井有何作用？具有哪几种形式？

6-4　何谓分型面？分型面有何选择原则？

6-5　为什么模具要考虑排气？常用的排气方法有哪些？

6-6　成型零件包括哪些零件？为什么通常不直接在模架板上开挖出型腔？成型零件结构有哪几种形式？

6-7　如题 6-7 图所示的制品，材料为 PS，其收缩率为 $0.6\%\sim0.8\%$，试确定构成模具型腔的凹、凸模有关尺寸。

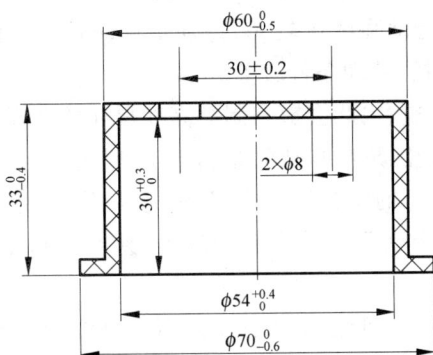

题 6-7 图

6-8　何谓脱模机构？它的设计原则是什么？

6-9　脱模机构有哪些类型？何谓一级、二级脱模机构？

6-10　在什么情况下，模具要设计侧向抽芯机构？有哪几类侧向抽芯机构？

6-11　斜导柱侧向抽芯机构有哪几种形式？锁紧楔的作用是什么？其楔角为什么应大于斜导柱倾斜角？

6-12　大多数热塑性塑料注塑模具为什么要设计冷却水孔？冷却水孔的设计原则是什么？

第7章 压塑模具设计

7.1 概述

7.1.1 压塑成型及其优缺点

压塑模具(简称压模)主要用于热固性塑件成型。其成型方法是将塑料原料(可以为粉状、粒状、片状、碎屑状、纤维状等各种形态)直接加入具有规定温度的压模型腔和加料室,然后以一定的速度将模具闭合,塑料在热和压力作用下熔融流动,并且很快充满整个型腔,从而得到所需形状及尺寸的塑件。最后开启模具取出塑件。

与注塑模具相比,压塑模具有其特殊之处,如没有浇注系统、直接向模腔内加入未塑化的塑料,只能垂直安装等。下面介绍压塑成型的优缺点。

1) 压塑成型的优点

(1) 与注塑成型相比,使用的设备和模具比较简单。

(2) 适用于流动性差的塑料,比较容易成型大型制品。

(3) 与热固性塑料注塑成型相比,制件的收缩率较小、变形小,各向性能比较均匀。

2) 压塑成型的缺点

(1) 生产周期比注塑成型长,生产效率低,特别是厚壁制品生产周期更长。

(2) 不易实现自动化,劳动强度比较大,特别是移动式压塑模具。由于模具需要加热,易造成原料中粉尘、纤维飞扬,劳动条件较差。

(3) 制品常有较厚的溢边,因此会影响制品高度尺寸的准确性。

(4) 厚壁制品和带有深孔、形状复杂的制品难于制模。

(5) 压模会受到高温高压的联合作用,因此对模具材料要求较高,重要零件均应进行热处理。同时,压塑模具操作中受到的冲击振动较大,易磨损和变形,使用寿命较短,一般仅20万~30万次。

(6) 模具内细长的成型杆和制品上细薄的嵌件在压塑时均易弯曲变形,因此这类制品不宜采用压塑成型。

7.1.2 压塑模具分类

1. 按是否安装固定在液压机上分类

1) 移动式模具

移动式模具属机外装卸的模具。一般情况下,模具的分模、装料、闭合及成型后塑件由模具内取出等均在机外进行,模具本身不带加热装置且不安装固定在机床上,故通称移动式模具。这种模具适用于成型内部具有很多嵌件、螺纹孔及旁侧孔的塑件,新产品试制以及采用固定式模具加料不方便等情况。

移动式模具结构简单、制造周期短、造价低,但操作时劳动强度大,且生产效率低,因此,模具尺寸和质量都不宜过大。

2）固定式模具

固定式模具属机内装卸的模具。它安装固定在机床上,且本身带有加热装置,整个生产过程即分模、装料、闭合、成型及成型后顶出塑件等均在机床上进行,故通称固定式模具。固定式模具使用方便、生产效率高、劳动强度小、模具使用寿命长,适用于产量高、尺寸大的塑件生产。其缺点是模具结构复杂、造价高,且安装嵌件不方便。

3）半固定式模具

这种模具介于上述两种模具之间,即凹模做成可移动式,凸模固定在机床上。成型后,凹模从导轨上被拉至压机外侧的顶出工作台上进行顶件,安放嵌镶件及加料完成后,再推入压机内进行压制,而凸模一直被固定在压机上(或凸模做成可移动式,凹模固定在压机上)。这种模具适用于成型带螺纹塑件或嵌件多、有侧孔的塑件。

2. 按分型面特征分类

按分型面特征可分为水平分型面、垂直分型面和复合分型面模具。

无论是注塑模,还是压塑模,其分型面表示方法是相同的,见图 7-1。

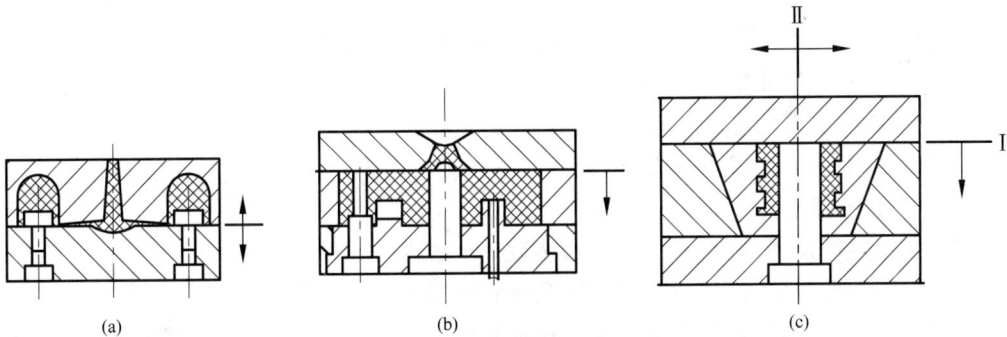

图 7-1　模具分型面的表示方法

1）水平分型面模具

这种模具的分型面平行于压机工作台面(或垂直于机床的工作压力方向),又可分为:

(1) 一个水平分型面的压模。分型面将压模分成凸模和凹模两部分,如图 7-2 所示。

(2) 两个水平分型面的压模。两个分型面将压模分成凸模、凹模和模套 3 部分,如图 7-3 所示。

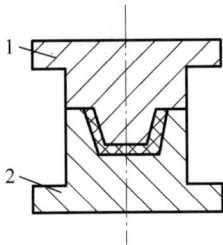

1—凸模;2—凹模。

图 7-2　一个水平分型面敞开式压模

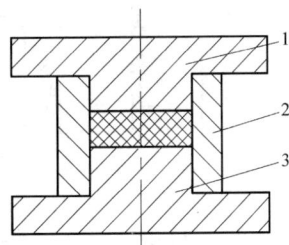

1—凸模;2—模套;3—凹模。

图 7-3　两个水平分型面闭合式压模

分模时,压模沿着两个水平分型面分成3部分,塑件仍留在模套中,可用手将塑件从模套中取出。这种结构的特征是没有顶出器,通常用于移动式压塑模具中。

两个水平分型面的压塑模具在通用模架中经常使用。

2) 垂直分型面模具

这种模具的分型面垂直于压机的工作台面(或平行于机床的工作压力方向)。

垂直分型面压塑模具用于成型线圈骨架类型的塑件,由两半或数瓣零件组成的凹模组件装在模套中,如图7-4所示。

在凸模压制时,模套套住凹模,模具处于闭合状态,塑件中的孔用型芯成型。当凹模从模套中顶出后,在压机外将压好的塑件取出。

另外,还有多层分型面压模。这种模具具有两个以上的分型面,在垂直(或平行)于压机的工作压力方向将模具分成数个部分。多层水平分型面压模,每一层板成型塑件的某一部分,压模板间的相互定位是由导柱来实现的。这种结构的优点是压模易于制造(在淬火后各板可磨光),适用于平的和薄的有嵌件塑件,且嵌件固定方便。移动式和固定式的多层分型面的压塑模具在工业上应用极广。

3) 复合分型面模具

这种模具的分型面既有平行于压机工作台面的,又有垂直于压机工作台面的。

3. 按成型型腔数分类

1) 单型腔压塑模具

在每一压制周期中,成型一个塑件。

2) 多型腔压塑模具

在每一压制周期中,成型两个以上乃至数十个塑件。

压模的型腔数量取决于塑件的形状、数量和压机的功率。此外,由于塑件形状或结构上的限制及生产中的需要,不能在模具上设计加料室,但又要求塑件组织紧密均匀时,可将塑料压成一定形状和大小的坯件,将坯件放入模具型腔再进行模塑。这种塑坯件的模具称作压坯模。敞开式压塑模具多用这种坯件,压坯模的结构如图7-5所示。

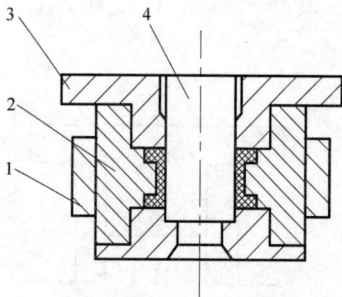

1—模套;2—凹模组件(两半);3—凸模;4—型芯。

图7-4　垂直分型面半闭合式压模

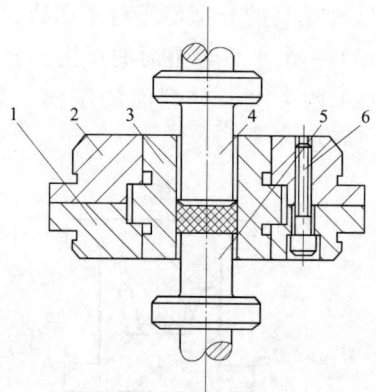

1—下板;2—上板;3—型腔;4—上凸模;

5—下凸模;6—螺钉。

图7-5　压坯模的结构

7.1.3　压塑模与压机的关系

1. 塑料压塑模用压机种类

压机是压塑成型的主要设备。根据传动方式不同,压机可分为机械式和液压式两种。机械式压机常使用螺旋压力机,其结构简单,但技术性能不够稳定,因此逐渐被液压机替代。

液压机是热固性塑料压塑成型所用的主要设备。根据机身结构不同,液压机可分为框架连接和立柱连接两类。框架式如图 7-6 及图 7-7(c)所示,一般用于中、小型压机。立柱式如图 7-7(a)、(b)所示,常用于大、中型压机。加压形式大部分为上压式(图 7-7(a))。上、下模分别安装在上压板(滑块)、下压板(工作台)上,工作时上压板带动上模往下运动进行压制。工作台下设有机械或液压顶出系统,开模后顶杆上升推动推出机构而脱出制品。该类压机一般可进行半自动化工作。

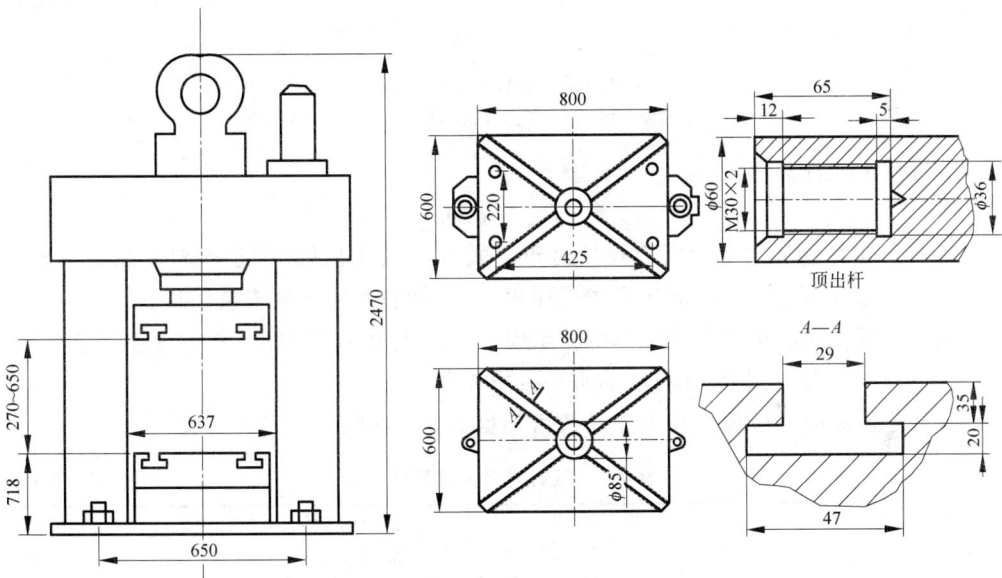

图 7-6　Y71-100 型液压机及工作台结构

2. 压机有关参数的校核

1) 压机最大压力

校核压机最大压力是为了在已知压机公称压力和制品尺寸的情况下,计算模具内开设型腔的数目,或在已知型腔数和制品尺寸情况下选择压机的公称压力。

压制塑料制品所需要的总成型压力应小于或等于压机公称压力。其关系见下式:

$$F_模 \leqslant KF_机 \tag{7-1}$$

式中：$F_模$——压制塑料制品所需的总压力;

　　　$F_机$——压机公称压力;

　　　K——修正系数,$K = 0.75 \sim 0.90$,根据压机新旧程度而定。

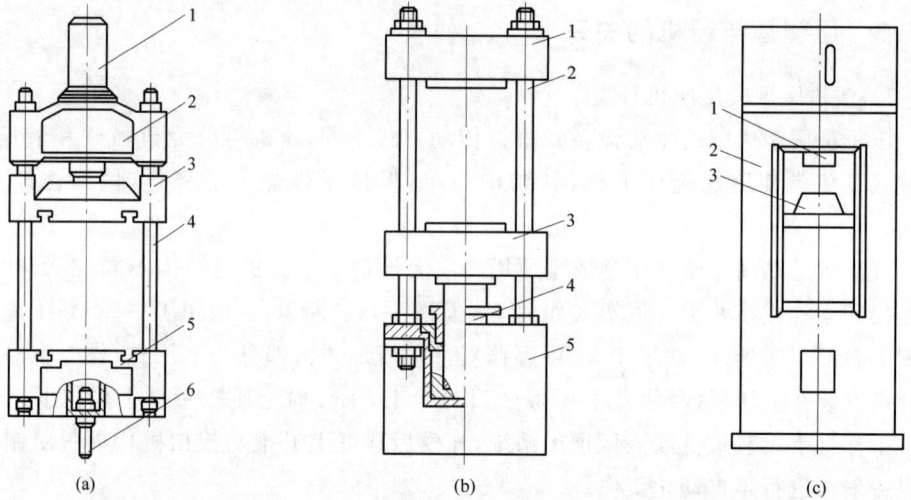

1—工作液压缸；2—上横梁；3—活动横梁；　　1—上横梁；2—立柱；3—活动横梁；　　1—上工作台；2—机架；

4—立柱；5—下横梁；6—推出杆。　　　　　4—工作液压缸；5—下横梁。　　　　　3—下工作台。

图 7-7　各种类型液压机

（a）上压式液压机；（b）下压式液压机；（c）框架式液压机

$F_模$ 可按下式计算：

$$F_模 = pAn \tag{7-2}$$

式中：A——单个型腔水平投影面积。对于溢式和不溢式压模，等于塑料制品最大轮廓的水平投影面积；对于半溢式压模，等于加料腔的水平投影面积。

n——压模内加料腔个数。单型腔压模 $n=1$；对于共用加料腔的多型腔压模，n 亦等于1，这时 A 为加料腔的水平投影面积。

p——压制时单位成型压力。其值可根据表 7-1 选取。

表 7-1　压制时单位成型压力 p　　　　　　　　　　　　　　　单位：MPa

塑料制品的特征或尺寸	粉状酚醛树脂		布基填料的酚醛树脂	氨基塑料	酚醛石棉塑料
	不预热	预　热			
扁平厚壁制品	12.26～17.16	9.81～14.71	29.42～39.23	12.26～17.16	44.13
高 20～40mm，壁厚 4～6mm	12.26～17.16	9.81～14.71	34.32～44.13	12.26～17.16	44.13
高 20～40mm，壁厚 2～4mm	12.26～17.16	9.81～14.71	39.23～49.03	12.26～17.16	44.13
高 40～60mm，壁厚 4～6mm	17.16～22.06	12.26～15.40	49.03～68.65	17.16～22.06	53.94
高 40～60mm，壁厚 2～4mm	22.06～26.97	14.71～19.61	58.84～78.45	22.06～26.97	53.94
高 60～100mm，壁厚 4～6mm	24.52～29.42	14.71～19.61	—	24.52～29.42	53.94
高 60～100mm，壁厚 2～4mm	26.97～34.32	17.61～22.06	—	26.97～34.32	53.94

当选择需要的压机公称压力时,将式(7-2)代入式(7-1)可得

$$F_{机} \geqslant \frac{pAn}{K} \qquad (7\text{-}3)$$

当压机确定时,可按下式计算多型腔模的型腔数:

$$n \leqslant \frac{KF_{机}}{pA} \qquad (7\text{-}4)$$

当压机的公称压力超出成型需要的压力时,需调节压机的工作液体压力,此时压机的压力由压机活塞面积和工作液体的工作压力确定:

$$F_{机} = p_1 A_{机} \qquad (7\text{-}5)$$

式中:p_1——压机工作液体的工作压力(可从机器上的压力表中查得);

　　　$A_{机}$——压机活塞的横截面面积。

2) 开模力的校核

开模力的大小与成型压力成正比,其值大小关系到压模连接螺钉的数量及大小。因此,对大型模具在布置螺钉前需计算开模力。

(1) 开模力计算公式为

$$F_{开} = K_1 F_{模} \qquad (7\text{-}6)$$

式中:$F_{开}$——开模力;

　　　$F_{模}$——模压制品所需的成型总压力;

　　　K_1——压力系数。对形状简单的制品,配合环不高时取 0.1,配合环较高时取 0.15;塑料制品形状复杂,配合环高时取 0.2。

(2) 螺钉数由下式确定:

$$n_{螺} \geqslant \frac{F_{开}}{f} \qquad (7\text{-}7)$$

式中:$n_{螺}$——螺钉数量;

　　　f——每个螺钉所承受的负荷,见表 7-2。

表 7-2　螺钉负荷 f　　　　　　　　　　　　　　　　单位:N

公称直径	材料:45 σ_b/MPa 490.33	材料:T10A σ_b/MPa 980.67	备　　注
M5	1323.90	2598.76	
M6	1814.23	3628.46	
M8	3432.33	6766.59	
M10	5393.66	10 787.32	
M12	7943.39	15 788.71	
M14	10 787.32	21 770.76	对于成型压力大于 500kN 的大型模具,连接螺钉用的材料可选 T10A、T10,但不应淬火
M16	15 200.31	30 302.55	
M18	18 240.37	36 480.74	
M20	23 634.03	47 268.05	
M22	29 714.15	59 428.30	
M24	34 127.14	68 156.22	

3) 脱模力的校核

脱模力可按式(7-8)计算。选用压机的顶出力应大于脱模力。

$$F_{脱} = A_1 p_1 \tag{7-8}$$

式中：$F_{脱}$——塑料制品的脱模力；

　　　A_1——塑料制品侧面积之和；

　　　p_1——塑料制品与金属的结合力，一般木纤维和矿物为填料时取 0.49MPa，玻璃纤维为填料时取 1.47MPa。

4) 压机的台面结构及有关尺寸的校核

压塑模的宽度应小于压机立柱或框架间的距离，使压模顺利通过立柱或框架。压塑模的最大外形尺寸不宜超出压机上、下压板尺寸，以便于压塑模安装固定。

压机的上、下压板上常开设有平行的或沿对角线交叉的 T 形槽。压塑模的上、下模座板可直接用螺钉分别固定在压机的上、下压板上，此时模具上的固定螺钉孔(或长槽)应与压机上、下压板上的 T 形槽对应。压模也可用压板、螺钉压紧固定，这种情况下压塑模的座板尺寸比较自由，只需设有宽 15～30mm 的凸缘台阶即可。

5) 压机的闭合高度与压模闭合高度关系的校核

压机上(动)压板的行程和上、下压板间的最大、最小开距直接关系到能否完全开模取出塑料制品。图 7-8 所示为模具闭合高度与开模行程的关系。设计模具时可按下式进行计算：

$$h \geqslant H_{min} + (10 \sim 15) \text{mm} \tag{7-9}$$

$$h = h_1 + h_2 \tag{7-10}$$

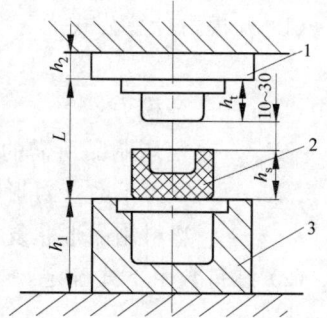

1—凸模；2—塑料制品；3—凹模。

图 7-8　模具闭合高度与开模行程

式中：H_{min}——压机上、下压板间的最小距离；

　　　h——压模闭合高度；

　　　h_1——凹模高度；

　　　h_2——凸模台肩高度。

如果 $h < H_{min}$，则上、下模不闭合，应在上、下板间加垫板。

除满足式(7-9)外，还应满足下式：

$$H_{max} \geqslant h + L \tag{7-11}$$

$$L = h_s + h_t + (10 \sim 30) \text{mm} \tag{7-12}$$

将式(7-12)代入式(7-11)得

$$H_{max} \geqslant h + h_s + h_t + (10 \sim 30) \text{mm} \tag{7-13}$$

式中：H_{max}——压机上、下板间的最大距离；

　　　h_s——塑料制品高度；

　　　h_t——凸模高度；

　　　L——模具最小开模距离。

对于利用开模力完成侧向分型与侧向抽芯的模具，以及利用开模力脱出螺纹型芯等场合，模具所要求的开模距离可能还要大一些，需视具体情况而定。对于移动式模具，当卸模架安放在压机上脱模时，应考虑模具与上、下卸模板组合后的高度，以能放入上、下压板之间为宜。

6）压机的顶出机构与压塑模推出机构关系的校核

固定式压塑模制品的脱模一般由压机顶出机构驱动模具推出机构完成。如图 7-9 所示，压机顶出机构通过尾轴或中间接头、拉杆等零件与模具推出机构相连。因此，设计模具时，应了解压机顶出系统和模具推出机构的连接方式及有关尺寸，使模具的推出机构与压机顶出机构相适应。即推出塑料制品所需行程应小于压机最大顶出行程，同时压机的顶出行程必须保证制品能推出型腔，并高出型腔表面 10mm 以上，以便取出塑件。其关系见图 7-9 及式（7-14）。

$$l = h + h_1 + (10 \sim 15)\text{mm} \leqslant L \qquad (7\text{-}14)$$

式中：L——压机顶杆最大行程；

l——塑料制品所需推出高度；

h——塑料制品最大高度；

h_1——加料腔高度。

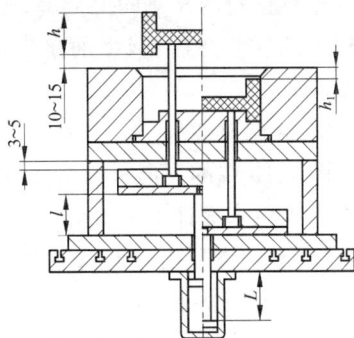

图 7-9　塑料制品推出行程

7.2　典型的压塑模具结构

典型的压塑模具结构如图 7-10 所示，可分为装于压机上压板的上模和装于压机下压板的下模两大部件。上下模闭合使装于加料室和型腔中的塑料受热受压，成为熔融态充满整个型腔。当制件固化成型后，上下模打开，利用顶出装置顶出制件。压塑模可进一步分为以下几大部件。

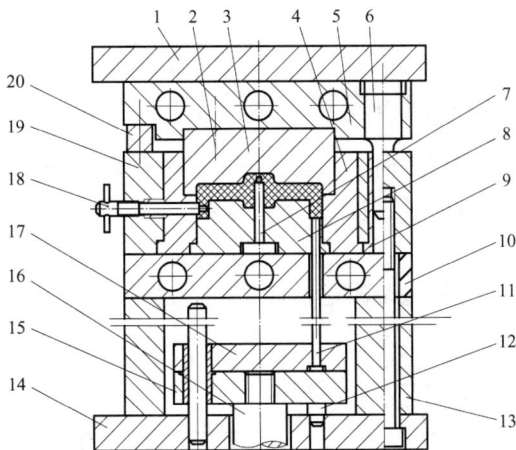

1—上板；2—螺钉；3—上凸模；4—凹模；5,10—加热板；6—导柱；7—型芯；8—下凸模；
9—导向套；11—顶杆；12—挡钉；13,15—垫板；14—底板；16—拉杆；
17—顶杆固定板；18—侧型芯；19—型腔固定板；20—承压板。
图 7-10　塑料成型模具

1）型腔

型腔是直接成型制品的部位，加料时与加料室一道起装料的作用。图 7-10 所示的模具型腔由上凸模 3(常称为阳模)、下凸模 8、凹模 4(常称为阴模)构成,凸模和凹模有多种配合形式,对制件成型有很大影响。

2) 加料室

加料室指凹模 4 的上半部,图 7-10 中为凹模断面尺寸扩大部分。由于塑料与制品相比有较大的质量热容,成型前单靠型腔往往无法容纳全部原料,因此在型腔之上设有一段加料室。

3) 导向机构

图 7-10 中的导向机构由布置在模具上模周边的 4 根导柱和装有导向套的导柱孔组成。导向机构用来保证上下模合模的对中性。为保证顶出机构水平运动,该模具在底板上还设有两根导柱,在顶出板上设有带导向套的导向孔。

4) 侧向分型抽芯机构

与注塑模具一样,对于带有侧孔和侧凹的塑件,模具必须设有各种侧向分型抽芯机构,方能将塑件脱出。图 7-10 所示模具带有侧向抽芯机构,顶出前用手动丝杠抽出侧型芯 18。

5) 脱模机构

压制件脱模机构与注塑模具相似,图 7-10 所示脱模机构由顶板、顶杆等零件组成。

6) 加热系统

热固性塑料压制成型需在较高的温度下进行,因此模具必须加热。常见的加热方式有电加热、蒸汽加热、煤气或天然气加热等。图 7-10 中加热板 5、10 分别对上凸模、下凸模和凹模进行加热,加热板圆孔中插入电加热棒。压制热塑性塑料时,在型腔周围开设温度控制通道,在塑化和定型阶段,分别通入蒸汽进行加热或通入冷水进行冷却。

7.3 压塑模具设计内容

7.3.1 塑料制品在模具内加压方向的确定

所谓加压方向,即凸模作用方向。加压方向对塑件的质量、模具的结构和脱模的难易都有较大的影响,在确定加压方向时,应考虑下述因素:

1) 有利于压力传递

加压过程中,要避免压力传递距离过长,以致压力损失太大。圆筒形塑料制品一般顺着轴线加压,如图 7-11(a)所示。

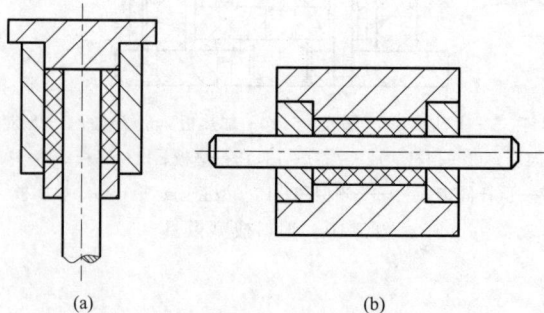

(a)　　　　(b)

图 7-11　有利于传递压力的加压方向

若圆筒过长,则成型压力不易均匀地作用在全长范围内。若从上端加压,则塑料制品下部压力小,易产生制品下部疏松或角落填充不足的现象。这种情况下,可采用不溢式压模,增大型腔压力或采用上、下凸模同时加压,以增加制品底部的密度。但当制品仍由于长度过长而在中段出现疏松时,可将制品横放,采用横向加压的方法(图 7-11(b)),这样即可克服上述缺陷;但在制品外圆上将会产生两条飞边,影响外观质量。

2) 便于加料

图 7-12 所示为同一制品的两种加压方法。图 7-12(a)所示的加料腔直径大而浅,便于加料;图 7-12(b)所示的加料腔直径小而深,不便于加料。

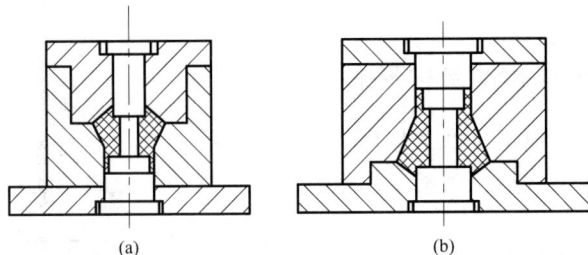

(a)　　　　　　　　　　(b)

图 7-12　便于加料的加压方向

3) 便于安装和固定嵌件

当塑料制品上有嵌件时,应优先考虑将嵌件安装在下模。若将嵌件安装在上模,既不方便,又可能因安装不牢而落下,导致模具损坏。

4) 便于制品脱模

有的制品无论从正面或反面加压都可以成型,为了便于制品脱模和简化上凸模,制品复杂部分宜朝下,如图 7-13 所示。图 7-13(a)的形式比图 7-13(b)好。

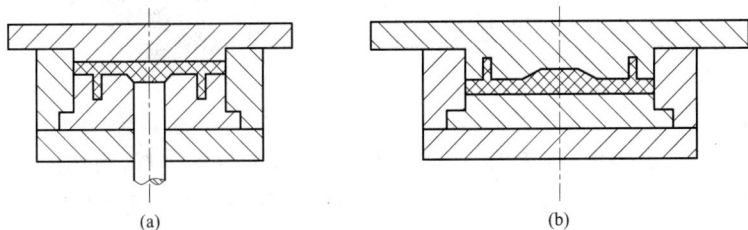

(a)　　　　　　　　　　(b)

图 7-13　有利于加强凸模强度的加压方向

5) 长型芯位于加压方向

当利用开模力进行侧向机动分型抽芯时,宜把抽拔距离长的型芯放在加压方向(即开模方向)上,而把抽拔距离短的型芯放在侧向。

6) 保证重要尺寸精度

沿加压方向的塑料制品的高度尺寸会因飞边厚度不同和加料量不同而变化(特别是不溢式压模),故精度要求很高的尺寸不宜设计在加压方向上。

7) 便于塑料的流动

要使塑料便于流动,应使料流方向与加压方向一致,如图 7-14 所示。图 7-14(b)将型腔设在下模,加压方向与料流方向一致,能有效利用压力。图 7-14(a)将型腔设在上模,加压时,塑料逆着加压方向流动,同时由于在分型面上产生飞边,故需增大压力。

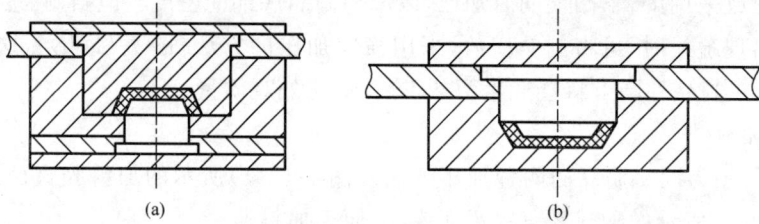

图 7-14　便于塑料流动的加压方向

7.3.2　凸模与凹模配合的结构形式

1. 凸模与凹模的组成部分及其作用

图 7-15 所示为半溢式压塑模的常用组合形式。其各部分的参数及作用如下:

1) 引导环(L_2)

它的作用是引导凸模进入凹模部分。除加料腔很浅(小于 10mm)的凹模外,一般在加料室上部均设有一段长为 L_2 的引导环。引导环都有一斜角 α,并有圆角 R,以便引入凸模,减少凸、凹模侧壁摩擦,延长模具寿命,避免推出制品时损伤其表面,并有利于排气。圆角半径一般取 1.5~3mm。移动式压模,$\alpha = 20' \sim 1°30'$;固定式压模,$\alpha = 20' \sim 1°$;有上、下凸模的,为了加工方便,α 可取 4°~5°。L_2 一般取 5~10mm;当 $h > 30$mm 时,L_2 取 10~20mm。总之,引导环 L_2 值应确保压塑粉熔融时,凸模已进入配合环。

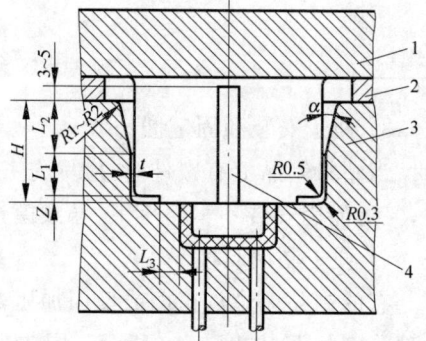

1—凸模;2—承压块;3—凹模;4—排气槽。

图 7-15　压塑模的凹凸模各组成部分

2) 配合环(L_1)

它是与凸模配合的部位,用于保证凸、凹模正确定位,阻止溢料,通畅地排气。

凸、凹模的配合间隙(δ)以不产生溢料和不擦伤模壁为原则,单边间隙一般取 0.025~0.075mm,也可采用 H8/f8 或 H9/f9 配合。移动式模具间隙取小值,固定式模具间隙取较大值。

配合长度 L_1 值,移动式模具为 4~6mm;固定式模具,当加料腔高度 $h_1 \geqslant 30$mm 时,可取 8~10mm。间隙小取小值,间隙大取大值。

3) 挤压环(L_3)

它的作用是在半溢式压模中限制凸模下行位置,并保证最薄的飞边。挤压环 L_3 值根据塑料制品大小及模具用钢品种而定。一般中小型制品,模具用钢较好时,L_3 可取 2~4mm;大型模具,L_3 可取 3~5mm。采用挤压环时,凸模圆角半径 R 取 0.5~0.8mm,凹模圆角半径 R 取 0.3~0.5mm,这样可增加模具强度,便于凸模进入加料腔,防止损坏模具,同时便于加工及清理废料。

4）储料槽（Z）

凸、凹模配合后留有高度为 Z 的小空间以储存排出的余料,若 Z 过大,易发生制品缺料或不致密,过小则影响制品精度并使飞边增厚。

5）排气溢料槽

为了减少飞边,保证制品质量,成型时必须将产生的气体及余料排出模外。一般可通过压制过程中安排排气操作或利用凸、凹模配合间隙排气。但当压制形状复杂的制品及流动性较差的纤维填料的塑料时,则应在凸模上选择适当位置开设排气溢料槽。一般可按试模情况决定是否开设排气溢料槽及其尺寸,槽的尺寸及位置要适当。排气溢料槽的形式如图 7-16 和图 7-17 所示。

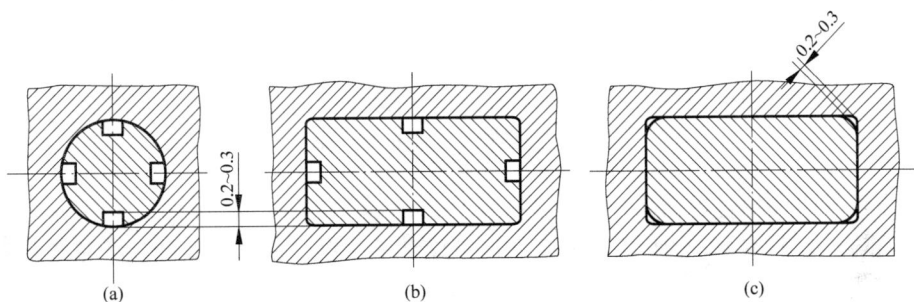

图 7-16　固定式压塑模溢料槽

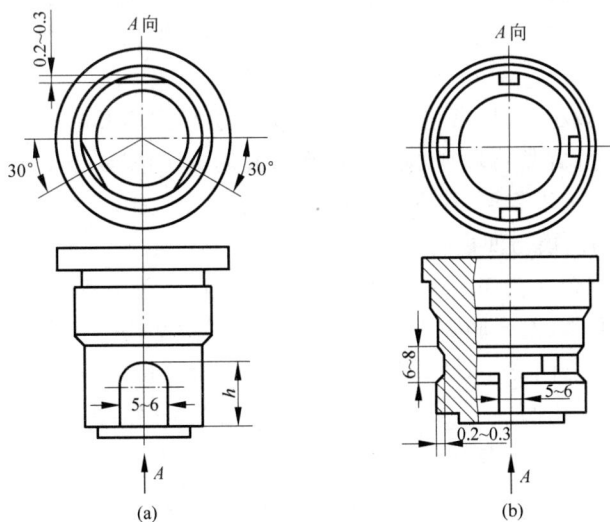

图 7-17　移动式压塑模溢料槽

6）加料腔

加料腔用来装塑料,其容积应保证装入压制塑料制品所用的塑料后,还留有 5～10mm 深的空间,以防止压制时塑料溢出模外。加料腔可以是型腔的延伸,也可根据具体情况按型腔形状扩大成圆形、矩形等。

7）承压面

承压面的作用是减轻挤压环的载荷,延长模具使用寿命。承压面的结构如图 7-18 所示。图7-18(a)是以挤压环为承压面,承压部位易变形甚至压坏,但飞边较薄;图7-18(b)表示凸、凹模间留有0.03~0.05mm的间隙,以凸模固定板与凹模上端面作为承压面,承压面大变形小,但飞边较厚,主要用于移动式压模。对于固定式压模最好采用图7-18(c)所示的结构形式,可通过调节承压块厚度控制凸模进入凹模的深度,以减少飞边的厚度。

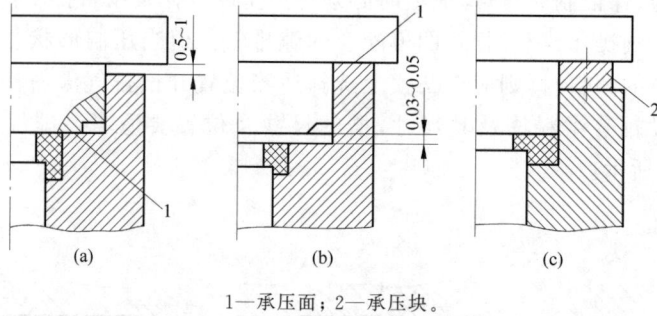

1—承压面;2—承压块。

图7-18 压塑模承压面的结构形式

2. 凸模与凹模配合的结构形式

压模的凸模与凹模配合形式及尺寸是压模设计的关键。配合形式和尺寸依压模种类的不同而不同。

1) 溢式压模的凸模与凹模的配合

溢式压模没有配合段,凸模与凹模在分型面水平接触,接触面应光滑平整。为减小飞边厚度,接触面积不宜太大,一般设计宽度为3~5mm的环形面,过剩料可通过环形面溢出,如图7-19(a)所示。

由于环形面面积较小,如果靠它承受压机的余压会导致环形过早变形和磨损,使制品脱模困难。为此在环形面之外再增加承压面或在型腔周围距边缘3~5mm处开设溢料槽,槽以外为承压面,槽以内为溢料面,如图7-19(b)所示。

2) 不溢式压模的凸模与凹模的配合

凸、凹模典型的配合结构如图7-20所示。其加料腔截面尺寸与型腔截面尺寸相同,二者之间不存在挤压面。其配合间隙不宜过小,否则压制时型腔内气体无法通畅地排出,且模具是在高温下使用的,若间隙小,凸、凹模极易擦伤、咬合。反之,过大的间隙会造成严重的溢料,不但影响制品质量,而且飞边难以去除。为了减小摩擦面积,易于开模,凸模和凹模配合环高度不宜太大,但也不宜太小。

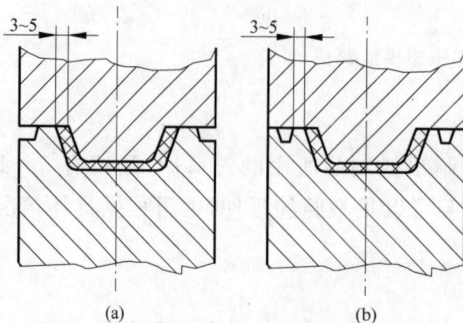

图7-19 溢式压塑模型腔配合形式

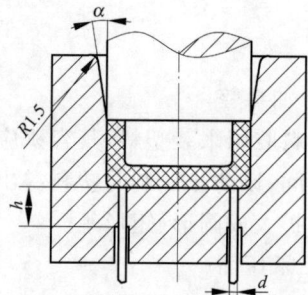

图7-20 不溢式压塑模型腔配合形式

　　固定式模具的推杆或移动式模具的活动下凸模与对应孔之间的配合长度不宜过大,其有效配合长度 h 按表 7-3 选取。孔的下段不配合部分可加大孔径,或将该段做成 $4°\sim5°$ 的锥孔。

表 7-3　推杆或下凸模直径与配合长度的关系　　　　　单位:mm

推杆或下凸模直径 d	<5	$5\sim10$	$10\sim50$	>50
配合长度 h	4	6	8	10

　　上述不溢式压模凸、凹模配合形式的最大缺点是凸模与加料腔侧壁有摩擦。这样不但制品脱模困难,且制品的外表面也会被粗糙的加料腔侧壁擦伤。为了克服这一缺点,可采用下面几种方法:

　　(1) 如图 7-21(a)所示,将凹模内成型部分垂直向上延伸 0.8mm,然后向外扩大 0.3~0.5mm,以减小脱模时制品与加料腔侧壁的摩擦。此时在凸模和加料腔之间形成一个环形储料槽。设计时凹模上的 0.8mm 和凸模上的 1.8mm 尺寸可适当增减,但不宜变动太大,若将尺寸 0.8mm 增加太多,则单边间隙 0.1mm 部分太大,凸模下压时环形储料槽中的塑料不易通过间隙而进入型腔。

　　(2) 如图 7-21(b)所示的配合形式最适于压制带斜边的塑料制品。将型腔上端按与塑料制品侧壁相同的斜度适当扩大,高度增加 2mm 左右,横向增加值由塑料制品侧壁斜度决定。这样,塑料制品在脱模时不会与加料腔侧壁摩擦。

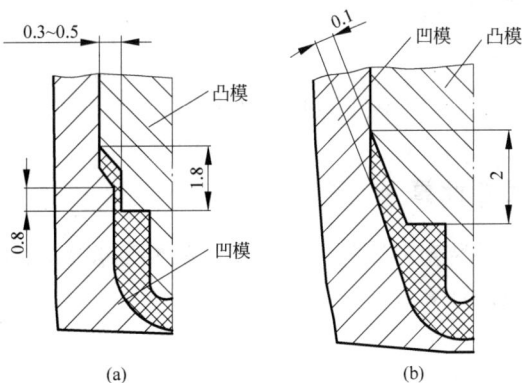

图 7-21　改进后的不溢式压塑模配合形式

　3) 半溢式压塑模的凸模与凹模的配合

　　如图 7-22 所示,半溢式压模的最大特点是带有水平的挤压面。挤压面的宽度不应太小,否则,压制时所承受的单位压力太大,导致凹模边缘向内倾斜而形成倒锥,阻碍塑料制品顺利脱模。

　　为了使压机的余压不致全部由挤压面承受,在半溢式压模上还必须设计承压块,如图 7-18(c)所示。

　　承压块通常只有几小块,对称布置在加料腔上平面。其形状可为圆形、矩形或弧形,如图 7-23 所示。承压块厚度一般为 8~10mm。

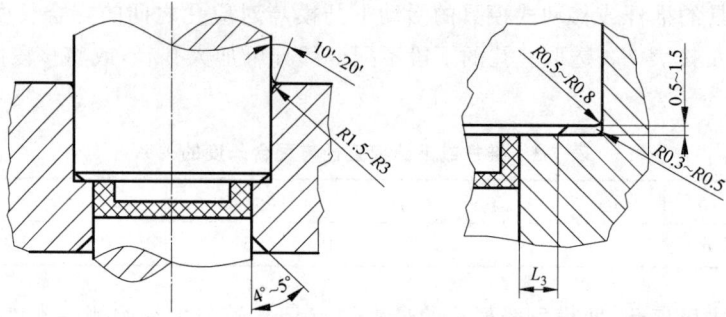

图 7-22　半溢式压塑模型腔配合形式

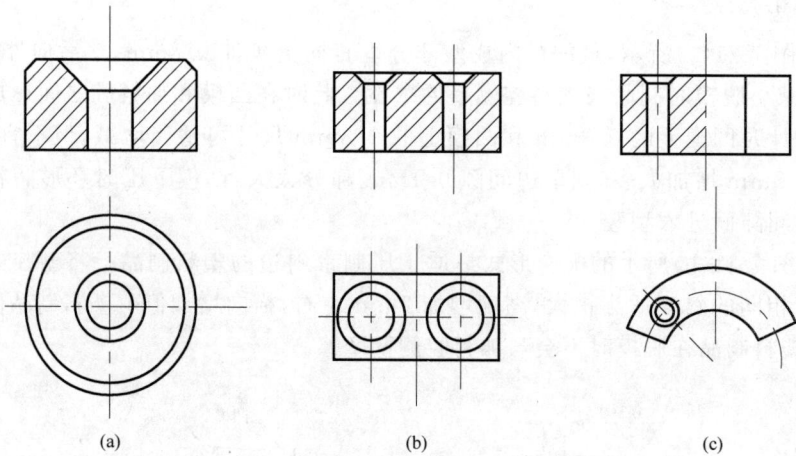

(a)　　　　　　　　　　(b)　　　　　　　　　(c)

图 7-23　承压块形式

7.3.3　凹模加料腔尺寸计算

压模凹模的加料腔是供装塑料原料用的。其容积要足够大,以防在压制时原料溢出模外。以下介绍加料腔参数的计算方法。

1. 塑料体积的计算

其计算公式为

$$V_{料} = mv = V\rho v \tag{7-15}$$

式中:$V_{料}$——塑料制品所需塑料原料的体积;

$\qquad V$——塑料制品体积(包括溢料);

$\qquad v$——塑料的比体积,见表 7-4;

$\qquad \rho$——塑料制品的密度,见表 7-5;

$\qquad m$——塑料制品的质量(包括溢料)。

塑料体积也可按塑料原料在成型时的体积压比来计算:

$$V_{料} = VK \tag{7-16}$$

式中:$V_{料}$——塑料原料的体积;

$\qquad V$——塑料制品的体积(包括溢料);

$\qquad K$——塑料的压比,见表 7-5。

表 7-4　各种压制用塑料的比体积

塑　料　种　类	比体积 $v/(\text{cm}^3 \cdot \text{g}^{-1})$
酚醛塑料（粉状）	1.8～2.8
氨基塑料（粉状）	2.5～3.0
碎布塑料（片状粉）	3.0～6.0

表 7-5　常用热固性塑料的密度和压比

塑　　　料		密度 $\rho/(\text{g} \cdot \text{cm}^{-3})$	压比 K
酚醛塑料	木粉填充	1.34～1.45	2.5～3.5
	石棉填充	1.45～2.00	2.5～3.5
	云母填充	1.65～1.92	2～3
	碎布填充	1.36～1.43	5～7
脲醛塑料	纸浆填充	1.47～1.52	3.5～4.5
三聚氰胺甲醛塑料	纸浆填充	1.45～1.52	3.5～4.5
	石棉填充	1.70～2.00	3.5～4.5
	碎布填充	1.5	6～10
	棉短线填充	1.5～1.55	4～7

2. 加料腔高度的计算

图 7-24 所示为各种典型的压塑成型型腔结构形式。

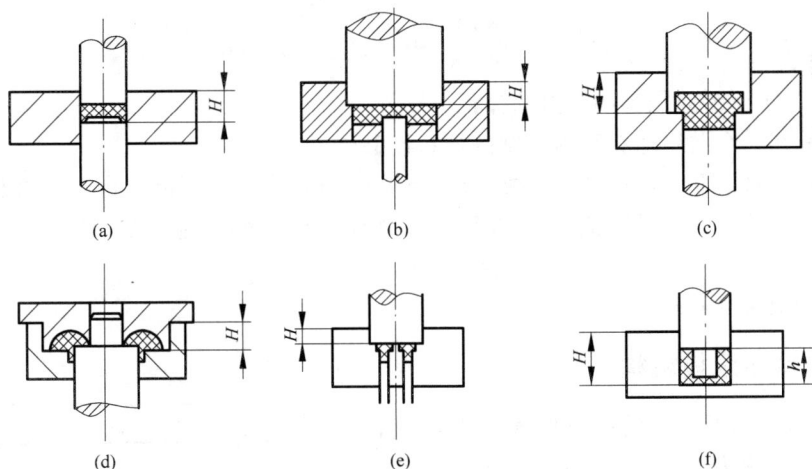

图 7-24　各种典型的压塑成型型腔结构形式

其加料腔的高度可分别按以下各式计算。

(1) 图 7-24(a)所示为不溢式压模，其加料腔高度 H 为

$$H = \frac{V_{料} + V_1}{A} + (0.5 \sim 1)\text{cm} \tag{7-17}$$

式中：H——加料腔高度；

　　　$V_料$——塑料原料体积；

　　　V_1——下凸模凸出部分体积；

　　　A——加料腔横截面面积。

0.5～1cm 为不装塑料的导向部分，可避免在合模时塑料飞溅出来。

（2）图 7-24(b)所示为半溢式压模，塑件在加料腔下边成型，其加料腔高度为

$$H = \frac{V_料 - V_0}{A} + (0.5 \sim 1.0)\text{cm} \qquad (7\text{-}18)$$

式中：V_0——加料腔以下型腔的体积。

（3）图 7-24(c)所示为半溢式压模，制品的一部分在挤压环以上成型，其加料腔高度为

$$H = \frac{V_料 - (V_2 + V_3)}{A} + (0.5 \sim 1.0)\text{cm} \qquad (7\text{-}19)$$

式中：V_2——塑料制品在凹模中的体积；

　　　V_3——塑料制品在凸模中凹入部分的体积。

由于合模塑料不一定先充满凸模的凹入部分，这样会减少导向部分高度，因此在计算时常不扣除 V_3，即

$$H = \frac{V_料 - V_2}{A} + (0.5 \sim 1.0)\text{cm} \qquad (7\text{-}20)$$

（4）图 7-24(d)所示为带中心导柱的半溢式压模，其加料腔高度为

$$H = \frac{V_料 + V_4 - V_2}{A} + (0.5 \sim 1.0)\text{cm} \qquad (7\text{-}21)$$

式中：V_4——加料腔内导柱的体积。

（5）图 7-24(e)所示为多型腔压模，其加料腔高度为

$$H = \frac{V_料 - nV_5}{A} + (0.5 \sim 1.0)\text{cm} \qquad (7\text{-}22)$$

式中：V_5——单个型腔能容纳塑料的体积；

　　　n——在一个共用加料腔内压制的塑料制品数量。

（6）图 7-24(f)所示为不溢式压模，可压制壁薄而高的杯形制品。由于型腔体积大，塑料原料体积小，原料装入后不能达到制品高度，这种情况下型腔（包括加料腔）总高度为

$$H = h + (1 \sim 2)\text{cm} \qquad (7\text{-}23)$$

式中：h——塑料制品高度。

7.3.4　开模和脱模机构

塑件从模具型腔中脱出称为脱模，脱模前凹凸模必须先分开，称为开模。设计时，根据塑件在开模后留在哪一部分上，以及塑件外观、精度要求、生产批量等因素来确定推出机构。压模常见的开模和脱模机构形式有以下几种。

1．撞击式(俗称乒乓球式)脱模

撞击式脱模如图 7-25 所示。压塑成型后，将模具移至压机外，在特别的支架上撞击，使上下模

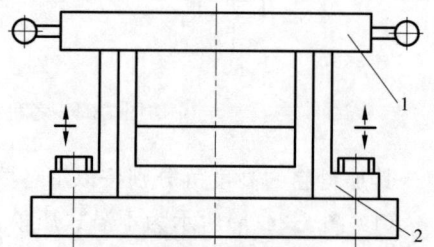

1—模具；2—支架。

图 7-25　撞击式脱模

分开,然后用手或简易工具取出塑件。

这种方法脱模,模具结构简单,成本低,有时用几副模具轮流操作,可提高压制速度。但劳动强度大、振动大,而且由于不断撞击,易使模具过早地变形磨损。它适用于成型小型塑件。

支架的形式分两种:一种是固定式支架,如图 7-26(a)所示;另一种是尺寸可以调节的支架,如图 7-26(b)所示,以适应不同尺寸的模具。目前常用的支架是尺寸可以调节的。

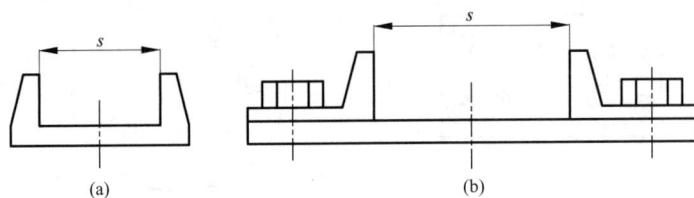

图 7-26　支架形式

2. 卸模架卸模

移动式压模可在特制的卸模架上,利用压机压力进行开模和闭模。因此,可以减轻劳动强度,提高模具的使用寿命。

对开模力不大的模具,可采用单向卸模架卸模,其形式如图 7-27 所示。对开模力大的模具,要采用上、下卸模架卸模,其形式如图 7-28 所示。使用上、下卸模架卸模时,将上、下卸模架插入模具相应孔内,开模时,利用压机压力将上下模分开,然后用手或简易工具取出塑件。

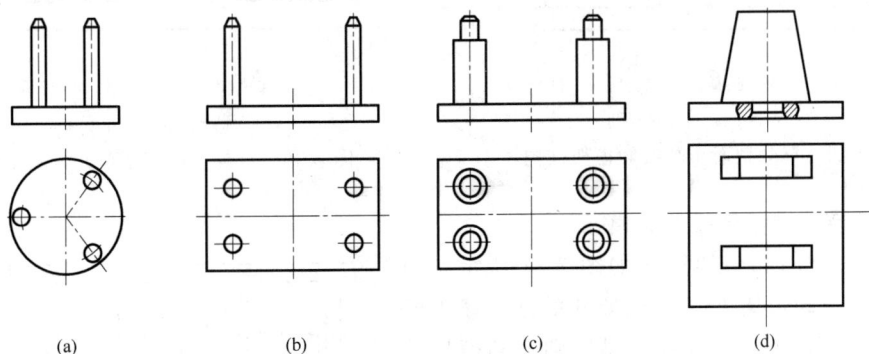

图 7-27　单向卸模架的形式

1) 单分型面卸模架卸模

单分型面卸模架结构如图 7-29 所示。卸模时,先将上卸模架 1、下卸模架 6 插入模具的相应孔内。在压机内,当压机的活动横梁压到上卸模架或下卸模架时,压机的压力通过上、下卸模架传递给模具,使得凸模 2 与凹模 4 分开,同时,下卸模架推动推杆 3,由推杆推出塑件,最后由人工将塑件取出。

2) 双分型面卸模架卸模

双分型面卸模架结构如图 7-30 所示。卸模时,先将上卸模架 1、下卸模架 5 的顶杆插入模具的相应孔内。压机的活动横梁压到上卸模架或下卸模架上,上、下卸模架上长顶杆使上凸模 2、下凸模 4 和凹模 3 三者分开。分模后,凹模留在上下卸模架的短顶杆之间,最后从凹模中捅出塑件。

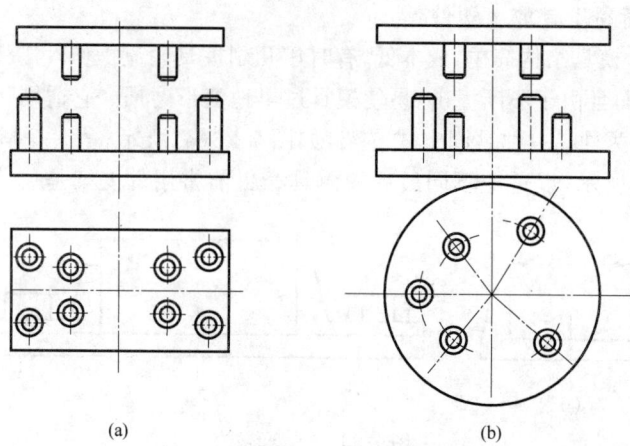

(a)　　　　　　　　　　　　　(b)

图 7-28　上、下卸模架的形式

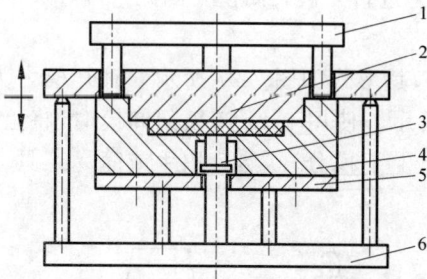

1—上卸模架；2—凸模；3—推杆；4—凹模；
5—底板；6—下卸模架。

图 7-29　单分型面压塑模卸模架结构

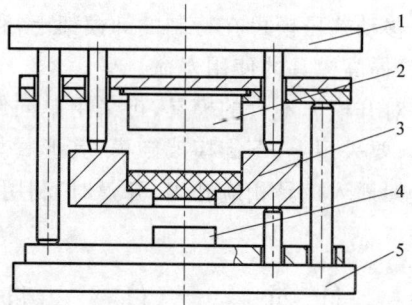

1—上卸模架；2—上凸模；3—凹模；
4—下凸模；5—下卸模架。

图 7-30　双分型面压塑模卸模架结构

3）垂直分型面卸模架卸模

垂直分型面卸模架结构如图 7-31 所示。卸模时，先将上卸模架 1、下卸模架 6 的顶杆插入模具的相应孔内，压机的活动横梁压到上卸模架或下卸模架上。上、下卸模架的长顶杆首先使下凸模 5 和其他部分分开，当到达一定距离后，再使上凸模 2、模套 4 和凹模 3 分开。塑件留在瓣合凹模内，最后打开瓣合凹模取出塑件。

7.3.5　压模的手柄

为了使移动式、半固定式压模搬运方便，可在模具的两侧装上手柄。手柄的形式可根据压模的重量进行选择。图 7-32 所示为用薄钢板弯制而成的平板式手柄，适用于小型模具。图 7-33 所示为棒状手柄，同样适用于小型模具。图 7-34 所示为环形手柄，其中图 7-34（a）、（b）所示

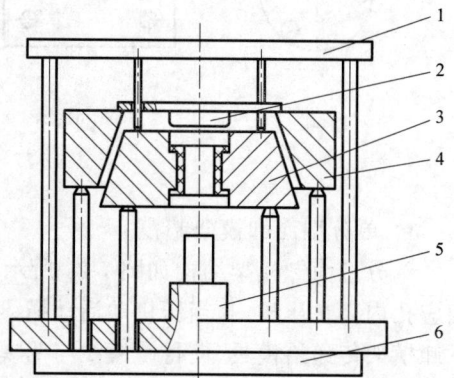

1—上卸模架；2—上凸模；3—凹模；4—模套；
5—下凸模；6—下卸模架。

图 7-31　垂直分型面压塑模卸模架结构

手柄适用于较重的大中型矩形模具,图 7-34(c)所示手柄适用于较重的大中型圆形模具。如果手柄在下模,靠近工作台面,可将手柄上翘 20°左右。

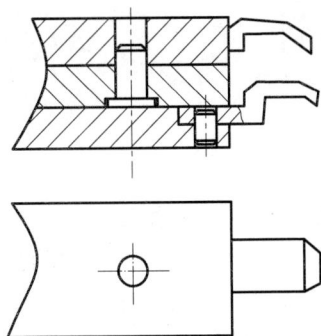

图 7-32　平板式手柄　　　　　　　　　　　图 7-33　棒状手柄

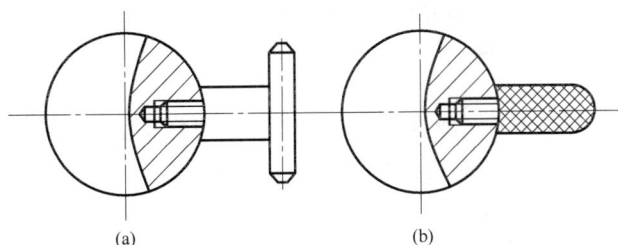

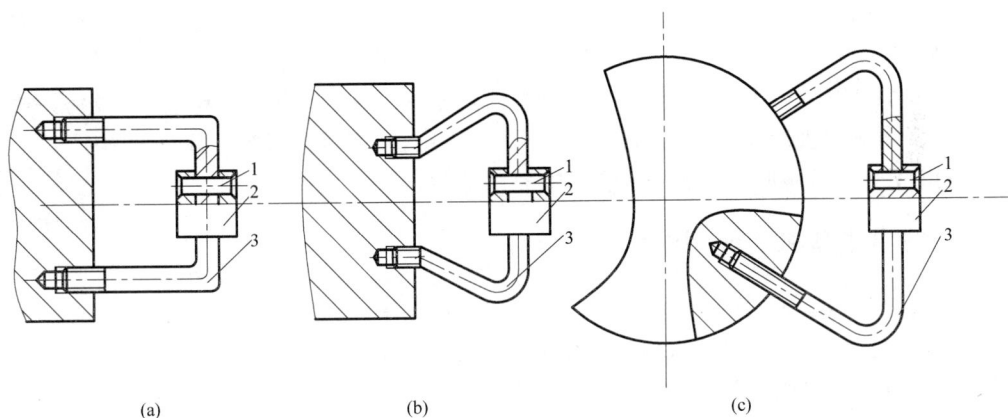

1—铆钉；2—连接套；3—手柄。

图 7-34　环形手柄

环形手柄由两个半环手柄中间加连接管组成。装配时先将连接管套在一个半环手柄上,当两个半环手柄均拧入模具后,再把套管移至中间,用铆钉或止动螺钉紧固。

习　　题

7-1　何谓压塑成型?塑料压塑模具由哪些部分组成?主要类型有哪些?

7-2　设计压塑模时应校核压力机哪些有关的工艺参数和结构参数?

7-3　塑料在压塑模的型腔内时,加压方向的选择应考虑哪些因素?

7-4　根据哪些条件选择压塑模的类型?怎样确定型腔的配合形式?

7-5　对于不溢式或半溢式压塑模,怎样确定加料腔的截面尺寸?

7-6　压塑模的成型件与注塑模的成型件相比,在结构方面有哪些不同的特点?

7-7　压塑模的导向件与注塑模的导向件相比有哪些不同的特点?

7-8　压塑模的脱模机构主要由哪些零件组成?设计时应注意什么?

7-9　简述压塑模的设计要点。

第8章 挤出模具设计

8.1 概述

塑料挤出成型是用加热的方法使塑料呈流动状态,然后在一定压力的作用下使它通过塑模,经定型后制得连续的型材。挤出法加工的塑料制品种类很多,如管材、薄膜、棒材、板材、电缆敷层、单丝以及异型截面型材等。挤出机还可以对塑料进行混合、塑化、脱水、造粒和喂料等准备工序或半成品加工。因此,挤出成型已成为最普遍的塑料成型加工方法之一。

用挤出法生产的塑料制品大多使用热塑性塑料,但也有使用热固性塑料的。如聚氯乙烯、聚乙烯、聚丙烯、尼龙、ABS、聚碳酸酯、聚砜、聚甲醛、氯化聚醚等热塑性塑料以及酚醛、脲醛等热固性塑料。

挤出成型具有效率高、投资少,制造简便,可以连续化生产,占地面积少,环境清洁等优点。通过挤出成型生产的塑料制品得到了广泛的应用,其产量占塑料制品总量的1/3以上。因此,挤出成型在塑料加工工业中占有很重要的地位。

8.1.1 挤出成型机头典型结构分析

机头是挤出成型模具的主要部件,它有下述4种作用:

(1) 使物料的运动方式由螺旋运动变为直线运动;

(2) 产生必要的成型压力,确保制品密实;

(3) 使物料通过机头得到进一步塑化;

(4) 通过机头成型所需要的断面形状的制品。

现以管材挤出机头为例,分析机头的组成与结构,如图 8-1 所示。

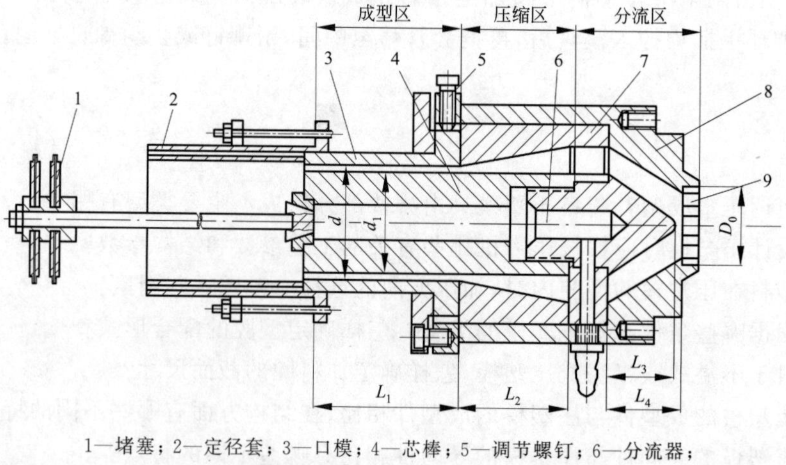

1—堵塞;2—定径套;3—口模;4—芯棒;5—调节螺钉;6—分流器;
7—分流器支架;8—机头体;9—过滤板(多孔板)。

图 8-1 管材挤出机头

（1）口模和芯棒。口模是成型制品的外表面,芯棒是成型制品的内表面,故口模和芯棒的定型部分决定了制品的横截面形状和尺寸。

（2）多孔板(过滤板、栅板)。多孔板的结构如图 8-2 所示,其作用是将物料的运动形式由螺旋运动变为直线运动,同时阻止未塑化的塑料和机械杂质进入机头。此外,多孔板还能产生一定的机头压力,使制品更加密实。

（3）分流器和分流器支架。分流器又叫鱼雷头。塑料通过分流器变成薄环状,便于进一步加热和塑化。大型挤出机的分流器内部还装有加热装置。

分流器支架主要用来支撑分流器和芯棒,同时也使料流分束以加强搅拌作用。小型机头的分流器支架可与分流器设计成整体。

（4）调节螺钉。它用于调节口模与芯棒之间的间隙,保证制品壁厚均匀。

（5）机头体。它用于组装机头各零件及连接挤出机。

（6）定径套。它的作用是使制品获得良好的表面粗糙度、正确的尺寸和几何形状。

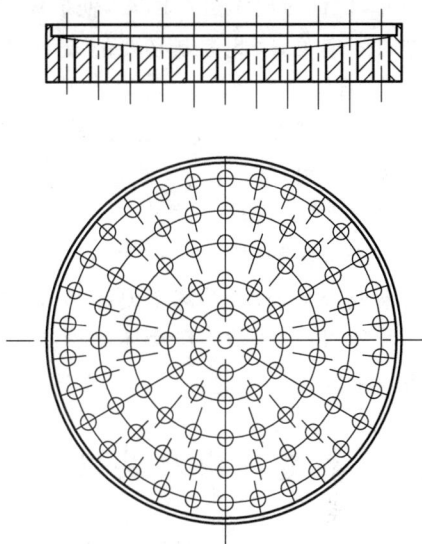

图 8-2　多孔板

（7）堵塞。它的作用是防止压缩空气泄漏,保持管内一定的压力。

8.1.2　挤出成型机头分类及其设计原则

1. 分类

由于挤出制品的形状和要求不同,因此要有相应的机头满足制品的要求。机头种类很多,大致可按以下 3 种方法进行分类。

（1）按机头用途分,可分为挤管机头、吹管机头和挤板机头等。

（2）按制品出品方向分,可分为直向机头和横向机头。前者机头内料流方向与挤出机螺杆轴向一致,如硬管机头;后者机头内料流方向与挤出机螺杆轴向成某一角度,如电缆机头。

（3）按机头内压力大小分,可分为低压机头(料流压力为 3.92MPa)、中压机头(料流压力为 3.92～9.8MPa)和高压机头(料流压力在 9.8MPa 以上)。

2. 设计原则

1) 流道呈流线型

为使物料能充满机头的流道并均匀地被挤出,同时避免物料发生过热分解,机头内流道应呈流线型,不能急剧地扩大或缩小,更不能有死角和停滞区,流道应加工得十分光滑,表面粗糙度 Ra 值应小于 0.4μm。

2) 足够的压缩比

为使制品密实和消除因分流器支架造成的结合缝,根据制品和塑料种类不同,应设计足够的压缩比。

3）正确的断面形状

机头成型部分的设计应保证物料挤出后具有规定的断面形状。由于塑料的物理性能和压力、温度等因素的影响，机头成型部分的断面形状并非制品相应的断面形状，二者有一定的差异，设计时应考虑此因素，使成型部分有合理的断面形状。由于制品断面形状的变化与成型时间有关，因此控制必要的成型长度是一个有效的方法。

4）结构紧凑

在满足强度条件下，机头结构应紧凑，其形状应尽量做得规则而对称，使传热均匀，装卸方便和不漏料。

5）选材要合理

由于机头磨损较大，有的塑料又有较强的腐蚀性，所以机头材料应选择耐磨、硬度较高的碳钢或合金钢，有的甚至要镀铬，以提高机头的耐腐蚀性。

此外，机头的结构尺寸还和制品的形状、加热方法、螺杆形状、挤出速度等因素有关。设计者应根据具体情况灵活应用上述原则。

8.2 典型挤出机头及设计

常见的挤出机头有管材挤出机头、吹塑薄膜机头、电线电缆包覆机头和异型材料挤出机头等。

8.2.1 管材挤出机头及设计

1. 管材挤出机头的结构形式

常见的管材挤出机头结构形式有以下 3 种。

1）直管式机头

图 8-3 所示为直管式机头。其结构简单，具有分流器支架，芯模加热困难，定型长度较长。适用于 PVC、PA、PC、PE、PP 等塑料的薄壁小口径的管材挤出。

2）弯管式机头

图 8-4 所示为弯管式机头。其结构复杂，没有分流器支架，芯模容易加热，定型长度不长。大小口径管材均适用，特别适用于定内径的 PE、PP、PA 等塑料管材成型。

3）旁侧式机头

图 8-5 所示为旁侧式机头。其结构复杂，没有分流器支架，芯模可以加热，定型长度也不长。大小口径管材均适用。

2. 管材挤出机头零件的设计

1）口模

口模是成型管材外表面的零件，其结构如图 8-6 所示。口模内径不等于塑料管材外径，因为从口模挤出的管坯由于压力突然降低，塑料因弹性恢复而发生管径膨胀，同时，管坯在冷却和牵引作用下，管径会缩小。这些膨胀和收缩的大小与塑料性质、挤出温度和压力等成型条件以及定径套结构有关，目前尚无成熟的理论计算方法计算膨胀和收缩值，一般是根据要求的管材截面尺寸，按拉伸比确定口模截面尺寸。所谓拉伸比，是指口模成型段环隙横截面面积与管材横截面面积之比，即

$$I = \frac{\pi r^2 - \pi r_1^2}{\pi R^2 - \pi R_1^2} = \frac{r^2 - r_1^2}{R^2 - R_1^2} \tag{8-1}$$

式中：I——拉伸比；

　　　r——口模内径；

　　　r_1——芯棒外径；

　　　R——管材外径；

　　　R_1——管材内径。

　　常用塑料的允许拉伸比如下：PVC 为 1.0～1.4，PA 为 1.4～3.0，ABS 为 1.0～1.1，PP 为 1.0～1.2，HDPE 为 1.1～1.2，LDPE 为 1.2～1.5。

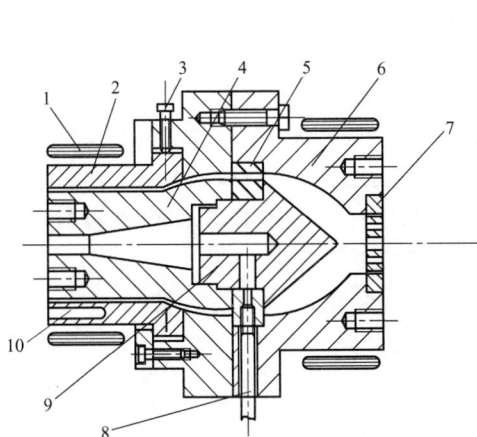

1—电加热器；2—口模；3—调节螺钉；4—芯模；
5—分流器支架；6—机体；7—栅板；
8—进气管；9—分流器；10—测温孔。

图 8-3　直管式机头

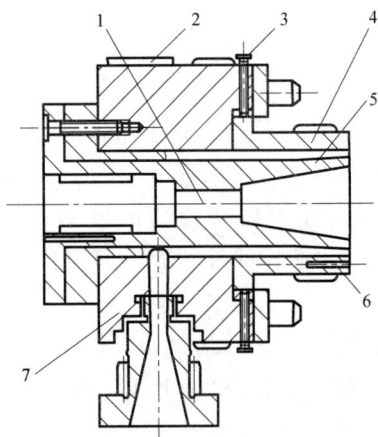

1—进气口；2—电加热器；3—调节螺钉；
4—口模；5—芯模；6—测温孔；7—机体。

图 8-4　弯管式机头

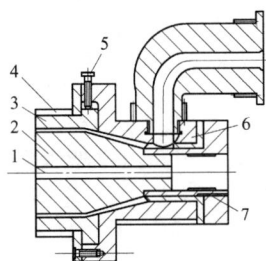

1—进气口；2—芯模；3—口模；4—电加热器；
5—调节螺钉；6—机体；7—测温孔。

图 8-5　旁侧式机头

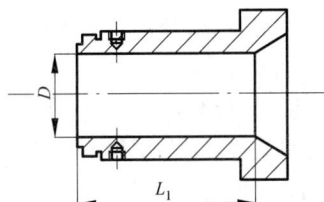

图 8-6　口模的结构

　　口模定型段长度 L_1 与塑料性质，管材的形状、壁厚、直径大小及牵引速度有关。其值可按管材外径或管材壁厚来确定，计算式为

$$L_1 = (0.5 \sim 3)D \tag{8-2}$$

或

$$L_1 = (8 \sim 15)t \tag{8-3}$$

式中：D——管材外径；

　　　t——管材壁厚。

2）芯模

芯模是成型管材内表面的零件，其结构如图 8-7 所示。直管机头与分流器以螺纹连接。

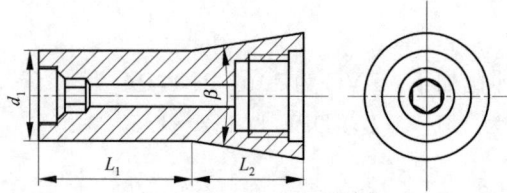

图 8-7　芯模结构

芯模的结构应有利于熔体流动，有利于消除熔体经过分流器后形成的结合缝。熔体流过分流器支架后，先经过一定的压缩，很好地汇合。为此芯模应有收缩角 β，其值决定于塑料特性。对于黏度较高的硬聚乙烯，β 一般取 $30° \sim 50°$；对于黏度低的塑料，β 可取 $45° \sim 60°$。芯模的长度 L_1' 与口模 L_1 相等。L_2 一般按下式确定：

$$L_2 = (1.5 \sim 2.5)D_0 \tag{8-4}$$

式中：D_0——栅板出口处直径。

芯模直径 d_1 可按下式计算：

$$d_1 = d - 2\delta \tag{8-5}$$

式中：δ——芯模与口模之间间隙；

　　　d——口模内径。

如上所述，由于塑料熔体挤出口模后会发生膨胀与收缩，使 δ 不等于制品壁厚。δ 可按下式计算：

$$\delta = \frac{t}{k} \tag{8-6}$$

式中：k——经验系数，$k = 1.16 \sim 1.20$；

　　　t——制品壁厚。

为了使管材壁厚均匀，必须设置调节螺钉（图 8-3 所示的零件 3），以便安装与调整口模与芯模之间间隙，调节螺钉数目一般为 $4 \sim 8$ 个。

3）分流器

分流器的作用是使熔体料层变薄，以便均匀加热，使之进一步塑化。分流器及其支架结构如图 8-8 所示。

分流器与栅板之间的距离一般取 $10 \sim 20\text{mm}$，或稍小于 $0.1D_1$（D_1 为挤出机螺杆直径）。分流器与栅板之间应保持一定的距离，以使通过栅板的熔体汇集。该距离不宜过小，否则熔体流速不稳定，不均匀；也不宜过大，否则熔体在此空间停留时间较长，高分子容易产生分解。

分流器的扩张角 α 值取决于塑料黏度，低黏度塑料取 $\alpha = 30° \sim 80°$，高黏度塑料取 $\alpha = 30° \sim 60°$。α 过大，熔体流动阻力大；α 过小，势必增加分流锥部分的长度。

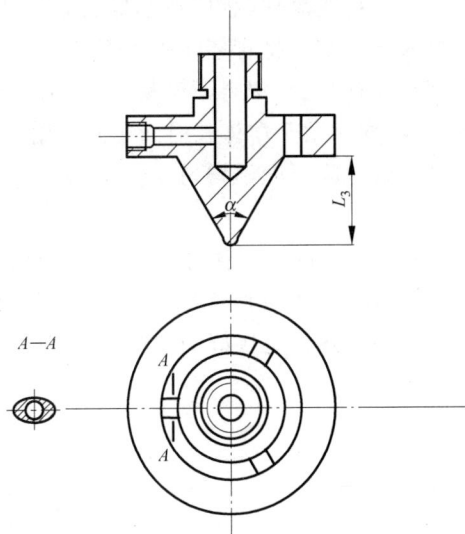

图 8-8　分流器及其支架结构

分流锥的长度一般按下式确定：

$$L_3 = (1 \sim 1.5)D_0 \tag{8-7}$$

式中：D_0——栅板出口处直径。

分流器头部圆角 r 一般取 0.5~2mm。

4) 分流器支架

分流器支架与分流器可以制成整体式的(图 8-8)，也可制成组合式的(图 8-1)。前者一般用于中小型机头，后者一般用于大型机头。分流器支架上分流筋的数目在满足支持强度的条件下，以少为宜，一般为 3~8 根。分流筋应制成流线型的(图 8-8 中的 A—A 剖面)，在满足强度前提下，其宽度和长度应尽量小些，而且出料端的角度应小于进料端的角度。

分流器支架设有进气孔和导线孔，用以通入压缩空气和内装置电热器时导入导线。通入压缩空气的作用是进行管材的定径(内压法外径定型)和冷却。

5) 定径套

对于外径定型法，直径小于 30mm 的硬聚氯乙烯管材，定径套长度取管径的 3~6 倍，其倍数随管径减小而增加；当管径小于 35mm 时，其倍数可增至 10。对于聚烯烃管材，定径套长度为管径的 2~5 倍，其倍数随直径减小而增大。

定径套直径通常比机头口模直径大 2%~4%，且出口直径比进口直径略小。

对于内径定型法，定径芯模长度取 80~300mm，其外径比管材内径大 2%~4%，以利于管材内径公差的控制。定径芯模锥度为 1∶1.6~1∶10，始端大，终端小。

8.2.2　吹塑薄膜机头的结构及设计

1. 吹塑薄膜机头结构形式

常见的吹塑薄膜机头结构形式有芯棒式机头、中心进料的"十字形机头"、螺旋式机头、旋转式机头以及双层或多层吹塑薄膜机头等。

1) 芯棒式机头

图 8-9 所示为芯棒式吹塑薄膜机头。塑料熔体自挤出机栅板挤出，通过机颈 5 到达芯

棒轴 7 时,被分成两股并沿芯棒分料线流动,然后在芯棒尖处重新汇合,汇合后的熔体沿机头环隙被挤成管坯,芯棒中通入压缩空气将管坯吹胀成管膜。

芯棒式机头内部通道空腔小,存料少,塑料不容易分解,适用于加工聚氯乙烯塑料。但熔体经直角拐弯,各处流速不等,同时由于熔体长时间单向作用于芯棒,使芯棒中心线偏移,即产生"偏中"现象,因而容易导致薄膜厚度不均匀。

2) 十字形机头

图 8-10 所示为十字形机头。其结构类似管材挤出机头。这种机头的优点是出料均匀,薄膜厚度容易控制;芯模不受侧压力,不会产生如芯棒式机头那种"偏中"现象。但机头内腔大,存料多,塑料易分解,适于加工热稳定性好的塑料,而不适于加工聚氯乙烯。

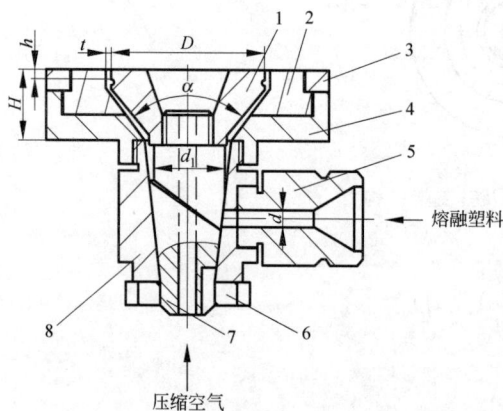

1—芯棒(芯模);2—口模;3—压紧圈;4—上模体;
5—机颈;6—螺母;7—芯棒轴;8—下模体。

图 8-9　芯棒式机头

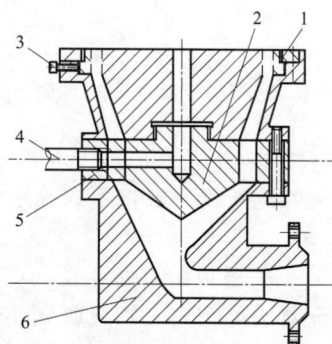

1—口模;2—分流器;3—调节螺钉;4—进气管;
5—分流器支架;6—机体。

图 8-10　十字形机头

3) 螺旋式机头

图 8-11 所示为螺旋式机头。塑料熔体从中央进口挤入,通过带有多个沟槽由深变浅直至消失的螺旋槽(也有单螺旋)芯棒 7,然后在定型区前缓冲槽汇合,达到均匀状态后从口模挤出。

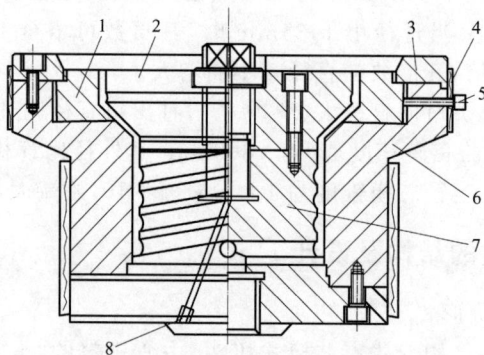

1—口模;2—芯模;3—压紧圈;4—加热器;5—调节螺钉;
6—机体;7—螺旋槽芯棒;8—气体进口。

图 8-11　螺旋式机头

这种机头的优点是:机头内熔体压力大,出料均匀,薄膜厚度容易控制,薄膜性能好。但结构复杂,拐角多。适于加工聚丙烯、聚乙烯等黏度小且不易分解的塑料。

4) 旋转式机头

图 8-12 所示为旋转式机头,其特点是芯模 2 和口模 1 都能单独旋转。芯模和口模分别由直流电机带动,能以同速或不同速、同向或异向旋转。

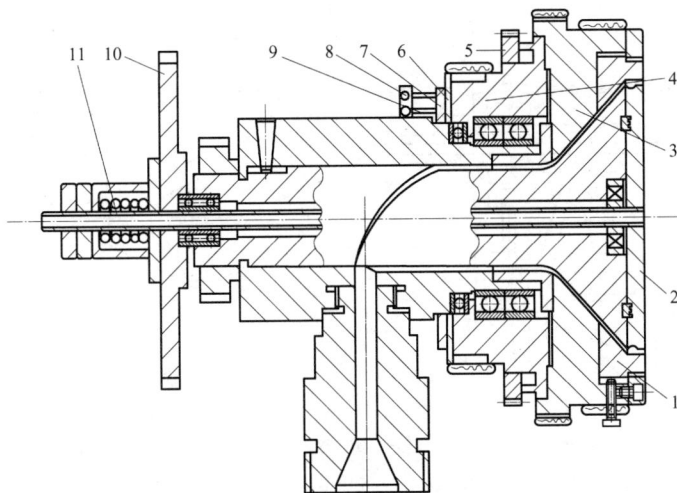

1—口模;2—芯模;3—旋转机头;4—口模支持体;5,10—齿轮;
6—绝缘环;7,9—铜环;8—碳刷;11—空心轴。

图 8-12 旋转式机头

采用这种机头可克服由于机头制造、安装误差及温度不均匀造成的塑料薄膜厚度不均匀,其厚度公差可达 0.01mm。它的应用范围较广,对热稳定性塑料和热敏性塑料均可成型。

2. 机头几何参数的确定

图 8-9 所示的芯棒式机头,环形缝隙宽度 t 一般在 0.4～12mm 范围内,如果 t 太小,则机头内反压力很大,影响产量;如果 t 太大,则要得到一定厚度的薄膜,必须增大吹胀比和拉伸比。机头定型区高度 h 应比 t 大 15 倍以上,以便控制薄膜的厚度,H 应大于 $2d_1$。

为了避免制品产生接合缝,芯棒尖处到模口处的距离应不小于芯棒轴直径 d_1 的 2 倍,并在芯棒头部设 1～2 个缓冲区,以利于熔体很好地汇合。应尽量使塑料熔体自分流到达机头出口处流动的距离相等,流道畅通,无死角。芯棒扩张角 α 一般取 80°～90°,也可达到100°;但 α 过大,会增大熔体流动阻力。芯棒斜流道尖处应认真设计与加工,不能太尖,也不能太钝,必要时应经过试验确定,以免影响产品质量。

机头进口部分的横截面面积与出口部分的横截面面积之比(压缩比)至少为 2。但压缩比过大,熔体流动阻力大。对于聚氯乙烯等塑料,压缩比不宜过大。

8.2.3 电线电缆包覆机头

包覆塑料绝缘层的金属单丝或多股金属芯线称为电线,包覆塑料绝缘层的一束彼此绝缘的导线或不规则芯线称为电缆。通常用挤压式包覆机头生产电线,用套管式包覆机头生产电缆。

1. 挤压式包覆机头

图 8-13 所示为挤压式包覆机头。熔体进入机头体,绕过芯线导向棒,汇集成环状后经口模成型段,最后包覆在芯线上。由于芯线连续不断地通过导向棒,因而电线生产过程可连续地进行。

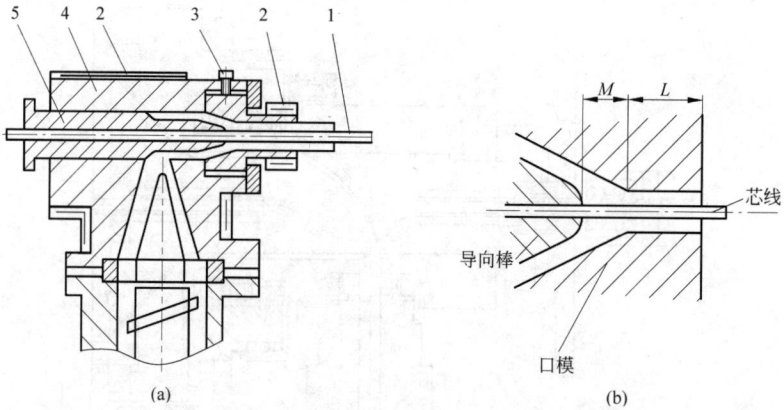

1—包覆制品;2—电热圈;3—调节螺钉;4—机体;5—导向棒。

图 8-13　挤压式包覆机头

(a) 机头;(b) 口模放大图

改变口模尺寸(或更换口模)、挤出速度、芯线移动速度及移动导向棒轴向位置,都可以改变塑料绝缘层厚度。

图 8-13(b)所示为口模局部放大图,其成型段长度 $L=(1.0\sim1.5)D$,$M=(1.0\sim1.5)D$。

这种机头结构简单,调整方便,但芯线与塑料绝缘层同心度不够好。

2. 套管式包覆机头

图 8-14 所示为套管式包覆机头。它与挤压式包覆机头的不同之处是:挤压式包覆机头是在口模内将塑料包覆在芯线上;而套管式包覆机头则是将塑料挤成管,在口模外靠塑料管收缩包覆在芯线上,有时借助真空使塑料管更紧密地包覆在芯线上。

包覆层厚度随口模与导向棒(芯模)间隙

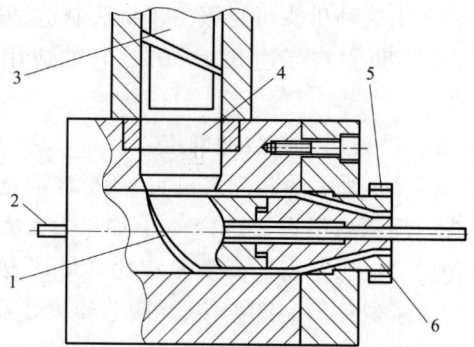

1—导向棒螺旋面;2—芯线;3—挤出机螺杆;
4—栅板;5—电热圈;6—口模。

图 8-14　套管式包覆机头

值、挤出速度、芯线移动速度等的变化而变化。口模定型段长度不宜太长($L<0.5D$),否则,机头背压过大,会影响生产率和制品表面质量。

8.2.4　异型材挤出成型机头

塑料异型材具有优良的使用性能,用途广泛。按异型材截面特征分为 5 大类(图 8-15):

(1) 封闭中空异型材(图 8-15(a))。

（2）半封闭异型材（图 8-15(b)）。

（3）开式异型材（图 8-15(c)）。

（4）复合式异型材（图 8-15(d)），又可分为两种：一种是不同塑料或同一种塑料不同颜色共挤复合；另一种是塑料与木材、金属、纤维织物共挤镶嵌复合。

（5）实芯异型材（图 8-15(e)）。

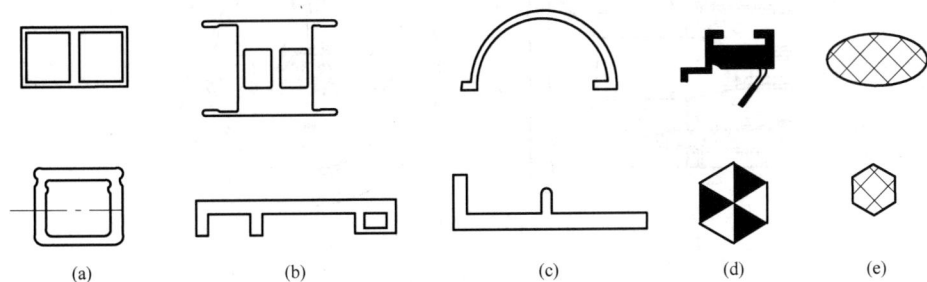

图 8-15　异型材形式

为使挤出工艺顺利进行和保证制品质量，必须认真设计异型材的结构形状及尺寸。常用的异型材挤出成型机头有如下几种。

1）流线型挤出机头

如图 8-16 所示，这种机头的截面变化特征是：从圆形逐渐变为所需要的异型截面。当异型材截面高度小于机筒内径而宽度大于机筒内径时，机头体内腔扩张角 $\alpha < 70°$，收缩角 $\beta = 25° \sim 50°$。

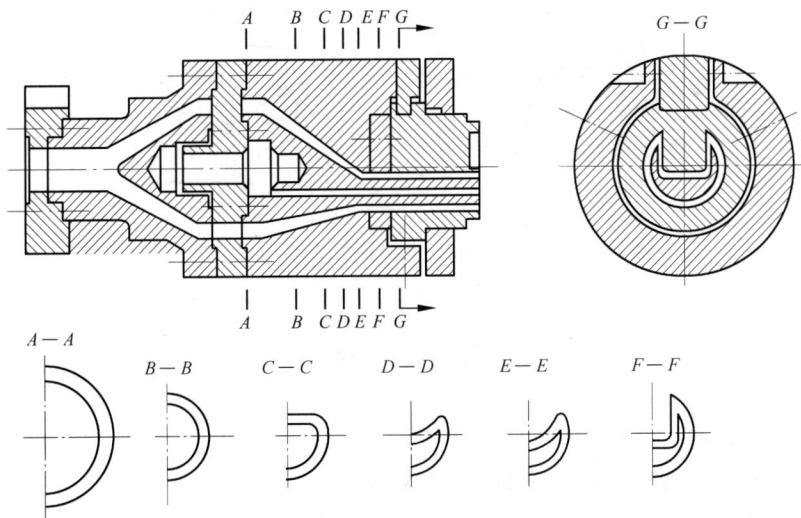

图 8-16　流线型挤出机头

这种挤出机头挤出的制品质量好，但机头加工难度大，成本高。为了改善加工性，口模和芯模可采用拼合结构，或将机头沿轴线分段后组合而成。

2）板式机头

板式机头如图 8-17 所示。图 8-17(a)所示为板式机头结构图，图 8-17(b)所示为制品断面图。从机头圆形截面入口过渡到口模成型段,截面形状呈急剧变化,熔体容易形成局部滞流,引起塑料分解,故这种机头不适于挤出热敏性塑料(如 RPVC),而适于挤出聚烯烃等塑料。但这种机头结构简单,制造较容易,成本较低。

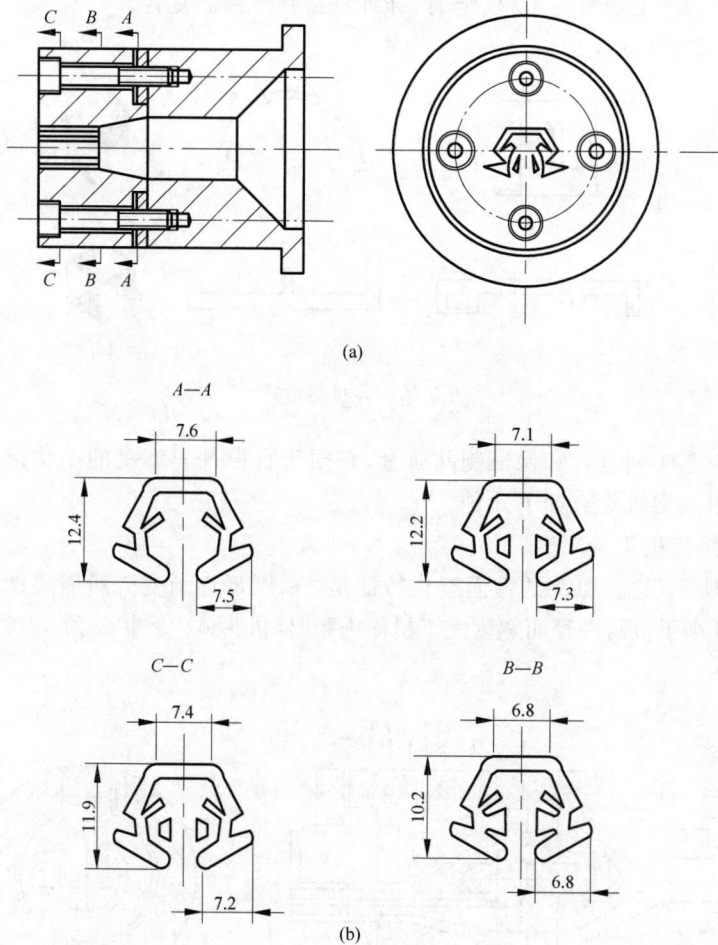

(a)

(b)

图 8-17　板式机头

习　　题

8-1　何谓塑料挤出成型?

8-2　挤出成型机头由哪几部分组成? 各有哪些作用?

8-3　设计挤出成型机头时应遵循哪些原则?

8-4　管材挤出成型机头有哪些类型? 各有何特点? 用于何种场合?

8-5　常见的管材挤出成型机头的工艺参数主要有哪些?

8-6　管材定径有哪些方法? 怎样确定定径套的尺寸?

8-7　何谓吹塑法? 常用的吹塑薄膜机头有哪些类型? 各用于何种塑料?

8-8　电线、电缆挤出成型机头分为哪两种? 各用于何种场合?

第9章　吹塑模具设计

9.1　概述

吹塑成型是将处于熔融状态的塑料型坯置于模具型腔中,借助压缩空气将其吹胀,使之紧贴于型腔壁上,经冷却定型得到中空塑料制品的成型方法。吹塑成型可以获得各种形状与大小的中空薄壁塑料制品,在工业中尤其是在日用工业中应用十分广泛。几乎所有的热塑性塑料都可以用于吹塑成型,尤其是PE。

9.1.1　吹塑成型方法

吹塑成型方法主要有以下几种。

(1)挤出吹塑成型:其成型过程如图9-1所示。

(2)注塑吹塑成型:这种方法是用注塑机在注塑模具中制成吹塑型坯,然后把热型坯移入吹塑模具中进行吹塑成型,如图9-2所示。

(3)注塑拉伸吹塑成型:这种方法与注塑吹塑成型相比,只是增加了将有底的型坯加以拉伸这一工序。成型过程如下:①把熔融塑料注入模具,急剧冷却,成型出透明的有底型坯,如图9-3所示;②将注塑的型坯,其螺纹部分随模具螺纹

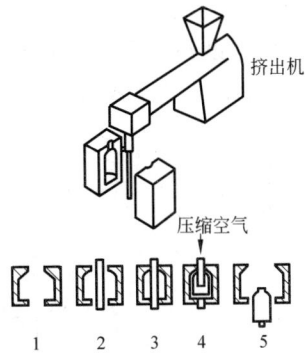

1—打开模具;2—型坯入模;3—闭模;4—吹气;
5—保压、冷却定型、放气后脱模。

图9-1　挤出吹塑中空成型

成型块一起由转盘带动移到加热位置,用电阻将型坯内外加热,如图9-4所示;③将加热后的有底型坯移至拉伸吹塑位置,拉长2倍,如图9-5(a)所示,吹塑成型如图9-5(b)所示;④将拉伸吹塑后的制件移到下一位置,螺纹成型块瓣合部打开,取出制品,如图9-6所示。

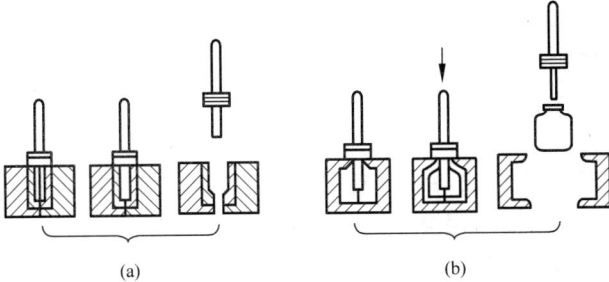

图9-2　注塑吹塑中空成型
(a)注塑;(b)吹塑

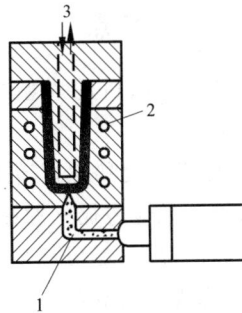

1—分流道;2—冷却水孔;3—冷却水。

图9-3　注塑型坯

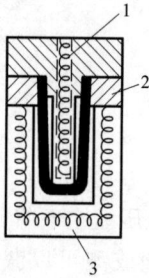

1—中心加热；2—螺纹成型部分；3—电热丝。

图 9-4　型坯加热

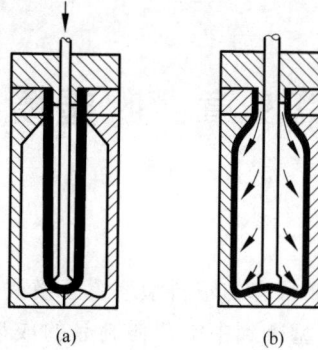

图 9-5　拉伸吹塑

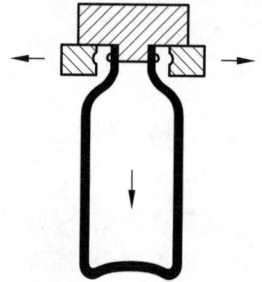

图 9-6　取出制品

这种成型设备实际上是一台多工位注塑机模具，设有 4 个工位，每个工位相隔 90°。图 9-7 所示为注塑有底型坯第 1 工位和拉伸吹塑第 3 工位。

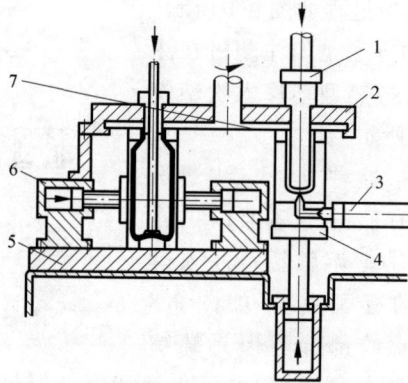

1—可动型芯；2—上模固定板；3—注塑装置；4—可动下模板；

5—固定下模板；6—油缸；7—转盘。

图 9-7　拉伸吹塑设备结构

9.1.2　工艺特点

吹塑是我国目前成型中空塑件制品的主要方法。下面以挤出吹塑为例介绍其工艺特点。

1）加工温度和螺杆转速

吹塑工艺应遵循的原则是在既能挤出光滑而均匀的塑料型坯，又不会使挤压转动系统超负荷的前提下，尽可能采用较低的加工温度和较快的螺杆转速。

2）成型空气压力

成型空气压力一般在 0.2～0.69MPa 范围内，主要根据塑料熔融黏度的高低确定。黏度低的，如尼龙、聚乙烯，易于流动吹胀，则成型空气压力可小些；黏度高的，如聚碳酸酯、聚甲醛，流动及吹胀性差，就需要较高的压力。成型空气压力大小还与制品的大小、型坯壁厚有关，一般薄壁和大容积制品宜用较高压力，而厚壁和小容积制品则用较低压力。最合适的压力确定方法：在 0.1～0.9MPa 范围内，以每次递增 0.1MPa 的方法，分别吹塑成型一系列中空制件，用肉眼分辨其外形、轮廓、螺纹、花纹、文字等清晰程度进行确定。

3）吹胀比

制品尺寸和型坯尺寸之比，亦即型坯吹胀的倍数，称为吹胀比。型坯尺寸和质量一定时，制品尺寸越大，型坯吹胀比越大。虽然增大吹胀比可以节约材料，但制品壁厚变薄，成型困难，制品的强度和刚度降低；吹胀比过小，则塑料消耗增加，制品有效容积减少，壁厚，冷却时间延长，成本增高。一般吹胀比为 2～4，采用 2 较适宜，获得的制品壁厚较均匀。

4）模温和冷却时间

若材料的熔融温度较高，则采用较高的模具温度；反之，则应尽可能降低模具温度。模具温度过低，则塑料冷却过早，形变困难，制品的轮廓和花纹等均会变得不清楚；若模具温度过高，则冷却时间延长，生产周期增加；如果冷却程度不够，则容易引起制品脱模变形、收缩率大和表面无光。

为防止聚合物因产生弹性回复作用而引起制品形变，中空吹塑成型制品的冷却时间一般较长，可占成型周期的 1/3～2/3。

对厚度为 1～2mm 的制品，一般只需几秒到十几秒的冷却时间。

表 9-1 所示为几种有代表性的塑料中空制件的吹塑成型工艺条件。

表 9-1　几种有代表性的塑料中空制件的吹塑成型工艺条件

工　艺　条　件		醋酸纤维(CA) 电筒	硬聚氯乙烯(HPVC) 500mL 瓶	聚乙烯(PE) 浮球	尼龙 1010 100mL 瓶	聚碳酸酯(PC) 圆筒
料筒温度/℃	后	110～115	145～150	140～150	140～170	220～240
	中	130～135	150～155		215～225	240～260
	前	150～155	165～168	155～160	210～215	240～260
机头温度/℃		160～162	165～170	160	210～215	190～210
模口温度/℃		160	180	160	180～190	190～200
螺杆形式		渐变压缩	渐变压缩	渐变压缩	突变压缩	渐变压缩
型坯挤出时间/s		22	30	15	20	60
充气时间/s		12	15	15	10	20～30
冷却时间/s		3	3	5	5	10～15
总周期/s		45	55	40	40	120
充气压力/MPa		0.3～0.34	0.4	0.3～0.4	0.2～0.3	0.69
充气方法		顶吹	顶吹	顶吹	顶吹	顶吹
吹胀比		1.5∶1	2∶1	2.5∶1	2∶1	1.6∶1
产品质量/g		50～55	75～80	80	7	300
螺杆转速/(r·min⁻¹)		16.5	16.5	22	12	11.5
挤压机		ϕ45mm	ϕ45mm	ϕ89mm	ϕ30mm	ϕ50mm
		立式挤出机	立式挤出机	卧式挤出机	卧式挤出机	立式挤出机

9.1.3　吹塑制品的指标要求

常见的中空成型制品几何形状有圆形、长方形、正方形、椭圆形、球形以及异形等。进行中空制品的结构设计时要综合考虑塑料制品的使用性能、外观、成型工艺性与成本等因素，也就是确定塑件的吹胀比、延伸比、螺纹、塑件上的圆角、支承面及脱模斜度等。下面分别说明对它们的具体要求。

1) 吹胀比(B_R)

吹胀比表明塑料制品径向最大尺寸与挤出机头口模尺寸之间的关系。当吹胀比确定后，便可根据塑料制品的最大径向尺寸及制品壁厚确定机头口模尺寸。机头口模与芯模间隙可由下式确定：

$$\delta = t B_R \alpha$$

式中：δ——口模与芯模的单边间隙；

　　　t——制品壁厚；

　　　B_R——吹胀比；

　　　α——修正系数，一般取 $1 \sim 1.5$，它与加工塑料的黏度有关，黏度大者取小值。

型坯截面形状一般要求与制品外形轮廓形状大小一致。如吹塑圆形截面瓶子，型坯截面应为圆形；若吹塑方形截面塑料桶，则型坯截面应为方形，或用壁厚不均匀的圆形型坯，以获得壁厚均匀的方形截面桶。

2) 延伸比(S_R)

注塑拉伸吹塑成型的塑料制品长度与型坯长度之比称为延伸比。如图 9-8 所示，c 与 b 之比即为延伸比。延伸比确定后，型坯长度就可确定。一般情况下，延伸比大的制品，其纵向和横向强度均较高，为保证制品的刚度和壁厚，生产中一般取 $S_R B_R = 4 \sim 6$。

3) 螺纹

吹塑成型的螺纹截面通常为梯形、半圆形，而不采用普通细牙或粗牙螺纹，因为后者难以成型。为了便于清理制品上的飞边，在不影响使用的前提下，螺纹可制成断续的，即在分型面附近的一段，塑料制品上不带螺纹，如图 9-9(a)所示。图 9-9(b)和(c)所示为用凸缘和凸环锁紧瓶盖的形式。

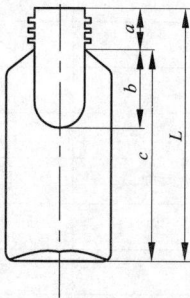

图 9-8　延伸比示意图

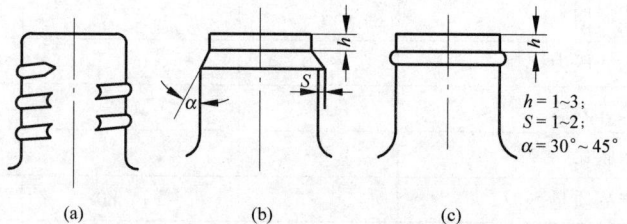

$h = 1 \sim 3$;
$S = 1 \sim 2$;
$\alpha = 30° \sim 45°$

(a)　　　　　　(b)　　　　　　(c)

图 9-9　瓶口螺纹形式

(a)不完全螺纹式；(b)凸缘式；(c)凸环式

4) 支承面

当需要将中空制品的一个面作为支承面时，一般应将该面设计成内凹形。这样不但支承平稳而且具有较高的耐冲击性能。图 9-10（a）所示形状不合理，图 9-10（b）所示形状合理。

　　5）刚度

　　为提高容器刚度，一般在圆柱容器上贴商标位置开设圆周槽。圆周槽的深度宜小些，如图 9-11（a）所示。在椭圆形容器上也可以设置锯齿形水平装饰纹，如图 9-11（b）所示。这些槽和装饰纹不能靠近容器肩部或底部，以免造成应力集中或降低纵向强度。

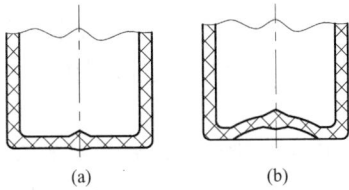

图 9-10　支承面

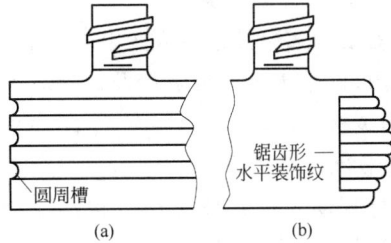

图 9-11　提高容器刚度的方法

　　6）圆角

　　中空吹塑制品的转角、凹槽与加强肋要尽可能采用较大的圆弧或球面过渡，以利于成型和减小这些部位的变形，获得壁厚较均匀的塑料制品。

　　7）脱模斜度

　　由于中空吹塑成型不需要凸模，且收缩性大，故在一般情况下，脱模斜度即使为零也可脱模。但当制品表面有波纹时，脱模斜度应在 3°以上。

　　8）纵向强度

　　包装容器在使用中要承受纵向载荷作用，故必须具有足够的纵向强度。对于肩部倾斜的圆柱形容器，倾斜面的倾角与长度是影响纵向强度的主要参数。如图 9-12 所示，高密度聚乙烯的吹塑瓶，肩部 L 为 13mm 时，α 至少为 12°，L 为 50mm 时，α 应为 30°。若 α 较小，则由于垂直应力的作用，易在肩部产生瘪陷。肩部斜面与侧面交接处的圆角半径 r 应较大。

　　若容器要承受大的纵向载荷作用，要避免采用图 9-13 所示的波纹槽。这些槽会降低容器的纵向强度，导致应力集中与开裂。

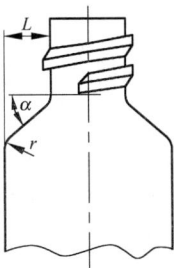

图 9-12　容器肩部倾斜面设计

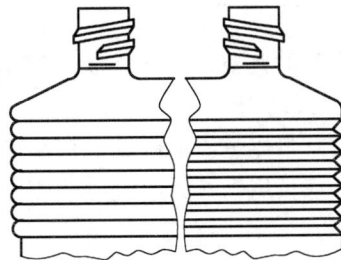

图 9-13　带周向波纹槽的容器

　　利用商标设计也是提高容器强度的方法，当然商标的凸字或花纹的位置及结构应合理。

9.2 吹塑模具的类型及典型结构

9.2.1 吹塑模具的类型

成型设备不同,吹塑模具的外形也不同。根据吹塑模具的工作情况,可分为两种类型。

1) 手动铰链式模具

手动铰链式模具依靠人工打开、闭合,它是由玻璃吹塑模具演变而来的,现在已基本上不再使用,仅用于小批量生产及试制。其结构形式如图 9-14 所示,模腔是由两个半片组成的,一侧装有铰链,另一侧装有开、闭模手柄及闭锁销。模具主体可用铸造法制作。

2) 平行移动式模具

平行移动式模具是由具有相同型腔的两个半模具组合而成的,吹塑机上的开、闭模装置有油压式、凸轮式、齿轮式、肘节式等多种。通常都是直接用螺钉把模具安装在吹塑机上,依靠开、闭模装置进行开、闭模运动。模具的安装方法、安装尺寸及外形大小等都受到所用吹塑机的限制,因而造成塑件大小、形状也受相应的限制。图 9-15 所示为平行移动式模具。

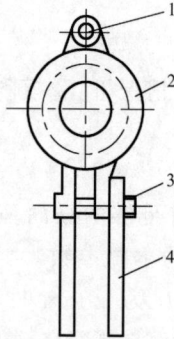

1—铰链;2—型腔;3—锁紧零件;4—手柄。

图 9-14　手动铰链式模具

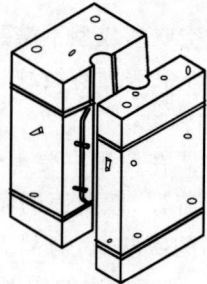

图 9-15　平行移动式模具

9.2.2 模具典型结构

吹塑模具的典型结构可分为以下两种类型。

1) 组合式结构

这种模具整体主要由口板 1、腹板 2 和底板 5 三部分组合而成,如图 9-16 所示。

口板和底板用钢材制造,腹板用铝合金或其他材料制成。三部分之间用螺钉和圆销紧固,两半片的定位由装在腹板上的导柱负责,冷却水通路在腹板上开设。

为了保证 3 个板之间的密合,每对板的接触面应减小,即在其左、右、后 3 个面适当地去掉一部分,留下必要的接触部分,这样可以相对增大板间的紧固力,避免使用中松动从而产生缝隙,接触面的加工应确保平面性良好和必要的表面粗糙度。

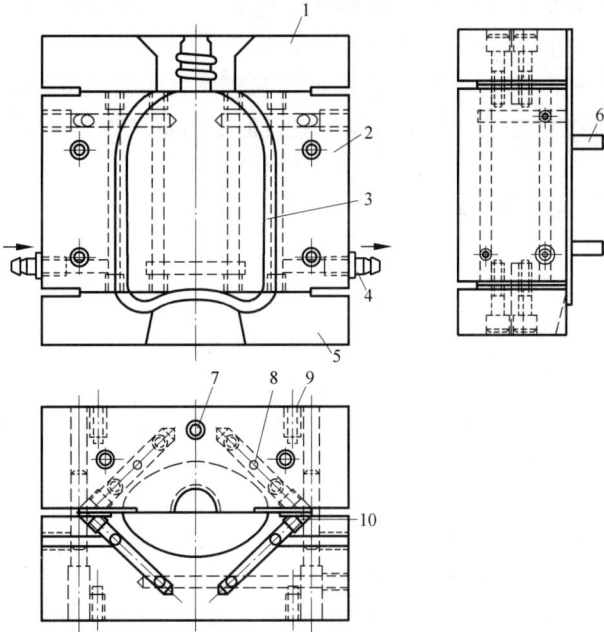

1—口板；2—腹板；3—塑件；4—水嘴；5—底板；6—导柱；

7—固定螺钉；8—水道；9—安装螺孔；10—水堵。

图 9-16 组合式吹塑模

2）嵌镶式结构

这种模具整体由一块金属构成，一般采用铝合金铸件或锻锭，而在其口部和底部嵌入钢件。嵌件一般用压入方法，亦可用螺钉紧固，如图 9-17 和图 9-18 所示。

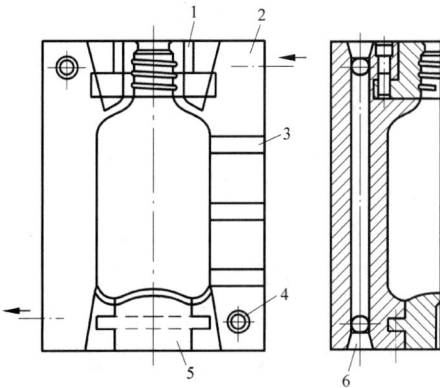

1—模口嵌件；2—模体；3—排气槽；4—导销；

5—模底嵌件；6—堵头。

图 9-17 嵌镶式结构

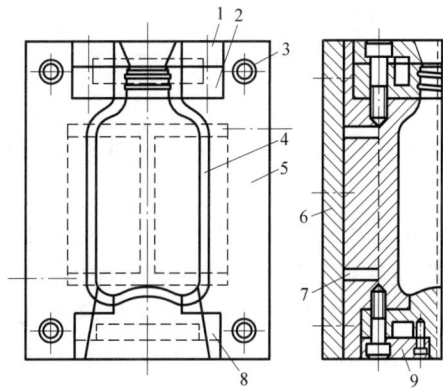

1,2—模口嵌件；3—导销；4—对合面；5—模体；

6—盖板；7—冷却水路；8,9—模底嵌件。

图 9-18 螺钉固定式结构

图 9-17 所示为整体铝锭制成的模体 2，在其上下各嵌入模口嵌件 1 和模底嵌件 5。模体上做出冷却水通路。两半模的对合由导销 4 负责。

图 9-18 所示为铸造出冷却水通路的模体 5，其后面由盖板 6 把水路封闭。上下各嵌入

模口嵌件 1、2 和模底嵌件 8、9。嵌件由两片组成,在其中间做出冷却水通路。两片的对合由导销 3 负责。

这种嵌镶式结构在制造上要求较高,因嵌件与模体之间必须接触紧密,否则容易发生漏水或在塑件上留有拼缝痕迹。可以采取先压嵌后加工的工艺方法。

9.3　吹塑模具设计要点

1. 模口

成型瓶等容器类塑件时,模口成型瓶口部分,校正芯棒挤压成型瓶口内径并切除余料,成型时通过模口吹入压缩空气。模口的形式如图 9-19 所示,其中,图 9-19(a)所示为具有锥形截断环的模口,图 9-19(b)所示为具有球面截断环的模口。

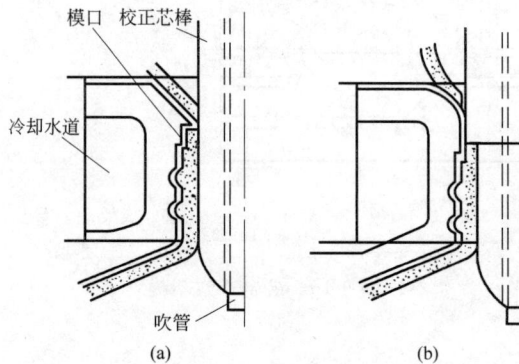

图 9-19　模口形式
(a) 锥形口模口；(b) 球形模口

2. 模底

采用注射吹塑成型时不需要切除余料,整体模底与模具本体分开,单独安装在机床的取件装置上,兼起取件的作用。若采用管状坯料进行吹塑成型时,模底由两个半模组成,分别嵌装在相应模板上,在合模时利用剪切刃把余料切除,同时剪切刃还起夹持、密封型坯的作用。

剪切刃是关键部分。剪切刃的宽度小,角度大,则比较锐利,有可能在吹制之前使型坯塌落,也有使熔接线厚度变薄的倾向。如果剪切刃宽度太大,角度太小,就有可能出现闭模不紧和切不断余料的现象。若使剪切刃平行地切除余料,则可以改善熔接线处的强度。有的研究认为剪切刃平行部分的宽度为 0.5～1mm,角度约 15°时较好。为了防止型坯塌落,又便于清除余料,可以设置二道剪切刃。具有剪切刃的口模,模底应采用像钢材、铍铜合金之类强度好而硬度大的材料。剪切刃处的粗糙度要小,热处理后要研磨抛光,大批量生产时要镀以硬质铬,并进行抛光。

图 9-20 所示为剪切刃截面形状的形式。图 9-20(a)为一般形式；图 9-20(b)为残留飞边的形式,其中 b 为 0.2mm；图 9-20(c)为二道剪切刃的形式。

表 9-2 所示为对不同塑料进行吹塑成型时剪切口的推荐尺寸。

剪切口的切刃部应覆盖整个瓶底,如图 9-21 所示。

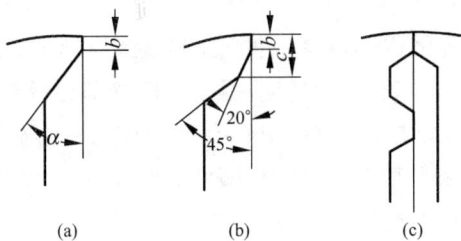

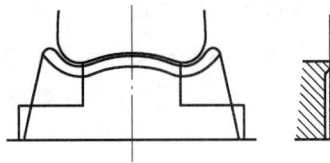

图 9-20　剪切刃形式　　　　　　　　图 9-21　剪切口切刃部形状

表 9-2　剪切口尺寸

塑　料　名　称	b/mm	α	塑　料　名　称	b/mm	α
聚甲醛及其共聚物	0.5	30°	聚苯乙烯及其改性物	0.5~1	30°
尼龙 6	0.5~4	30°~60°	聚丙烯	0.3~0.4	15°~45°
聚乙烯（低密度）	0.1~4	15°~45°	聚氯乙烯	0.5	60°
聚乙烯（高密度）	0.2~4	15°~45°			

3. 排气孔

模具闭合后型腔呈封闭状态，为了保证塑件的质量必须把模具内的原有空气加以排除。如果排气不良，塑件表面上就会出现斑纹、麻坑、成型不完整等缺陷。应当特别注意的是：排气孔应设在成型中空气容易贮留的地方，即最后吹起来的地方，如多面体的角部、圆瓶的肩部等处。下面简单介绍吹塑模具的排气办法。

如果可能的话，可在分型面上开设排气槽。排气槽的宽度为 10~20mm，深度为 0.03~0.05mm，用磨削和铣削的方法加工。在平面部分排气，可以采用以铜粉末冶金方法制造的多孔性金属，如图 9-22（a）所示。图 9-22（b）所示是在平面部位开排气孔的方法，先钻一直径约为 10mm 的孔，在该孔中嵌入两面磨去 0.1~0.2mm 的圆柱销。利用形成的销、孔之间的间隙排气，不会给塑件留下痕迹。图 9-22（c）所示为在角隅部及肩部开设排气孔的方法，排气孔的直径一般为 $\phi0.1~\phi0.3$mm，吹塑成型后也不会在塑件上留下痕迹。还可以利用嵌件的排气间隙排气，如在瓶的首部及底部的嵌件处设置极为微小的间隙排气。

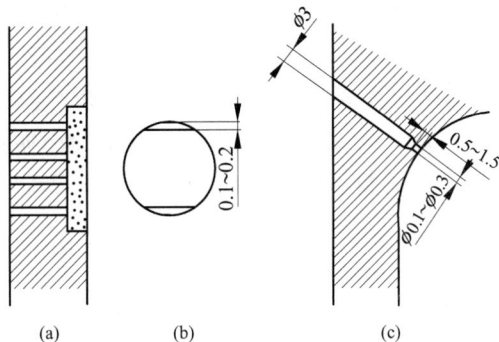

图 9-22　排气孔的结构

4. 模具的冷却

通常把吹塑模具的温度控制在 20～50℃范围内。模具温度低,则成型周期短,成型效率高。进行中空吹塑成型时,塑件部分的厚度不同,若冷却速度一样,则厚壁部分冷却慢,塑件表面会凹凸不平;又由于塑件各部分不均匀冷却,在塑件中存有残余应力,故塑件易变形,耐冲击性和耐应力开裂性就会减弱。由于来自型坯的热量与塑件的厚度成正比,因此有必要根据塑件的壁厚对模具进行冷却。对于瓶类塑件,根据塑件的壁厚可把模具分为 3 部分,即首部、圆筒体部、底部。对模具也按此分为 3 部分进行冷却,以不同的冷却水温度、流速达到使各部分冷却速度相同的目的,从而提高塑件的质量。

模具的冷却方式与一般注塑模具相同,也是用冷水冷却。冷却水通道可以用钻孔加工,也可以用铸造的方法加工。为了提高冷却效果,必要时可以在孔道中设置紊流器,用以增大冷却表面的面积。模具材料不同,热传导率不同,因此也有必要注意防止出现塑件相同壁厚处冷却不均匀的情况。

5. 模具接触面

若模具接触面粗糙,则塑件上分裂线大而显眼。若对模具接触面进行精细加工,使模具合并线能正确地符合一致,则塑件上的分型线很细微,几乎看不见。为了使塑件上分型线不显眼,必要时还可以减小模具的接触面。模具接触面处磨损快、易划伤,在使用、保管中要特别加以注意。

6. 模具型腔

在塑件外表面上常常设计有图案、文字、容积刻度等,有的塑件还要求表面为镜面、绒面、皮革面等,而模具型腔表面的加工情况往往直接影响塑件表面状态,因此设计模具时应预先考虑到模具成型表面的加工问题。

若对模具成型表面进行研磨、电镀,则塑件表面粗糙度小。但随着使用时间的增加,模具成型面与型坯间的气体不能完全排出,就会造成塑件表面出现图状的花纹。因此对于成型聚乙烯制品的模具型腔表面,多采用喷砂处理过的粗糙表面,这不但有利于塑件脱模,而且也不妨碍塑件的美观。

对于模具型腔的加工来说,还有用电铸方法铸成模腔壳体后嵌入模体的;也有利用钢材经热处理后的碳化物组织形状,通过酸腐蚀而做成类似皮革纹状的;也有涂覆感光材料,经过感光、显影、腐蚀等过程制作成有花纹的型腔表面的。

7. 锁模力

设计吹塑模具时,所选用成型设备的锁模装置的锁模力要满足使两个半模能紧密闭合的要求。通常锁紧装置的锁模力 P 应比吹塑成型时在模腔内所形成的打开模具的力大 20%～30%。可以根据以下公式计算锁模力:

$$P \geqslant P_1 F(1.2 \sim 1.3)$$

式中: P——锁模力,N;

$\quad\quad P_1$——吹胀力,N;

$\quad\quad F$——塑件在模具分型面上的投影面积,cm^2。

习　　题

9-1　何谓吹塑成型？主要有哪几类？

9-2　吹塑成型塑件设计时应注意哪些问题？

9-3　吹塑模有哪些类型,各有何特点？

9-4　采用管状坯料进行吹塑成型时,剪切刃的参数如何确定？

9-5　吹塑模如何排气？

9-6　如何对吹塑模进行冷却？

第 10 章　塑料模具材料

　　模具的使用寿命除取决于模具的结构设计及其使用与维护情况外,最重要的是制模材料的基本性能是否和模具的加工要求与使用条件相适应。因此,根据模具的结构和使用情况合理选择塑料成型模具的材料是模具设计人员的重要任务之一,也是塑料成型模具设计和制造的关键问题,对提高模具寿命、降低成本、提高制品的质量有着重要的意义。

　　目前,制模材料仍以钢材为主,但根据塑料的成型工艺条件,也可采用低熔点合金、低压铸铝合金、铍铜和其他非金属材料,如环氧树脂等。

10.1　钢材

10.1.1　基本要求

　　塑料成型模具中的成型零件是成型塑料制品的主要零部件,它直接影响塑料制品的质量和外观。因此,合理选择成型零件的材料是很重要的。目前,在制造塑料模具成型零件的材料中,用得较多的是钢材。选择塑料模具成型零件的材料时,不仅要考虑塑料成型模具材料的物理性能和化学性能,如力学性能、耐磨性、耐蚀性、韧性和导热性能等,要求材料的组织均匀、化学稳定性好、合金偏析度小,如钢材须结构紧密,内部无气孔、裂纹、杂质等缺陷,还要考虑模具制造有关的因素,如加工方法、加工性能、热处理性能、焊接性能、抛光性能等;此外,还需考虑成型塑料制品的塑料种类及特点、成型工艺方法、形状、尺寸和精度要求,塑料制品生产批量,使用的可靠性与经济性等。为此,必须了解各类塑料成型模具的工作条件、失效形式及基本性能要求。总体而言,应具备以下性能:

　　1) 加工性能良好,热处理后变形小

　　因为模具零件形状复杂,在淬火后加工又很困难,或根本就不好加工,所以在选择模具材料时应尽量选择热处理后硬度均匀一致、变形小的钢材,尤以后者最为重要。模具零件也可以先进行粗加工,然后再进行调质处理,但调质后的硬度不得高于 300HB,以便于机械加工和钳工加工。热处理后的材料变形即便大一些也没有关系,因为粗加工后的半成品毛坯还要进行精加工才能符合图纸的要求。

　　2) 抛光性良好

　　通常要求塑件具有良好的光泽和表面状态,因而模腔必须很好地进行抛光;所以,选用的钢材不应有粗糙的杂质和气孔等。

　　3) 耐磨性良好

　　塑件的表面粗糙度和尺寸精度都和模具表面的耐磨性有直接关系,特别是含硬质填料或玻璃纤维的塑料,更要求模腔表面硬度要足够,而且既要有良好韧性,又要有很高的耐磨性,可经受操作中对模具的机械损伤。

　　4) 芯部强度高

　　除表面硬度以外,选用的钢材应有足够的芯部强度,特别是注塑模会受到很大的注塑压力和锁模压力,挤压性能要好,所以必须考虑模具钢材的芯部强度。

　　5)耐腐蚀性良好

　　塑料及其添加剂对钢的表面有化学腐蚀作用,所以要选用耐腐蚀的钢材或进行镀铬、镀镍处理。

10.1.2　常用品种

　　1. 碳素结构钢

　　碳素结构钢分为普通含锰钢和高锰钢。塑料模具制造中常用的正常含锰钢有 15、20、40、45 和 50 等牌号,常用的高锰钢有 15Mn、20Mn、40Mn、45Mn 和 50Mn 等牌号。

　　碳素结构钢中应用最广泛的一种是 45 钢,这种钢的优点是具有良好的切削性能,有一定强度和耐磨性。因此,常用来制造形状较为简单的塑料模型腔、型芯等成型零件,也可用来制造对强度要求较高的固定板、支承板、复位杆等结构零件。其缺点是热处理后变形大,加工前尚需对钢材料进行正火或调质处理,但加工后的零件不再进行热处理。正火后的钢材适用于小型、小批量的塑料模型腔以及强度要求不高的零件,调质后的钢材适用于中小批量的、较复杂的塑料模型腔及强度和韧性要求较高的支承板、推件板等。如果零件加工后需进行淬火处理,以具有较高的硬度和耐磨性,则 45 钢只适用于形状较简单的零件。15 钢和20 钢经渗碳和淬火处理,可制造导柱、导套和其他一些耐磨性好的零件,经过表面渗碳处理后,其表面坚硬而中心具有良好的韧性。

　　普通碳素钢 Q235～Q275 等具有良好的塑性、冷变形性能,价廉,但强度不高,硬度较低。适用于强度要求不高的一般结构零件,如手柄,支架,动、定模固定板等。

　　常用碳素结构钢的化学成分和物理机械性能见表 10-1 及表 10-2。

表 10-1　碳素结构钢的化学成分　　　　　　单位:%

类别	钢号	碳	硅	锰	磷	硫	铬	镍
普通含锰钢	15	0.12～0.19	0.17～0.37	0.35～0.65	≤0.040	≤0.04	≤0.25	≤0.25
	20	0.17～0.24	0.17～0.37	0.35～0.65	≤0.040	≤0.04	≤0.25	≤0.25
	40	0.37～0.45	0.17～0.37	0.50～0.80	≤0.040	≤0.04	≤0.25	≤0.25
	45	0.42～0.50	0.17～0.37	0.50～0.80	≤0.040	≤0.04	≤0.25	≤0.25
	50	0.47～0.55	0.17～0.37	0.50～0.80	≤0.040	≤0.04	≤0.25	≤0.25
高锰钢	15Mn	0.12～0.19	0.17～0.37	0.70～1.00	≤0.040	≤0.04	≤0.25	≤0.25
	20Mn	0.17～0.24	0.17～0.37	0.70～1.00	≤0.040	≤0.04	≤0.25	≤0.25
	40Mn	0.37～0.45	0.17～0.37	0.70～1.00	≤0.040	≤0.04	≤0.25	≤0.25
	45Mn	0.42～0.50	0.17～0.37	0.70～1.00	≤0.040	≤0.04	≤0.25	≤0.25
	50Mn	0.48～0.56	0.17～0.37	0.70～1.00	≤0.040	≤0.04	≤0.25	≤0.25

　　2. 碳素工具钢

　　碳素工具钢分为优质钢和高级优质钢。模具制造中常用的优质钢有 T7、T8、T9、T10和 T12 等牌号,常用的高级优质钢有 T7A、T8A、T9A、T10A 和 T12A 等牌号。

　　碳素工具钢中的 T8、T10 经常用来制造导柱和导套,有时也用来制造要求硬度较高的简单成型零件和结构零件。这类钢材淬火后有较高的强度和耐磨性,缺点是热处理的淬透性低,变形较大,所以淬火后需要经过磨削加工来矫正变形。由于它的耐腐蚀性较差,因此若用于制造加工醋酸纤维塑料及含氯、氟塑料等的模具,必须在成型零件淬硬后进行表面镀铬,以增加抗腐蚀能力,并使塑件成型后容易脱模。为消除淬火后型腔的变形,对这种钢可淬硬后用电加工成型型腔。

常用碳素工具钢的化学成分和物理性能见表 10-3 及表 10-4。

表 10-2　碳素结构钢的物理机械性能

类别	钢号	屈服点/MPa	抗拉强度/MPa	伸长度/%	收缩率/%	冲击韧性/$(kJ \cdot m^{-2})$	硬度/HB	
							热轧钢	退火钢
		$\geqslant$					$\leqslant$	
普通含锰钢	15	225	372	27	55	—	143	—
	20	245	412	25	55	—	156	—
	40	335	568	19	45	470	217	187
	45	355	597	16	4	390	241	197
	50	372	627	14	40	310	241	207
高锰钢	15Mn	245	412	26	55		163	—
	20Mn	274	451	24	50		197	—
	40Mn	352	588	17	45	470	229	207
	45Mn	372	617	15	40	390	241	217
	50Mn	392	647	13	40	310	255	217

表 10-3　碳素工具钢的化学成分　　　　　　　单位:%

类别	钢号	碳	锰	硅	硫	磷
					$\leqslant$	
优质钢	T7	0.65～0.74	0.20～0.40	0.15～0.35	0.030	0.035
	T8	0.75～0.84	0.20～0.40	0.15～0.35	0.030	0.035
	T9	0.85～0.94	0.15～0.35	0.15～0.35	0.030	0.035
	T10	0.95～1.04	0.15～0.35	0.15～0.35	0.030	0.035
	T12	1.15～1.24	0.15～0.35	0.15～0.35	0.030	0.035
高级优质钢	T7A	0.65～0.74	0.15～0.35	0.15～0.35	0.020	0.030
	T8A	0.75～0.84	0.15～0.35	0.15～0.35	0.020	0.030
	T9A	0.85～0.94	0.15～0.35	0.15～0.35	0.020	0.030
	T10A	0.95～1.04	0.15～0.35	0.15～0.35	0.020	0.030
	T12A	1.15～1.24	0.15～0.35	0.15～0.35	0.020	0.030

表 10-4　碳素工具钢的物理性能

钢号	退火后钢的硬度		淬火后钢的硬度	
	硬度/HB ($\leqslant$)	压痕直径/mm($\geqslant$) ($d=10mm, P=29.4kN$)	淬火温度/℃ (有冷却剂)	硬度/HRC ($\geqslant$)
T7,T7A	187	4.4	800～820,水淬	62
T8,T8A	187	4.4	780～800,水淬	62
T9,T9A	192	4.33	760～780,水淬	62
T10,T10A	197	4.3	760～780,水淬	62
T12,T12A	207	4.2	760～780,水淬	62

3. 合金工具钢

合金工具钢的种类很多,常用的有铬锰钼钢(5CrMnMo)、铬镍钼钢(5CrNiMo)、铬钨钒钢(3Cr3W8V)、铬钨锰钢(CrWMn,9CrWMn)、铬钼钒钢(Cr12MoV)等。这类钢材的特点是具有较好的淬透性、强度和韧性、耐磨性及耐热性,但加工性能较差,加工前需要进行退火处理,退火后的硬度仍达 30HRC 左右。其中 5CrMnMo 和 5CrNiMo 钢在热处理后变形较小,因此,适用于制造各种复杂的塑料模。另外,CrWMn 和 3Cr3W8V 钢也可以用来制造复杂的模具,这类钢在热处理后的耐磨性和耐热性比较好,热处理后变形也很小,因此,对于复杂的嵌镶件、侧滑动成型芯、固定式成型芯、螺纹型环和螺纹型芯等,都可以用这种钢来制造。Cr12MoV 钢的热处理变形小,耐磨性高,适用于制造生产率高的压塑模具的成型零件和冷挤型腔用的凸模,同类型钢材还有 Cr12。

常用合金工具钢的化学成分及物理性能见表 10-5 及表 10-6。

表 10-5　合金工具钢的化学成分　　　　　　　　单位:%

牌　号	碳	锰	硅	铬	钨	钒	钼
铬锰钼钢 (5CrMnMo)	0.50～0.60	1.20～1.60	0.25～0.60	0.60～0.90	—	—	0.15～0.30
铬钨钒钢 (3Cr3W8V)	0.30～0.40	0.20～0.40	≤0.35	2.20～2.70	7.50～9.00	0.20～0.50	0.15～0.30
铬钨锰钢 (CrWMn)	0.90～1.05	0.80～1.10	0.15～0.35	0.90～1.20	1.20～1.60	—	—
铬钨锰钢 (9CrWMn)	0.85～0.95	0.90～1.20	0.15～0.35	0.50～0.80	0.50～0.80	—	—
铬钼钒钢 (Cr12MoV)	1.45～1.70	≤0.35	≤0.40	11.00～12.50	—	0.15～0.30	0.40～0.60
铬镍钼钢 (5CrNiMo)	0.50～0.60	0.50～0.80	≤0.35	0.50～0.80	镍 1.40～1.80		0.15～0.30

表 10-6　合金工具钢的物理性能

牌　号	硬　度		
	交货状态硬度 /HB	淬　火　后	
		淬火温度/℃	硬度/HRC(≥)
铬锰钼钢(5CrMnMo)	241～197	820～850,油淬	50
铬钨钒钢(3Cr3W8V)	255～207	1072～1125,油淬	46
铬钨锰钢(CrWMn)	255～207	800～830,油淬	62
铬钨锰钢(9CrWMn)	241～197	800～830,油淬	62
铬钼钒钢(Cr12MoV)	255～207	950～1000,油淬	58
铬镍钼钢(5CrNiMo)	241～197	830～860,油淬	47

4. 合金结构钢

型腔和型芯结构复杂的塑料模具常用合金结构钢制造。合金结构钢的种类很多,常用来制造模具的有铬钢(40Cr)、铬锰钛钢(18CrMnTi)、铬钼钢(12CrMo)、铬钼铝钢(38CrMoAlA)等。其中 12CrMo 和 38CrMoAlA 应用较多,可制造凸模和凹模等主要零件。这类钢材热处理前具有较好的切削性能,热处理后变形小,尤其是 38CrMoAlA,如果进行氮化处理,不仅能获得表面坚硬中心柔韧的性能,而且较使用其他合金钢经济。

常用合金结构钢的化学成分和物理机械性能见表 10-7 及表 10-8。

表 10-7　合金结构钢的化学成分　　　　　　　　　　　单位：%

牌　号	碳	硅	锰	铬	钼	钨	钒	其他
铬钢 (40Cr)	0.37～0.45	0.17～0.37	0.50～0.80	0.80～1.10	—	—	—	
铬锰钛钢 (18CrMnTi)	0.16～0.24	0.17～0.37	0.80～1.10	1.00～1.30	—	—	—	钛 0.06～0.12
铬钼钢 (12CrMo)	0.15	0.17～0.37	0.40～0.60	0.40～0.60	0.40～0.55	—	—	
铬锰钼钢 (15CrMnMo)	0.12～0.18	0.17～0.37	0.80～1.10	1.00～1.30	0.20～0.30	—	—	
铬锰钼钢 (40CrMnMo)	0.37～0.45	0.17～0.37	0.90～1.20	0.90～1.20	0.20～0.30	—	—	
铬钼铝钢 (38CrMoAlA)	0.35～0.42	0.17～0.37	0.30～0.60	1.35～1.65	0.15～0.25	—	—	铝 0.70～1.10

表 10-8　合金结构钢的物理机械性能

牌　号	热　处　理					热处理后的机械性能					退火或回火状态硬度/HB (≤)
	淬　火			回　火		抗拉强度/MPa	屈服点/MPa	伸长率/%	收缩率/%	冲击韧性/(kJ·m⁻²)	
	温度/℃		冷却剂	温度/℃	冷却剂	≥					
	第一次淬火	第二次淬火									
40Cr	850		油	500	水或油	980	784	9	45	470	207
18CrMnTi	880	870	油	200	水或油	980	784	10	50	550	217
12CrMo	900	—	空气	650	空气	412	265	24	60	1100	156
15CrMnMo	860	—	油	190	空气	931	686	11	50	470	197
40CrMnMo	850		油	600	水或油	980	784	10	45	630	241
38CrMoAlA	940		油	640	水或油	980	833	15	50	550	229

10.2　材料的选择和热处理

10.2.1　材料选择

在模具设计与制造过程中,合理地选择和使用金属材料是一项十分重要的工作,它对提高模具寿命、降低成本、提高制品的质量具有重要意义。因此,在选材方面应作全面考虑,对塑料成型模具中各种零件要根据不同的应用条件合理地选择。主要应注意以下几点：

1) 根据模具各零件的功用合理选择

对于与熔体接触并受熔体流动摩擦的零件(成型零件和浇注系统零件)和工作时有相对运动摩擦的零件(导向零件、推出和抽芯零件)以及重要的定位零件等,应根据不同情况选用优质碳素结构钢、合金结构钢或合金工具钢等,并根据其工作条件进行热处理。对于其他结构零件,视其重要性可选用优质碳素结构钢或普通碳素结构钢,较重要的需进行热处理,有的不需要进行热处理。

2) 根据生产批量、模具精度要求进行选择

生产批量较小或试制产品的模具,可选用优质碳素结构钢(一般为 45 钢)；对于高精度

的模具,或在生产量较大的情况下,可选用微变形钢或预硬钢。

　　3)根据模具的加工方法和复杂程度进行选择

　　对于结构复杂、采用机械加工方法的型腔,可选用热处理变形小的合金工具钢;采用冷挤压成型的简单型腔,则可选用韧性和塑性较好的优质碳素结构钢。

　　4)根据塑料特性进行选择

　　对于成型含有矿物填料的塑料模,成型零件宜选用耐磨性较好的合金工具钢;对于成型过程中易于析出腐蚀性产物的塑料模,宜对所选材料进行镀铬或选用耐蚀钢。

　　总之,在选择模具钢材时,既要考虑满足模具加工使用中的要求,更要考虑我国当前模具钢的生产状况。在满足使用要求的前提下,尽量选用生产量大、价格较低的钢材。

10.2.2　材料热处理

　　模具零件热处理常采用的工序有正火、退火、淬火、调质和回火等。注塑模具零件常用材料及热处理要求见表 10-9,可供设计注塑模时参考。

表 10-9　注塑模具零件常用材料及热处理

零件类型	零件名称	材料牌号/金属	热处理方法	硬　度	说　　明
成型零件	凹模 凸模 成型镶件 成型推杆等	P20	出厂预硬	280～320HB	用于生产塑料模具各种形状的型腔、型芯零件
		718	出厂预硬	290～330HB	
		T8A,T10A	淬火	54～58HRC	用于生产形状简单的小型腔、型芯
		CrWMn CrNiMo Cr12MoV Cr12 Cr4Mn2SiWMoV	淬火	54～58HRC	用于生产形状复杂、要求热处理变形小的型腔、型芯或镶件和增强塑料的成型模具
		18CrMnTi 15CrMnMo	渗碳、淬火	54～58HRC	
		40CrMnMo	淬火	54～58HRC	用于生产耐磨性、强度和韧性高的大型型芯、型腔等
		38CrMoAlA	调质氮化	1000HV	用于生产形状复杂、要求耐腐蚀的高精度型腔、型芯
		45	调质 淬火	22～26HRC 43～48HRC	用于生产形状简单、要求不高的型腔、型芯
模体零件	垫板 浇口板 锥模套	45	淬火	43～48HRC	
	动、定模板 动、定模座板	45	调质	230～270HB	
	固定板	45 Q235	调质	230～270HB	
	推件板	T8A,T10A 45	淬火 调质	54～58HRC 230～270HB	

零件类型	零件名称	材料牌号/金属	热处理方法	硬 度	说 明
浇注系统零件	主流道衬套 拉料杆 拉料套 分流锥	T8A,T10A	淬火	50～55HRC	
导向零件	导柱	20 T8,T10	渗碳、淬火 淬火	56～60HRC	
	导套	T8A,T10A	淬火	50～55HRC	
	限位导柱 推板导柱 推板导套 导钉	T8,T10	淬火	50～55HRC	
抽芯机构零件	斜导柱 滑块 斜滑块	T8A,T10A	淬火	54～58HRC	
	楔块	T8A,T10A 45	淬火	54～58HRC 43～48HRC	
推出机构零件	推杆 推管	T8A,T10A	淬火	54～58HRC	
	推块 复位杆	45	淬火	43～48HRC	
	挡块	45	淬火	43～48HRC	
	推杆固定板 卸模杆固定板	45,Q235			
定位零件	圆锥定位件	T10A	淬火	58～62HRC	
	定位圈	45,Q235			
	定距螺钉 限位钉 限制块	45	淬火	43～48HRC	
支承零件	支承柱	45	淬火	43～48HRC	
	垫块	45,Q235			
其他零件	加料圈 柱塞	T8A,T10A	淬火	50～55HRC	
	手柄 套筒	Q235			
	喷嘴 水嘴	黄铜			
	吊钩	45,Q235			

10.3　其他制模材料

10.3.1　环氧树脂

利用环氧树脂制作模具的型腔和型芯,可缩短模具生产周期,降低模具成本。环氧树脂注塑模(除钢之外)所用材料包括如下几种:

(1) 环氧树脂:环氧树脂 6207#、634#、6101#。

(2) 填料:铝粉、铁粉、钢丝绒。

(3) 硬化剂:顺丁烯二酸酐、苯均四甲酸酐。

(4) 促进剂:丙三醇(即甘油)。

(5) 封闭剂:聚乙烯醇。

(6) 脱模剂:二硫化钼硅油。

(7) 制造过程中的过渡模材料:特级石膏粉。

10.3.2　低熔点合金

利用低熔点合金浇铸吹塑模具的型腔不仅可以缩短模具的制造周期和节约大量的钢材,还可节省劳力。

低熔点合金的种类较多,目前使用的较简单的一种是铋占 58%、锡占 42% 的铋锡合金。其熔化与浇铸工序过程如下:将掺和好的铋锡合金料置于熔锅内,加热至 140℃ 左右(温度测量可采用半导体点温计或普通温度计),熔化均匀后即可铸型;铸型后约冷却半小时;最后修正铸件浇铸时留下的残痕,即达到要求。

采用低熔点合金的模具,模温不宜过高,模温过高则塑件易黏附于型腔上。

当成型注塑件内部的型芯弯度较大,而不能采用钢材制造时(弯度较大的塑件,用普通钢材制造型芯则无法拔出),可采用低熔点合金制造。其制造程序为:将合金元素按比例配合好,倒入熔融容器内加热熔化,然后试温(利用普通温度计即可),浇铸合金型芯(浇铸合金型芯用的模具要加热至 60℃ 左右),定型后取出合金型芯。

上述低压浇铸的型芯置于注塑模内,即可注塑。当注塑成型后,塑件随同型芯一起取出,再用蒸汽加热法(或其他加热法)使塑件中的合金型芯熔化流出,即可获得塑件。

10.4　国外模具材料概况

我国塑料模具用钢目前还缺乏专用钢种,生产部门通常采用一般工具钢,如 T10A、CrWMn、Cr12MoV 钢等。这些钢由于切削加工性一般较差,难以制造成复杂型腔的模具,而且一旦热处理变形超差则难以修复使用。因此,近年来模具制造业常采用退火或正火状态的 45 钢及预硬钢做塑料模具用钢。但是此钢远不能满足塑料模具日益发展的需要,因此常参考国外塑料模具用钢并结合我国的具体条件进行选用。

目前我国塑料模具行业正处于高速发展阶段,许多外国公司来中国投资办厂,一方面带来了先进的模具设计、制造技术,另一方面整个模具行业也出现了许多新的术语。在模具材料领域,出现了大量的新牌号钢材,这些模具钢材主要来自美国、日本、德国、瑞典、奥地利等发达国家,如美国芬可乐(FINKL),日本大同(DAIDO)、日立(HITACHI),瑞典的一胜百(ASSAB),德国的撒斯特(SAARSTAHL),奥地利的百禄(BOHLER)等。这些公司都有自己开发的较具代表性的优质模具钢材,如芬可乐的P20、H13,大同的NAK80、DC53,日立的S50C、SKD61,撒斯特的1.2311、1.2738,一胜百的DF-2、718、S136、8407,百禄的M202、M310等。下面就一些常用的主要钢材作简单介绍。

P20是一种预加硬塑料模具钢,出厂硬度为预加硬度30HRC左右,无须热处理,永不变形。其组织结构均匀,切削性能和抛光性能优异,适合电加工,可用于生产要求不高的塑料模具,是应用较为广泛的一种塑料模具钢,也适合制作大型复杂模具。

NAK80是日本大同的代表钢种之一,它的出厂硬度可以达到40HRC,且表面及内部的硬度均匀,切削性能、电加工性能极佳,可以直接加工成模具(加工完后无须热处理);另外其抛光性能良好,组织稳定,模具长期使用后仍能维持相当高的精度。由于NAK80具有以上优良性能,所以可用于生产长期使用的高硬度精密模具、对于表面粗糙度要求较高的镜面模具或透明产品的模具的模芯。

DC53是日本大同特殊模具钢,通常被认为是日立SKD11的改良版本,出厂硬度为退火后255HB,具有硬度高(淬火高温回火后硬度可达62~63HRC)、韧性好(是SKD11的2倍)、切削性能和研磨性能好、强度高、耐磨性优良、淬透性高、易于线切割等特点,可以用来作为滑块型芯、斜顶等耐磨耐冲击的成型零件。

SKD61钢是一种空冷硬化的热作模具钢,也是所有热作模具钢中使用最广泛的品种之一。该钢具有较强的热硬性和较高硬度,在中温条件下(300~400℃)具有很好的强度、韧性、热疲劳性和一定的耐磨性,常用于制作模具的顶针、拉料杆、弹簧导杆、镶件等。

718是瑞典一胜百公司的代表产品之一,此钢一般出厂硬度可达330~370HB,硬度均匀透彻,制成模具永不变形,且容易抛光。因其表面无氧化黑皮,故材料利用率高,可以节省加工费用。另外,因为含硫量低,故适合电火花加工。718可以用于制作大型家电产品、计算机外设等模具的动模芯或要求生产量达50万件以上模具的模芯。718H具有比718更高的硬度,常用于生产滑块、斜顶等要求好的耐磨性的零件。

S136钢含CR量高,抗腐蚀,淬火后硬度大于50HRC,可以预硬至31~35HRC,镜面加工性能良好,无须热处理,永不变形,且抛光性能极佳。此种钢材可以用于制作各种对表面质量要求较高的塑料产品的模具的模芯,例如照相机镜头、放大镜等,还可以用于制作在生产时有腐蚀性气体产生的塑料(例如PVC)产品的模具模芯。

8407是和SKD61相近似的材料,出厂硬度大约为185HB,具有高温作业时强度高、韧性优、抗热裂性好的特点,其组织致密,切削性能、抛光性能优良,并且具有良好的等向性能(即钢材的纵向与横向强度一致),常用来制作塑料模具的动模芯、动模镶件、斜顶等。

S50C是一种优质碳素结构钢,相当于我国的50钢,钢质纯净,有良好的抛光性能,俗称黄牌钢,调质后强度、塑性、韧性适当。因为价格便宜,常用于制作模具的一般用途的零件,如模具的模架零件、滑块斜楔、定位零件等。

DF-2俗称油钢,为锰铬钨合金钢,是高品质不变形冷作工具钢,韧性好,淬透性好,淬硬后有高硬度且尺寸稳定、耐磨,常用于制作各种需要耐磨的结构零件,如滑座、导板等。

M310是和S136相近似的材料,M202是和P20相近似的材料。

为了方便读者查阅,表10-10示出了部分国外塑料模具钢材对照。

表 10-10　部分国外塑料模具钢材对照

名称	供应商	注　释	出厂硬度	其他元素含量/%								与他国近似牌号				
				C	Si	Cr	Ni	Mn	Mo	V	W	奥地利	日本	瑞典	德国	美国
P20	FINKL	塑料模具钢	预硬至 280~320HB	0.34	0.8	1.8	0.5	1.56	0.5	0.07	—	M202	MUP	618	1.2311	M202
NAK80	DAIDO	P21 真空重熔	预硬至 40HRC	0.13	—	0.1	3.25	1.6	0.28	Cu 1.0	Al 1.1	—	—	—	—	—
NAK55	DAIDO	P21+硫真空重熔	预硬至 370~400HB	0.15	0.3	—	3.0	1.5	0.3	Cu 1.0	Al 1.0	—	—	—	—	—
P20HH	FINKL	P20 改良型	预硬至 330~370HB	0.33	0.3	1.85	0.6	0.9	0.5	—	—	—	—	—	—	—
718H	ASSAB	P20 改良型	预硬至 330~380HB	0.38	0.3	2.0	1.0	1.4	0.2	—	—	—	—	—	—	—
718	ASSAB	预硬塑料模具钢	预硬至 290~330HB	0.33	0.3	1.8	0.9	0.8	0.2	—	—	M238	PDS58	—	1.2738	P20+Ni
H13	FINKL	热作模具钢	预硬至 40HRC	0.4	1.0	5.0	—	0.4	1.1	1.0	—	—	SKD61	8407	1.2344	W302
DC53	DAIDO	冷作钢（铬钢）	退火至 255HB	0.85	0.9	8.0	—	0.5	2.4	0.5	—	—	SKDⅡ	—	—	D2
DC11	DAIDO	冷作钢（铬钢）	退火至 255HB	1.6	0.4	13.0	0.5	0.6	1.2	0.5	—	—	SKD11	—	X165CR-MOV12	D2
S50C	HITACHI	黄牌钢	退火至 241HB	0.5	0.37	0.25	0.25	0.8	—	—	—	—	—	—	CK50	AISI1050
S136	ASSAB	抗腐蚀塑料模具钢	退火至 215HB	0.38	0.8	13.6	—	0.5	—	0.3	—	M310	SUS420J2	—	1.2083	420
S136H	ASSAB	抗腐蚀塑料模具钢	预硬至 31~35HRC	0.38	0.8	13.6	—	0.5	—	0.3	—	M300	—	—	1.2316	—
8407	ASSAB	热作模具钢	退火至 185HB	0.37	1.0	5.3	—	0.4	1.4	1.0	—	W302	SKD61	—	1.2344	H13
DF-2	ASSAB	耐磨油钢	退火至 190HB	0.95	—	0.6	—	1.1	—	0.1	0.6	K460	SKS3	—	1.2510	0.1

习　题

10-1　选择模具材料时,主要考虑的物理性能和化学性能是什么?

10-2　如何选择塑料模具成型零件、结构零件的材料?

10-3　叙述塑料模具热处理工艺要求。

第 11 章 塑料制品的结构工艺性

塑料制品的结构工艺性是指塑件结构对成型工艺方法的适应性。在塑料制品生产过程中,一方面,成型会对塑件的结构、形状、尺寸精度等诸方面提出要求,以便降低模具结构的复杂程度和制造难度,保证生产出价廉物美的塑料制品;另一方面,模具设计者通过对给定塑件的结构工艺性进行分析,弄清塑件生产的难点,为模具设计和制造提供依据。本章将从几个方面分析塑件的结构工艺性。

11.1 塑料制品的尺寸、公差和表面质量

塑件尺寸的大小受到塑料材料流动性好坏的制约,塑件尺寸越大,要求材料的流动性越好。流动性差的材料在模具型腔未充满前可能就已经固化或熔接不牢,会导致制品缺陷和强度下降。

由于材料和加工方法的差异,塑料制品的尺寸精度与金属制品有一定的区别,因此,选择塑件的尺寸精度时不能盲目套用金属件的精度等级表和公差表。

目前,国际上尚无统一的塑料制品尺寸公差标准,但各国有自行制定的公差标准,如德国的标准为 DIN 16901,瑞士的标准为 VSM 77012。表 11-1～表 11-3 所示曾经为我国颁布的 SJ 1372—78 公差标准(现已作废),可作为选用塑件精度等级和公差的参考。其实实际工作中,产品精度都是根据自己企业的要求制定的。

表 11-1 不受模具活动部分影响的尺寸公差 单位:mm

基本尺寸	精　度　等　级						
	1	2	3	4	5	6	7
>0～3	0.07	0.10	0.13	0.16	0.22	0.28	0.38
>3～6	0.08	0.12	0.15	0.20	0.26	0.34	0.48
>6～13	0.10	0.14	0.18	0.23	0.30	0.40	0.58
>13～14	0.11	0.16	0.20	0.27	0.34	0.48	0.68
>14～18	0.12	0.18	0.22	0.31	0.38	0.54	0.78
>18～24	0.13	0.22	0.24	0.34	0.42	0.60	0.88
>24～30	0.14	0.24	0.26	0.38	0.48	0.72	1.08
>30～40	0.16	0.25	0.30	0.42	0.56	0.80	1.14
>40～50	0.18	0.26	0.34	0.48	0.64	0.94	1.32
>50～65	0.20	0.30	0.36	0.54	0.74	1.10	1.54
>65～80	0.23	0.34	0.44	0.62	0.86	1.28	1.80
>80～100	0.26	0.36	0.50	0.72	1.00	1.48	2.10
>100～120	0.29	0.42	0.58	0.82	1.16	1.72	2.40
>120～140	0.32	0.46	0.64	0.92	1.30	1.96	2.80
>140～160	0.36	0.50	0.72	1.04	1.46	2.20	3.10

续表

基本尺寸	精　度　等　级						
	1	2	3	4	5	6	7
＞160～180	0.40	0.54	0.78	1.14	1.60	2.40	3.40
＞180～200	0.44	0.60	0.84	1.24	1.80	2.60	3.70
＞200～220	0.48	0.66	0.92	1.36	2.00	2.94	4.10
＞220～250	0.52	0.72	1.00	1.48	2.10	3.20	4.50
＞250～280	0.56	0.78	1.10	1.60	2.30	3.50	4.90
＞280～315	0.60	0.84	1.20	1.80	2.60	3.80	5.40
＞315～355	0.66	0.92	1.30	2.00	2.80	4.30	6.00
＞355～400	0.72	1.00	1.44	2.20	3.10	4.76	6.70
＞400～450	0.78	1.13	1.60	2.40	3.50	5.30	7.40
＞450～500	0.86	1.20	1.74	2.60	3.90	5.80	8.20

表 11-2　受模具活动部分影响的尺寸公差　　　　　单位：mm

基本尺寸	精　度　等　级						
	1	2	3	4	5	6	7
＞0～3	0.14	0.20	0.33	0.36	0.42	0.40	0.58
＞3～6	0.16	0.22	0.35	0.40	0.46	0.54	0.68
＞6～10	0.20	0.24	0.38	0.43	0.50	0.60	0.78
＞10～14	0.21	0.26	0.40	0.47	0.54	0.68	0.88
＞14～18	0.22	0.28	0.42	0.44	0.58	0.74	0.98
＞18～24	0.23	0.30	0.44	0.50	0.62	0.80	1.08
＞24～30	0.24	0.32	0.46	0.58	0.68	0.90	1.20
＞30～40	0.26	0.34	0.50	0.62	0.76	1.00	1.34
＞40～50	0.28	0.36	0.54	0.68	0.84	1.14	1.52
＞50～65	0.30	0.40	0.58	0.74	0.94	1.30	1.74
＞65～80	0.33	0.44	0.64	0.82	1.06	1.48	2.00
＞80～100	0.36	0.48	0.70	0.92	1.20	1.68	2.30
＞100～120	0.39	0.52	0.78	1.02	1.36	1.92	2.60
＞120～140	0.42	0.56	0.84	1.12	1.50	2.16	3.00
＞140～160	0.46	0.60	0.92	1.34	1.66	2.40	3.30
＞160～180	0.50	0.64	0.98	1.34	1.80	2.60	3.60
＞180～200	0.54	0.70	1.04	1.44	2.00	2.80	3.90
＞200～225	0.58	0.76	1.12	1.56	2.20	3.14	4.30
＞225～250	0.62	0.82	1.20	1.68	2.30	3.40	4.70
＞250～280	0.66	0.88	1.30	1.80	2.50	3.70	5.10
＞280～315	0.70	0.94	1.40	2.20	2.80	4.00	5.60
＞315～355	0.76	1.02	1.50	2.80	3.00	4.50	6.20
＞355～400	0.82	1.10	1.64	2.40	3.30	4.90	6.90
＞400～450	0.88	1.20	1.80	2.60	3.70	5.50	7.60
＞450～500	0.96	1.30	1.94	2.80	4.10	6.00	8.40

表 11-3　常用材料的公差等级推荐值

类别	塑料名称（举例）	高精度	一般精度	低精度
I	聚苯乙烯 苯乙烯-丁二烯-丙烯腈共聚体 聚甲基丙烯酸甲酯 聚碳酸酯 聚砜 酚醛塑料粉、氨基塑料粉 玻璃纤维增强塑料	3	4	5
II	聚酰胺 6、66、610、9、1010 氯化聚醚 聚氯乙烯	4	5	6
III	聚甲醛 聚丙烯 高密度聚乙烯	5	6	7
IV	聚氯乙烯（软） 低密度聚乙烯	6	7	8

影响塑料制品尺寸精度的因素比较复杂，归纳起来有以下 3 个方面。

1）模具

模具各部分的制造精度是影响制品尺寸精度最重要的因素。此外，长期使用后的模具往往由于成型压力（如注塑压力、锁模压力等）等作用而产生变形或松动，也是造成制品误差的原因之一。

模具的结构也会影响塑件的尺寸精度，塑件上一些尺寸可以由模具尺寸直接决定，不受模具活动部分影响，比如注塑制品的横向尺寸等；而另一些尺寸不能由模具尺寸直接决定，会受到模具活动部分的影响，比如位于开模方向横跨模具分型面的尺寸、侧孔尺寸等。

2）塑料材料

不同的塑料材料有其固有的标准收缩率，收缩率小的材料（如聚碳酸酯）生产的产品的尺寸误差就很小，容易保证尺寸精度。同一种材料，生产批号不同，收缩率也可能不同，从而影响产品的尺寸精度。

3）成型工艺

成型工艺条件（如温度、压力、时间、速度等）的变化直接影响材料的收缩率，最终影响塑件尺寸精度。

鉴于以上原因，应该合理地确定塑件的尺寸精度，尽可能选用较低的精度等级，区别对待塑件上不同部位的尺寸。对于塑件图上无公差要求的自由尺寸，建议采用标准中的 7 级精度。

模具的加工表面质量是影响塑件表面质量的主要因素。一般模具的成型表面质量比塑件的表面质量高 1～2 个等级，透明塑件要求型芯和型腔的加工表面质量相同。

但是，成型工艺条件有时也会对塑件表面质量产生影响。比如，成型树脂的温度太低，可能使塑料熔体流动时产生振纹和流动纹，最终导致塑件表面出现疵斑，因此，在实际操作时，也可通过调整树脂的温度和模具温度来提高塑件表面质量。

11.2 壁厚

塑料制品的壁厚是最重要的结构要素。热固性塑料制品的壁厚一般为 1～6mm,最厚不超过 13mm;热塑性塑料制品的壁厚一般为 2～4mm。制品的最小壁厚与塑料材料的流动性有关。表 11-4 所示为热固性塑料制品的壁厚推荐值,表 11-5 所示为热塑性塑料制品的壁厚推荐值。

表 11-4　热固性塑料制品的壁厚推荐值　　　　　　　单位：mm

塑料制品材料		最小制品	小制品	中等制品	大制品
酚醛塑料	一般棉纤维填料	1.25	1.6	3.2	4.8～25
	碎布填料	1.6	3.2	4.8	4.8～10
	无机物填料	3.2	3.2	4.8	5.0～25
聚酯塑料	玻璃纤维填料	1	2.4	3.2	4.8～12.5
	无机物填料	1	3.2	4.8	4.8～10
氨基塑料	纤维素填料	0.9	1.6	2.5	3.2～4.8
	碎布填料	1.25	3.2	3.2	3.2～4.8
	无机物填料	1	2.4	4.8	4.8～10

表 11-5　热塑性塑料制品的壁厚推荐值　　　　　　　单位：mm

塑料制品材料	最小制品	小制品	中等制品	大制品
尼龙	0.45	0.76	1.5	2.4～3.2
聚乙烯	0.6	1.25	1.6	2.4～3.2
聚苯乙烯	0.75	1.25	1.6	3.2～5.4
改性聚苯乙烯	0.75	1.25	1.6	3.2～5.4
有机玻璃	0.8	1.5	2.2	4.0～6.5
硬聚氯乙烯	1.2	1.6	1.8	3.2～5.8
聚丙烯	0.85	1.45	1.75	2.4～3.2
氯化聚醚	0.9	1.35	1.8	2.5～3.4
聚碳酸酯	0.95	1.8	2.3	3.0～4.5
聚苯醚	1.2	1.75	2.5	3.5～5.4
醋酸纤维素	0.7	1.25	1.9	3.2～4.8

制品的壁厚越大,塑料在模具中需要冷却的时间越长,则产品的生产周期也会延长。若制品的壁厚太薄,刚性差,不耐压,在脱模、装配、使用中容易发生损伤及变形;另外,壁厚太薄,模腔中流道狭窄,流动阻力加大,会造成填充不满,成型困难。壁厚与流程的关系式见表 11-6。

表 11-6　壁厚(S)与流程(L)的关系式

类　　　别	关　系　式
流动性好(PE、PA 等)	$S=\left(\dfrac{L}{100}+0.5\right)\times 0.6$
流动性中等(PMMA、POM 等)	$S=\left(\dfrac{L}{100}+0.8\right)\times 0.7$
流动性差(PC、PSU 等)	$S=\left(\dfrac{L}{100}+1.2\right)\times 0.9$

　　制品的壁厚原则上要求一致,壁厚不均匀,成型时收缩会不均匀,产生缩孔和内部应力,以致发生变形或者开裂。图 11-1(b)所示为以掏空的方式达到壁厚均匀。图 11-2(b)所示为改善制品壁厚的设计。

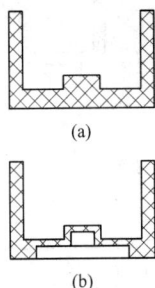

(a)

(b)

图 11-1　壁厚设计

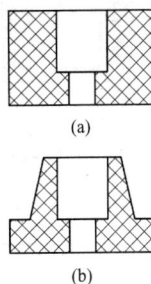

(a)

(b)

图 11-2　改善壁厚的设计

　　图 11-3 所示为采用掏空的方式尽量使壁厚均匀,消除翘曲、凹痕和应力。图 11-4 示出了当不同的壁厚无法避免时,应采用倾斜方式使壁厚逐渐变化。其中,图 11-4(a)为不良设计,图 11-4(b)为改进设计。

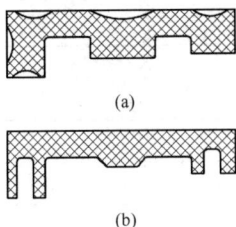

(a)

(b)

图 11-3　防止变形的壁厚设计

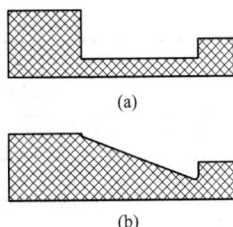

(a)

(b)

图 11-4　不同壁厚的设计

11.3　脱模斜度

　　为便于塑件从模腔中脱出,在平行于脱模方向的制品表面上必须设计一定的斜度,如图 11-5 所示。

　　在不影响尺寸精度的情况下,塑件的内外表面都应有斜度,特别是深型的容器类制品,塑件内侧的斜度可以比外侧的斜度大 1°,如图 11-6 所示。

　　当只在塑件的内表面有斜度时,塑件会留在凹模内,凹模一边应设置顶出装置,如图 11-7 所示。

　　箱形或盖状制品的脱模斜度随制品高度略有不同,高度在 50mm 以下,取 1/30～1/50;高度超过 100mm,取 1/60;在二者之间的取 1/30～1/60。格子状制品的脱模斜度与格子部分的面积有关,一般取 1/12～1/14。表 11-7 和表 11-8 所示为不同塑料制品的脱模斜度推荐值。

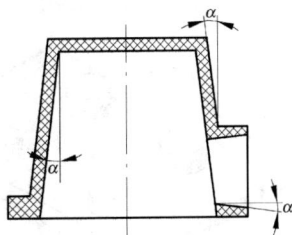

图 11-5　塑件的斜度

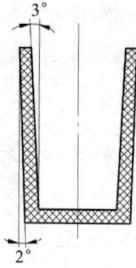

图 11-6　内外表面斜度

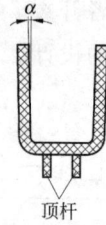

图 11-7　外表面无斜度

表 11-7　热塑性塑料制品脱模斜度

塑 料 品 种	脱　模　斜　度	
	制品外表面	制品内表面
PA(通用)	$20' \sim 40'$	$25' \sim 40'$
PA(增强)	$20' \sim 50'$	$20' \sim 40'$
PE	$20' \sim 45'$	$25' \sim 45'$
PMMA	$30' \sim 50'$	$35' \sim 1°$
PC	$35' \sim 1°$	$30' \sim 50'$
PS	$35' \sim 1.35°$	$30' \sim 1°$
ABS	$40' \sim 1.20°$	$35' \sim 1°$

表 11-8　热固性塑料制品外表面脱模斜度

制品高度/mm	<10	$10 \sim 30$	>30
脱模斜度	$25' \sim 30'$	$30' \sim 35'$	$35' \sim 40'$

11.4　加强筋与凸台

加强筋指塑件上长的突起物,用以改善制品的强度和刚度。凸台是塑件上用来增强孔或供装配附件用的凸起部分,如图 11-8 所示。

图 11-9(a)所示为在长形或深形箱体的转角处设置加强筋,图 11-9(b)所示为在侧壁设置加强筋,能有效地消除制品翘曲变形。

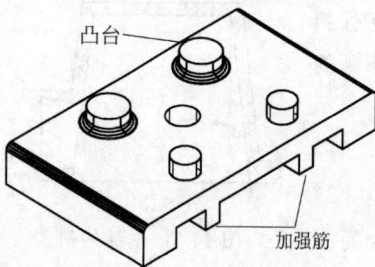

图 11-8　加强筋与凸台

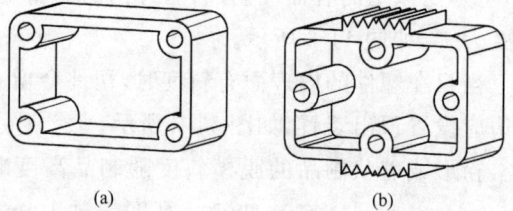

图 11-9　转角处或侧壁设置加强筋

加强筋还可起辅助浇道的作用,改善熔体的流动充模状态。图 11-10(a)所示的制品强度低,易变形,成型充模困难;图 11-10(b)所示为改进形式。

　　加强筋应设计得矮一些、多一些为好,深而狭窄的沟槽会给模具加工带来困难。加强筋设计得高而厚会使加强筋所在处的壁厚不均,易形成缩孔和表面凹陷。图 11-11(a)所示结构虚线处成型会形成表面凹陷,为不良设计;图 11-11(b)为较好的设计。

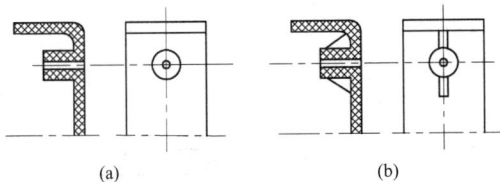

图 11-10　加强筋改善流动的设计

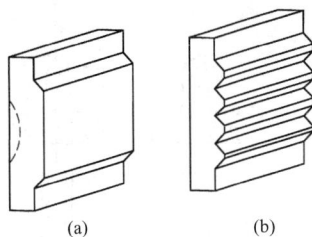

图 11-11　加强筋深浅设计

　　加强筋的方向应与模压方向或模具的开模方向一致,便于脱模。

　　另外,还应注意制品的收缩方向。图 11-12(a)为利用加强筋阻止收缩变形的设计,图 11-12(b)为加强筋沿收缩方向的设计。

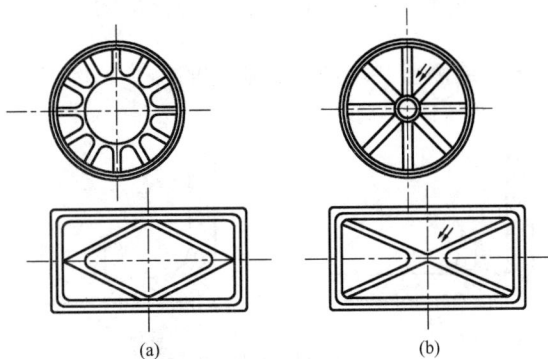

图 11-12　加强筋的收缩方向

　　加强筋的端面应低于塑料制品支承面 0.5~1mm,如图 11-13 所示。

　　加强筋的相关尺寸设计见图 11-14。

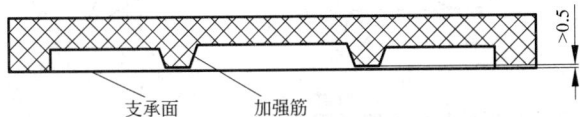

图 11-13　支承面设计

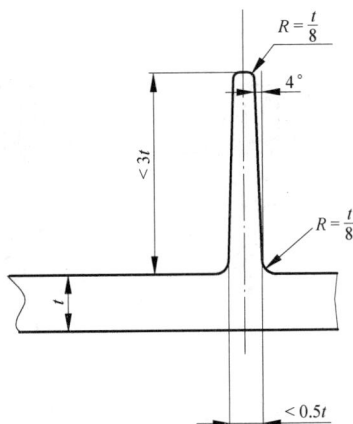

图 11-14　加强筋的尺寸设计

　　凸台一般位于有加强筋的部位或制品的边缘。图 11-15(a)、(b)所示为在筋上设置凸台,图 11-15(c)、(d)所示为在制品的边缘设置凸台。凸台处一般能承受较大的顶出力,有利于布置顶杆。

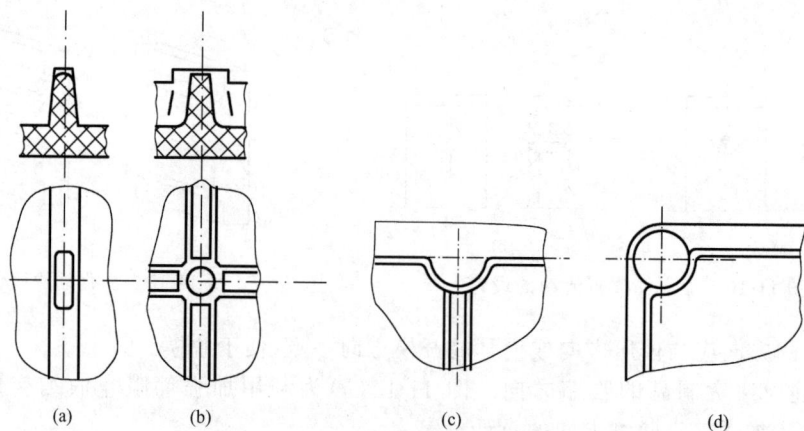

图 11-15　有加强筋时凸台的位置设计

　　凸台太接近制品的角落或侧壁会增加模具制造的困难。例如,图 11-16(a)为不好的设计,图 11-16(b)为较好的设计。

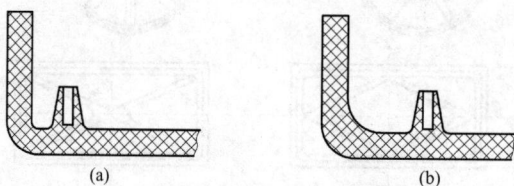

图 11-16　凸台的位置设计

　　凸台处于平面或远离壁面时,应用加强筋加强,以提高其强度并使制品容易成型,如图 11-17(a)、(b)所示。安装紧固凸台时,台阶支承面不宜太小,在转折处不要突然变化,应当平缓地过渡。例如,图 11-17(c)为不好的设计,图 11-17(d)为较好的设计。

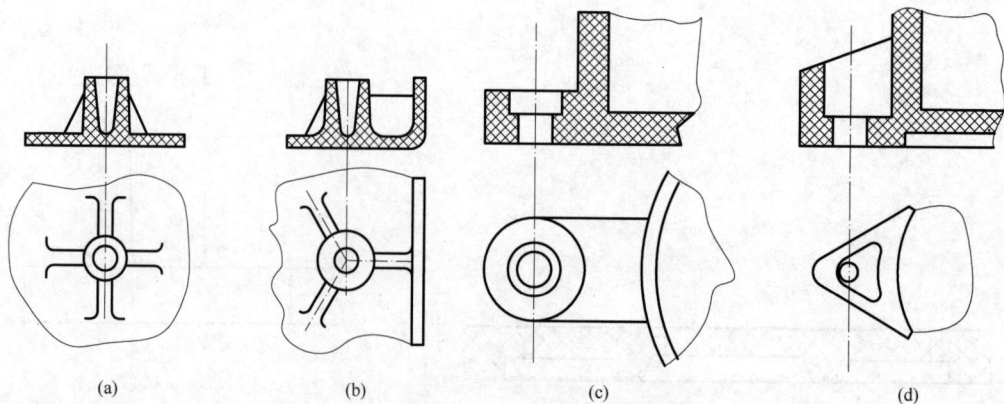

图 11-17　凸台处增设加强筋的设计

凸台应尽量设计成圆形断面,非圆形断面会增加模具制造的困难。例如,图 11-18(a)为不好的设计,图 11-18(b)为较好的设计。

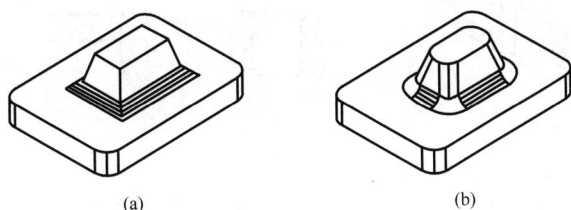

图 11-18　凸台的形状设计

11.5　圆角

塑料制品内外表面的交接转折处均应设计成圆角,以避免因尖角引起的应力集中,改善制品的强度。圆角半径尺寸如图 11-19 所示。转折处圆弧过渡可以减少塑料流动的阻力,改善制品的外观。例如,图 11-20(a)为不好的设计,图 11-20(b)为较好的设计。

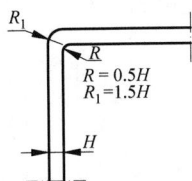

图 11-19　圆角半径尺寸

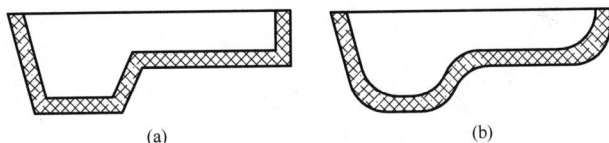

图 11-20　转折处圆弧过渡设计

加强筋的顶端及根部等处也应设计成圆弧。加强筋的高度与圆角半径的对应关系如表 11-9 所示。

表 11-9　加强筋的高度与圆角半径的对应关系　　　　　　　　单位:mm

筋的高度	6.5	6.5～13	13～19	＞19
圆角半径	0.8～1.5	1.5～3.0	2.5～5.0	3～6.5

11.6　孔

基于各种装配、通风、修饰等目的,塑件上常常需要设计孔。制品上的孔有通孔、盲孔、台阶孔、异型孔、斜孔等,如图 11-21 所示。

一般来说,孔的收缩率比其他部位的收缩率大得多,因此,要设计脱模斜度,并充分考虑收缩量。

1. 与开模方向平行的孔

如图 11-22(a)所示孔的方向与开模方向平行,便于加工;图 11-22(b)所示孔的方向与开模方向垂直,模具需要有侧面抽芯机构,加工较为困难;图 11-22(c)所示孔的方向与开模方向既不平行,又不垂直,加工最困难。

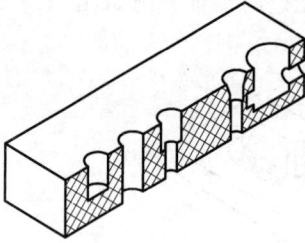

图 11-21　塑件上的孔

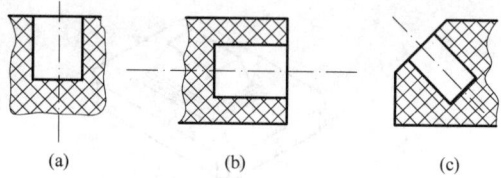

图 11-22　开模方向与孔的方向

通孔的成型型芯一端固定时,在孔的顶部有水平方向的毛刺,如图 11-23(a)所示。

一端固定、另一端有支承时,在孔的顶部沿孔的方向会出现毛刺,但成型型芯变形较小,如图 11-23(b)所示。

用两个型芯对接也是一种方法。如图 11-24(a)所示,在对接处有时也会出现毛刺,并且两端孔可能不同轴,难以用螺钉连接装配。最好使两个型芯直径有所差异,如图 11-24(b)所示。

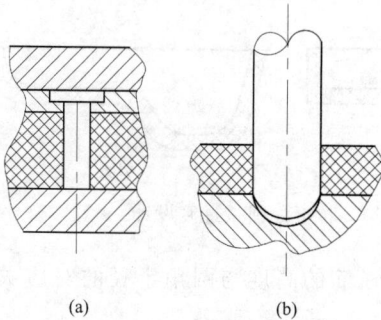

图 11-23　一端固定的通孔的成型(一)

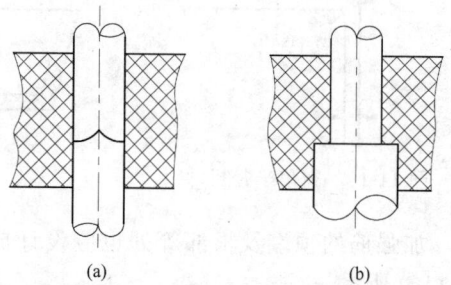

图 11-24　一端固定的通孔的成型(二)

2. 与开模方向不平行的孔

当塑件上需要设计与开模方向不平行的孔时,在满足使用要求的前提下,应尽可能对孔的结构做一些改进,避免侧面抽芯结构。

图 11-25(a)示出了通过型芯和型腔的巧妙组合避免侧面抽芯结构,图 11-25(b)示出了通过将侧孔延伸至顶部避免侧面抽芯结构。

3. 钻孔与攻螺纹

当塑件上的小孔太深,用型芯成型困难时,应采取塑件先成型再钻孔加工的办法,这种方法有时可能比型芯成型更经济。

先成型再钻孔加工的孔应在塑件上成型出钻孔的凹痕,如图 11-26(a)所示。

成型预孔时,可能会出现意想不到的熔接痕,如图 11-26(b)所示。此时应将预孔的深度增加到孔深的 $\frac{2}{3}$。

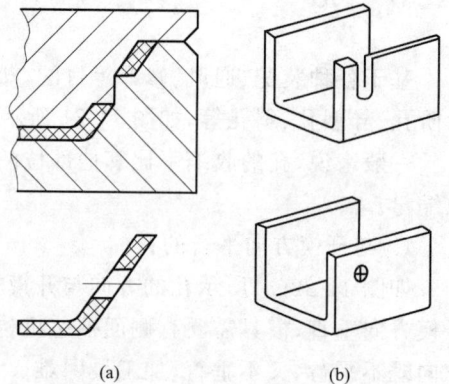

图 11-25　避免侧面抽芯的设计

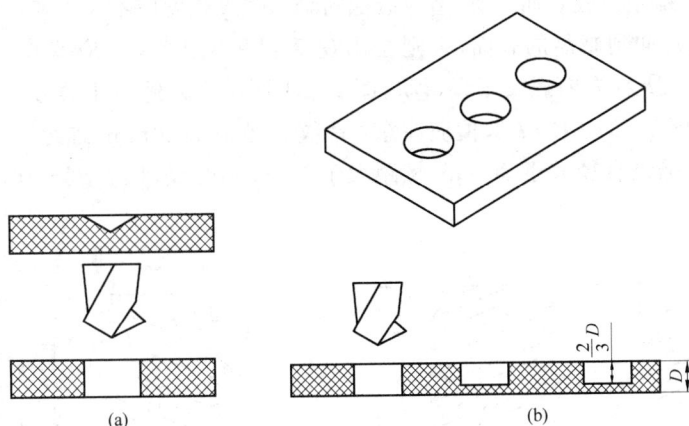

图 11-26　钻孔前的预孔成型

成型后需要扳螺纹或使用自攻螺钉的孔,应在孔的入口端设计一引导锥度。例如,图 11-27(a)为不好的设计,图 11-27(b)为好的设计。

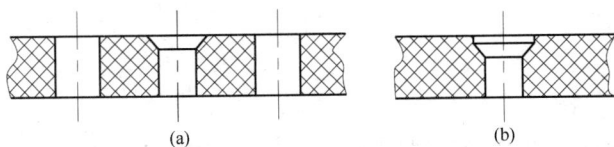

图 11-27　自攻螺钉孔的设计

11.7　螺纹

塑料螺纹的强度约为钢制螺纹强度的 $\frac{1}{10} \sim \frac{1}{5}$,而且螺牙的准确性较差。塑件上的螺纹应选用螺牙尺寸较大者,螺牙过细会影响使用强度。

内螺纹孔通过金属的螺纹型芯成型,如图 11-28 所示。外螺纹孔通过瓣合模成型,如图 11-29 所示。外螺纹直径不小于 4mm,内螺纹直径不小于 2mm。

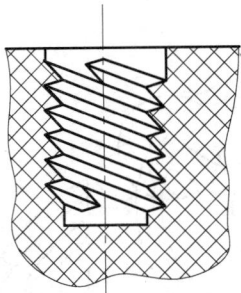

图 11-28　内螺纹孔的成型

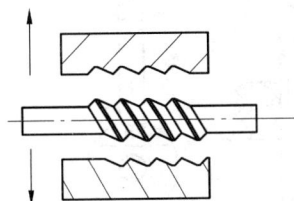

图 11-29　外螺纹孔的成型

螺纹过长时,螺距因收缩而不等,造成装配困难。螺纹长度应不大于其直径的 1.5～2 倍。

不能使螺纹延伸到制品的表面,否则会出现毛刺和锐边,至少应留 0.2～0.8mm 的平直部分。图 11-30 所示为内螺纹正误形状,图 11-31 所示为外螺纹正误形状。

图 11-30 和图 11-31 中的 l 取值应注意:螺纹直径小于 20mm,螺距小于 1mm 的螺纹,取 $l=1～4$mm;螺纹直径大于 20mm,螺距大于 1mm 的螺纹,取 $l=6～10$mm。

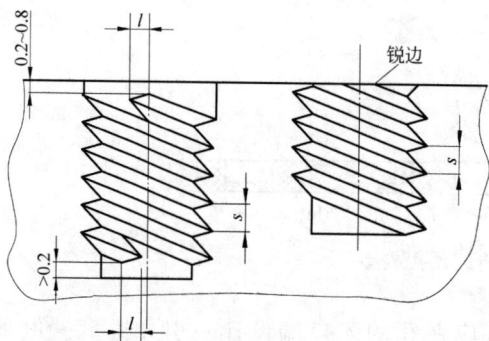

图 11-30 内螺纹正误形状

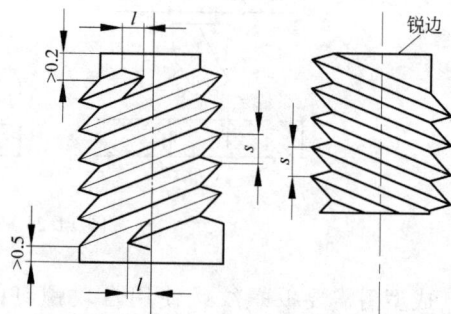

图 11-31 外螺纹正误形状

11.8 嵌件

为了承受制品的集中载荷,便于制品装配,经常采用金属嵌件。有时为了导电、导磁或增加制品尺寸和形状稳定性的需要,也会在塑件中加入金属嵌件。常见的金属嵌件如图 11-32 所示。

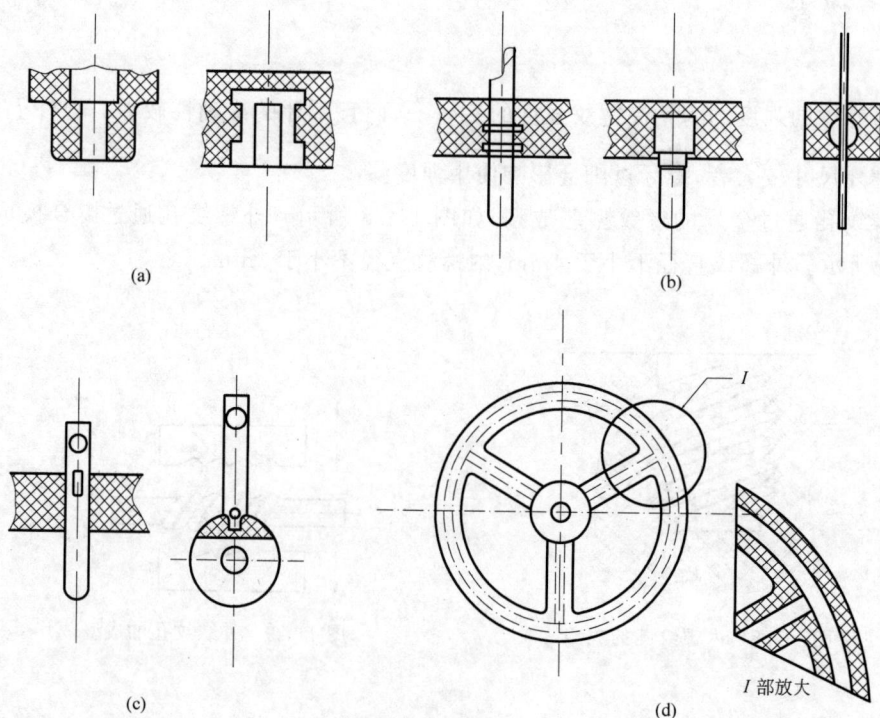

图 11-32 塑件中的金属嵌件

采用金属嵌件时应注意以下几点：

（1）有嵌件的塑件生产难以实现自动化，万不得已不采用嵌件。

（2）由于树脂与金属的膨胀系数不同，在树脂与金属零件的接合部附近会产生制品变形，往往导致嵌件的周围制品出现裂纹，因此，嵌件材料的线膨胀系数应与树脂相近，嵌件周围的塑料应该有一定的厚度。热固性塑件可参考表 11-10。

表 11-10 热固性塑件嵌件直径与料厚的对应关系　　　单位：mm

金属嵌件直径 D	周围塑料层最小厚度 C	顶部塑料层最小厚度 H
4 以下	1.5	0.8
>4～8	2	1.5
>8～12	3	2
>12～16	4	2.5
>16～25	5	3

热固性塑料压缩成型时，嵌件的长度与其直径的比值不要超过 2；热塑性塑料注塑成型时，应将大型嵌件预热到接近塑料的温度。

（3）可采用凹口、弯曲或滚花等方法防止金属嵌件转动或者从塑件中脱落。例如，图 11-33（a）所示为采用切口、打孔、折弯等形式，图 11-33（b）所示为采用加制菱形滚花等形式。

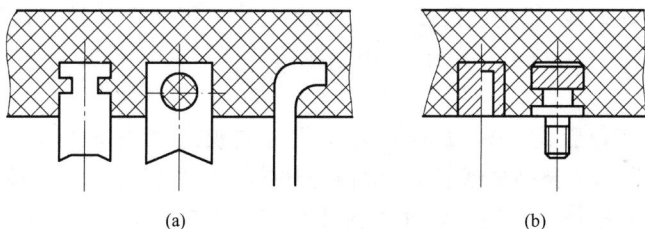

(a)　　　　　　　　　　　　　　(b)

图 11-33　防止金属嵌件转动的结构形式

（4）金属嵌件在模具内会受到高压塑料的冲击，有可能发生位移，同时塑料还可能挤入预留的孔或螺纹线中，因此，要可靠定位。例如，图 11-34（a）所示为利用嵌件的光杆部分与模具配合来定位，但由于生产中的磨损，塑料很容易挤入预留的孔或螺纹线中，应尽量避免

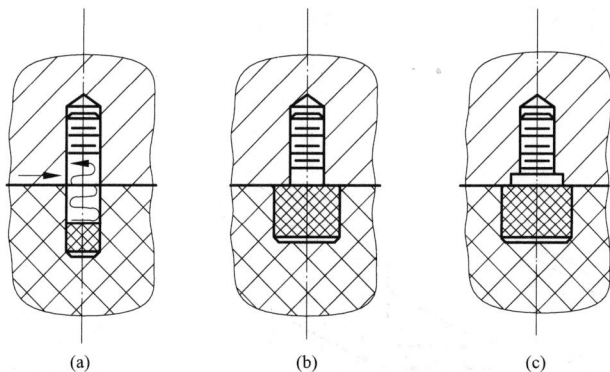

(a)　　　　　　　　(b)　　　　　　　　(c)

图 11-34　塑件中金属嵌件的定位方法

采用。图 11-34(b)比图 11-34(a)的定位效果好,图 11-34(c)的定位效果最好,因为嵌件上的凸台在高压塑料的作用下会起到密封圈的作用。

(5) 金属嵌件设在离壁较近的地方,如图 11-35 所示,会使模具上嵌件定位孔加工困难,且模具的强度会受影响。当在凸台上设置嵌件时,应考虑在凸台侧增加加强筋,如图 11-36 所示。

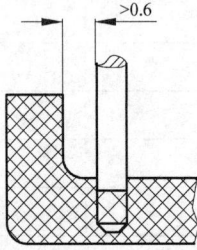

图 11-35　金属嵌件离壁太近

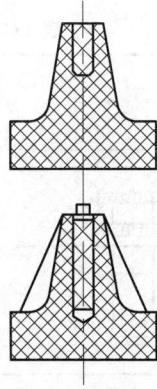

图 11-36　在凸台侧增加加强筋

11.9　铰链与搭扣

利用塑料的良好弹性,或柔软可塑性,或优良的抗弯折疲劳特性,可设计出轻巧实用的塑料连接件,广泛应用于电子、仪表、日常用品和玩具等产品中,其中铰链与搭扣是最常用的两种连接方式。

铰链的结构有多种形式。图 11-37 所示为组合式铰链,组装时将垂片加热扳弯用销固定其中。图 11-38 所示为整体式铰链,一般由压塑成型或注塑成型一次得到。

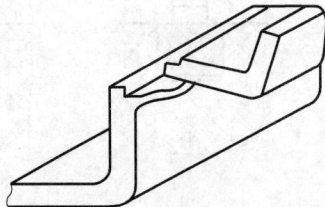

压塑成型得到的整体式铰链的弯曲寿命比注塑成型的短,但耐横向撕裂能力较强。注塑成型利用塑料流体在铰链部位沿弯曲方向的分子定向使铰链的抗弯折疲劳性能增强,弯曲使用寿命可达到数十万次。

整体式铰链的结构尺寸对能否产生分子定向十分重要。图 11-39 所示为常见尺寸,带铰链的塑件从模具中取出后,立即趁热将铰链弯折若干次,弯折角为90°～180°。

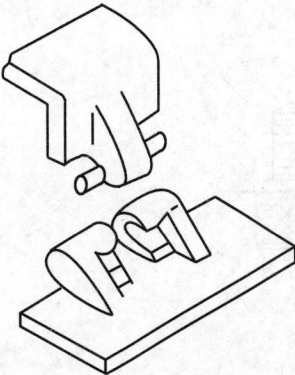

图 11-37　组合式铰链　　图 11-38　整体式铰链　　图 11-39　整体式铰链的结构尺寸

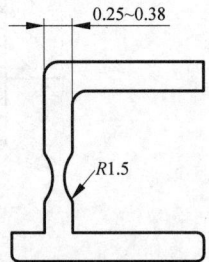

聚丙烯、尼龙、聚乙烯和酚醛塑料常用于生产含有铰链结构的塑件。

软塑料和硬塑料制成的搭扣广泛用于塑料布和片材的搭接。搭扣的连接形式如图 11-40 所示,其中图 11-40(a)为圆头形搭扣连接,图 11-40(b)为插头形搭扣连接,图 11-40(c)为带形搭扣连接。

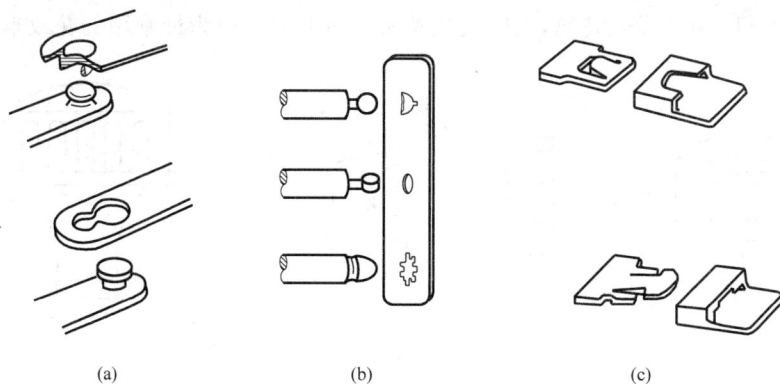

图 11-40 搭扣的连接形式

搭扣的强度取决于连接的方式和材料摩擦力的大小,搭扣连接一般要求材料具有一定的刚性、韧性等,ABS、尼龙、聚碳酸酯等常用作搭扣连接材料。

11.10 文字、图案、标记符号及表面装饰花纹

塑料制品上的文字、图案、标记符号等可以是凸出制品表面的凸形,也可以是凹入制品表面的凹形。

塑料制品上为凸形,则模具上就为凹形,如图 11-41(a)所示;塑料制品上为凹形,则模具上就为凸形,如图 11-41(b)所示。

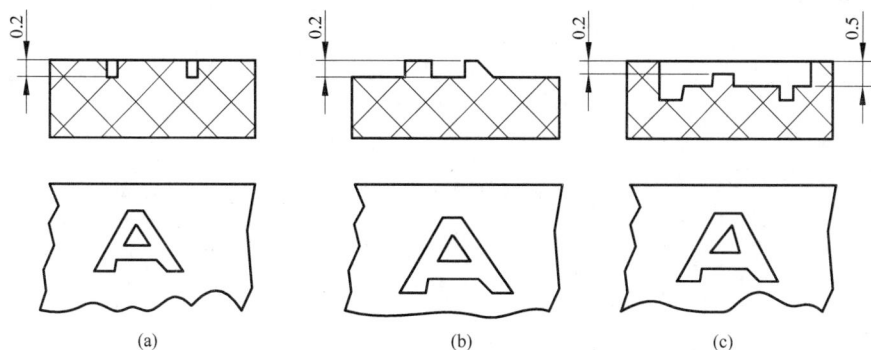

图 11-41 塑件上的标记符号

塑料制品上的凸形文字加工比较方便,但使用中容易损坏。凹形文字坚固耐用,但用一般方法加工比较困难,常采用电铸、冷挤压、电火花加工。采用凹坑凸字可以结合前两种方法的优点,如图 11-41(c)所示。有时,可把制品上有文字、图案、标记符号的那部分模具做成镶嵌结构。

为了提高制品表面质量,使制品外形美观,常对制品表面加以装饰。如在轿车内的装饰面板表面上做出凹槽纹、皮革纹、橘皮纹、木纹等装饰花纹,可遮掩成型过程中在制品表面上形成的疵点、波纹等缺陷;在手柄、旋钮等制品表面设置花纹,便于使用中增大摩擦力。

花纹不得影响制品脱模,如图 11-42 所示。其中,图 11-42(a)为菱形花纹,会影响制品脱模;图 11-42(b)为穿通式花纹,去除毛边费事;图 11-42(c)为最常用的花纹形式。

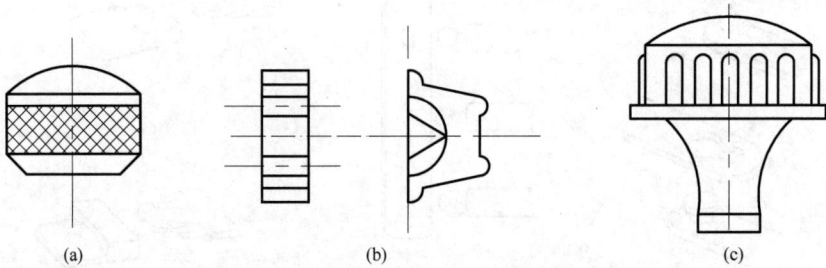

(a)　　　　　　　(b)　　　　　　　(c)

图 11-42　塑件上的花纹

花纹的纹路应顺着脱模方向,并且沿脱模方向应有斜度,条纹高度不小于 $0.3\sim0.5\,\mathrm{mm}$,高度不超过其宽度。花纹不得太细,否则难以加工。

习　题

11-1　如何确定塑件的壁厚?

11-2　分析盲孔、通孔的成型方法和特点。

11-3　金属嵌件对塑件的质量有何影响?

11-4　设计一新型鼠标外壳,选择材料,画出二维、三维产品图,分析塑件结构工艺性,并写出分析报告。

第12章 UG NX注塑模向导简介

UG软件早期是由美国UGS公司推出的功能强大的三维CAD/CAM/CAE软件系统，后UGS公司被德国西门子公司收购，UG软件更名为Siemens NX，所以习惯称之为UG NX。该软件随着版本的更新不断完善，其功能越来越强大，现在广泛应用于机械、电子、模具等领域。尤其是在模具行业，国内外绝大部分模具企业都使用UG NX进行产品设计、产品分析、成型产品的模具设计以及零件自动数控编程加工的全部工作。

注塑模向导(Mold Wizard)是UG NX软件中设计注塑模的专业模块。该模块为模具的型芯、型腔、滑块、推杆和嵌件提供了建模工具，使模具设计变得更快捷、容易，它的最终结果是创建出与产品参数相关的三维模具，其生成的零件能用于自动数控编程加工。

注塑模向导用全参数的方法自动处理那些在模具设计中耗时而且难做的部分，而产品参数的改变将反馈到模具设计，会自动更新所有相关的模具部件。

注塑模向导的模架库及其标准件库包含参数化的模架装配结构和模具标准件，模具标准件中还包括滑块、内抽芯，并可利用参数控制所选用的标准件在模具中的位置。

12.1 注塑模向导设计过程

启动UG软件后，选择"启动"→"所有应用模块"→"注塑模向导"命令，就会启动自动模具设计模块，出现图12-1所示的注塑模向导工具条；注塑模向导遵循模具设计的一般规律，从注塑模向导工具条中的图标排列可以看出，从左至右一步一步有序排列，紧扣模具设计各个环节。

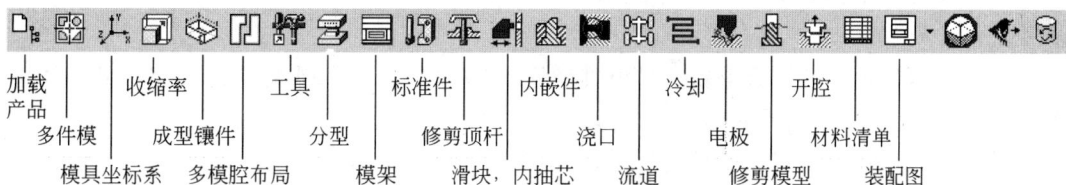

图12-1 图标顺序排列

1. 加载产品

注塑模向导设计的第一步就是加载产品和对设计项目初始化。在初始化的过程中，注塑模向导将自动产生一个模具装配结构，该装配结构由构成模具所必需的标准元素组成。

在注塑模向导工具条中单击"加载产品"图标 （初始化项目），将会弹出打开文件对话框，从中选择一个产品文件名便可把该产品的三维实体模型加载到模具装配结构中，如图12-2所示。

在项目初始化的过程中，注塑模向导自动创建一套模具装配结构及一些种子块。

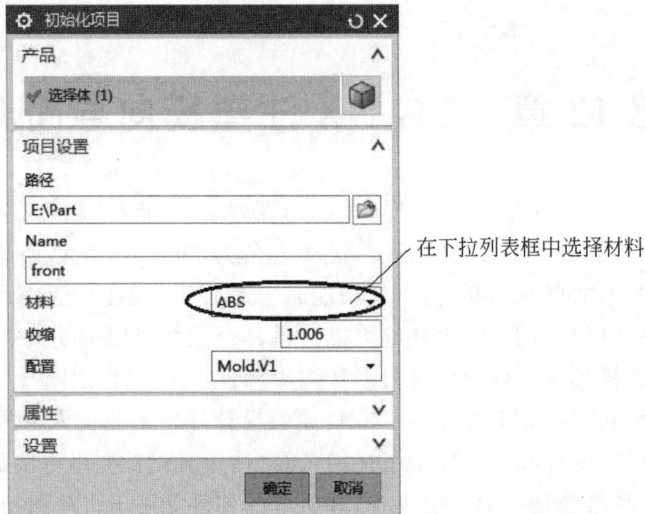

在下拉列表框中选择材料

图 12-2　项目初始化

2. 定义模具坐标系

定义模具坐标系在模具设计中非常重要。注塑模向导规定坐标原点位于模架的动、定模板接触面的中心；坐标主平面或 XC-YC 平面定义在动、定模的分模面上；ZC 轴的正方向指向模具注入喷嘴。

定义模具坐标系的方法是先把 UG 的工作坐标系统定义在规定位置，然后使用注塑模向导的模具坐标系功能来定义。

在注塑模向导工具条中单击"模具坐标系"图标，弹出如图 12-3 所示的对话框，单击"确定"按钮，便可设置模具坐标系(CSYS)与工作坐标系统(WCS)相匹配。

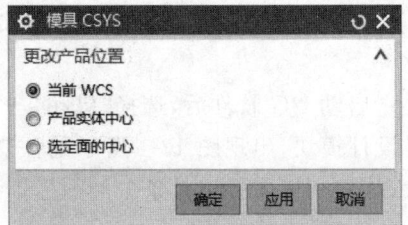

图 12-3　定义模具坐标系

此对话框还可用于以后重新定义模具坐标系(Mold CSYS)，或将它定义在产品实体中心，或将它定义在一个边界面的中心。

锁定按钮可在重新定义模具坐标系时，锁定某个坐标平面。

3. 计算收缩率

模具的型芯、型腔的尺寸必须比产品尺寸略大一些，以补偿材料冷却后的收缩。注塑模向导将所产生的放大了的产品造型命名为"Shrink part"，该造型将用于定义模具的型芯和型腔。

单击"收缩率"(收缩)图标 将打开缩放体对话框。

收缩率可在各方向按相同比例计算，也可沿着 X、Y、Z 方向计算不同的收缩比例。并且任何时候都可以重新选择或编辑收缩率。

计算收缩率要按照材料供应商所提供的收缩比例，并结合用户自己的模具设计经验进行。

4. 定义成型镶件/模型嵌件

成型镶件(Work Piece)/模型嵌件(Mold Insert)◈ 就是模具中的型芯和型腔部分。注塑模向导中用一个比产品体积略大的材料块,将产品包容其中,通过第 13 章介绍的分模功能使其成型,作为模具的型芯和型腔。

单击图标弹出图 12-4 所示的定义成型镶件(Work Piece)尺寸对话框。

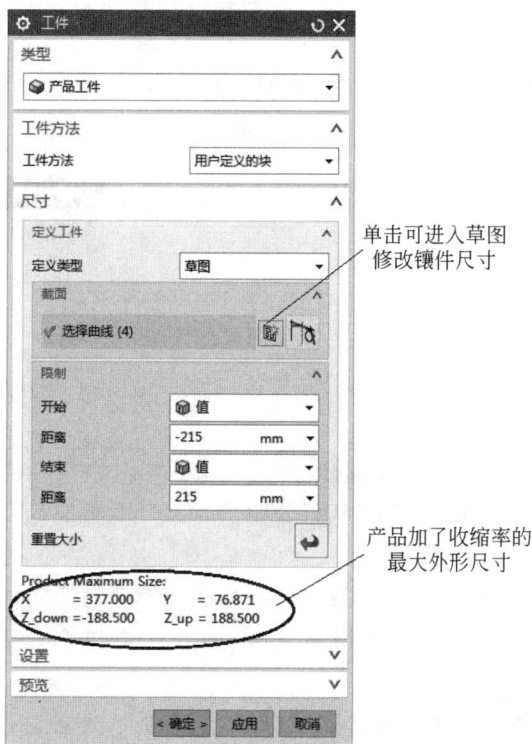

图 12-4　定义成型镶件尺寸

注塑模向导会自动识别产品尺寸,并给出成型镶件的推荐尺寸。

5. 多腔模布局

模具坐标系可以定义模腔的方向和分型面的位置,但不能确定模腔在 X-Y 平面中的分布。

多腔模布局(Layout)功能能确定模具中模腔的个数和模腔在模具中的排列情况。多腔模布局对话框的功能将在第 13 章中以实例介绍。

6. 注塑模向导工具条

单击"工具"图标 ⚒ ,弹出图 12-5 所示工具条。

图 12-5　注塑模向导工具条

图 12-5 中的工具图标可用于:

(1) 实体分割模腔镶件,创建滑块、嵌件几何体。

（2）实体填补产品模型、型芯和型腔中的空隙。

（3）片体修补复杂孔和其他开放面，创建一个隔离型芯、型腔的模型。

注塑模向导工具与分型功能紧密结合，可以完成各种复杂模具的设计。第13章将利用多个实例来介绍这些功能。

7. 模具分型工具

定义了成型镶件尺寸和模腔布局后，下一步要进行修补和分型操作，以完成型芯、型腔的设计。

单击"分型"图标 ，弹出图12-6所示模具分型工具条。

通常按照工具条从左到右的顺序完成如下操作：

（1）检查区域，分成型芯、型腔区域。

（2）孔补片。

（3）定义区域。

（4）设计分型面。

图 12-6　模具分型工具条

（5）产生型芯、型腔。

第13章将通过实例详细讲解其使用方法。

8. 加入模架（Mold Base）

在注塑模向导工具条中，单击 图标，弹出模架管理对话框，其中提供了各种国际标准的模架，如 LK、HASCO、DME、FUTABA（公制）和 OMNI（英制）。

9. 加入标准件

在注塑模向导工具条中，单击 图标，弹出标准件管理对话框，标准件库提供的各种国际标准的模具标准零件有：定位环（Location Ring）、浇口套（Sprue Bushing）、顶出杆（Ejector Pin）、螺钉（Screws）等。

在注塑模向导工具条中，除上述功能图标外，还有加入侧抽芯滑块、加入嵌件、建立浇口、流道、冷却等，这里不一一叙述，第13章中将通过实例进行讲解。

12.2　项目装配成员简介

在第一次加载产品和对设计项目初始化过程中，注塑模向导将自动产生一个模具装配结构，该装配结构由构成模具所必需的标准元素组成。从屏幕右方的装配导航器中能看到可以装配的部件，如图12-7所示。

12.2.1　主项目装配成员

1. top

top装配节点，顾名思义，用于搜集并控制所有的装配部件和定义模具设计所必需的数据。

2. cool

cool节点专门用于放置模具中冷却系统的文件。

3. fill

fill节点用于放置浇口、流道的文件。

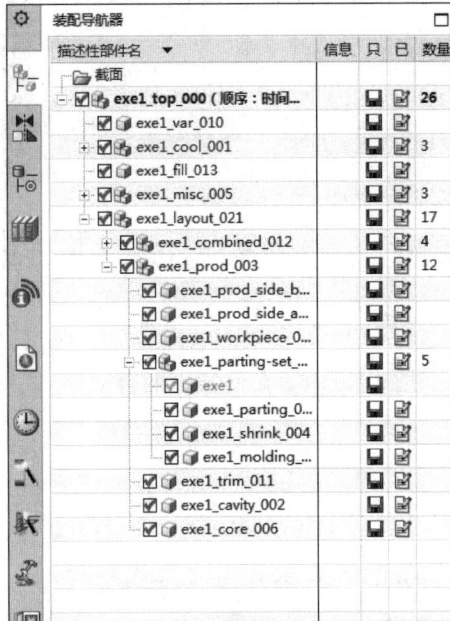

图 12-7　模具装配导航器

4. misc

misc 节点用于放置那些通用标准件(不需要进行个别细化设计的),如开腔块、定位环、锁紧块等。

5. layout

layout 节点用于确定产品节点 prod 的位置,包括成型镶件相对于模架的位置。多型腔或模具族分支部也由 layout 来排布。

12.2.2　子项目装配成员

1. prod

prod 是一个独立的包含产品有关文件的节点,其下有 shrink、cavity、core、parting 和 trim,多型腔模具就是用阵列 prod 节点产生的。还有一些与产品形状有关的标准件,如推杆、滑块、顶块,都会出现在子装配中。

2. 产品模型

产品模型(product model)加到 prod 子装配并不改变其名称(如图 12-7 所示的 exe1 产品),只是其引用集的设置为 Empty Reference Set,因而当下一次打开装配时,产品原模型将不会自动打开,除非以后执行了有关打开原模型的操作。Mold Wizard 将利用当前搜索规则去查找文件。

提示:对于新用户来说,当打开原模型文件时,都会遇到下面的问题,UG 的"加载选项"(Load Options)对话框中的"加载方式"(Load Method)默认的是"从目录"(From Directory)。由于原模型文件有时与项目文件不在同一目录,因此必须将"加载方式"(Load Method)设置为"As Saved"或利用"文件"(File)→"打开"(Open)命令过滤到当前目录。

3. shrink

shrink 节点保存了收缩部件(Shrink Part)链接体,是原模型按比例放大的几何体链接。

4. parting

parting 节点放置分型片体、修补片体和提取的型芯、型腔侧的面,这些片体用于把隐藏的成型镶件(Work Piece)分割成型腔和型芯块。

5. cavity,core

cavity 和 core 节点中分别包含成型镶件(Work Piece),并链接到 parting 中的公共种子体。

6. trim

trim 节点包含与前面所述的 parting 文件相同的链接体,这些链接体用于 mold trim 功能中的标准件修剪。

提示:谨记"早保存,常保存"。

习惯使用 Save All(保存所有文件)命令无疑很难丢失项目装配中的 WAVE 链接部件。

每次打开模具总图时应打开后缀名为 top 的文件。

当要出一个注塑模向导装配报告时,记住原模型文件的引用集是 Empty Reference Set,某些功能,如"边界修补"(Edge Patch)和"模具坐标系"(Mold Csys)都要求原模型文件是打开的,因此,在使用这些功能之前应先打开该文件。

第13章 UG NX 12.0注塑模具设计实例

本章将通过小水口（细水口）模具和大水口模具两个设计实例介绍 UG NX 12.0 的 Mold Wizard 模块在注塑模具设计中的应用。通过这两个实例的设计过程逐项介绍模块菜单条上的各个项目，使读者基本掌握 Mold Wizard 模块的使用方法，为以后进一步的自学打下基础。另外，通过这两个实例的练习，读者对前面章节所学的模具结构会有更加清晰的了解。

13.1 一模一腔小水口注塑模具设计

注塑产品为基座，产品二维图如图 13-1 所示。

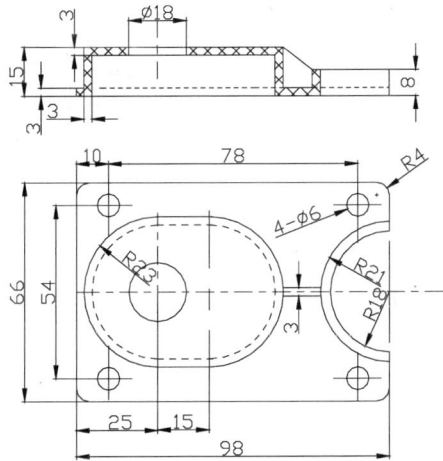

图 13-1 产品二维图

13.1.1 产品三维实体建模

（1）使用 **菜单(M)** →"插入"→"在任务环境中绘制草图"命令，绘制如图 13-2 所示的草图。

教学视频

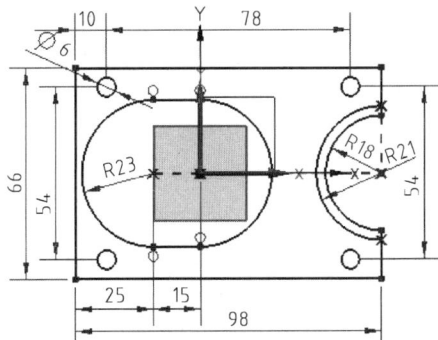

图 13-2 草图

（2）使用"拉伸"命令，设置拉伸距离分别为 3、15、8，拉伸出图 13-3 所示片体、图 13-4 所示凸台及图 13-5 所示半圆环形凸台。

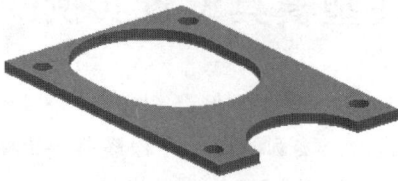

图 13-3　片体

图 13-4　凸台

（3）使用"抽壳"命令对椭圆实体抽壳，结果如图 13-6 所示。完成后再将该椭圆壳与底板以及半圆环凸台"求和"。

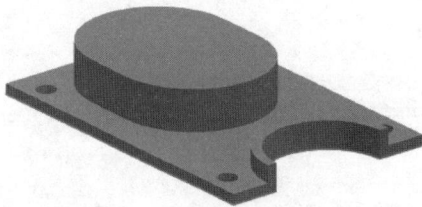

图 13-5　半圆环形凸台

图 13-6　抽壳

（4）进入 X-Z 基准平面绘制环境草图，使用"相交曲线"命令画出 X-Z 基准平面与两个弧面及底面共计 3 条交线，如图 13-7 所示，然后再补画一条直线与原 3 条直线形成封闭曲线，如图 13-8 所示。

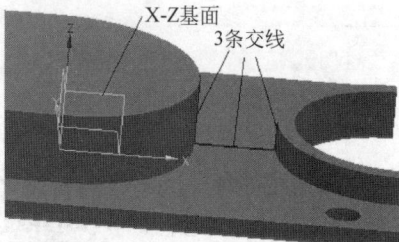

图 13-7　3 条交线

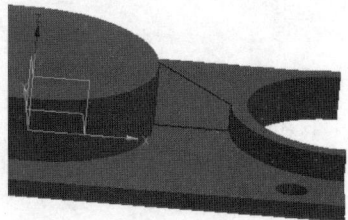

图 13-8　封闭曲线

（5）使用"拉伸"命令将封闭曲线拉伸成肋板实体，如图 13-9 所示。

（6）由于拉伸的肋板两端与圆弧面为线接触，所以再将肋板两端分别向两弧面拉伸进去 0.5mm，然后再使用"求和"命令使肋板与拉伸的小段以及前面的实体形成一体。

（7）使用"孔"命令在顶面打孔，使用"边倒圆"命令将四角倒圆角，最后将实体移至一单独层，关闭其他层。完成的产品三维图如图 13-10 所示。

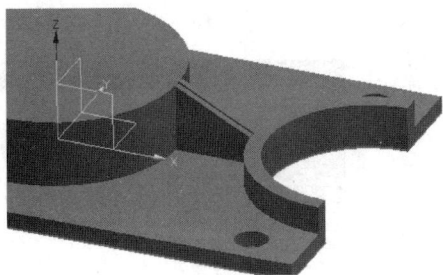

图 13-9　肋板

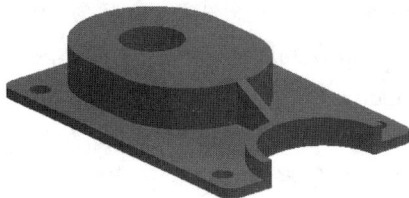

图 13-10　产品三维图

13.1.2　注塑模具设计

　　设计的基本思路是模具采用点浇口进料，一模一腔。如图 13-11 所示为浇注系统位置，模具为三板式结构，选用小水口模架。

　　启动 UG NX 12.0，出现 UG NX 软件操作界面，右击屏幕上方工具条的空白区域，弹出快捷菜单，如图 13-12 所示。在快捷菜单中勾选黑圈所示的"注塑模向导"，则在视窗的上部选项卡区出现"注塑模向导"，如图 13-13 所示。

教学视频

图 13-11　浇注系统位置

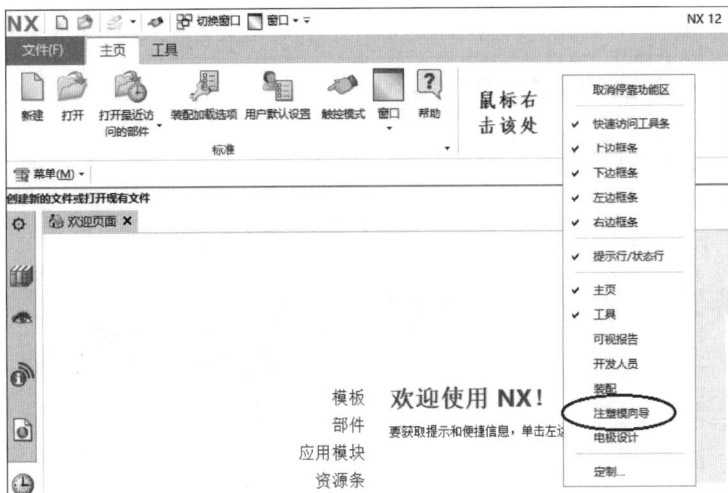

图 13-12　快捷菜单

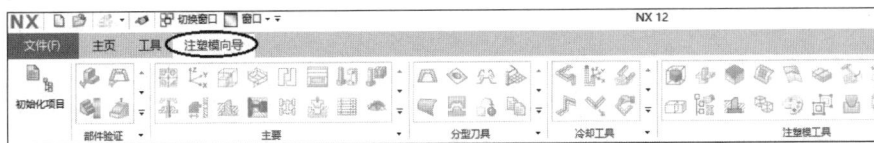

图 13-13　添加"注塑模向导"

1. 模具分型设计

1) 加载产品

首先建立一个文件夹,命名为"基座模具",将基座产品模型复制到"基座模具"文件夹内。

单击工具栏中的"初始化项目"小图标 ,弹出"打开部件"对话框,从新建的"基座模具"文件夹中单击需要加载的产品零件"基座.prt",出现图13-14 所示"初始化项目"对话框,也可改动存放的路径。在"材料"下拉列表框中选择 ABS 材料,"收缩"项(材料收缩率)的数值根据所选材料自动默认为 1.006,单击"确定"按钮,屏幕上出现图13-15 所示产品模型图形(注意单击黑圈所示"注塑模向导"标签)。

为防止计算机出现故障,需经常存盘。存盘时,单击"文件"→"保存"→"全部保存"命令,每次打开文件时,需打开文件夹中的"基座_top_…prt"文件。

图 13-14　"初始化项目"对话框

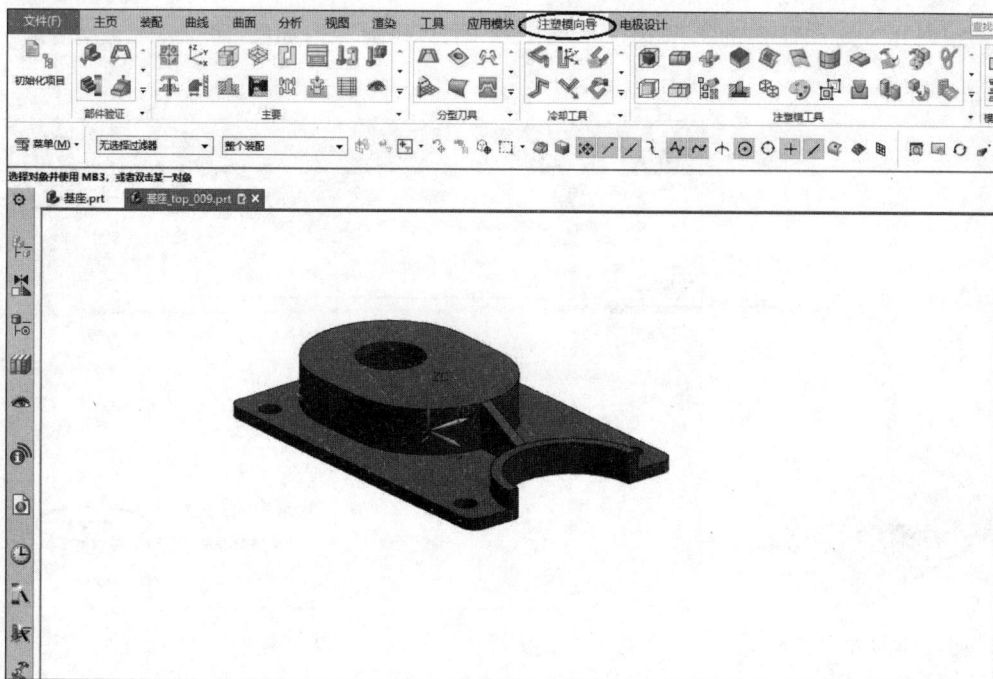

图 13-15　视窗出现产品模型

2) 定义模具坐标系

模具坐标系定义为:XC-YC 基准面在分型面上,ZC 基准轴指向注塑浇口方向。若建模时的坐标系与模具坐标系不符合,则要利用移动、旋转坐标系命令使得坐标系符合模具设计要求,再进行下面的步骤。

单击"主要"命令组中的小图标 ,出现模具 CSYS 对话框。由于机座建模坐标符合模具

坐标,即 XY 基准面为模具的分型面,Z 轴指向注塑机注塑
喷嘴的方向,但是 Z 轴还要对准浇口轴线,若我们以产品中
心为浇口点,则需要选择面中心。在如图 13-16 所示的"模
具坐标系"对话框中选择"选定面的中心"单选按钮,然后
选择产品底面,再单击"确定"按钮,完成模具坐标的设定。

　　3) 定义成型镶件(模仁)

　　单击"主要"命令组中的小图标 ,出现"工件"对话
框及视窗中的图形,如图 13-17 所示。我们可以根据需要
修改镶件的尺寸,也可采用默认尺寸,单击"确定"按钮,完
成单型腔镶件的加入,得到如图 13-18 所示的线框化图形。

图 13-16　"模具坐标系"对话框

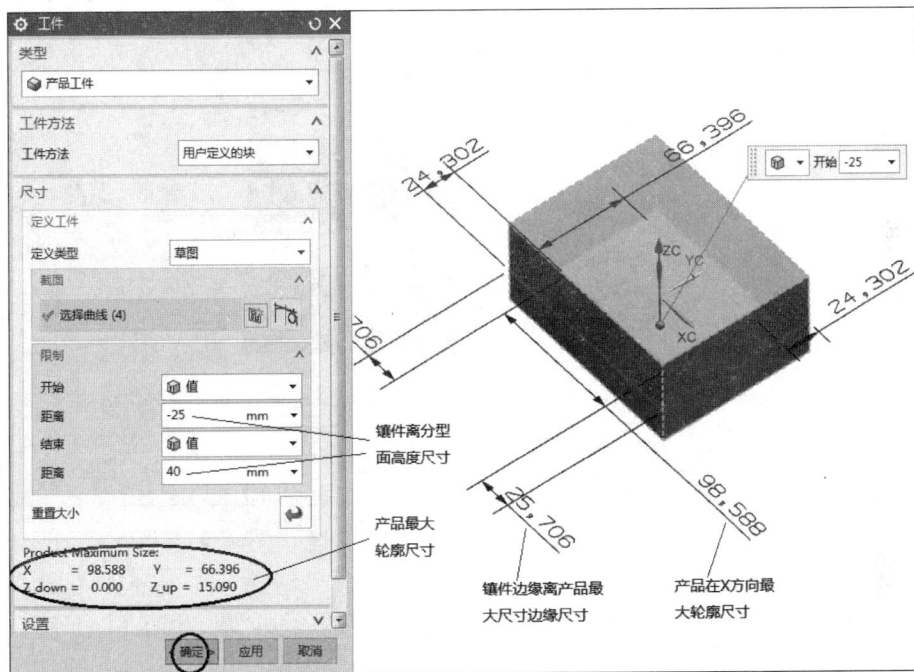

图 13-17　"工件"对话框及图形

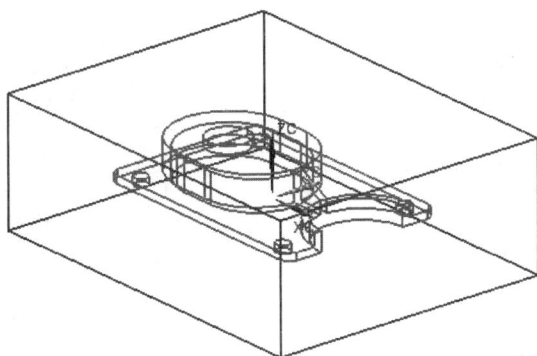

图 13-18　线框化图形

4）插入开腔体

单击"主要"命令组中的小图标 ，出现图 13-19 所示"型腔布局"对话框。单击"编辑插入腔"图标，弹出图 13-20 所示"刀槽"对话框，输入数据，然后单击"确定"按钮，再在"型腔布局"对话框中单击"关闭"按钮，完成开腔体的加入，如图 13-21 的"混合体"所示。该开腔体作为模架 A、B 板的开腔工具。

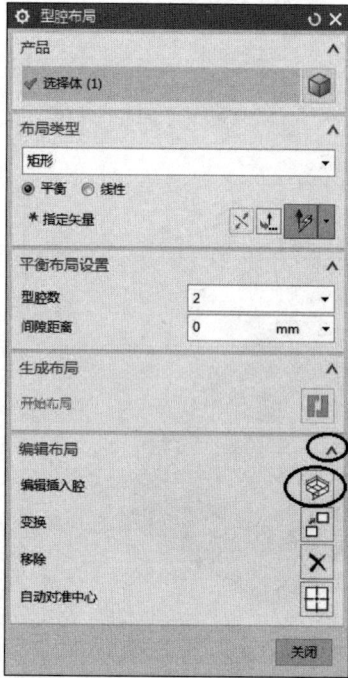

图 13-19 "型腔布局"对话框

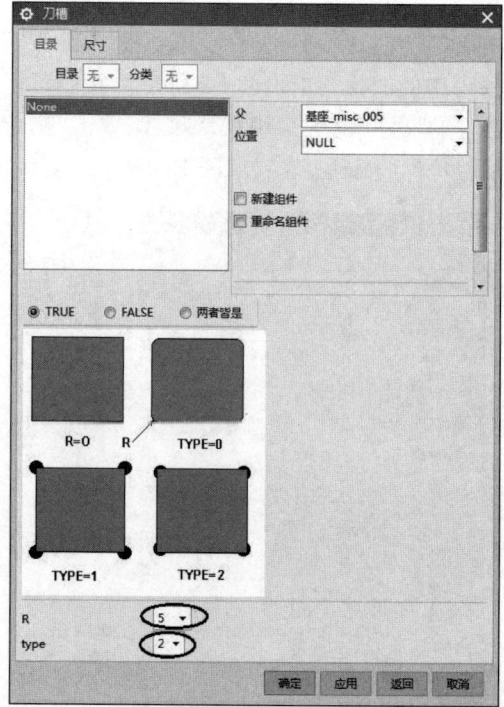

图 13-20 "刀槽"对话框

在装配导航器中取消勾选"基座_misc_…/基座_pocket_…"项，如图 13-22 所示，即隐去刚插入的腔体。

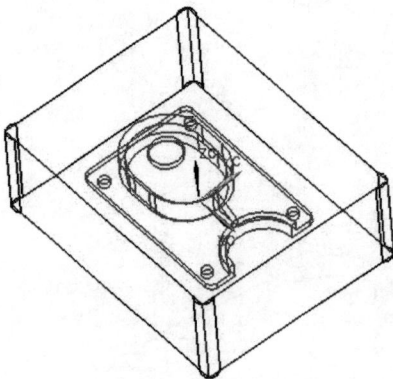

图 13-21 混合体

图 13-22 装配导航器

5）生成型芯、型腔

（1）单击"分型刀具"命令组中的小图标 △，弹出"检查区域"对话框，如图 13-23 所示，单击"计算"图标 ▤，完成区域的计算。

切换到"区域"选项卡，如图 13-24 所示，然后单击"设置区域颜色"图标 🛠，此时机座图形出现橙、蓝、青 3 种颜色，橙色是型腔区域，蓝色是型芯区域，青色是未定义区域。

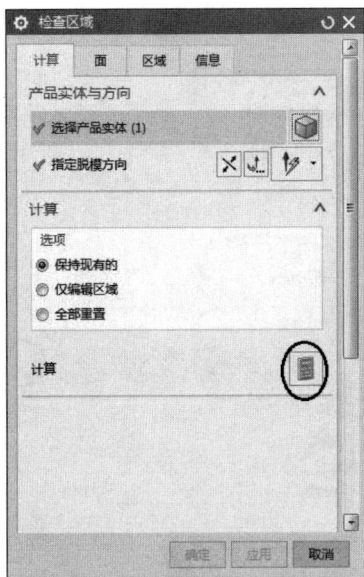

图 13-23 "检查区域"对话框

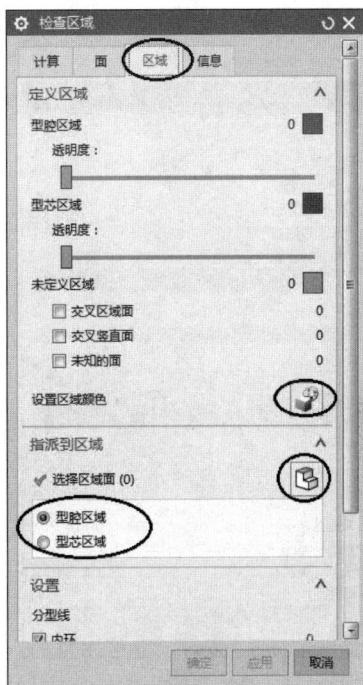

图 13-24 "区域"选项卡

单击"选择区域面"图标 🗗，接着将产品外侧的所有青色区域除孔（包括半圆孔）外全部选中，单击"应用"按钮，这部分区域转变成橙色。再将指派到区域下的"型芯区域"选中，然后点选孔包括半圆孔的青色面，单击"应用"按钮，这部分青色转变成蓝色。单击对话框中的"取消"按钮。

（2）单击"分型刀具"命令组中的"曲面补片"小图标 ◈，弹出图 13-25 所示"边补片"对话框。在"类型"下拉列表框中选择"体"，然后点选产品实体，单击"确定"按钮，完成基座零件孔的补片。

（3）单击"分型刀具"命令组中的"定义区域"小图标 ⚡，弹出图 13-26 所示的"定义区域"对话框，勾选相应复选框，单击"确定"按钮。

（4）单击"分型刀具"命令组中的"设计分型面"小图标 ⚡，弹出图 13-27 所示的"设计分型面"对话框。单

图 13-25 "边补片"对话框

击黑圈所示按钮,在弹出对话框后,点选图 13-28 所示两点,然后分别在相应对话框中单击"应用""应用"和"取消"按钮,完成分型面的创建,如图 13-29 所示。

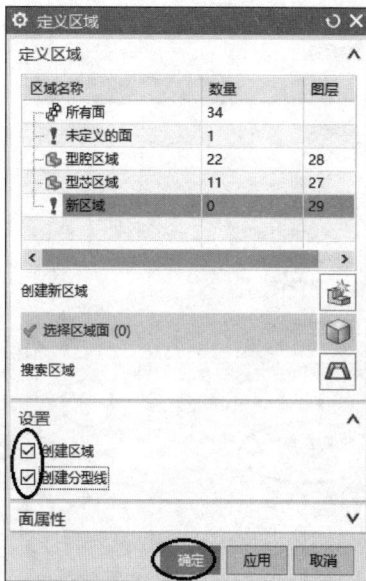

图 13-26　"定义区域"对话框

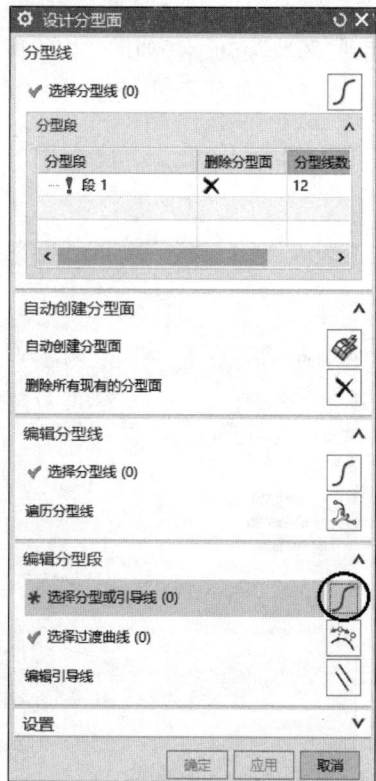

图 13-27　"设计分型面"对话框

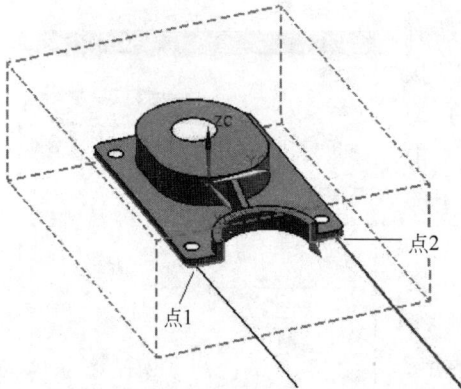

图 13-28　选择两点

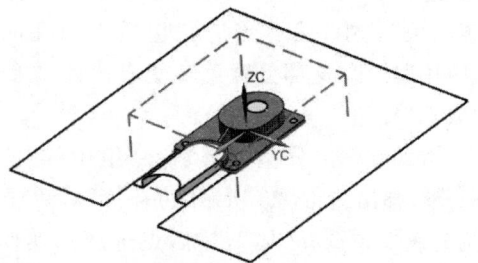

图 13-29　创建分型面

(5) 单击"分型刀具"命令组中的"定义型腔和型芯"小图标 ,弹出图 13-30 所示"定义型腔和型芯"对话框,选项设置如黑圈所示。单击"确定"按钮,完成型芯、型腔的创建。

(6) 关闭图 13-31 所示分型导航器,然后单击视窗顶部"窗口"选项,在下拉列表框中勾选"基座_top_…",如图 13-32 所示,视窗中显示如图 13-33 所示型体。

图 13-30　"定义型腔和型芯"对话框

图 13-31　分型导航器

图 13-32　选择文件

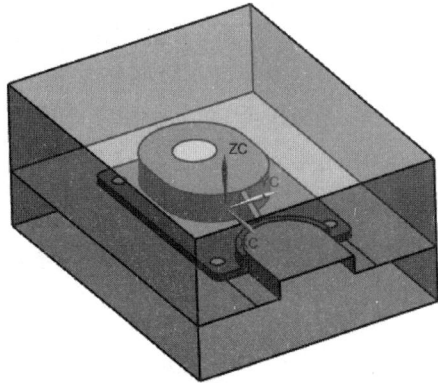

图 13-33　型体

在装配导航器中"…_layout_…"下面有个节点"…_prod_…",表示成型镶件的目录,将其打开,可见很多文件,其中 cavity 表示型腔(或凹模)零件,core 表示型芯(或凸模)零件。将某节点前的√暗显,可关闭该部件,使之在屏幕上不可见;将某节点前的√亮显可显示某部件的图形,如图 13-34 的装配导航器与型芯所示,这表示分型成功,然后再将节点全部打开(亮显)。

为了使塑件脱模方便,进行模具设计时,通常将型芯(core)安装在模具的动模部分(movehalf),型腔(cavity)安装在模具的定模部分(fixhalf)。Mold Wizard 的一些名称遵循了这一规律。

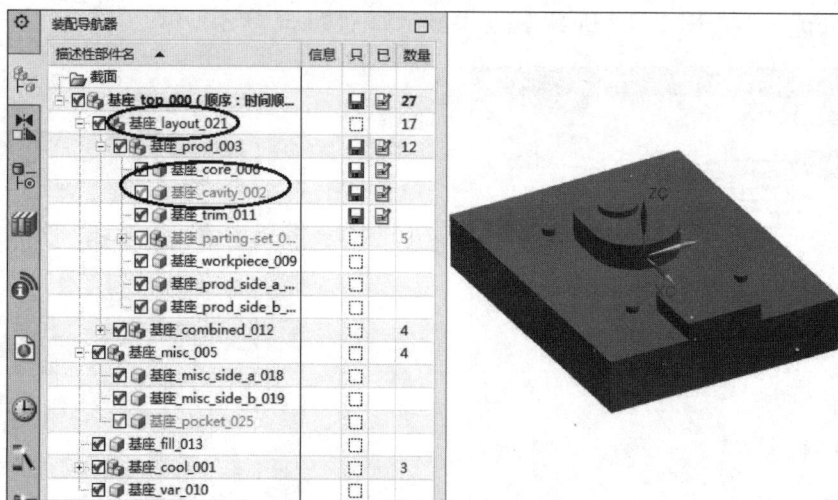

图 13-34　装配导航器与型芯

2. 加载模具标准件

1）加载标准模架

单击"主要"命令组中的"模架库"小图标▤，弹出如图 13-35 所示的"模架库"对话框。

教学视频

单击左边资源工具条中的▥小图标，弹出如图 13-36 所示的模架参数选择界面，各选项按黑圈所示设置，表示选用的模架为"龙记"简化型小水口模架(LKM_TP)，GC 类型(结构简单手动脱浇口类型)，工字边，基本尺寸为 200×250，A 板厚度 60，B 板厚度 50，托铁(C)厚度 70。单击"确定"按钮，系统可能会弹出一个信息栏，可不予理会，关闭这个信息栏，稍等一会儿就会完成标准模架的装载，出现如图 13-37 所示的整体模架图形。

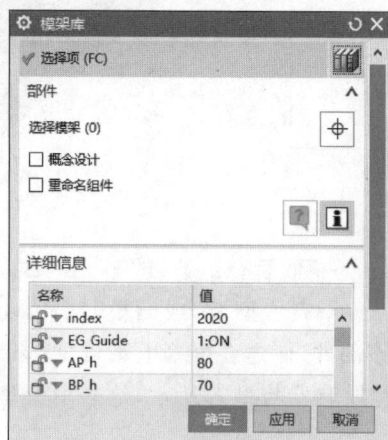

图 13-35　"模架库"对话框

在装配导航器中关闭模架的定模部件(···_moldbase_···/···_fixhalf_···)，可得图 13-38 所示定模架图形，发现成型镶件的长度方向在模具的宽度方向上，从而可能使得模架宽度不够,而长度有余,故须将模架旋转 90°。

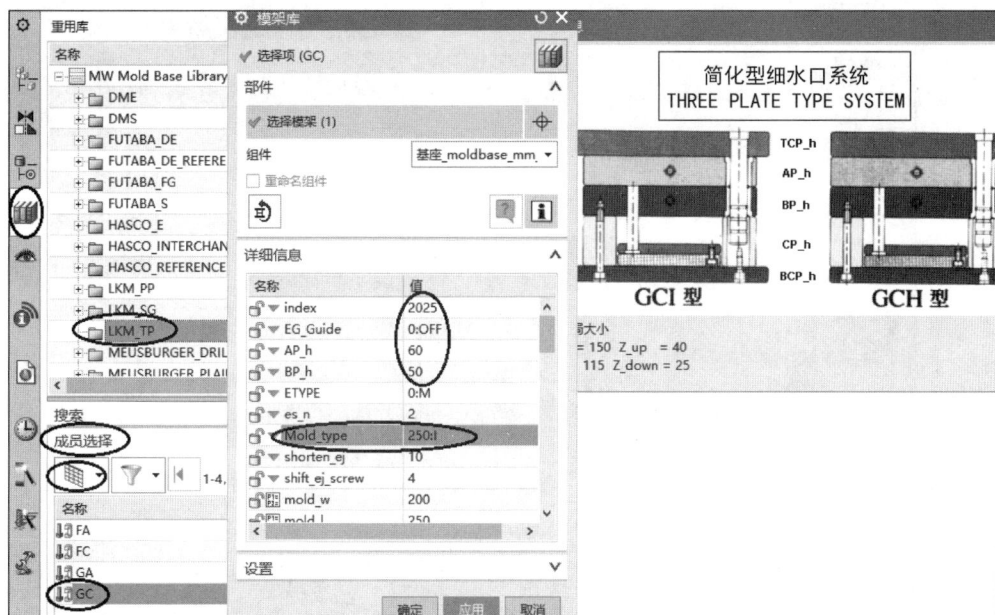

图 13-36　"模架参数选择"界面

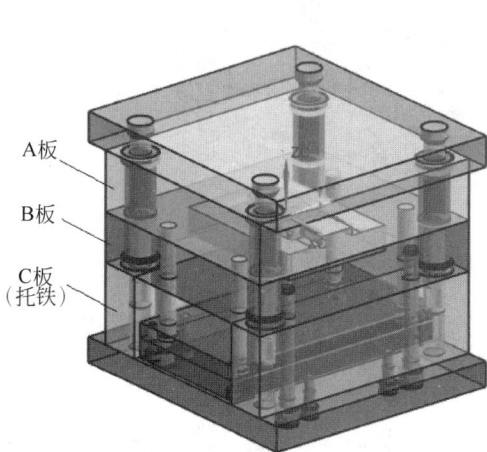

图 13-37　整体模架

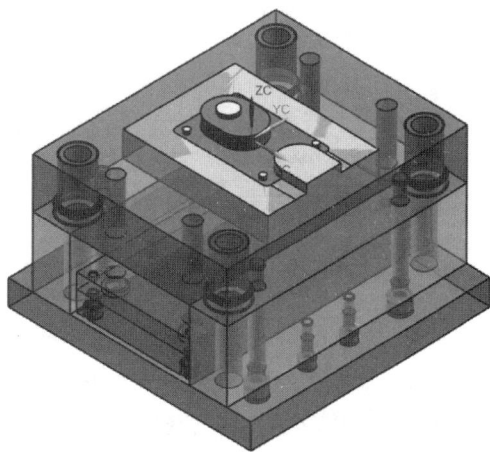

图 13-38　定模架

　　重新使得定模部件(…_fixhalf_…)显现,再单击注塑模向导工具条中的 ▤ 小图标,弹出图 13-39 所示"模架库"对话框,单击对话框中部的 ❺ 小图标(注意只单击 1 次),然后单击对话框中的"取消"按钮,完成模架 90°旋转。

　　单击"主要"命令组中的"腔"小图标 ❖,弹出图 13-40 所示"开腔"对话框,根据提示,在视图中点选 A 板、B 板为目标体,单击鼠标中键后,再点选 A、B 板中间的方块(注意在装配导航器中勾选如图 13-41 所示黑圈选择"…pocket…"节点)为工具体,如图 13-42 所示。单击"确定"按钮,完成模架 A、B 板上的开腔操作。

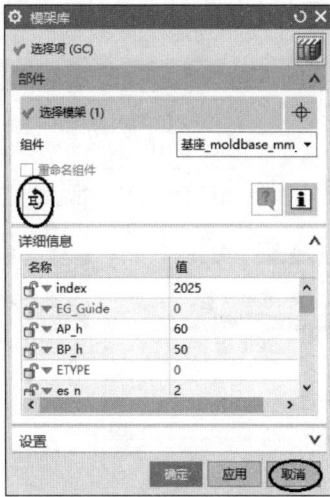

图 13-39　"模架库"对话框

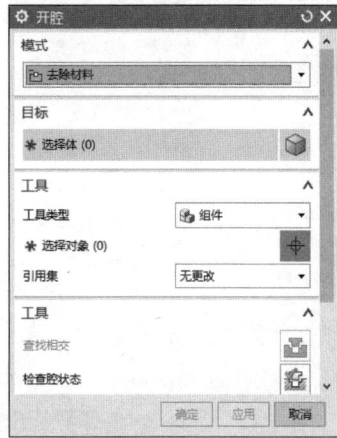

图 13-40　"开腔"对话框

图 13-41　选择文件

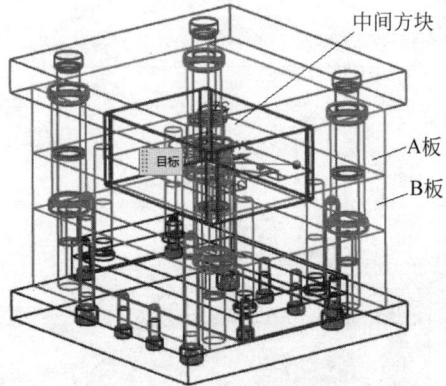

图 13-42　选择中间方块

另外,为了以后看图方便,可将中间方块开腔体暂时消除,即将开腔体抑制。在装配导航器中右击"…_pocket_…",在弹出的快捷菜单中单击"抑制"命令,如图 13-43 所示,弹出如图 13-44 所示的"抑制"对话框,选择"始终抑制"单选按钮,单击"确定"按钮,即可将开腔体抑制。

若需要再使用开腔体时,可单击 ![菜单] 菜单(M)▼ → "装配" → "组件" → "取消抑制组件"命令,在弹出的对话框中选择"…_pocket_…",单击"确定"按钮,即可再现开腔体。

2)加入定位环

单击"主要"命令组中的小图标 ![图标],弹出"标准件管理"对话框,如图 13-45 所示。

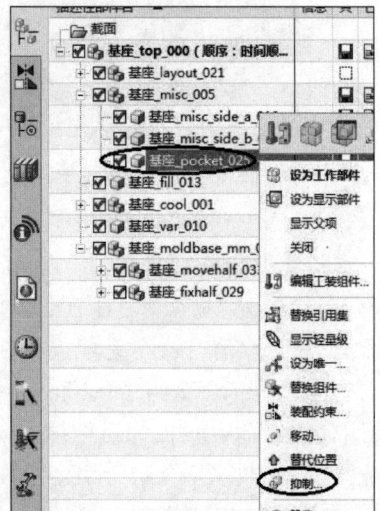

图 13-43　装配导航器

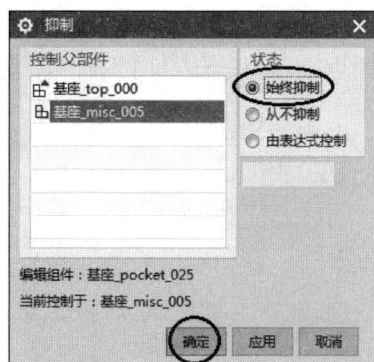

图 13-44　"抑制"对话框

图 13-45　"标准件管理"对话框

单击左边资源工具条中的 小图标,弹出如图 13-46 所示的定位环参数选择界面,各选项按黑圈所示设置。单击"确定"按钮,弹出材料不匹配的信息栏,不予理会,关闭该信息栏,可在模架的上面加入定位环。

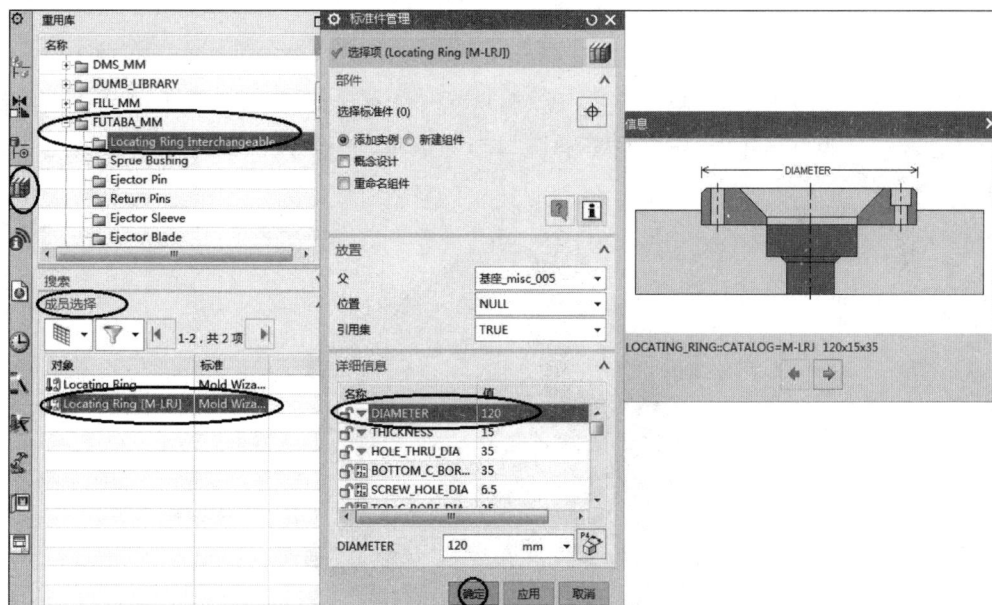

图 13-46　定位环参数选择界面

3)加入浇口套

单击"主要"命令组中的小图标 ,弹出"标准件管理"对话框,再单击左边资源工具条中的 小图标,弹出图 13-47 所示的浇口套参数选择界面,各选项按黑圈所示设置。单击"确定"按钮,可看到在模架的上面加入了浇口套。由于浇口套被模架包住,所以渲染的情况下只是隐约可见,要将浇口套在模架中开腔才能清楚看到。

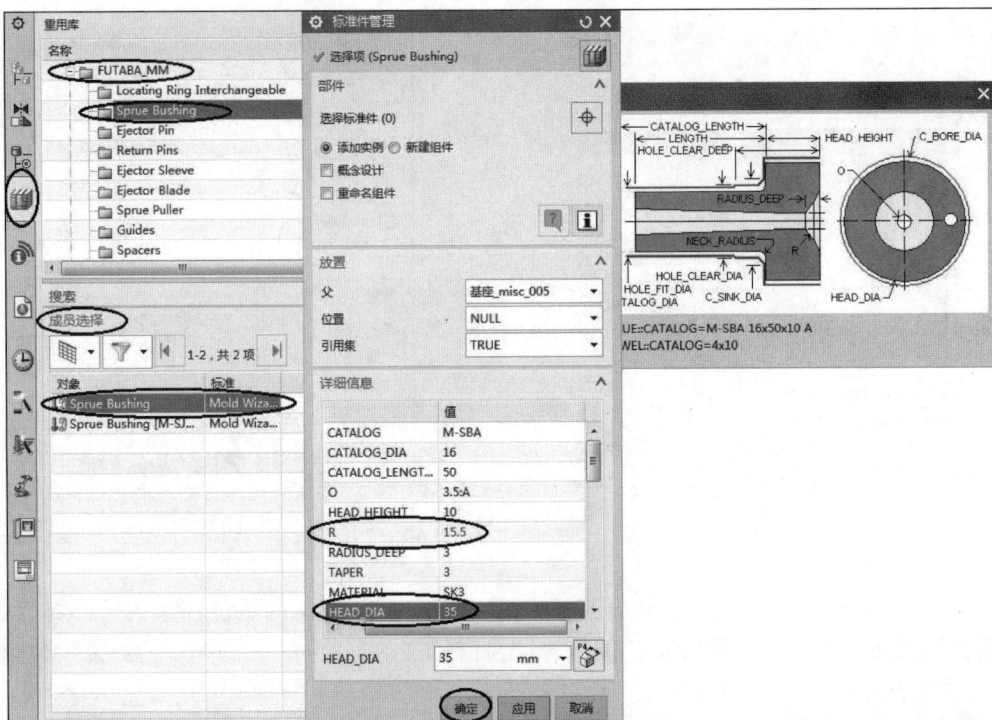

图 13-47　浇口套参数选择界面

单击"主要"命令组中的"腔"小图标 ，弹出"腔体"对话框，点选模具上面的定模座板、A 板及型腔零件为目标体，点选定位环和浇口套为工具，进行开腔，完成后结果如图 13-48 所示。

图 13-48　开腔后的模架

4）加入紧固螺钉

在装配导航器中关闭所有的文件，然后打开"…moldbase…/…movehalf…/…b_plate…"组件和"layout…/"下面的"…prod…/…core…"组件，视图中可见如图 13-49 所示型芯图形。

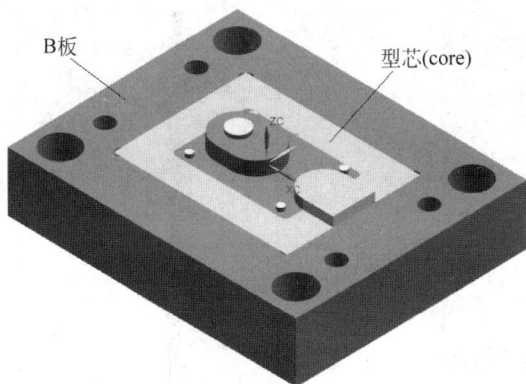

图 13-49　型芯

教学视频

　　单击"主要"命令组中的小图标 ，弹出"标准件管理"对话框,再单击左边资源工具条中的 小图标,弹出如图 13-50 所示的螺钉参数选择界面,各选项按黑圈所示设置。点选 B 板的背面,再单击对话框中的"应用"按钮,弹出如图 13-51 所示的"标准件位置"对话框,输入黑圈所示 X 偏置、Y 偏置数据,单击"应用"按钮,在视窗画面上 B 板的点坐标(45,66)处绘制出螺钉。然后在图 13-51 所示"标准件位置"对话框中修改位置坐标为(-145,66),单击"应用"按钮。重复此步骤,在(-55,-66)、(45,-66)坐标位置也加入螺钉。最后依次单击"取消"→"取消"按钮,就在垫板上出现了 4 个紧固螺钉。将视图线框化,得到如图 13-52 所示的紧固螺钉图形。

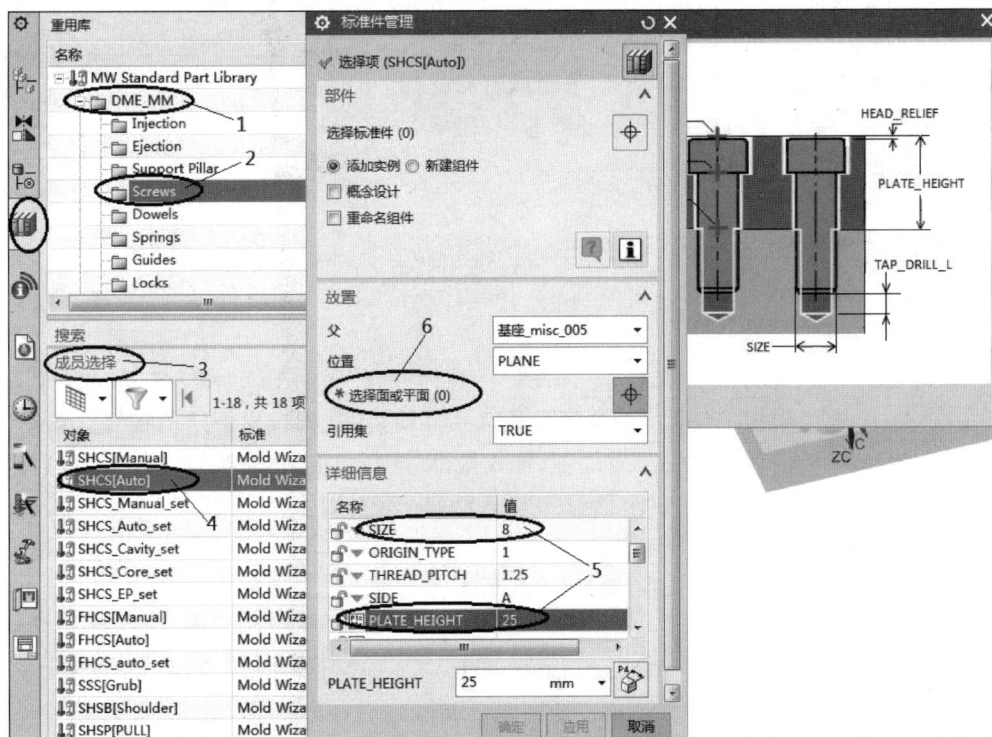

图 13-50　螺钉参数选择界面

图 13-51 "标准件位置"对话框

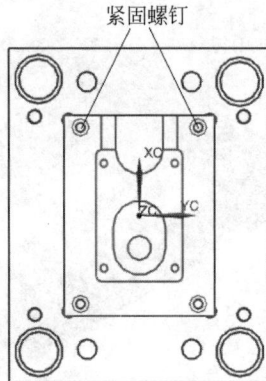

图 13-52 紧固螺钉

采用同样的方法可将连接模具定模部分(fixhalf)的型腔件(cavity)与定模座板的紧固螺钉绘出。要注意的是,型腔件厚度为 40,而定模座 A 板的总厚度为60,所以螺钉通孔的厚度为 20,因此,在"标准件管理"对话框中将详细信息栏目中的 PLATE_HEIGHT 改为 20。

使用开腔命令 ❖ ,打开如图 13-53 所示的"开腔"对话框,点选 A、B 板以及型芯(core)和型腔(cavity)零件为目标体,然后点选 8 个紧固螺钉作为工具进行开腔操作。也可以在点选了目标体后再单击对话框中的"查找相交"小图标 ❖ (相当于点选了 8 个紧固螺钉),然后单击"确定"按钮,完成螺钉在 A、B 板及型芯、型腔零件上的开腔操作。

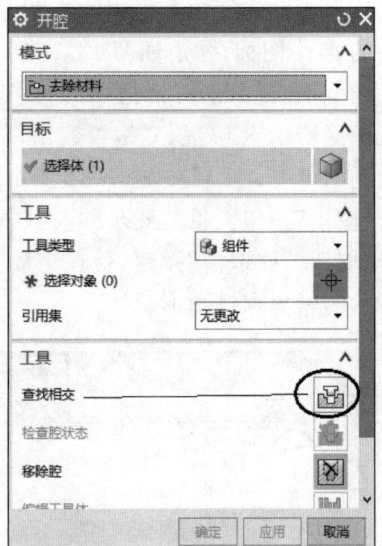

图 13-53 "开腔"对话框

5) 加入顶杆

在装配导航器中,将"base_moldbase_…/base_movehalf_…"组件和"base_layout_…/base_prod…/…_core_…"组件打开,其他所有项目关闭,如图 13-54 所示。

单击"主要"命令组中的小图标 🔳 ,出现"标准件管理"对话框,再单击左边资源工具条中的 🔳 小图标,弹出图 13-55 所示的顶杆参数选择界面,各选项按黑圈所示设置。单击"应用"按钮,弹出图 13-56 所示的"点"对话框,输入坐标(−41,18),再单击"确定"按钮,这样就完成了 1 根顶杆的加入。继续在对话框中输入数据,重复以上步骤,在(−16.6,25)、(8,18)、(36,18)、(−41,−18)、(−16.6,−25)、(8,−18)、(36,−18)共计 8 个点加入 8 根顶杆。最后依次单击"取消"→"取消"按钮,完成后的图形如图 13-57 所示。

6) 修剪顶杆

单击"主要"命令组中的小图标 ⬛ ,出现"顶杆后处理"对话框,按图 13-58 黑圈所示设置,单击"确定"按钮,完成顶杆的修剪。此时顶杆与分型面齐平。

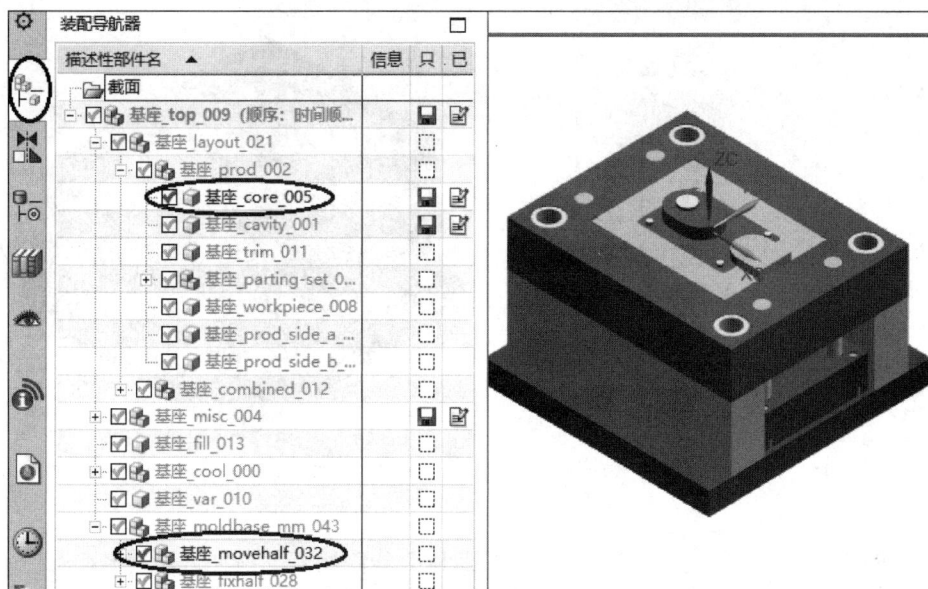

图 13-54　装配导航器

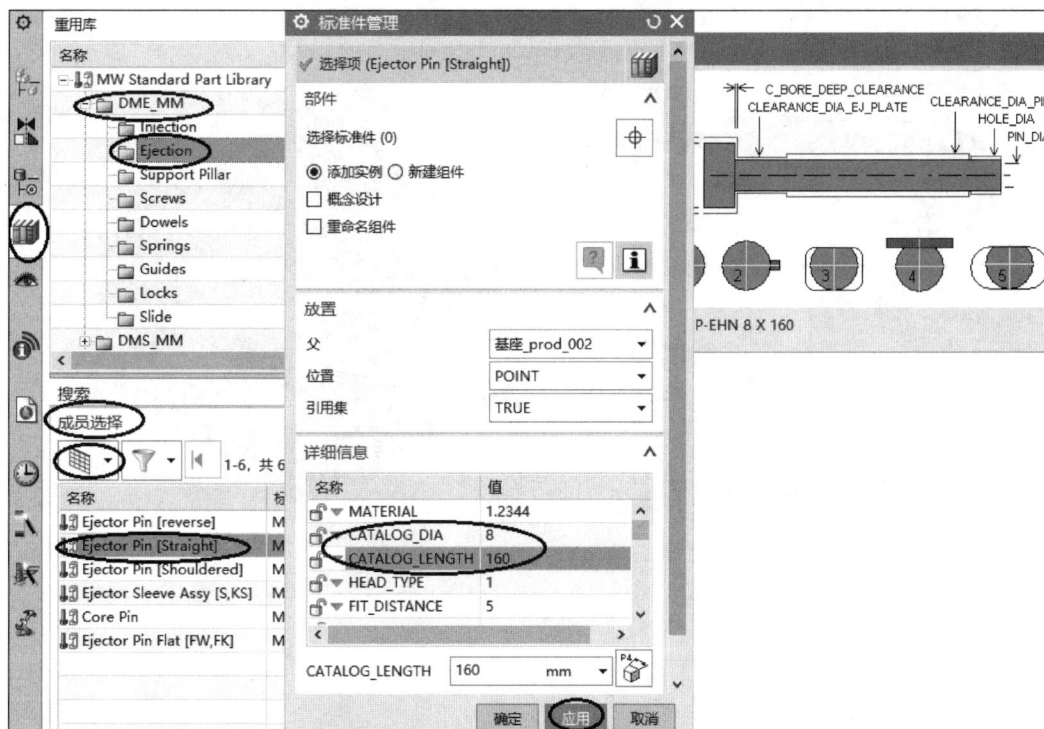

图 13-55　顶杆参数选择界面

图 13-56 "点"对话框

图 13-57 动模上绘制 8 根顶杆

　　由于型芯(core)与这些顶杆混合在一起,所以只能隐约看见顶杆。使用开腔命令  ,以型芯、模架 B 板以及 e 板为目标体,以 8 根顶杆为工具,进行开腔,完成后得到被剪平的顶杆,如图 13-59 所示。

图 13-58 设置部件

图 13-59 被剪平的顶杆

3. 小嵌件设计

　　由于型芯上有 4 个小凸台(成型 4 个⌀6 孔),为便于加工,应将这些凸台制成镶件。

　　单击"主要"命令组中的小图标 ,弹出图 13-60 所示"子镶块设计"对话框。再单击左边资源工具条中的 小图标,弹出如图 13-61 所示的镶件参数选项框,各选项按黑圈所示设置。单击"应用"按钮,弹出如图 13-62

教学视频

所示的"点"对话框,选择图中所示类型。另外在视窗上部工具条的选项过滤器中选择"整个装配",然后逐个点选模具图形中的 4 个小凸台边缘捕捉到圆心坐标(每点选 1 个小凸台后按一次鼠标中键),然后单击"取消"按钮。这样共计加入了 4 个镶件,如图 13-63 所示。

图 13-60　"子镶块设计"对话框

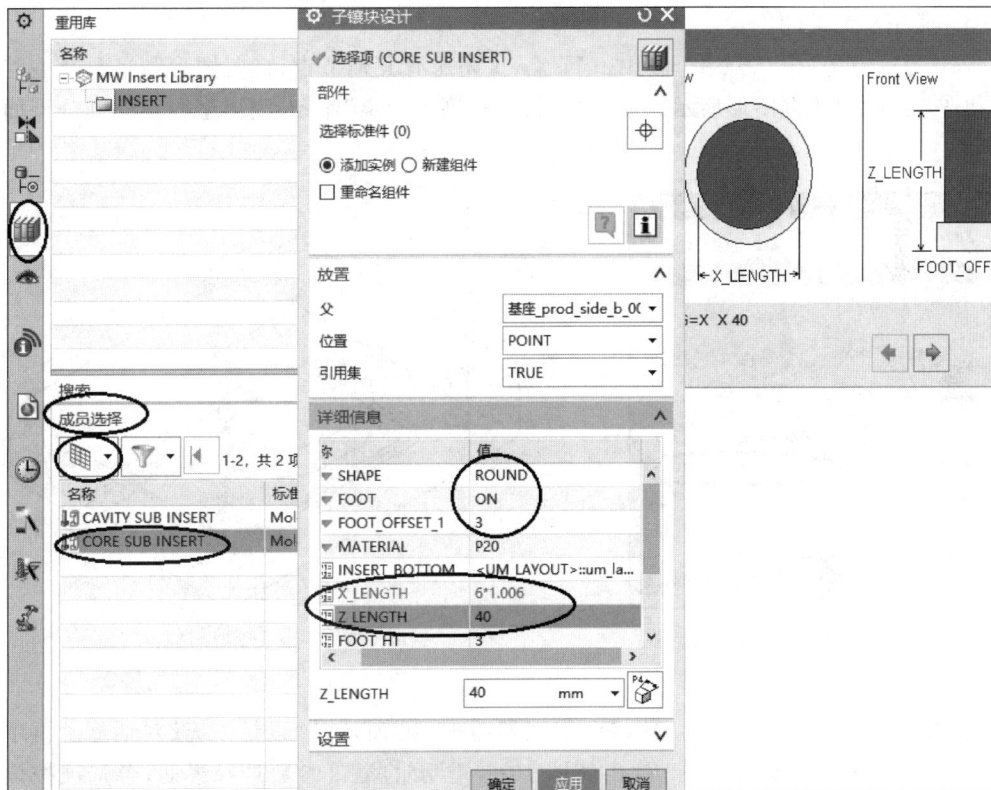

图 13-61　镶件参数选项框

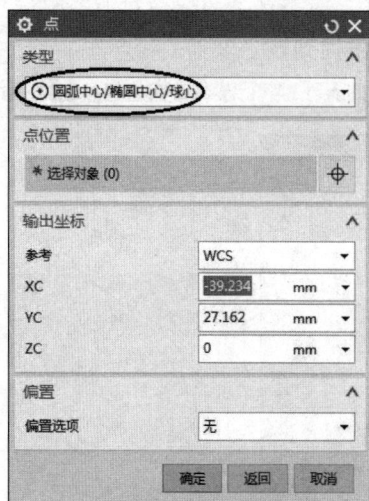

图 13-62 "点"对话框

图 13-63 动模上加入 4 个镶件

单击"注塑模工具"命令组中的小图标 █,出现图 13-64 所示"修边模具组件"对话框,选择 4 个嵌件,单击"确定"按钮,完成型芯零件上的小嵌件的修整。

再使用"腔体"命令 █,以型芯为目标体,以新加入的小嵌件为工具,完成开腔的操作。

4. 浇注系统设计

勾选"…cavity…"节点和"…fill…"节点,关闭所有其他节点,此时图形窗口只有型腔零件,如图 13-65 的线框图形所示。使用"分析"→"测量距离"命令,测出型腔顶面到分型面的距离为 15.09mm。

图 13-64 "修边模具组件"对话框

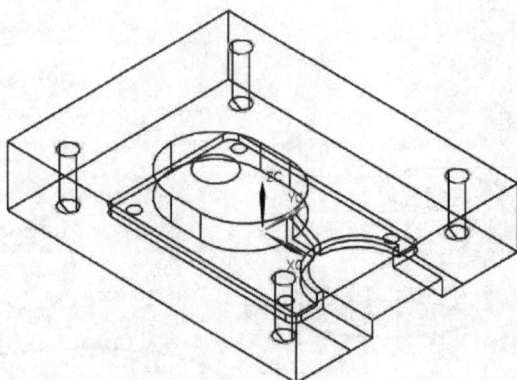

图 13-65 线框图形

单击"主要"命令组中的小图标 █,出现如图 13-66 所示的"设计填充"对话框。再单击左边资源工具条中的 █ 小图标,弹出如图 13-67 所示的浇口参数选择界面,各选项按黑圈所示设置。对话框中的浇口尺寸数据根据工作经验确定,L1 尺寸是型腔顶部到分型面的尺寸,如上所测量到的 15.09。数据修改完后,单击"设计填充"对话框的"选择对象"小图标,然后点选型腔零件上任一点,出现一个可移动的坐标系(即动态坐标系),如图 13-68 所示,再单击这个可移动坐标系的原点,出现数值框,将 X、Y、Z 全部改为零,如图 13-69 所示。最后单击"设计填充"对话框中的"确定"按钮,完成点浇口的建立,如图 13-70 所示。

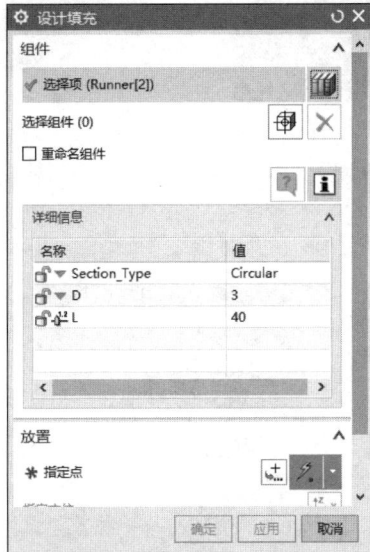

图 13-66　"设计填充"对话框

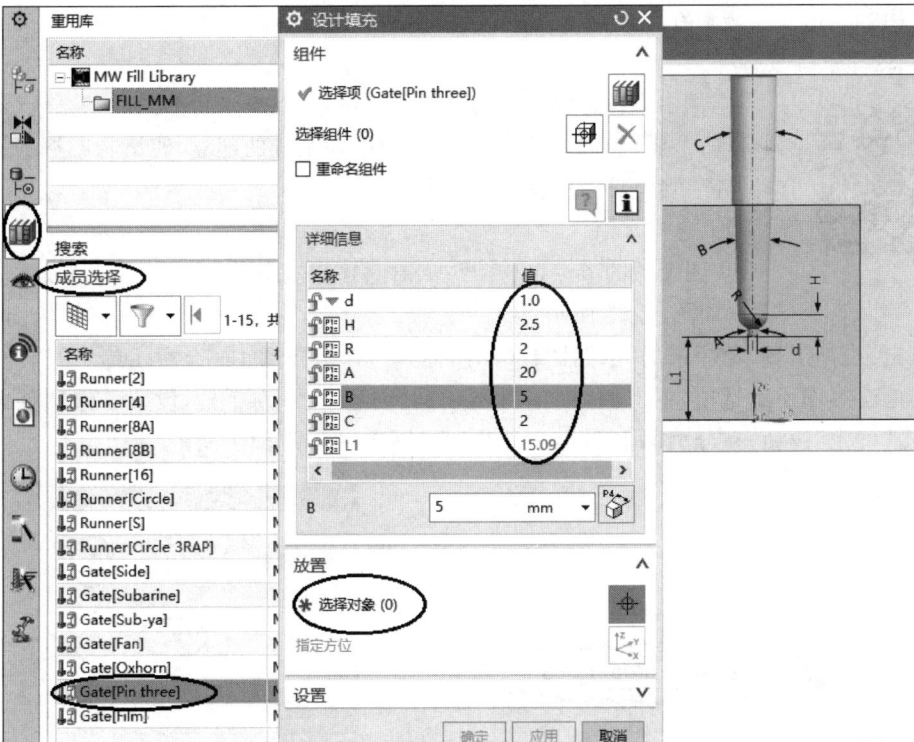

图 13-67　浇口参数选择界面

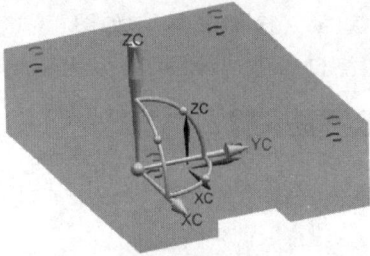

图 13-68　动态坐标系

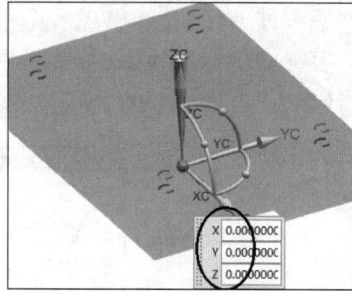

图 13-69　坐标位置

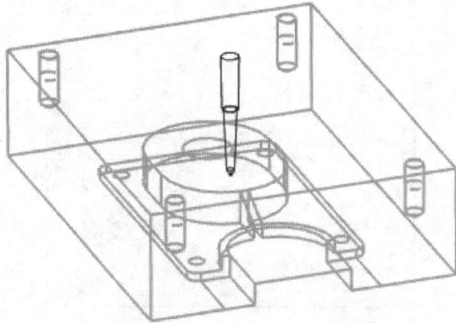

图 13-70　建立浇口

使用"腔"命令将浇口在型腔件上开腔,然后抑制掉浇口。

5. 冷却系统设计

教学视频

本例中只在定模部分的型腔件(cavity)上建立简单的冷却系统,不一定很合理,主要目的是通过这个简单的冷却系统的建立,使读者掌握利用注塑模向导建立模具冷却系统的方法。

1）建立水道

关闭无关的节点,只打开 cavity,另将"基座_cool_side_a_…"设置为工作部件,如图 13-71 所示。

单击"冷却工具"命令组的"水路图样"小图标 ,弹出如图 13-72 所示的"图样通道"对话框。单击黑圈所示选项,弹出如图 13-73 所示的"创建草图"对话框,设置各选项如黑圈所示,单击"确定"按钮,在分型面上 20mm 处绘制如图 13-74 所示的草图。

图 13-71　设置工作部件

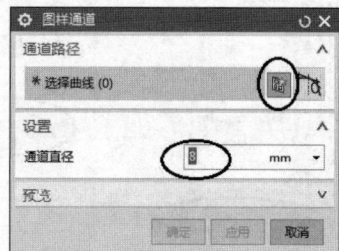

图 13-72　"图样通道"对话框

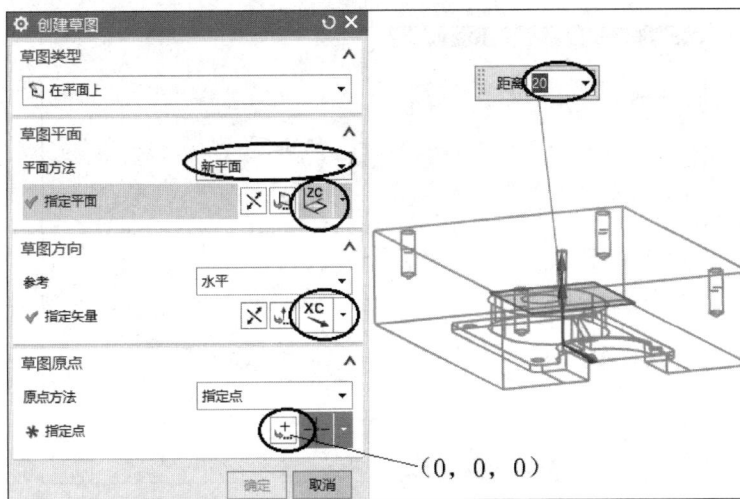

图 13-73　"创建草图"对话框

完成草图绘制后,单击对话框中的"确定"按钮,创建如图 13-75 所示的水路。

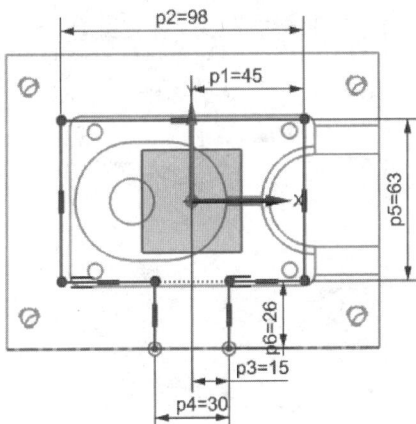

图 13-74　草图

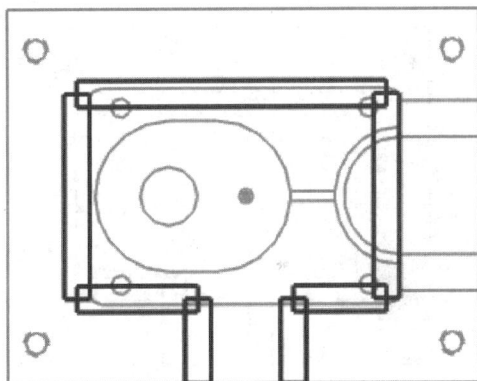

图 13-75　创建水路

　　单击"冷却工具"命令组中的"延伸水路"小图标✎,弹出图 13-76 左所示的"延伸水路"对话框,各选项按黑圈所示设置。单击"应用"按钮,将两条进出水路修改成图 13-77 所示水路样式。

　　再在"延伸水路"对话框中进行如图 13-78 所示设置,另外边界实体选型腔实体,将剩余的水路修改为图 13-79 所示完整的水路。

　　2)加入水管接头

　　在装配导航器中双击"基座_cool_000"节点,即将它设置为冷却工作部件,如图 13-80 所示。

　　单击"冷却工具"命令组的"冷却标准件库"小图标 ,弹出"冷却组件设计"对话框,再单击左边资源工具条中的 小图标,弹出图 13-81 所示冷却组件参数选择界面,各选项按黑圈所示设置。点选安装平面,然后单击对话框中的"确定"按钮,弹出"标准件位置"对话框,再分别点选两个进出水道的圆心(每点选一次圆心再单击一次对话框中的"应用"按钮),然后单击"确定"按钮,完成两个进出水道管接头的绘制,如图 13-82 所示。

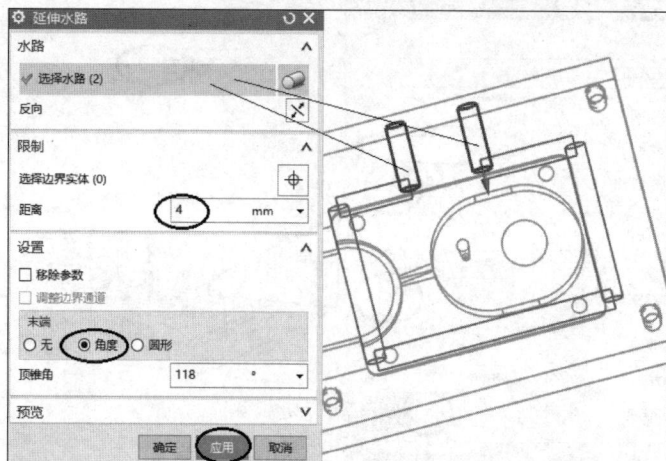

图 13-76　"延伸水路"对话框

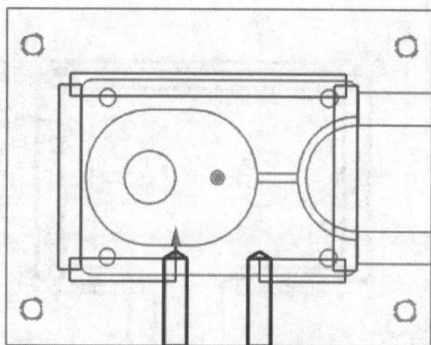

图 13-77　修改水路

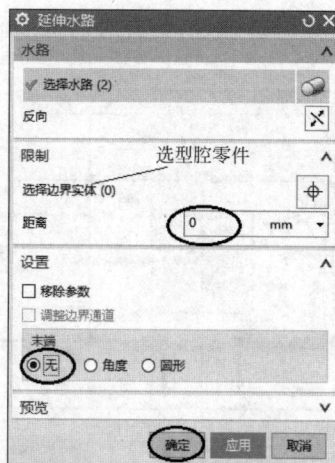

图 13-78　"延伸水路"对话框

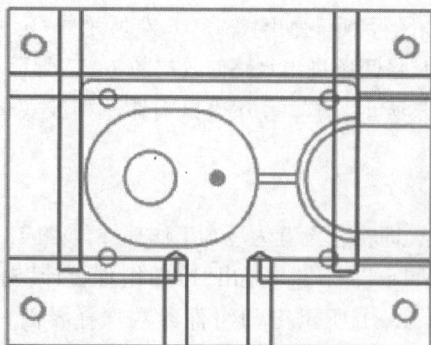

图 13-79　完整水路

图 13-80　设置冷却工作部件

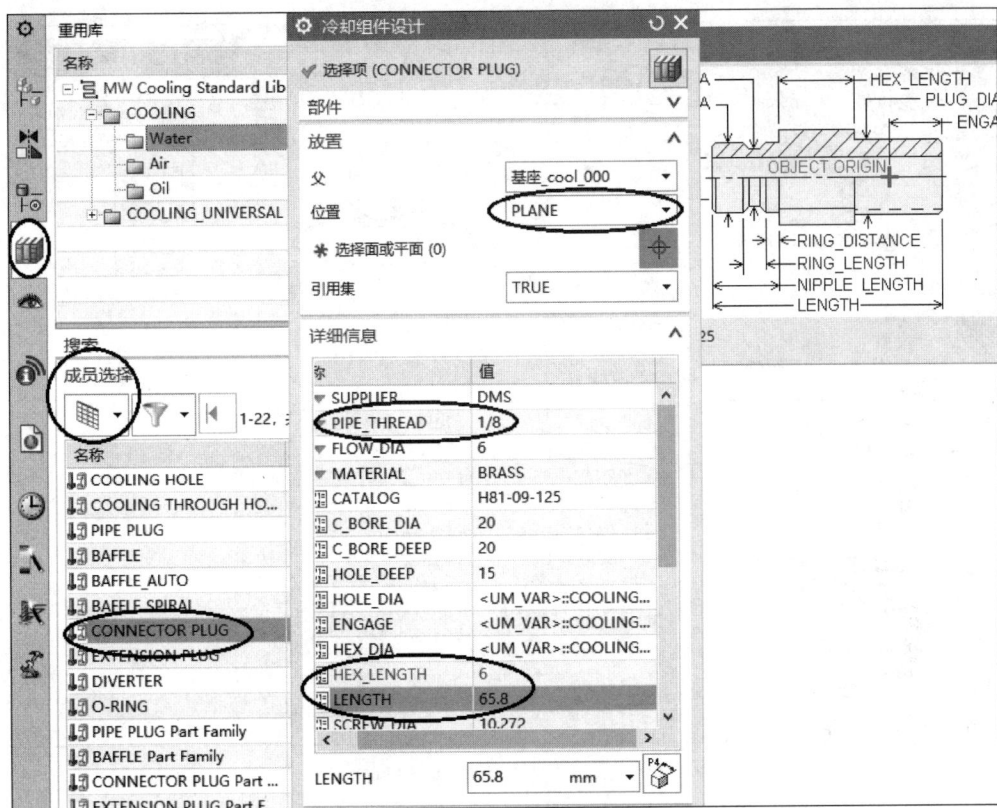

图 13-81　冷却组件参数选择

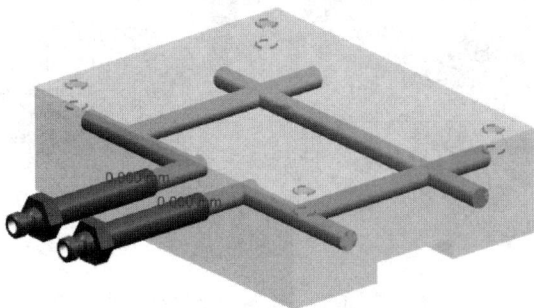

图 13-82　绘制水管接头

3）加入堵头

单击"冷却工具"命令组中的"冷却标准件库"小图标 冒，弹出"冷却组件设计"对话框，再单击左边资源工具条中的 小图标，弹出图 13-83 所示堵头参数选择界面，各选项按黑圈所示设置。点选具有水道口的一个端面，然后单击对话框中的"应用"按钮，再点选水道口中心，加入一个堵头。若另一个堵头在同一端面上，则继续点选另一个水道口圆心，再单击"应用"按钮，加入另一个堵头。最后单击"取消"按钮，完成一个端面的水口堵头加入。

采用与前面相同的步骤完成各个端面的堵头绘制，如图 13-84 所示，得到型腔零件上完整的动模冷却系统图。

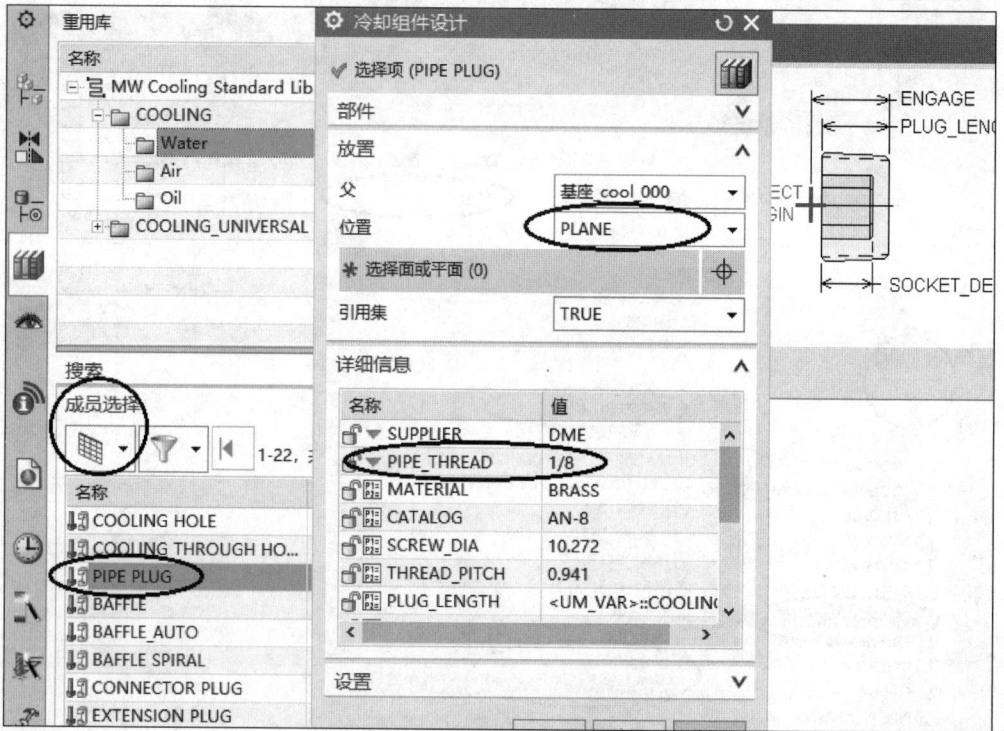

图 13-83　堵头参数选择界面

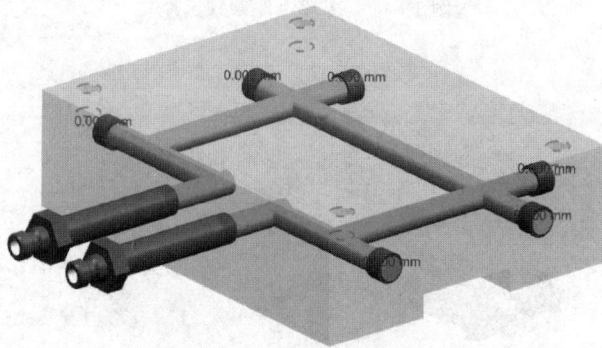

图 13-84　绘制 6 个堵头

　　最后使用"腔体"命令,将浇注系统对型腔及模架的定模座板开腔,完成开腔后将水道全部抑制。

6. 加入其他标准件及零件的修改

　　1) 加入回程弹簧

　　在装配导航器中打开模架的动模部分(···moldbase···/···movehalf···)。

　　单击"主要"命令组中的小图标,出现"标准件管理"对话框,再单击左边资源工具条中的小图标,弹出如图 13-85 所示的弹簧参数选择界面,各选项顺序按黑圈所示设置。点选模架的 B 板底面为弹簧放置面,再单击"应用"按钮,弹出"标准件位置"对话框,分别点选 4 个回程杆的圆心

教学视频

（每点选1个回程杆圆心，单击一次对话框中的"应用"按钮），在这4根回程杆上加入4根弹
簧，如图13-86所示。依次单击"取消"→"取消"按钮完成操作。

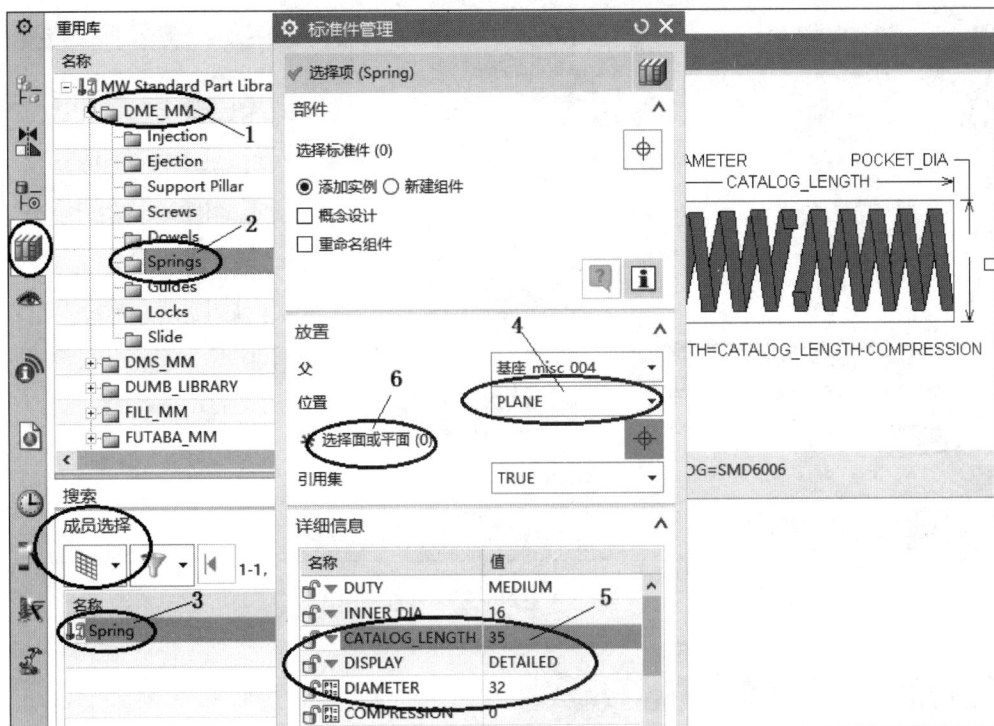

图 13-85　弹簧参数选择界面

图 13-86　加入回程弹簧

2）加入拉销（树脂开闭器）

为确保开模时第一次分型是将定模座板与A板分开，必须在定模A板与动模B板之间
加入拉销。

单击"主要"命令组中的小图标，弹出"标准件管理"对话框，再单击左边资源工具条
中的小图标，弹出如图13-87所示的拉销参数选择界面，各选项按黑圈所示设置。点选
分型面（B板上面），再单击"应用"按钮，弹出"标准件位置"对话框，如图13-88所示，输入数
据，再单击"应用"按钮，完成1根拉销的绘制。继续在对话框中输入数据（0，−88），再分别
单击"确定"、"取消"、"取消"按钮，完成另一根拉销的绘制，如图13-89所示。

使用"腔体"命令，将拉销对模架A板、B板开腔。

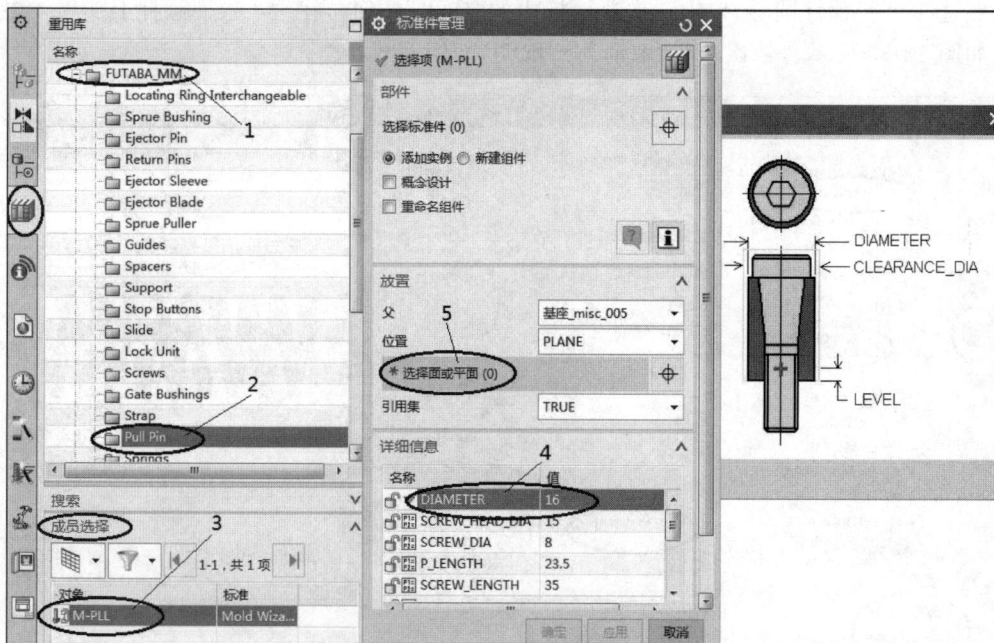

图 13-87　拉销参数选择界面

图 13-88　"标准件位置"对话框

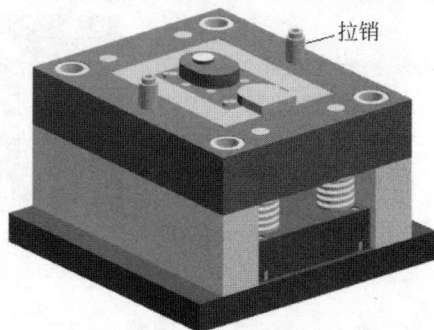

图 13-89　加入拉销

3）加入定距拉板

单击"主要"命令组中的小图标![icon]，弹出"标准件管理"对话框，再单击左边资源工具条中的![icon]小图标，弹出如图 13-90 所示的定距拉板参数选择界面，各选项按黑圈所示设置（Strap 在标准件库的 FUTABA_MM 父节点下）。点选安装的平面，再单击"确定"按钮，弹出"标准件位置"对话框，输入如图 13-91 所示数据，再单击"确定"按钮，完成定距拉板的加入，如图 13-92 所示。

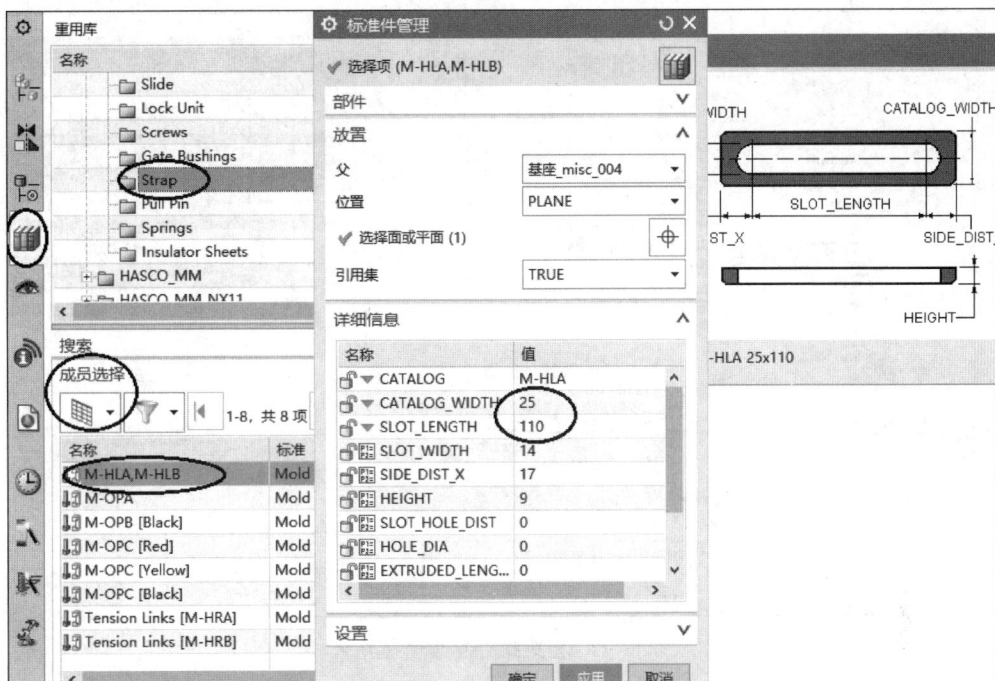

图 13-90　定距拉板参数选择界面

图 13-91　"标准件位置"对话框

图 13-92　加入定距拉板

　　单击"主要"命令组中的小图标 ![]，弹出"标准件管理"对话框，再单击左边资源工具条中的 ![]小图标，弹出如图 13-93 所示的定距螺钉参数选择界面，各选项按黑圈所示设置（Screws 在标准件库的 FUTABA_MM 父节点下）。点选安装的平面，再单击"确定"按钮，弹出"标准件位置"对话框，输入如图 13-93 所示数据，再单击"应用"按钮，完成一个定距螺钉的加入。再在"标准件位置"对话框中修改数据，如图 13-94 所示。最后单击"确定"按钮，完成第二个定距螺钉加入，结果如图 13-95 所示。

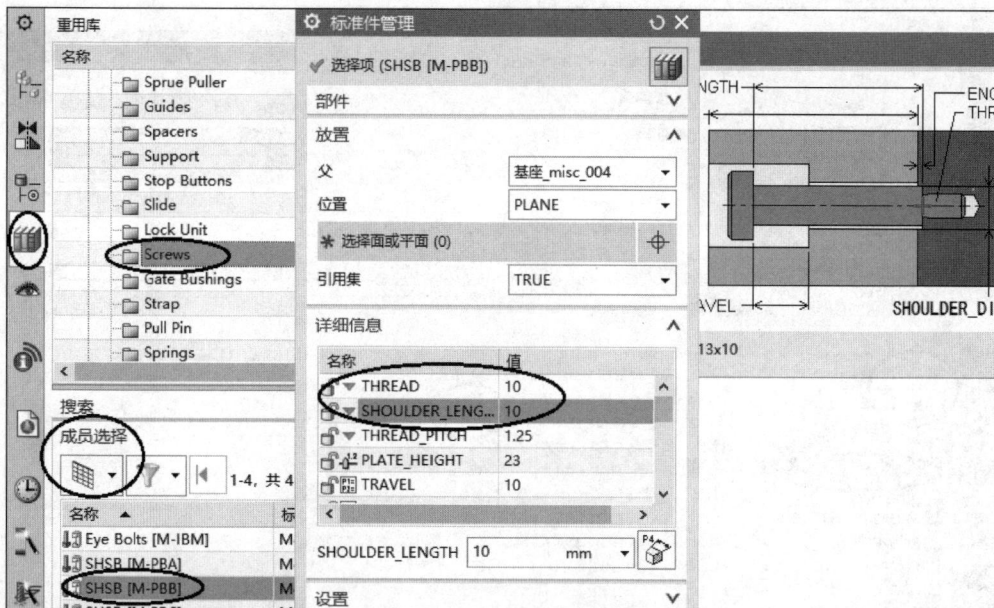

图 13-93　定距螺钉参数选择界面

图 13-94　"标准件位置"对话框

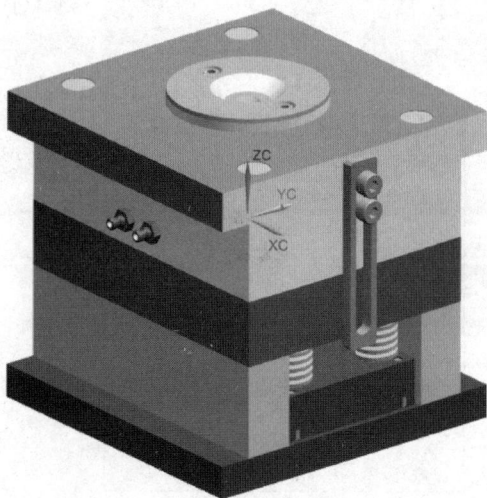

图 13-95　加入定距螺钉

单击 菜单(M) ▾→"装配"→"组件"→"镜像装配"命令,弹出"镜像装配"对话框,按照对话框提示,将定距拉板和螺钉以 YC-ZC 基准面为镜像面复制到模架的另一面,结果如图 13-96 所示。

4) 修改模架底板

由于注塑机顶杆通过模架底板才能推动模具的顶出机构,所以要在底板上打孔。

将"基座_l_plate_…"设置为工作部件,利用挖孔命令在坐标值为(XC=0,YC=0)的地方开设直径为 30 的孔,如图 13-97 所示。

图 13-96　复制

图 13-97　开设中心孔

将所有非模具零件的节点(如浇道、冷却水道)进行抑制,这样图形显得整洁、清晰。

7. 产生模具爆炸图

将整套模具上所有零件的节点打开,出现整套模具的三维图形。

单击 菜单(M)▼→"装配"→"爆炸图"→"新建爆炸图"命令,弹出图 13-98 所示的"新建爆炸"对话框。单击"确定"按钮。

单击 菜单(M)▼→"装配"→"爆炸图"→"编辑爆炸图"命令,弹出图 13-99 所示的"编辑爆炸"对话框,点选视图中要移动的零部件,然后在对话框中选择"移动对象"单选按钮,此时在图中浇口套中心出现带箭头的移动坐标。单击 Z 坐标的箭头,按下鼠标左键,可手动将其移动到任意位置。也可单击箭头后,在对话框中输入移动距离值,如图 13-100 黑圈中数字所示。

若单击 Z 坐标的箭头后,在"距离"处输入 90,再单击"应用"按钮,可见第一次分型部件向 Z 轴移动了 90mm,如图 13-101 所示。

图 13-98　"新建爆炸"对话框

图 13-99　"编辑爆炸"对话框

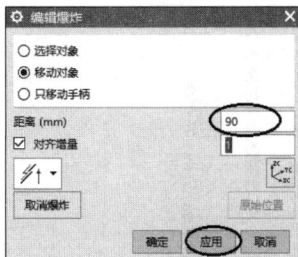

图 13-100　输入距离值

图 13-101　移动部件

我们可按照上述方法,将模具拆开。移动模具各个零件到适当的位置,形成的视图称为爆炸图,如图 13-102 所示。

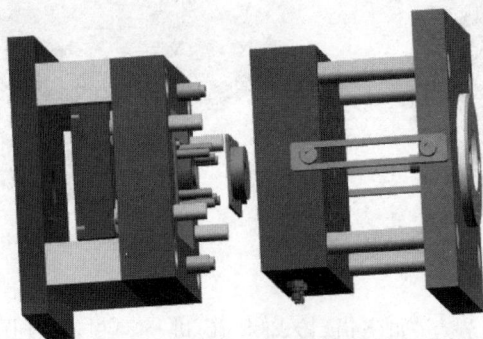

图 13-102　爆炸图

若要关闭爆炸图,则单击 ≣ 菜单(M)▾→"装配"→"爆炸图"→"隐藏爆炸图"命令。

若要打开爆炸图,则单击 ≣ 菜单(M)▾→"装配"→"爆炸图"→"显示爆炸图"命令。

8. 绘制型腔、型芯零件二维工程图

教学视频

首先绘制型腔(cavity)二维工程图。

1) 建立视图

在装配导航器中右击 cavity,在弹出的快捷菜单中选择"在窗口中打开"命令,此时在屏幕中只看到型腔零件。

从视窗上部的菜单栏中单击"应用模块"→"制图"命令,进入二维工程图环境。

单击 ≣ 菜单(M)▾→"插入"→"图纸页"命令(或单击视窗上部工具条中的新建图纸页按钮 ），系统弹出如图 13-103 所示的"工作表"对话框,各选项按黑圈所示设置,单击"确定"按钮。

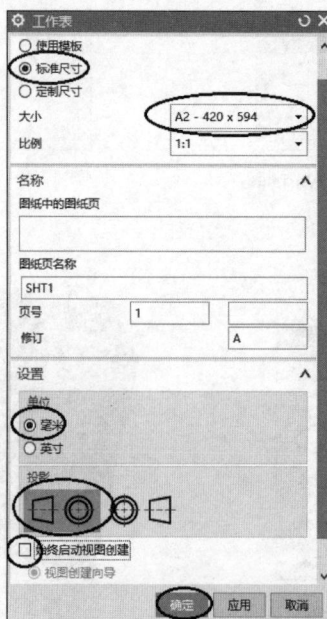

图 13-103　"工作表"对话框

单击视窗上部"视图"命令组的"基本视图"小图标 ，弹出"投影视图"对话框，即可在图幅上投影各种视图。

使用"投影视图" 、"剖视图" 、"局部放大" 等命令，构建如图 13-104 所示的二维视图。

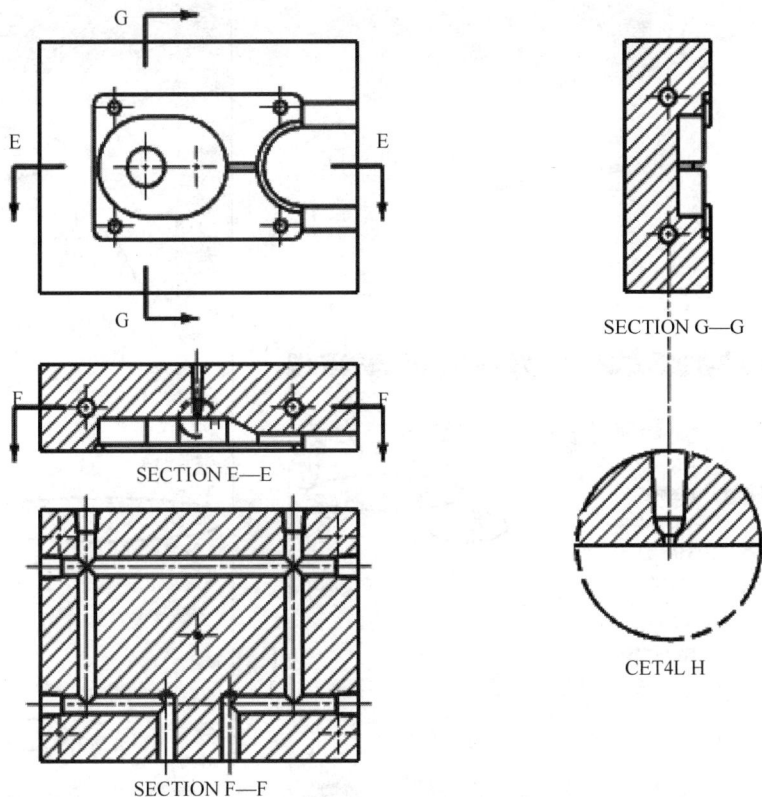

图 13-104　二维视图

2）标注尺寸

单击 →"插入"→"尺寸"→"快速"命令（或直接单击工具条上的小图标 ），弹出如图 13-105 所示的"快速尺寸"对话框，在"测量方法"下拉列表框中有自动判断、直线标注、直径标注、角度标注等许多选项，根据尺寸的类型需要选择，标注尺寸。

单击图 13-105 所示对话框中的 小图标，弹出如图 13-106 所示的"快速尺寸设置"对话框，可对尺寸的结构、类型、文字大小、内容等项目进行设置。例如我们要标注螺纹直径，则选项及改动如图 13-106"快速尺寸设置"对话框中的黑圈所示，关闭后，则可对螺纹尺寸进行标注。

单击 →"插入"→"注释"→"表面粗造度符号"命令，弹出图 13-107 所示的"表面粗糙

图 13-105　"快速尺寸"对话框

度"对话框,按黑圈所示设置,标注零件上的表面粗糙度。

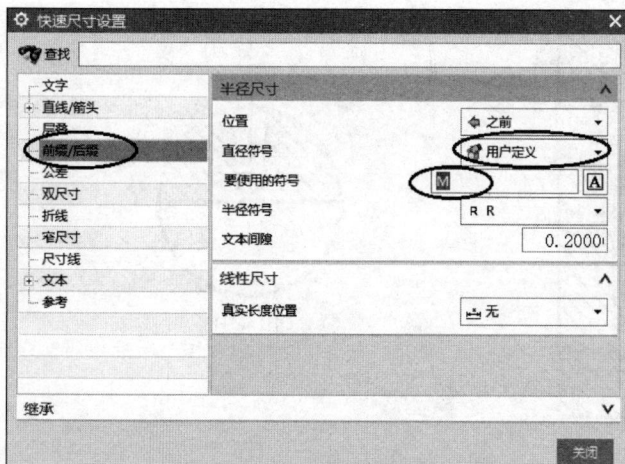

图 13-106 "快速尺寸设置"对话框   图 13-107 "表面粗糙度"对话框

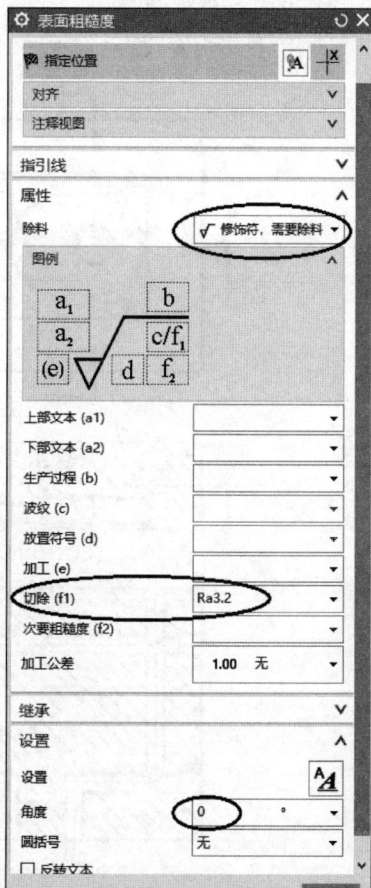

最终得到的型腔零件二维工程图如图 13-108 所示。

再在装配导航器中右击 core,在弹出的快捷菜单中选择"在窗口中打开"命令,此时在屏幕上只看到型芯零件,绘制的型芯零件二维工程图如图 13-109 所示。

9. 绘制二维模具总装配图

1) 三维模型转换为二维工程图

抑制掉非模具零件的节点,例如水道、浇道、产品模型等,再打开模具所有的零件,并将最高一级节点"…_top_…"转变为工作部件。由于模具的俯视图通常要去掉定模部分,直接显示动模部分,这样有利于看清型腔及浇注系统,因此需要将动、定模组件分别显示。

教学视频

首先关闭模架以及动模上的所有组件,此时视窗中除模架外的定模组件图形如图 13-110 所示。

单击"模具图纸"命令组中的"装配图纸"小图标□,弹出图 13-111 所示的"装配图纸"对话框,选项按黑圈所示设置。框选屏幕上的定模组件,再单击对话框中的"确定"按钮,若弹出信息栏,则将其关闭,这样完成将所有定模组件属性指派为 A。

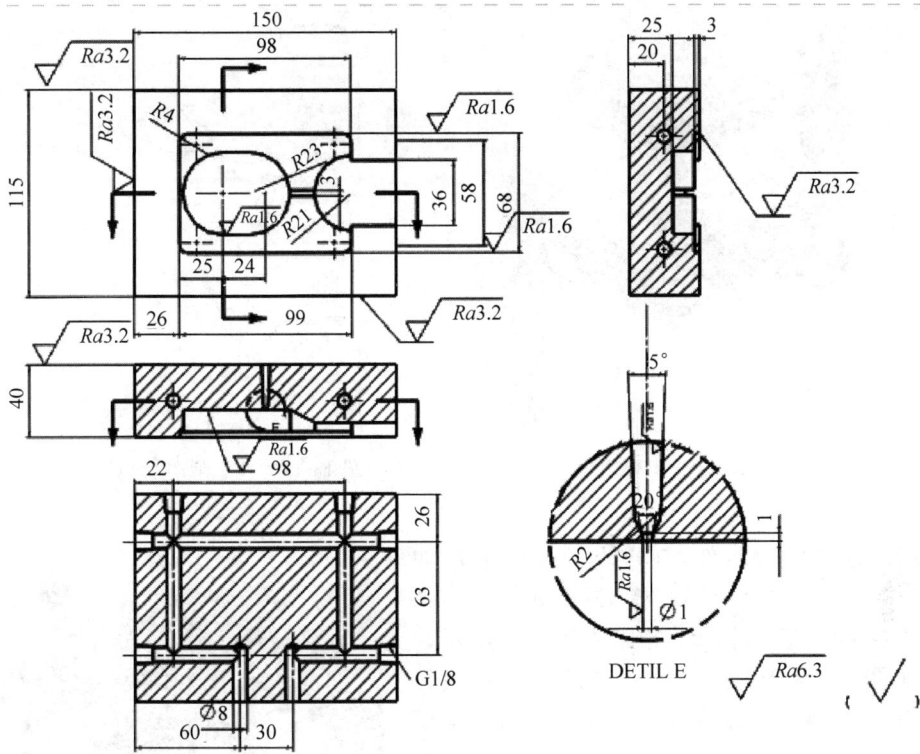

图 13-108   型腔零件二维工程图

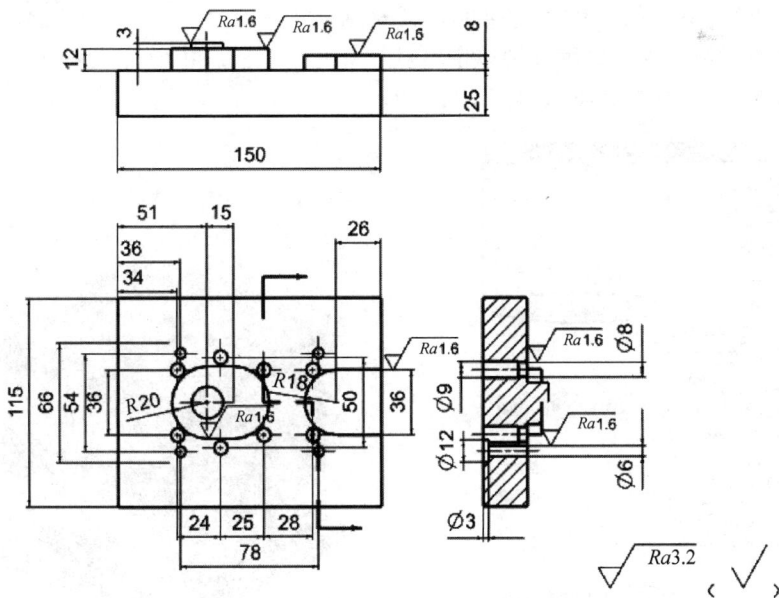

图 13-109   型芯零件二维工程图

图 13-110　定模组件

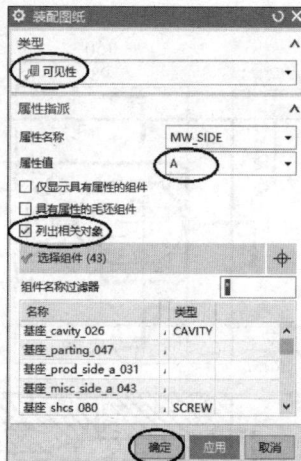

图 13-111　"装配图纸"对话框

再关闭所有定模组件,打开动模上的组件,如图 13-112 所示。重复前述步骤,弹出如图 13-113 所示的"装配图纸"对话框,各选项按黑圈所示设置,注意属性值为 B。框选图 13-112 所示动模组件的所有零件,单击"确定"按钮,完成将所有动模组件属性指派为 B。打开包括模架在内的所有模具组件,结果如图 13-114 所示。

单击"模具图纸"命令组中的"装配图纸"小图标 ,弹出如图 13-115 所示的"装配图纸"对话框,选项按黑圈所示设置。最后分别单击"应用"→"取消"按钮,进入 A0 图纸页面,如图 13-116 所示。

图 13-112　动模组件

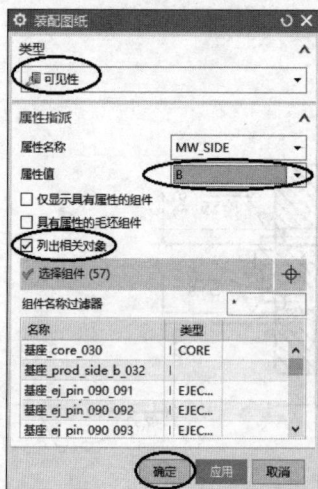

图 13-113　"装配图纸"对话框

图 13-114　完整模具

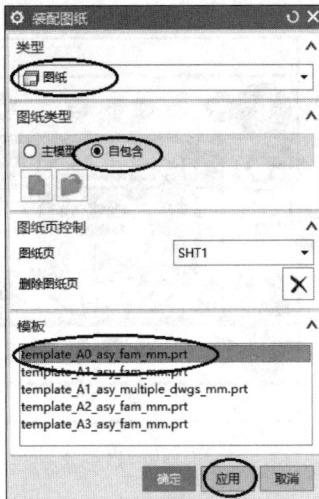

图 13-115　"装配图纸"对话框

图 13-116　A0 图纸页面

切换到"应用模块"选项卡,再单击图 13-117 中"制图"小图标,如黑圈所示,进入制图模块。若弹出"视图创建"对话框,则单击"取消"按钮。

图 13-117　"应用模块"选项卡

单击 图标,首先添加基本视图为俯视图,再投影主视图,弹出如图 13-118 所示二维视图。

为了在主视图中反映小水口模具特征以及主要模具结构,剖切位置必须经过导柱、成型零件、浇口、顶出杆、小镶件、定距拉板、锁模销钉等。

双击俯视图,弹出如图 13-119 所示的"设置"对话框,选项按黑圈所示设置。单击对话框中的"确定"按钮,在俯视图中显示内部的零件轮廓,如图 13-120 所示,这样有利于确定剖切线位置。

使用"剖视图"命令 ,剖切位置经过模架的拉板、导柱、顶杆、成型零件、小嵌件、浇口等,向上投影出主视图,并删除原主视图,如图 13-121 中 D—D 剖切线上方所示。

切换到"注塑模向导"选项卡,单击"模具图纸"命令组中的"装配图纸"小图标 ,弹出如图 13-122 所示的"装配图纸"对话框,选项按黑圈所示设置。单击"确定"按钮,得到俯视图如图 13-123 所示。

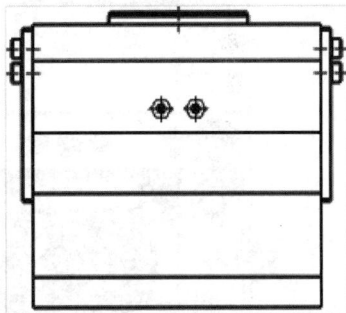

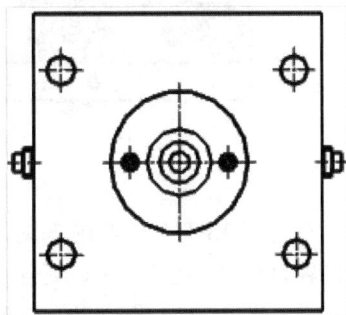

图 13-118　二维视图

图 13-119 "设置"对话框

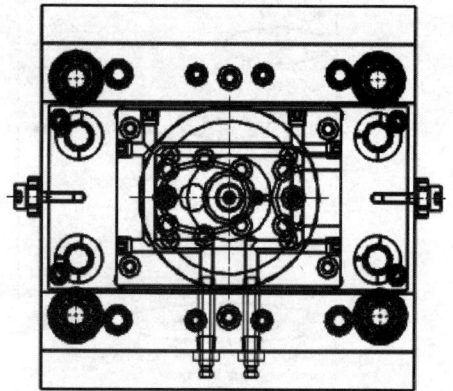

图 13-120 内部零件轮廓

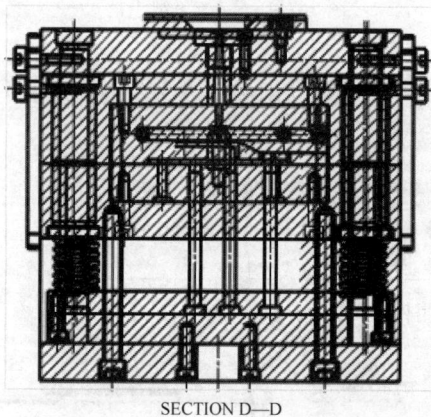

SECTION D—D

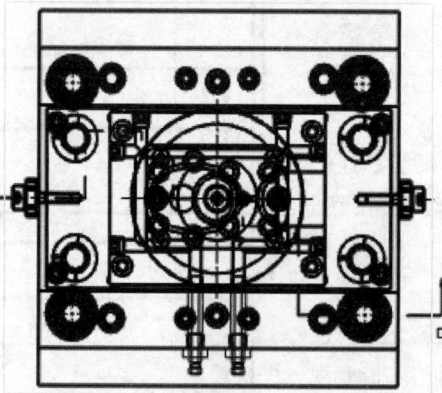

图 13-121 D—D 剖切线

图 13-122 "装配图纸"对话框

双击图 13-123 所示俯视图的边缘,弹出图 13-124 所示"设置"对话框,各选项按黑圈所示设置,单击"应用"按钮。再设置隐藏线,如图 13-125 所示,单击"确定"按钮。采用同样的方法修改图 13-121 所示 D—D 剖切线上方的主视图,最后得到图 13-126 所示主、俯视图。

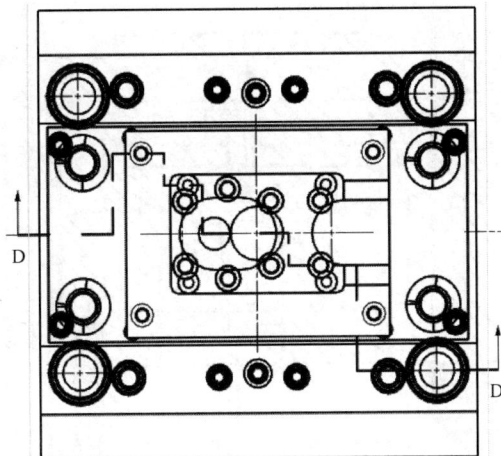

图 13-123　俯视图

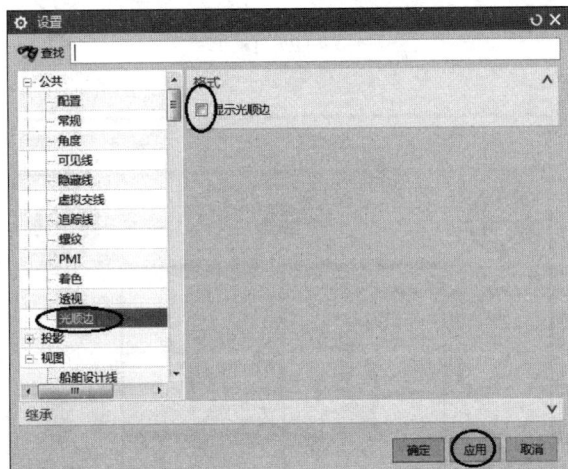

图 13-124　"设置"对话框

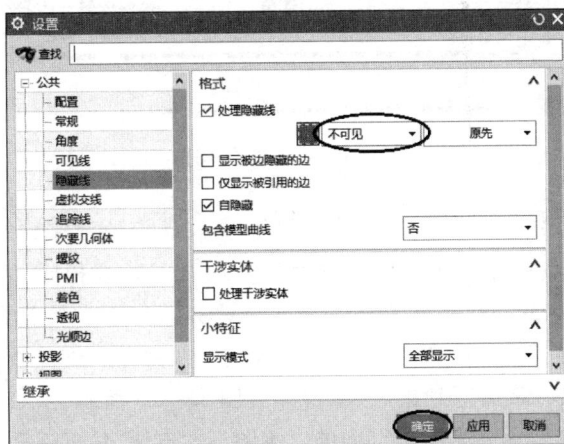

图 13-125　设置隐藏线

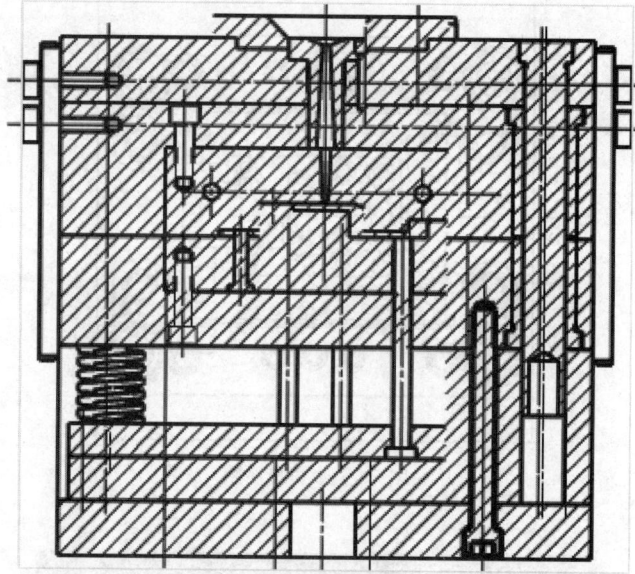

SECTION D—D

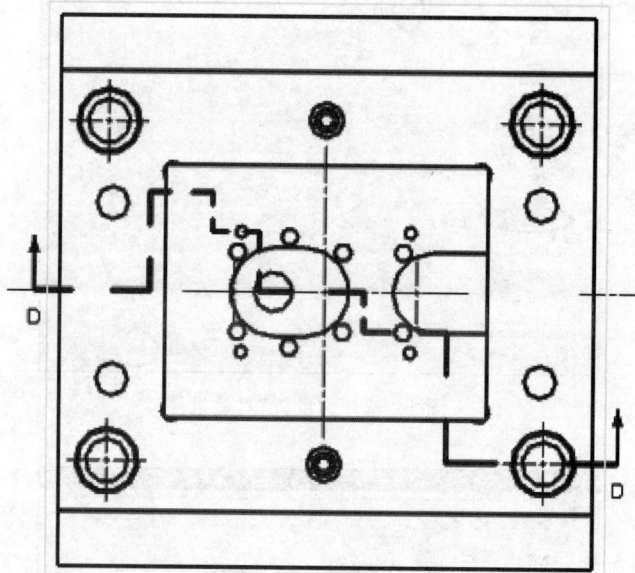

图 13-126 主、俯视图

再回到制图模块,增加一个左剖视图,得到如图 13-127 所示完整的三视图。

图 13-127 所示剖视图中各个零件的剖面线方向及间距都相同,因此要进行修改,使得相邻零件的剖面线方向或剖面线间距不一致。修改方法如下:双击要修改的剖面线,弹出图 13-128 所示"剖面线"对话框,按黑圈所示修改剖面线间距和剖面线的方向倾斜角度。单击"确定"按钮即可完成,最后得到主、左剖视图如图 13-129 所示。

利用 UG 制图模块绘制各个不同剖面的二维图不太方便,对于较复杂的图形,在生成各向视图后,应转换成 AutoCAD 文件。使用 AutoCAD 软件修改和标注尺寸比 UG NX 软件方便。

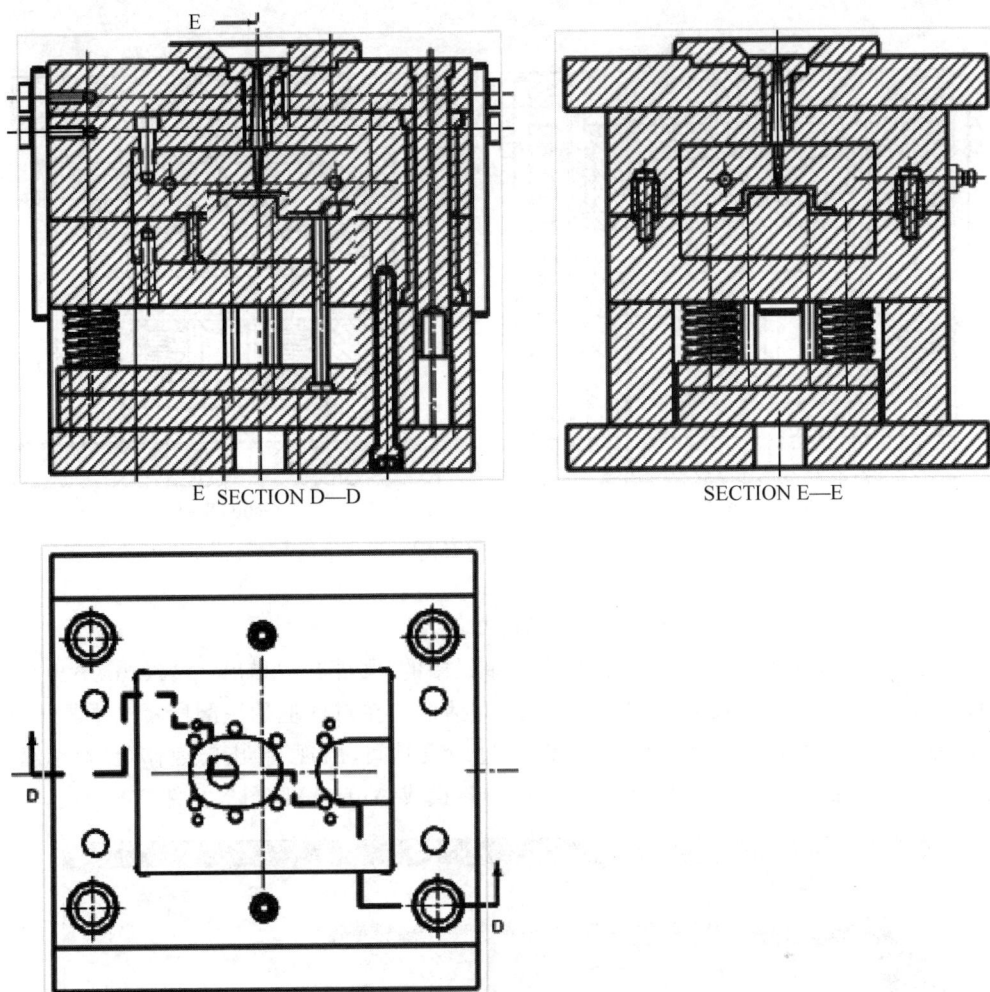

E ─ ┐
SECTION D─D

SECTION E─E

图 13-127　完整的三视图

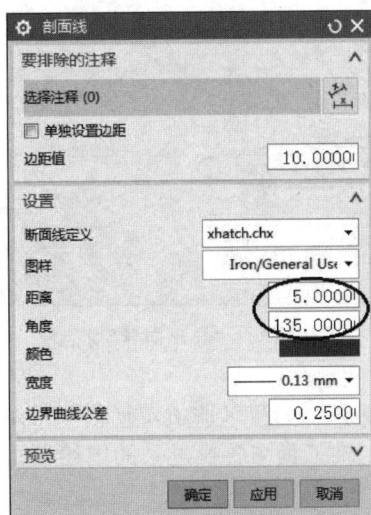

图 13-128　"剖面线"对话框

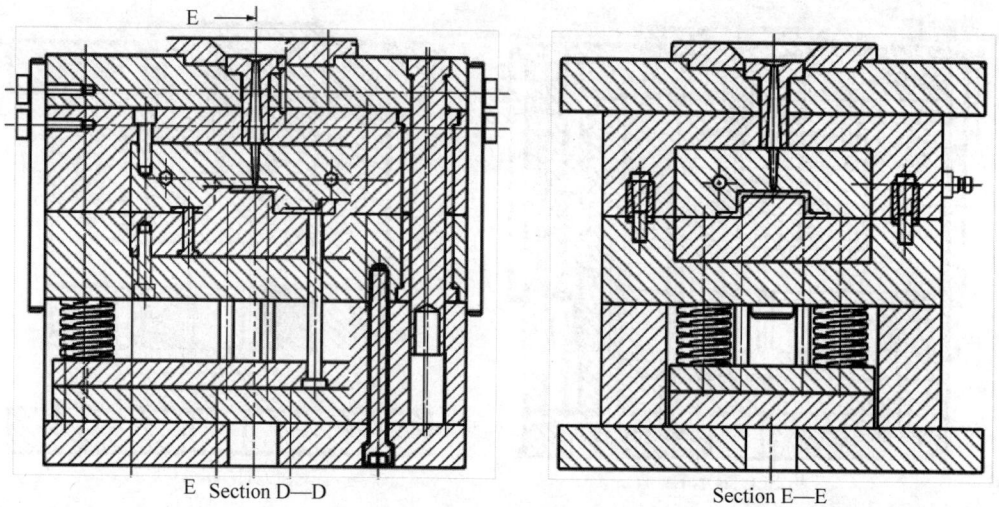

E Section D—D

Section E—E

图 13-129 剖面视图

2）UG NX 二维工程图转换为 AutoCAD 文件

在 UG NX 中画好二维工程图后,单击菜单栏中的"文件"→"导出"→"AutoCAD DXF/DWG…"命令,弹出图 13-130 所示"导出向导"对话框。在对话框的黑圈所示文本框中输入 AutoCAD 文件的存放路径,单击"完成"按钮,过一段时间,出现"导出转换作业"对话框,再单击该对话框中的"是"按钮,将 UG NX 二维图转换成 AutoCAD 图形文件。

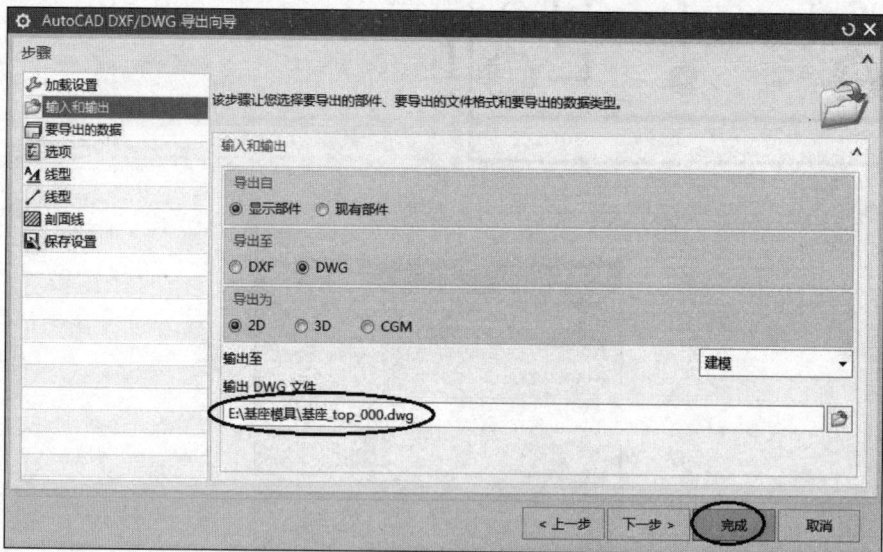

图 13-130 "导出向导"对话框

最后根据我国的制图习惯,在既简单又能清楚地反映各个零部件装配关系的原则下,在 AutoCAD 软件中将 UG NX 二维工程图转换过来的图绘制成如图 13-131 所示的基座模具二维总装配图。

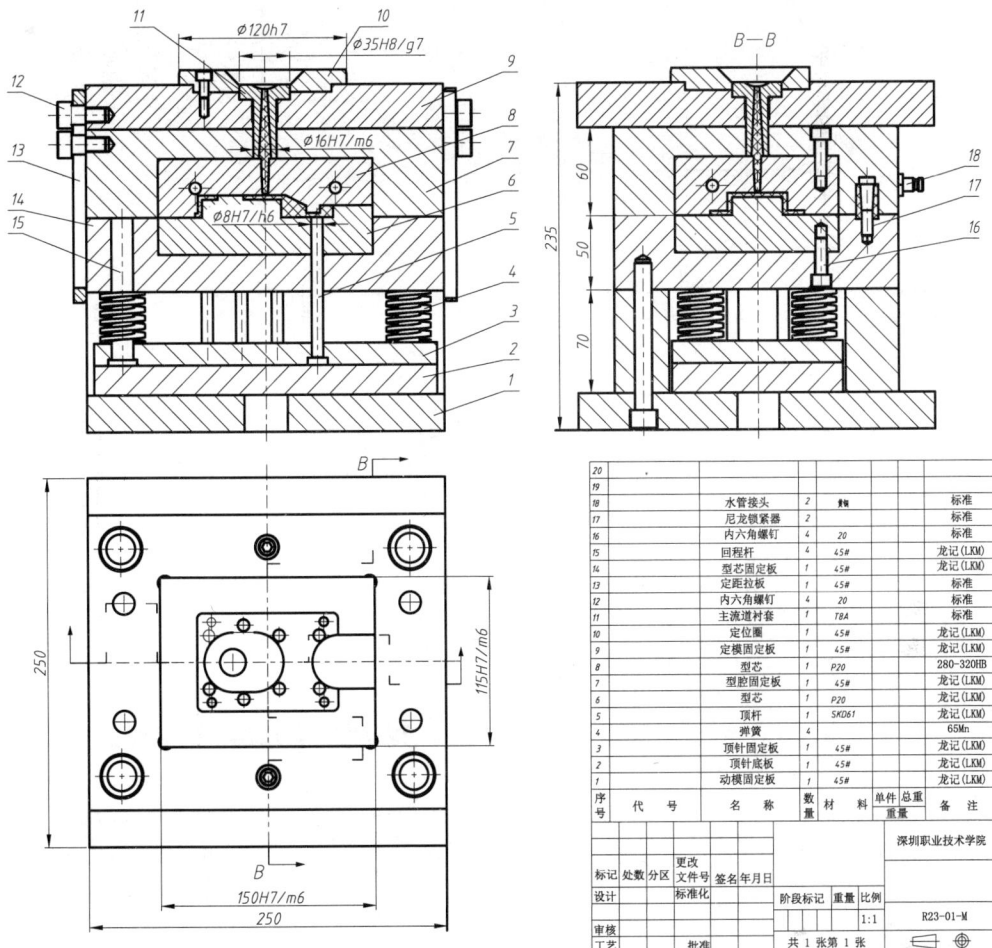

图 13-131　基座模具二维总装配图

以下为零件明细表：

序号	代号	名称	数量	材料	单件 总重 重量	备注
20						
19						
18		水管接头	2	铜		标准
17		尼龙锁紧器	2			标准
16		内六角螺钉	4	20		标准
15		回程杆	4	45#		龙记(LKM)
14		型芯固定板	1	45#		龙记(LKM)
13		定距拉板	1	45#		标准
12		内六角螺钉	4	20		标准
11		主流道衬套	1	T8A		标准
10		定位圈	1	45#		龙记(LKM)
9		定模固定板	1	45#		龙记(LKM)
8		型芯	1	P20		280~320HB
7		型腔固定板	1	45#		龙记(LKM)
6		型芯	1	P20		龙记(LKM)
5		顶杆	1	SKD61		龙记(LKM)
4		弹簧	4	65Mn		
3		顶针固定板	1	45#		龙记(LKM)
2		顶针底板	1	45#		龙记(LKM)
1		动模固定板	1	45#		龙记(LKM)

深圳职业技术学院

标记	处数	分区	更改文件号	签名	年月日				
设计			标准化			阶段标记	重量	比例	
								1:1	R23-01-M
审核									
工艺		批准				共 1 张 张第 1 张			

13.2　一模两腔大水口注塑模具设计

产品名称为盆子,产品二维图如图 13-132 所示。

13.2.1　产品三维实体建模

启动 UG NX 12.0 软件,建立名为"盆子"的新文件,单位为毫米,然后进入建模操作界面。

使用 [菜单(M)]▼→"插入"→"设计特征"→"长方体"命令,构建 100×80×50 的长方体,将长方体的底角坐标点定位在(−50,−40,0)点,得到的线框图形如图 13-133 所示。

教学视频

单击 [菜单(M)]▼→"插入"→"细节特征"→"拔模"命令,弹出如图 13-134 所示的"拔模"对话框,选项按黑圈所示设置,固定面选长方体底平面,要拔模的面为 4 个侧面。单击"确定"按钮,得到如图 13-135 所示的锥面方体。

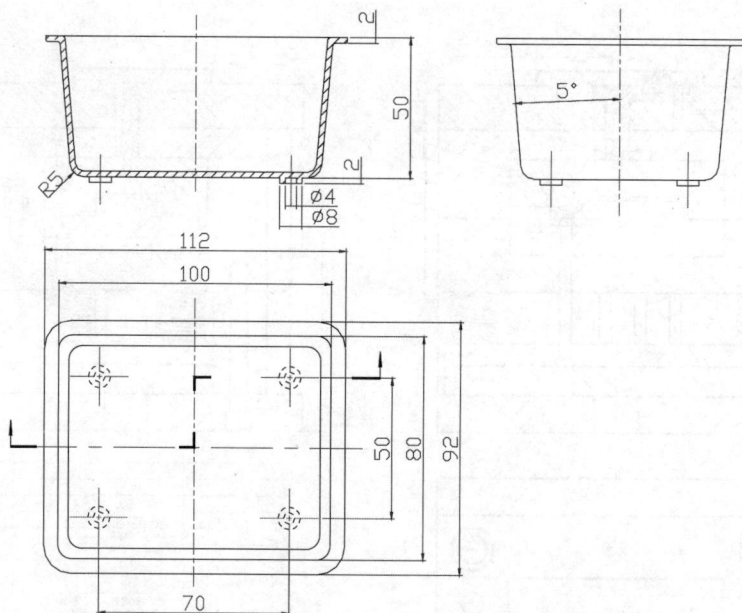

图 13-132　产品二维图

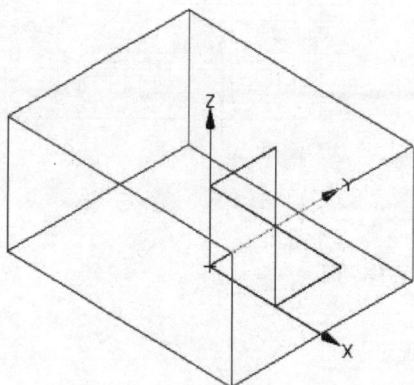

图 13-133　线框

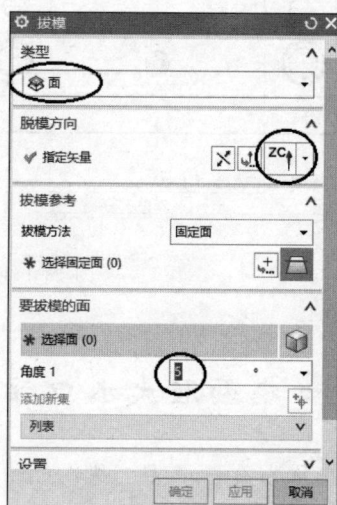

图 13-134　"拔模"对话框

　　单击 ☰ 菜单(M)▾ →"插入"→"偏置/缩放"→"偏置面"命令,将图形侧面 4 个斜面往外偏置 2mm。

　　单击 ☰ 菜单(M)▾ →"插入"→"细节特征"→"边倒圆"命令,将 8 个棱边倒 5mm 圆角,如图 13-136 所示。

　　单击 ☰ 菜单(M)▾ →"插入"→"偏置/缩放"→"抽壳"命令,将壁厚设置为 2mm,完成抽壳后的图形如图 13-137 所示。

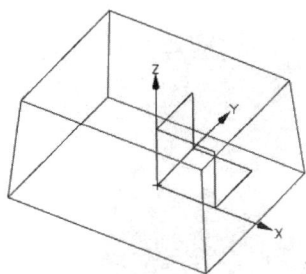

图 13-135　锥面方体　　　　　　　图 13-136　倒圆角　　　　　　　图 13-137　抽壳

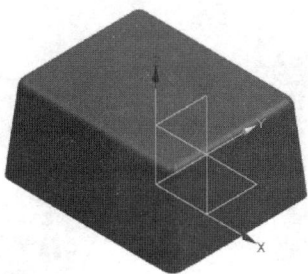

单击 ![菜单] 菜单(M) ▼ →"插入"→"设计特征"→"拉伸"命令,弹出如图 13-138 所示的"拉伸"对话框,输入的数据及选项按黑圈所示设置,拉伸的边为内腔的四周边缘。拉伸完成后的图形如图 13-138 右边所示。

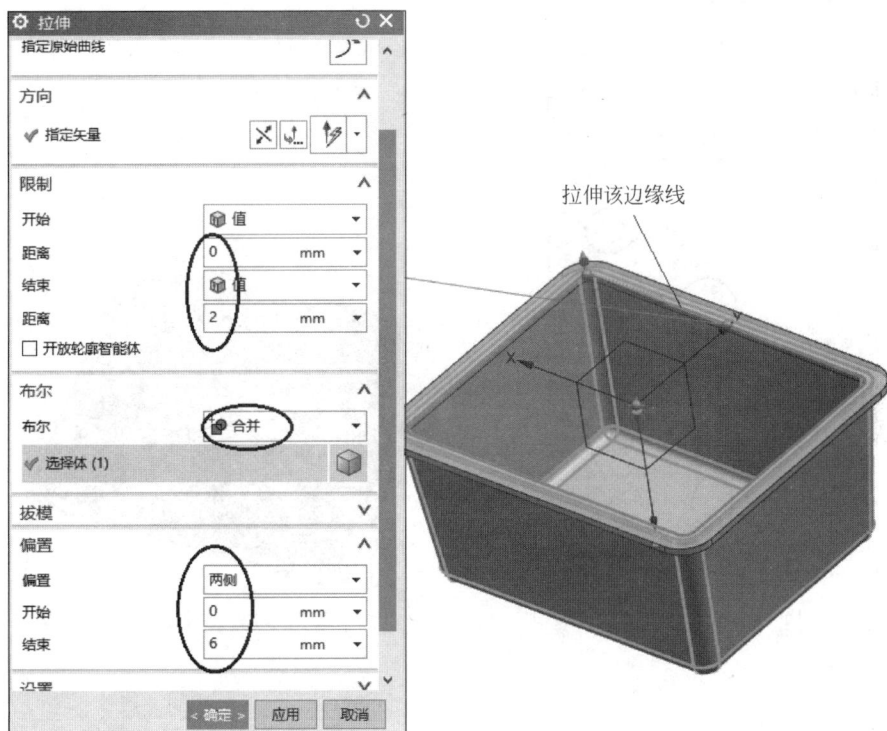

图 13-138　拉伸

单击"拉伸"命令,在盆子底面绘制图 13-139 所示草图,完成草图后拉伸高度 2mm,结果形成如图 13-140 所示的凸台。

单击 ![菜单] 菜单(M) ▼ →"插入"→"关联复制"→"阵列特征"命令,弹出如图 13-141 所示的"阵列特征"对话框,选项及数据按黑圈所示设置。点选圆台及圆台里面的孔两个特征,然后单击"确定"按钮,从而将圆台及孔复制成 4 个,如图 13-142 所示。

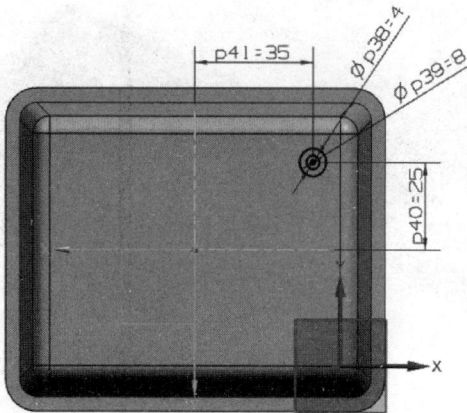

图 13-139　草图

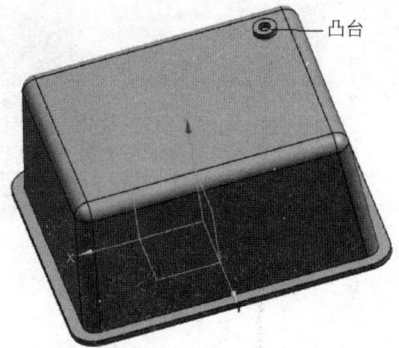

图 13-140　凸台

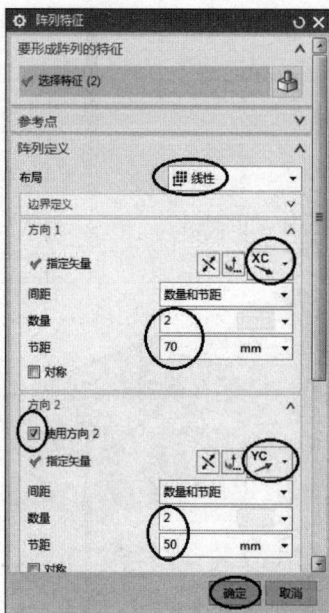

图 13-141　"阵列特征"对话框

图 13-142　4 个圆凸台

13.2.2　模具设计

基本思路是模具采用侧浇口进料,一模二腔,如图 13-143 所示为侧浇口位置。模具为二板式结构,选用大水口模架。

1. 模具分型设计

启动 UG NX 12.0,弹出 UG NX 软件操作界面,右击屏幕上方工具条的空白区域,弹出如图 13-144 所示的快捷菜单,勾选黑圈所示的"注塑模向导",在视窗的上部选项卡区添加"注塑模向导",如图 13-145 所示。

教学视频

图 13-143　侧浇口位置

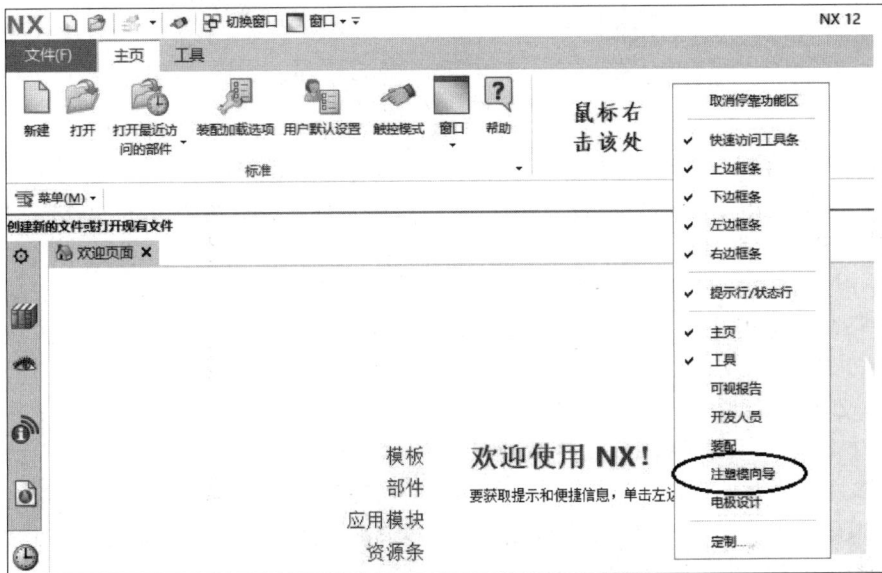

图 13-144　快捷菜单

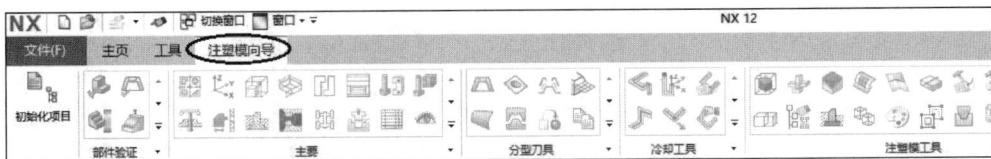

图 13-145　添加"注塑模向导"

1) 加载产品

首先建立一个文件夹,命名为"盆子模具",将盆子产品模型复制到"盆子模具"文件夹内。

单击工具条中的 小图标,弹出"打开部件"对话框,从新建的"盆子模具"文件夹中单击需要加载的产品模型"盆子.prt",弹出图 13-146 所示"初始化项目"对话框,也可修改存放的路径。在对话框的"材料"下拉列表框中选择 PPO 材料,"收缩"项(材料收缩率)的数值根据所选材料自动默认为 1.010,然后单击"确定"按钮,屏幕上出现图 13-147 所示产品模型。

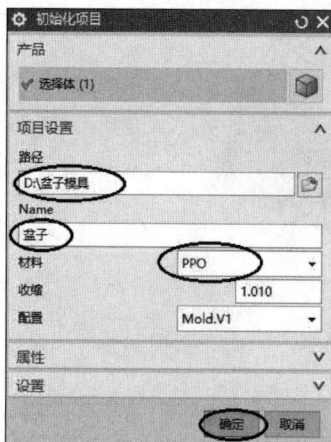

图 13-146　"初始化项目"对话框　　　　　　　图 13-147　产品模型

　　在模具设计过程中,为防止计算机出现故障,需经常存盘。存盘时,单击主菜单栏中的
"文件"→"全部保存"命令;每次打开文件时,需打开文件夹中后缀为_top_000.prt 的文件。
　　2) 定义模具坐标系
　　单击工具条中的小图标 ,弹出图 13-148 所示"模具 CSYS"对话框,由于产品建模坐
标系符合模具坐标系,所以采用当前工作坐标为模具坐标,然后单击"确定"按钮,完成模具
坐标系的设定。
　　3) 定义成型镶件
　　单击工具条中的小图标 ,出现图 13-149 所示"工件"对话框,单击对话框中的小图标
,进入镶件尺寸大小草图绘制界面。由于是一模二腔,希望两个型腔尽可能靠近,所以修
改尺寸,如图 13-150 所示,其他尺寸不变。完成草图后回到"工件"对话框,采用对话框中的
数据,然后单击"确定"按钮,完成单型腔镶件的定义,结果如图 13-151 所示。

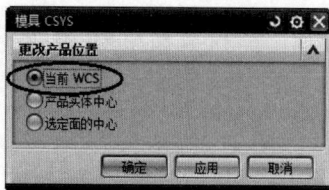

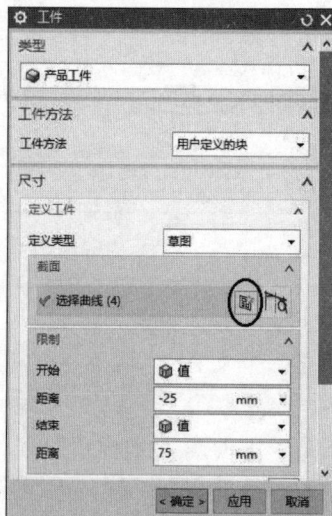

图 13-148　"模具 CSYS"对话框　　　　　　　图 13-149　"工件"对话框

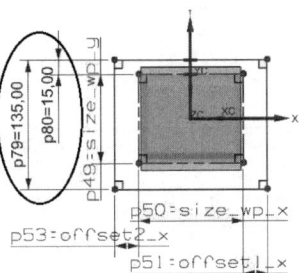

图 13-150　修改尺寸

图 13-151　镶件

4）多型腔模布局

单击工具条中的小图标 出现如图 13-152 所示的"型腔布局"对话框,选项设置及输入数据如黑圈所示。然后单击对话框中的"开始布局"按钮,视窗中出现图 13-153 所示两个型腔的图形。

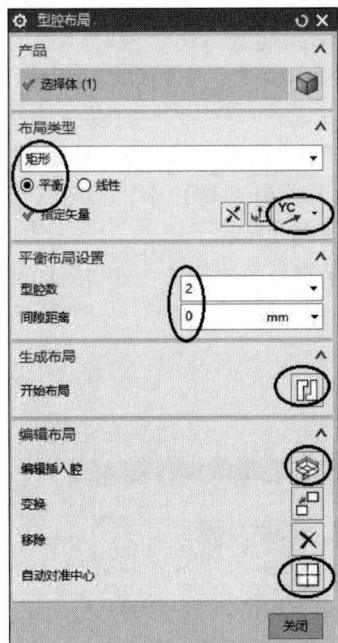

图 13-152　"型腔布局"对话框

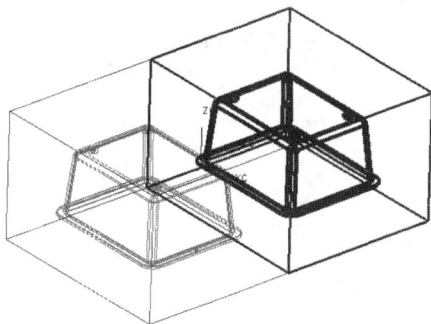

图 13-153　两个型腔

单击图 13-152 所示对话框中的"编辑插入腔"按钮,弹出如图 13-154 所示的"刀槽"对话框,将对话框中的 R 选项值设为 10,类型选项值设为 2。单击"确定"按钮,完成腔体插入。

单击图 13-152 所示"型腔布局"对话框中的"自动对准中心"按钮,模具坐标自动移到两块镶件的中心位置,然后单击"关闭"按钮。

5）生成型芯、型腔

（1）单击"分型刀具"命令组中的小图标 ，弹出如图 13-155 所示的"检查区域"对话框，单击"计算"图标 ，完成区域的计算。

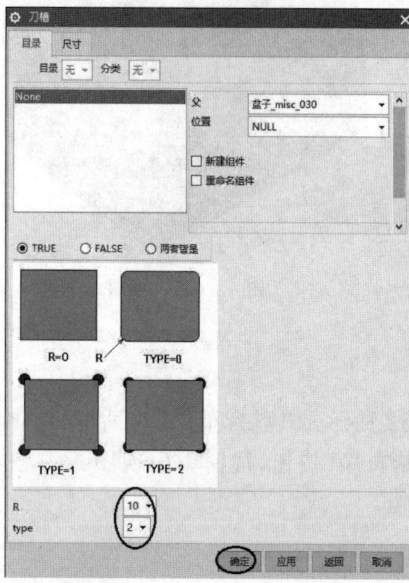

图 13-154 "刀槽"对话框

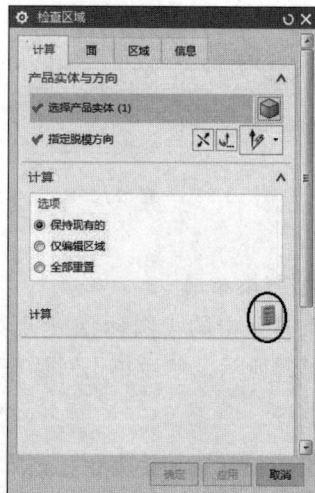

图 13-155 "检查区域"对话框

（2）切换到"区域"选项卡，如图 13-156 所示，然后单击"设置区域颜色"图标 ，此时盆子图形出现橙、蓝、青 3 种颜色。接着将产品边缘外侧的所有的青色全部点选上，单击"应用"按钮，将这部分转变成橙色。然后单击对话框中的"取消"按钮。

（3）单击"分型刀具"命令组中的"定义区域"小图标 ，弹出图 13-157 所示的"定义区域"对话框，勾选黑圈所示选项后，单击"确定"按钮。

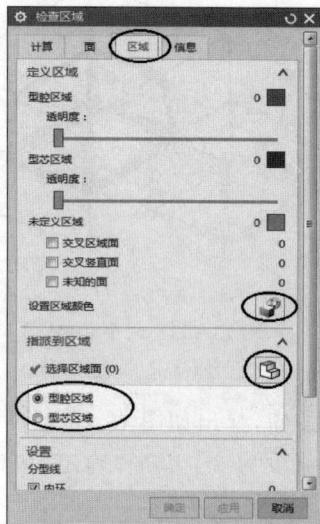

图 13-156 "区域"选项卡

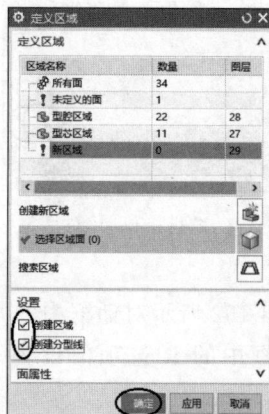

图 13-157 "定义区域"对话框

（4）单击"分型刀具"命令组中的"设计分型面"小图标 ，弹出图 13-158 所示的"设计分型面"对话框，单击"确定"按钮，完成分型面的创建，如图 13-159 所示。

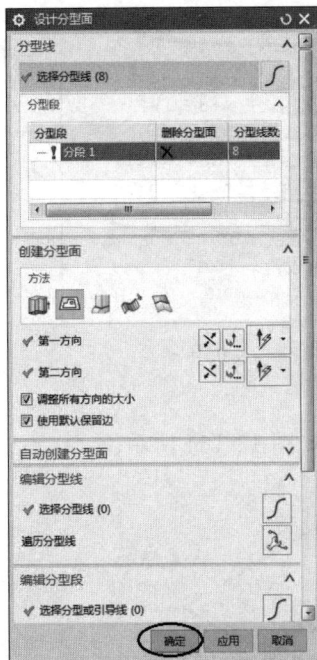

图 13-158　"设计分型面"对话框

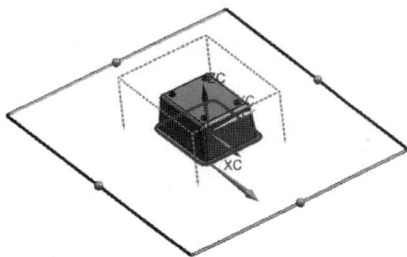

图 13-159　创建分型面

（5）单击"分型刀具"命令组中的"定义型腔和型芯"小图标 ，弹出图 13-160 所示"定义型腔和型芯"对话框，选项设置如黑圈所示。单击"确定"→"确定"→"确定"，完成型芯、型腔的创建。

（6）关闭图 13-161 所示分型导航器。单击视窗顶部"窗口"标签，勾选"盆子_top_…"选项，如图 13-162 所示，再打开装配导航器，双击"盆子_top_…"使之成为工作部件，并关闭（取消勾选）"盆子_pocket_…"，如图 13-163 所示。

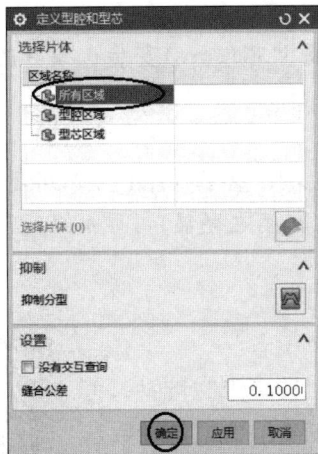

图 13-160　"定义型腔和型芯"对话框

图 13-161　分型导航器

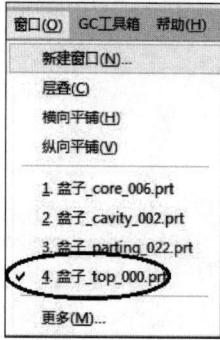

图 13-162　选择文件　　　　　　　图 13-163　装配导航器

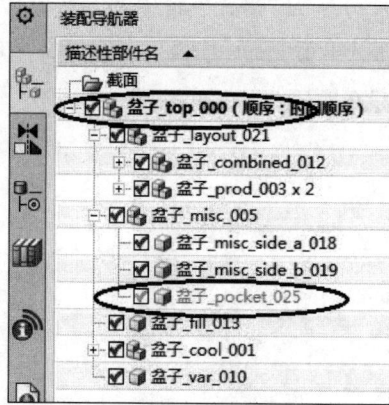

将视窗中图形静态线框进行显示,得到镶件线框图,如图 13-164 所示。

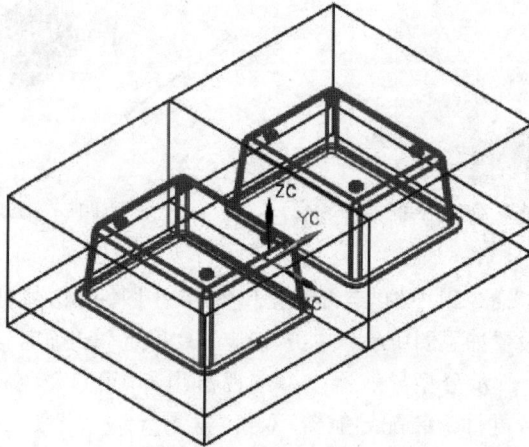

图 13-164　镶件线框图

为了使塑料件脱模方便,进行模具设计时,通常将型芯(core)安装在模具的动模部分(movehalf),型腔(cavity)安装在模具的定模部分(fixhalf)。

UG NX 注塑模向导的一些名称遵循了这一规律。

读者可打开装配节点"盆子_layout_…"及下面的节点"盆子_prod_…",可见很多文件,单击前面的√使之暗显,可关闭组件(单击某节点前的√使之亮显,可显示某组件的图形),使某零件在屏幕上不可见。

2. 加入标准件

1) 装载标准模架

单击"主要"命令组中的"模架库"小图标▤,弹出"模架库"对话框,再单击左边资源工具条中的小图标▦,弹出如图 13-165 所示的模架参数选择界面,各选项按黑圈所示设置,表示我们选用的模架为"龙记"大水口模架(LKM_SG),C 类型,工字边,基本尺寸为 250×350,A 板厚度 75,B 板厚度 70,

教学视频

垫块(C)厚度 100。单击"确定"按钮,稍等一会儿就会完成标准模架的装载,如图 13-166 所示。

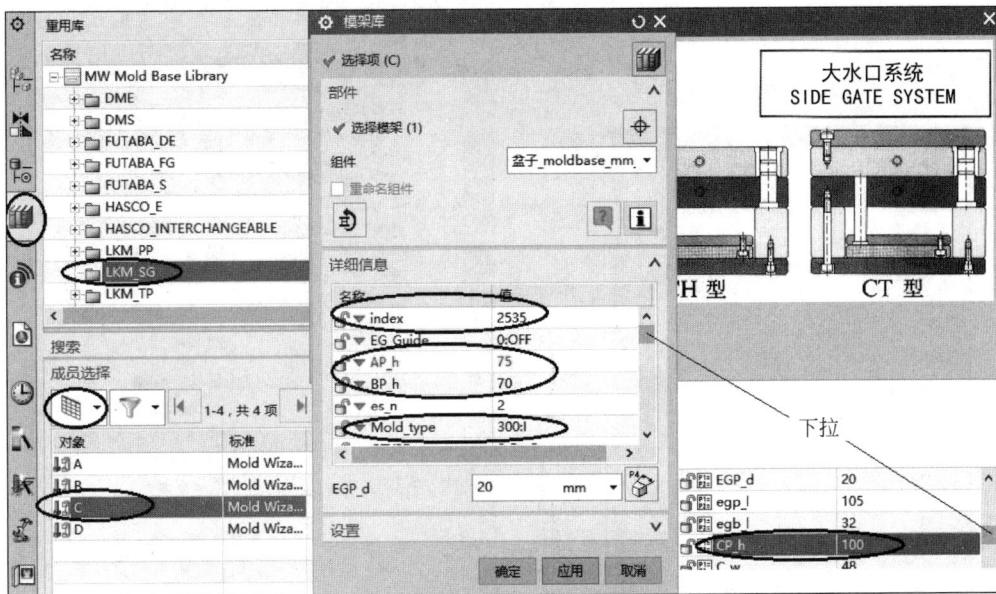

图 13-165　模架参数选择界面

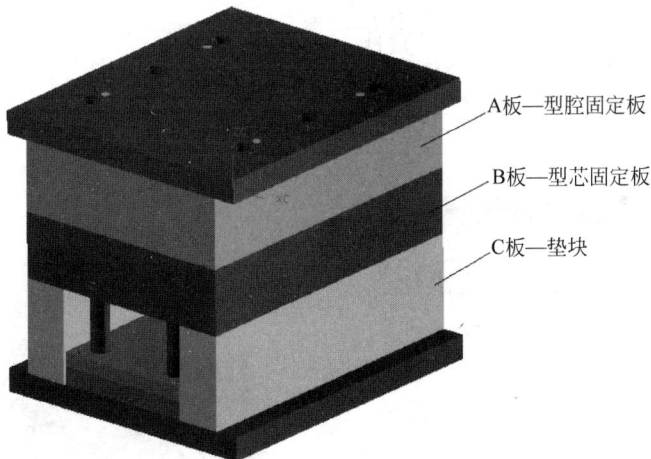

图 13-166　模架

　　单击"主要"命令组中的"腔"小图标 ,弹出图 13-167 所示"开腔"对话框,根据提示,在视图中选择型腔固定板、型芯固定板为目标体,单击鼠标中键后,再选择型腔固定板中的腔体(盆子_pocket_…)为工具体,然后单击对话框中的"确定"按钮,完成在模架动、定模型腔固定板上的开腔操作。

　　另外,为了以后看图方便,可将开腔体暂时消除,即将开腔体抑制,如图 13-168"抑制"选项所示。右击"盆子_pocket_…"在弹出的快捷菜单中单击"抑制"命令,弹出如图 13-169所示的"抑制"对话框,选择"始终抑制"单选按钮,再单击"确定"按钮,即可将开腔体抑制。

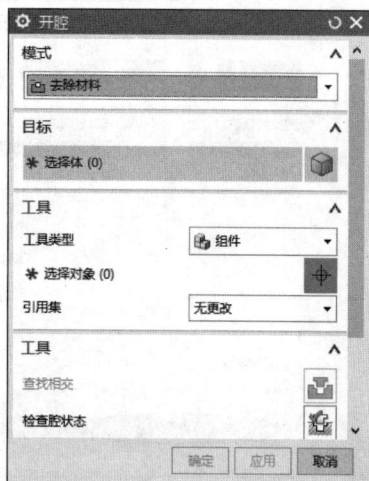

图 13-167　"开腔"对话框

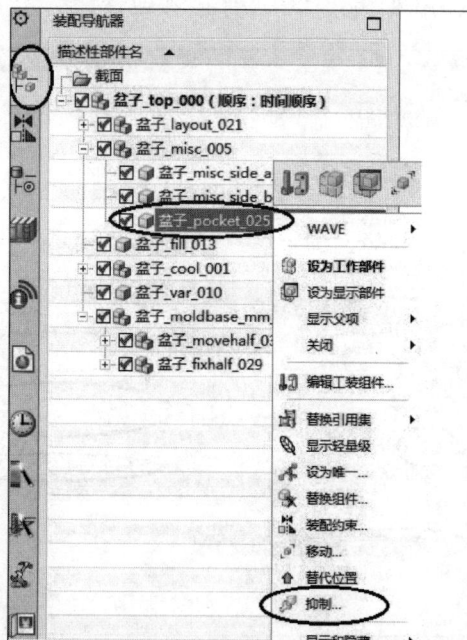

图 13-168　抑制选项

若需要再使用开腔体,可单击"装配"→"取消抑制组件"命令,在弹出的对话框中选择"盆子_pocket_…",单击"确定"按钮即可再现开腔体。

在装配导航器中关闭定模部分(…_fixhalf_…)型腔(…_cavity_…)等,可见图 13-170 所示动模图形。

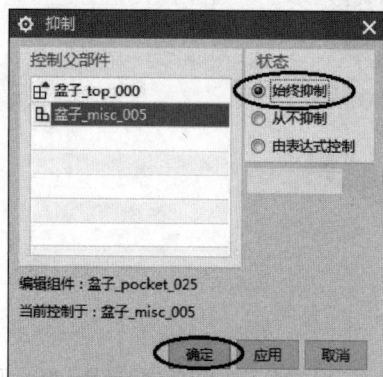

图 13-169　"抑制"对话框

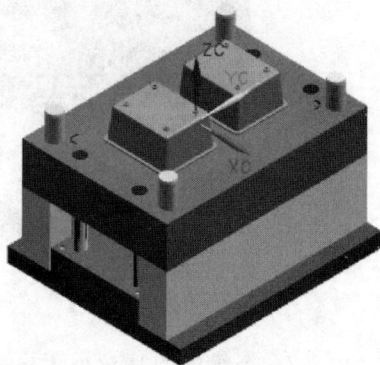

图 13-170　动模

2) 加入定位环

单击"主要"命令组中的小图标▇,弹出"标准件管理"对话框,再单击左边资源工具条中的小图标▇,弹出如图 13-171 所示定位环参数选择界面,各选项按黑圈所示设置。单击"确定"按钮,可以在模架上面加入定位环。

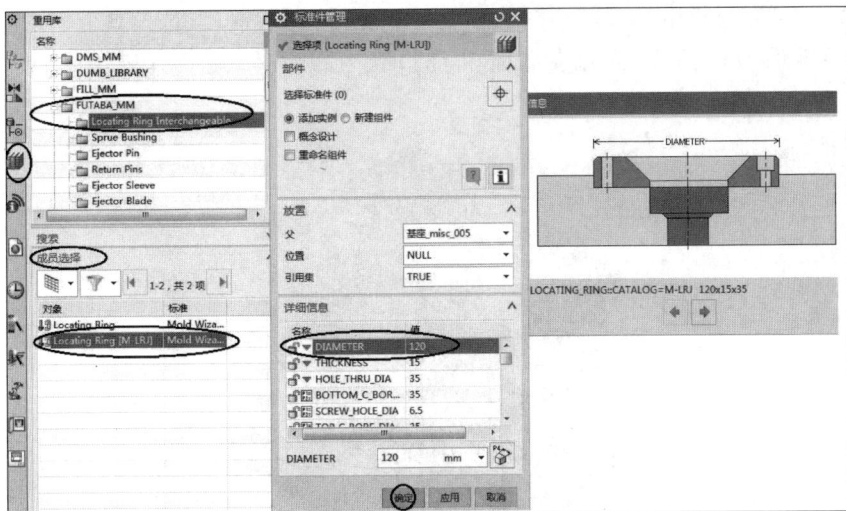

图 13-171　定位环参数选择界面

3）加入浇口套

单击"主要"命令组中的小图标 ，弹出"标准件管理"对话框，再单击左边资源工具条中的小图标 ，弹出图 13-172 所示的浇口套参数选择界面，各选项按黑圈所示设置。单击"确定"按钮，可看到在模架的上面加入了浇口套。由于浇口套被模架包住，所以渲染的情况下只是隐约可见，要将浇口套在模架中开腔才能清楚看到。

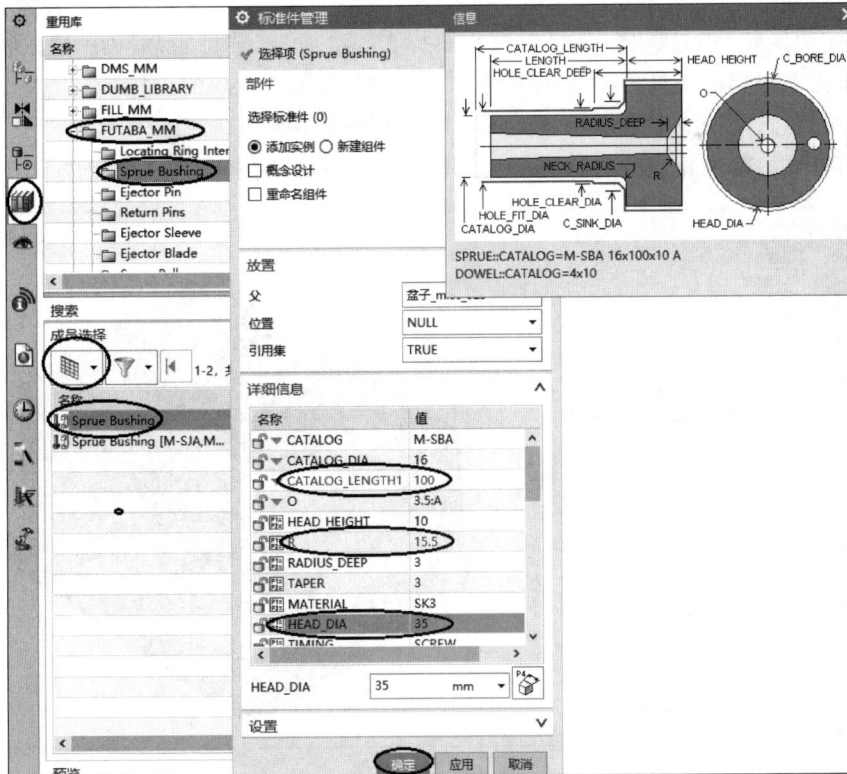

图 13-172　浇口套参数选择界面

单击"主要"命令组中的"腔"小图标 ，弹出"腔体"对话框,点选模具上面的定模座板、A 板及型腔零件为目标体,点选定位环和浇口套为刀具体,进行开腔,得到模具外形如图 13-173 所示。

图 13-173　模具外形

4) 加入顶杆及中心顶料杆

在装配导航器中,将"盆子_moldbase_…/盆子_movehalf_…"组件和"盆子_layout_…/盆子_prod…/盆子_core_…"组件打开,其他所有项目关闭,得到动模如图 13-174 所示。

单击注塑模向导"主要"命令组中的小图标 ，出现"标准件管理"对话框,再单击左边资源工具条中的小图标 ，弹出图 13-175 所示的顶杆参数选择界面,各选项按黑圈所示设置。单击"应用"按钮,弹出图 13-176 所示的"点"对话框,输入相应的坐标值(51,−18),单击"确定"按钮,这样就完成了 1 根顶杆的

教学视频

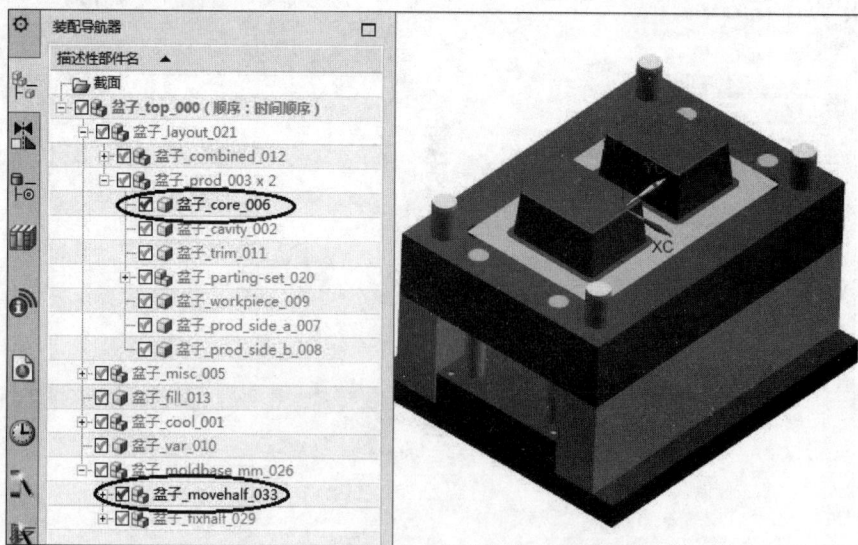

图 13-174　动模

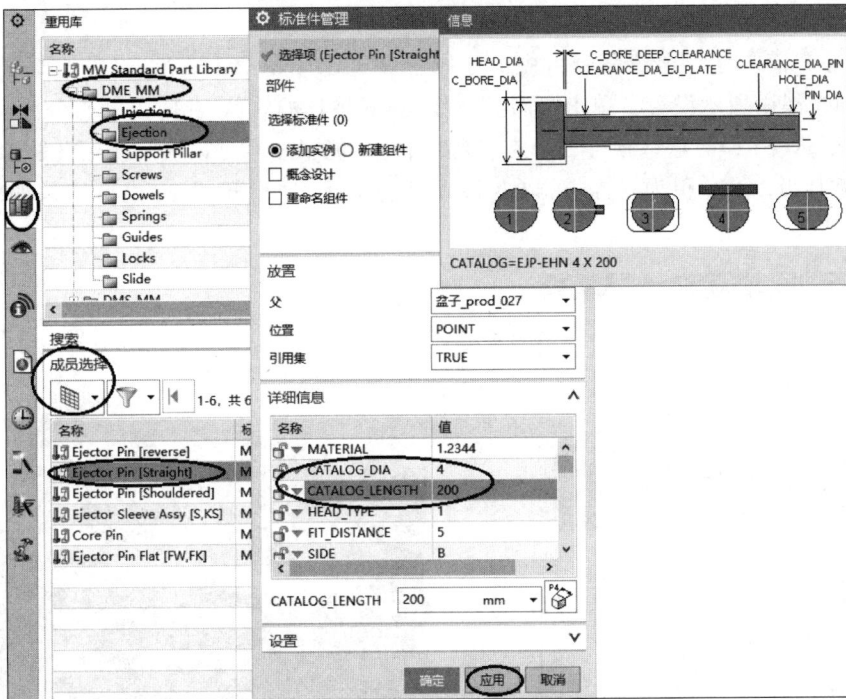

图 13-175　顶杆参数选择界面

加入。在同时出现的对话框中继续输入坐标值(−51,−18),(51,−105),(−51,−105),每输入一次坐标值,均单击"确定"按钮,然后连续两次单击"取消"按钮,完成每个产品边缘的4 根 $\phi4$ 顶杆的加入。用同样的方法加入产品顶部的 4 根 $\phi10$mm 的顶杆,坐标分别为(−30,−40),(30,−40),(−30,−85),(30,−85)。此时每腔总共加入 8 根顶杆,另一腔也自动加入 8 根顶杆,总计加入 16 根顶杆。

再用同样的方法在模具中心坐标为(0,0)处加入一根 $\phi6$mm 的顶杆作为主浇道的顶料杆。此时屏幕图形如图 13-177 所示。

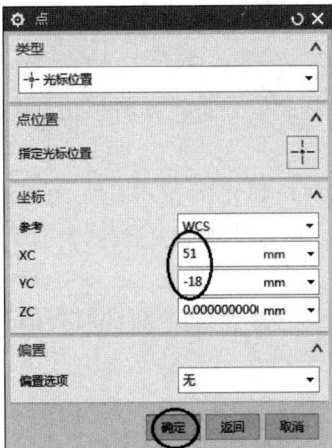

图 13-176　"点"对话框

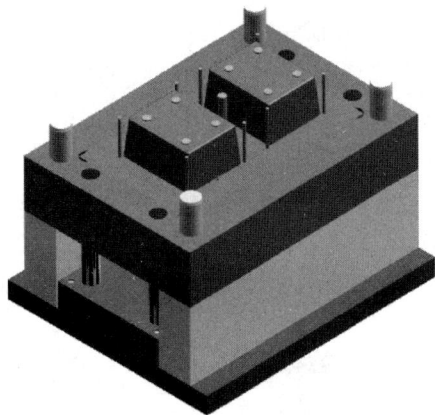

图 13-177　加入顶杆

5) 修剪顶杆及顶料杆

单击注塑模向导"主要"命令组中的小图标🔧,出现图13-178所示"顶杆后处理"对话框,各选项按黑圈所示设置。单击"确定"按钮,完成顶杆的修剪,此时顶杆与分型面齐平。

由于型芯(core)与这些顶杆混合在一起,所以只能隐约看见顶杆。使用开腔命令🔧,以型芯、模架B板以及e板为目标体,以8根顶杆为工具,进行开腔,完成后结果如图13-179所示。

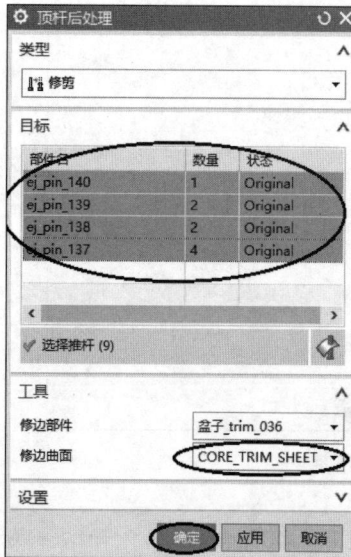

图 13-178　"顶杆后处理"对话框

图 13-179　以8根顶杆进行开腔

6) 加入主浇道拉料镶件

单击注塑模向导"主要"命令组中的小图标🔧,出现"标准件管理"对话框,再单击左边资源工具条中的小图标🔧,弹出图13-180所示的拉料镶件参数选择界面,选项按黑圈所示设置。单击"确定"按钮,在模架上面加入主浇道拉料镶件。由于镶件被模架包住,所以渲染的情况下只是隐约可见,要使用开腔🔧命令后才能清楚看到。

7) 修改中心顶料杆

现在主浇道凝料依靠拉料镶件的锥孔拉出,而顶料杆的任务是将凝料顶出锥孔,所以顶料杆应该缩短一个锥孔的长度。

双击拉料杆使之成为可编辑的工作部件,有可能此时屏幕上的拉料杆大大超出实际长度。若出现该情况,则在装配导航器中右击该部件,在弹出的快捷菜单中选择"替换引用集"→TRUE命令,则屏幕上的拉料杆变成实际尺寸。

然后利用建模中的偏置命令("插入"→"偏置/缩放"→"偏置面"),将拉料杆的顶端面缩进7mm。

8) 加入紧固螺钉

型芯依靠型芯固定板定位,由螺钉夹紧在固定板上。因此还要在固定板下加入螺钉,以便夹紧型芯。做法如下:

将大部分零部件关闭,只留下如图13-181所示的型芯及固定板图形。

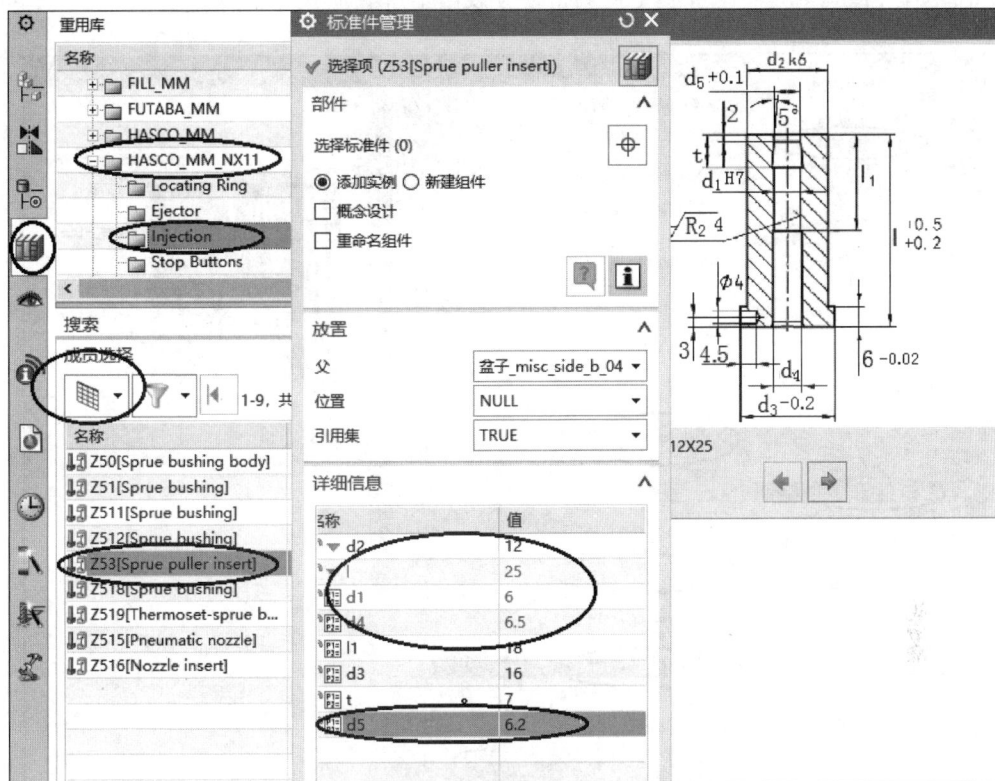

图 13-180　拉料镶件参数选择界面

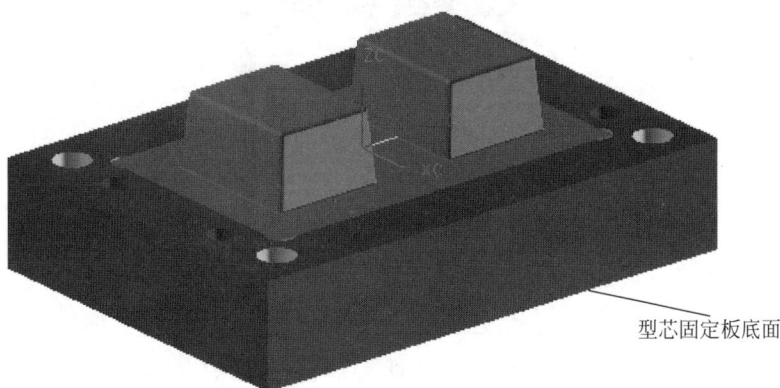

图 13-181　型芯及固定板

　　单击注塑模向导"主要"命令组中的小图标 ，出现"标准件管理"对话框，再单击左边资源工具条中的小图标 ，弹出图 13-182 所示的螺钉参数选择界面，各选项按黑圈所示设置。然后点选型芯固定板（B 板）底面，再单击对话框中的"应用"按钮，弹出图 13-183 所示"标准件位置"对话框，输入黑圈所示 X 偏置、Y 偏置数据，单击"应用"按钮，在视窗画面上 B 板的点坐标 $(65,115)$ 处绘出螺钉。在图 13-183 所示的文本框中修改位置坐标为 $(-65,115)$，再单击"应用"按钮。重复以上步骤，在 $(-65,-115)$、$(65,-115)$ 坐标位置也加入螺钉。最后单击"取消"、"取消"按钮,在垫板上绘制出 4 个紧固螺钉。

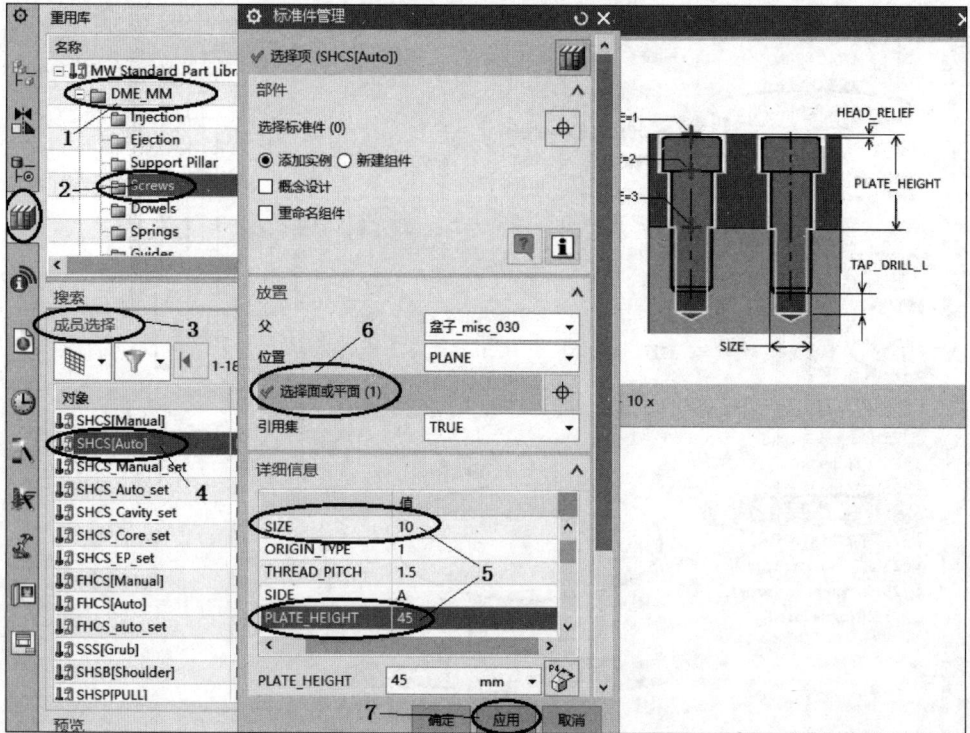

图 13-182　螺钉参数选择界面

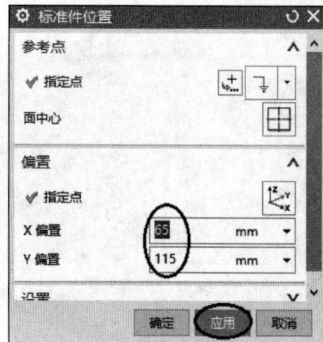

图 13-183　"标准件位置"对话框

采用同样的方法,在型腔与型腔固定板之间加入紧固螺钉,注意板厚度(PLATE HEIGHT)为 25mm,由于篇幅原因从略。

3. 小嵌件设计

关闭所有的组件,然后只打开"盆子_cavity_…"节点,单击注塑模向导"主要"命令组中的小图标 ,弹出"子镶块设计"对话框,再单击左边资源工具条中的小图标 ,弹出图 13-184 所示的小嵌件参数选择界面,选项按黑圈所示设置。单击"确定"按钮,弹出"点"对话框,框上类型选圆心捕捉,然后分别点选(每点选 1 个圆心再单击一次"确定"按钮)有"work"标记的

教学视频

型腔中的 4 个凹槽，加入 4 个嵌件，如图 13-185 所示。单击对话框中的"取消"按钮即完成设计。

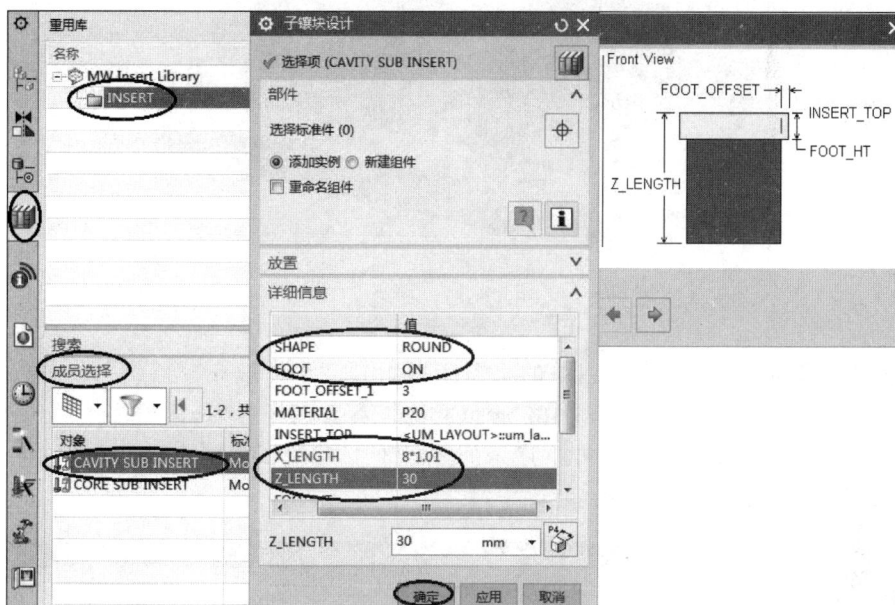

图 13-184　小嵌件参数选择界面

单击注塑模向导"注塑模工具"命令组中的小图标 ▣，弹出图 13-186 所示"修边模具组件"对话框，并作如黑圈所示选择，然后点选 4 个嵌件，单击"确定"按钮完成对 4 个嵌件的修剪，最后进行开腔操作 ▣。

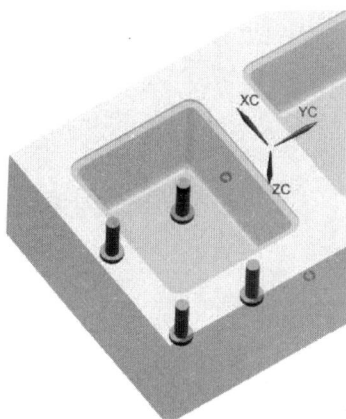

图 13-185　4 个小嵌件

图 13-186　"修边模具组件"对话框

4. 浇注系统设计

除"…core…"文件外，关闭所有文件，并将"放大镜_top_…"设置成工作部件，另外在装配导航器中勾选"盆子_fill…"文件，将图形旋转成 TOP 视图，型芯如图 13-187 所示。

图 13-187　型芯

　　单击注塑模向导"主要"命令组中的小图标 ▣，出现"设计填充"对话框，再单击左边资源工具条中的小图标 ▦，弹出图 13-188 所示的浇口参数选择界面，选项按黑圈所示设置。捕捉模具坐标中心点，出现如图 13-189 所示的浇口，然后将浇口旋转方向改变为如图 13-190所示，再单击"设计填充"对话框中的"确定"按钮。

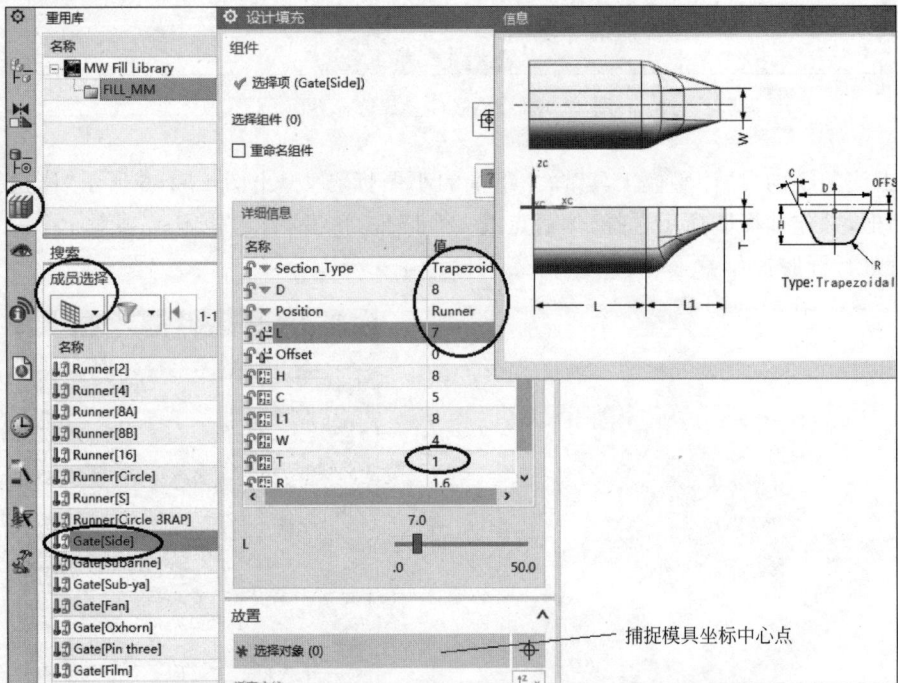

图 13-188　浇口参数选择界面

　　利用同样的方法在对面腔再加入一个浇口，结果如图 13-191 所示。

　　最后将浇注系统在型腔、浇口套上开腔。

5. 建立整体的型腔、型芯零件

　　型腔、型芯分别由两块镶件组成，作为一个整体件应该将两块镶件合成一块。关闭其他所有零部件，只留下型芯、型腔零件。

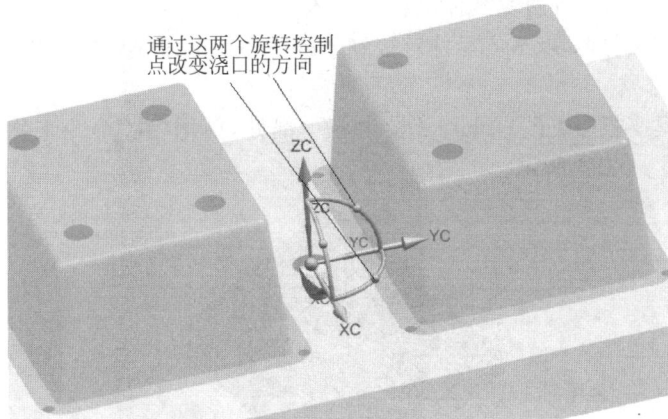

图 13-189　浇口

图 13-190　旋转浇口

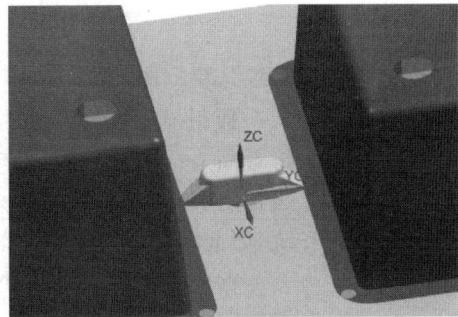

图 13-191　对称侧浇口

在装配导航器中将"盆子_comb_cavity_ …"设置为工作部件，如图 13-192 所示。

单击 菜单(M) ▾ →"插入"→"关联复制"→"WAVE 几何链接器"命令，出现图 13-193 所示的"WAVE 几何链接器"对话框，在"类型"下拉列表框中选择"体"图标，然后选择屏幕中上面两块 cavity 镶件，再单击对话框中的"确定"按钮，这样将两块 cavity 零件链接到 comb-cavity 中。

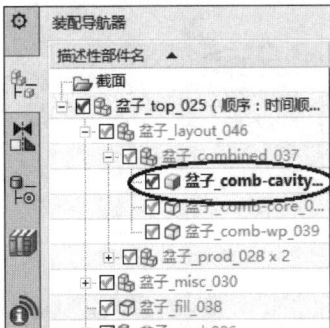

图 13-192　设置工作部件

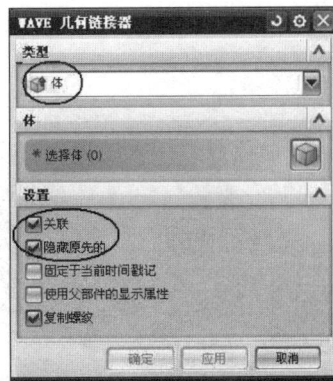

图 13-193　"WAVE 几何链接器"对话框

使用"求和"命令 ![icon]，将两块零件组合成整体。

采用同样的方法将两块 core 零件链接到 comb-core 里面并组成一整体。

6. 模架零件修整

将模架的动模座板"盆子_l_plate_"设为显示部件，使用"孔"命令在零件的中心部位打一 ∅30 的孔，如图 13-194 所示。

图 13-194　中心孔

7. 绘制模具二维总装配图

抑制掉非模具零件的节点，例如浇道等，再打开模具所有的零部件，并将最高一级节点"…_top_…"转变为工作部件。由于模具的俯视图通常要去掉定模部分，直接从动模部分画俯视图，这样有利于看清型腔及浇注系统，因此需要将动、定模组件分别显示。

首先关闭模架以及动模上的所有组件，此时视窗中的定模组件图形如图 13-195 所示。

单击"模具图纸"命令组中的"装配图纸"小图标 ![icon]，弹出图 13-196 所示的"装配图纸"对话框，选项按黑圈所示设置。框选屏幕上如图 13-195 所示的定模组件，先后单击对话框中的"应用"和"取消"按钮，将所有定模组件属性指派为 A。

教学视频

图 13-195　定模组件

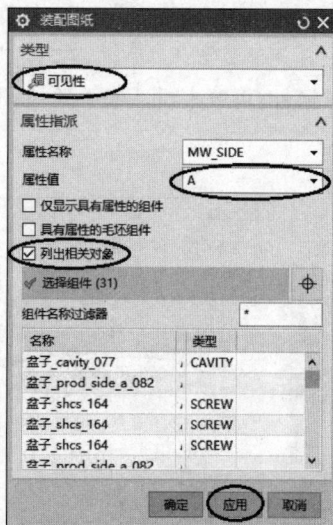

图 13-196　"装配图纸"对话框

再关闭所有定模组件,打开动模上的组件,结果如图 13-197 所示。重复前述步骤,弹出图 13-198 所示的"装配图纸"对话框,选项按黑圈所示设置,注意属性值为 B。框选图 13-197 所示动模组件的所有零件,先后单击"应用"和"取消"按钮,将所有动模组件属性指派为 B。

图 13-197　动模组件

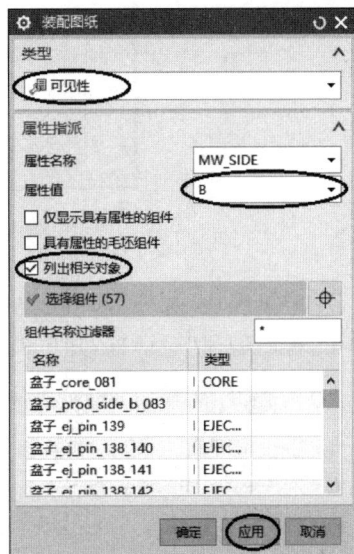

图 13-198　"装配图纸"对话框

再打开包括模架在内的所有模具组件,可得完整模具如图 13-199 所示。

单击"模具图纸"命令组中的"装配图纸"小图标,弹出图 13-200 所示的"装配图纸"对话框,选项按黑圈所示设置。先后单击"应用"和"取消"按钮,进入 A0 图纸页面,如图 13-201 所示。

图 13-199　完整模具

图 13-200　"装配图纸"对话框

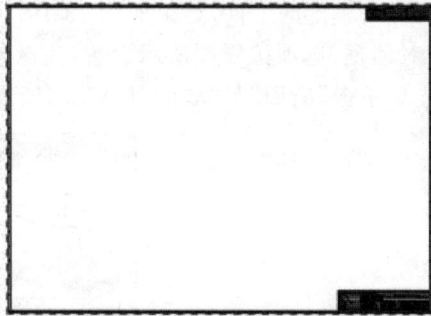

图 13-201　A0 图纸页面

切换到"应用模块"选项卡,再单击图 13-202 中"制图"小图标,如黑圈所示,进入制图模块。若弹出"视图创建"对话框,则单击"取消"按钮。

图 13-202　主选项卡

单击小图标🗒,首先添加基本视图为左视图,再投影俯视图,如图 13-203 的二维图所示。

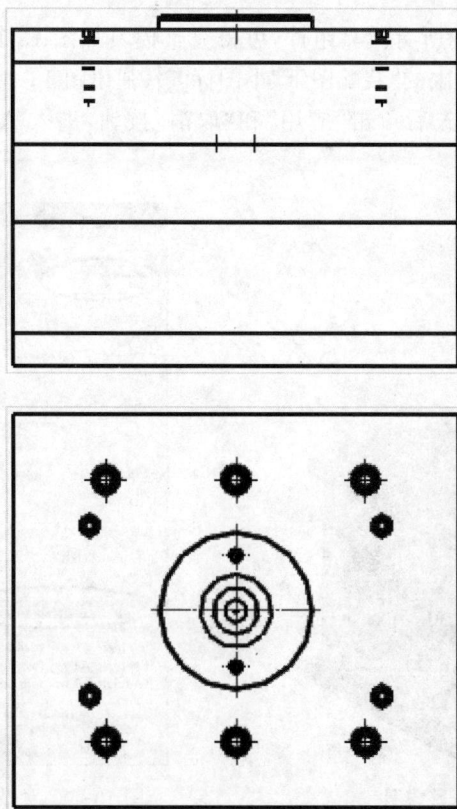

图 13-203　二维图

为了在主视图中反映模具的型芯、型腔、小嵌件、顶杆以及模架特征,剖切位置必须经过导柱、顶出杆、成型零件等,所以要将这些零件位置在俯视图上显现。

双击俯视图,弹出图 13-204 所示的"设置"对话框,选项按黑圈所示设置。单击对话框中的"确定"按钮,在俯视图中显示内部的零件轮廓,如图 13-205 所示。

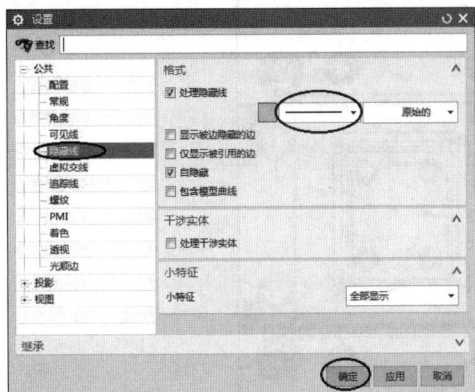

图 13-204　"设置"对话框

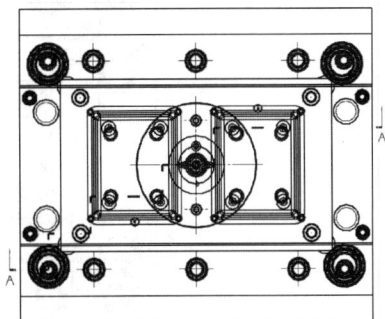

图 13-205　俯视图

使用"剖视图"命令 ,剖切位置经过模架的导柱、顶杆、成型零件、小嵌件、浇口等,如 A—A 剖切线所示,投影出主视图,删除原主视图,如图 13-206 所示。

切换到"注塑模向导"选项卡,单击"模具图纸"命令组中的"装配图纸"小图标 ,弹出图 13-207 所示的"装配图纸"对话框,选项按黑圈所示设置。单击"确定"按钮,得到俯视图如图 13-208 所示。

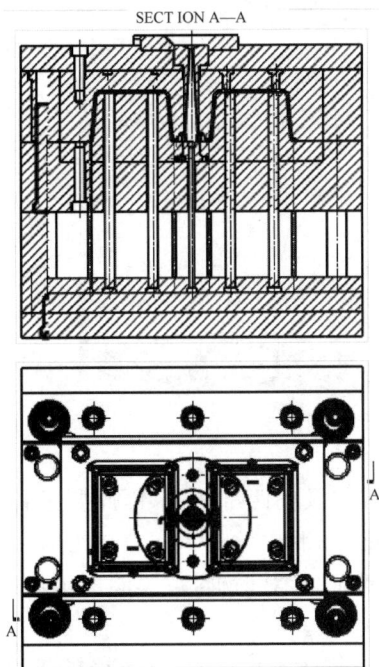

图 13-206　二维图

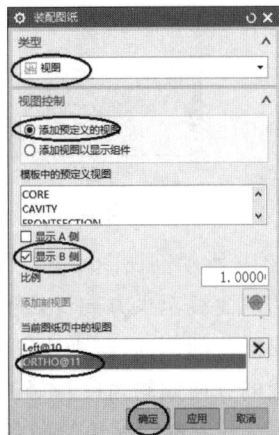

图 13-207　"装配图纸"对话框

双击图 13-208 所示俯视图的边缘,弹出图 13-209 所示的"设置"对话框,选项设置如黑圈所示,单击"确定"按钮。采用同样的方法修改图 13-206 所示二维图的主视图,最后得到图 13-210 所示三视图。

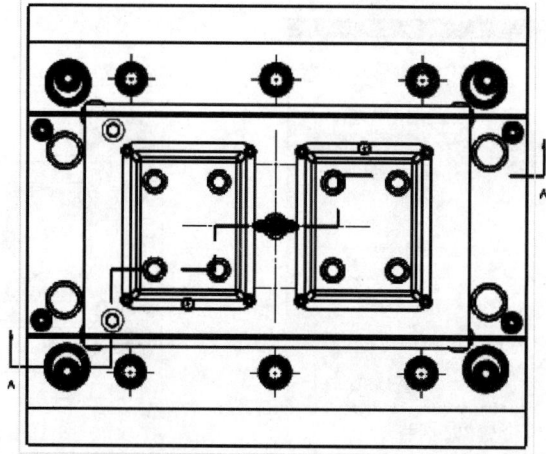

图 13-208　俯视图

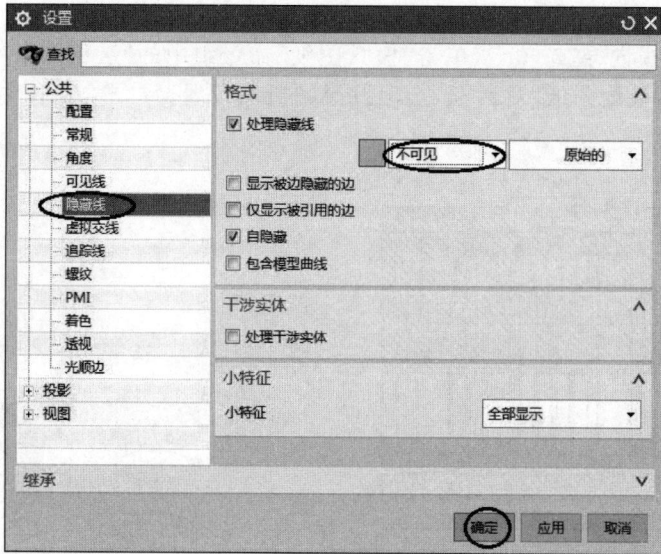

图 13-209　"设置"对话框

图 13-210 所示剖视图中各个零件的剖面线方向及间距都相同,因此要进行修改,使得相邻零件的剖面线至少方向应该不一致。修改方法如下:

双击要修改的剖面线,弹出图 13-211 所示"剖面线"对话框,按黑圈所示修改剖面线间距和剖面线的方向倾斜角度。修改后单击"确定"按钮。

利用 UG NX 制图模块绘制各个不同剖面的二维图不太方便,对于较复杂的图形,在生成各向视图后,应转换成 AutoCAD 文件。使用 AutoCAD 软件修改和标注尺寸比 UG NX 软件方便。

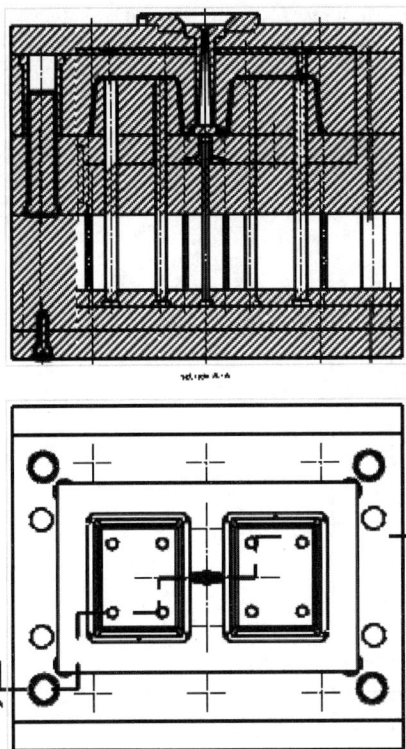

图 13-210　三视图

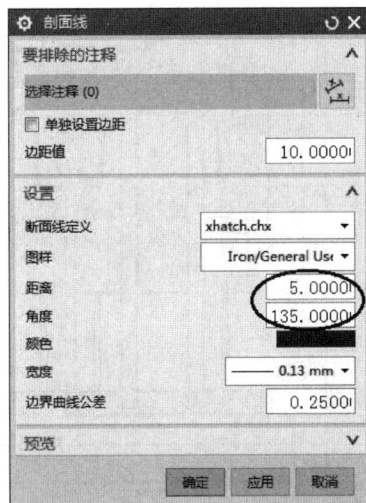

图 13-211　"剖面线"对话框

8. UG NX 二维工程图转换为 AutoCAD 文件

在 UG NX 中画好二维工程图后,单击菜单栏中的"文件"→"导出"→"AutoCAD DXF/DWG…"命令,弹出图 13-212 所示"导出向导"对话框。在对话框的黑圈所示文本框中输入 AutoCAD 文件的存放路径,单击"完成"按钮,过一段时间,出现"导出转换作业"对话框,再单击该对话框中的"是"按钮,将 UG NX 二维图转换成 AutoCAD 图形文件。

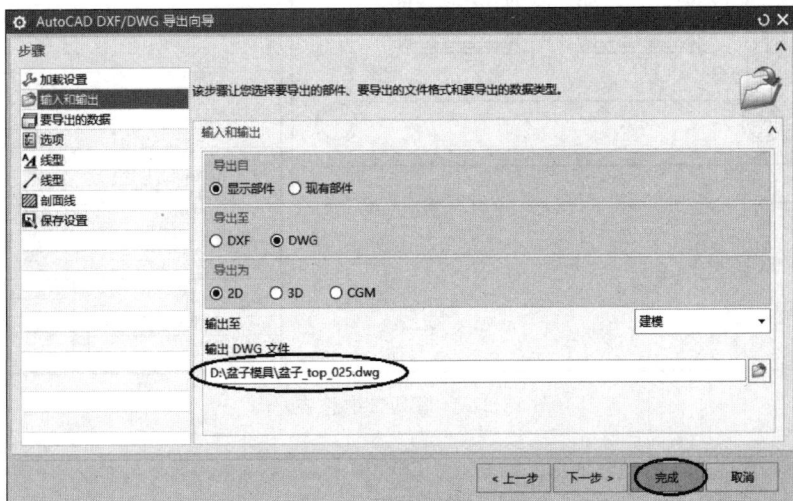

图 13-212　"导出向导"对话框

最后根据我国的制图习惯,在既简单又能清楚地反映各个零部件装配关系的原则下,在 AutoCAD 软件中将 UG NX 二维工程图转换过来的图绘制成如图 13-213 所示的模具二维总装配图。

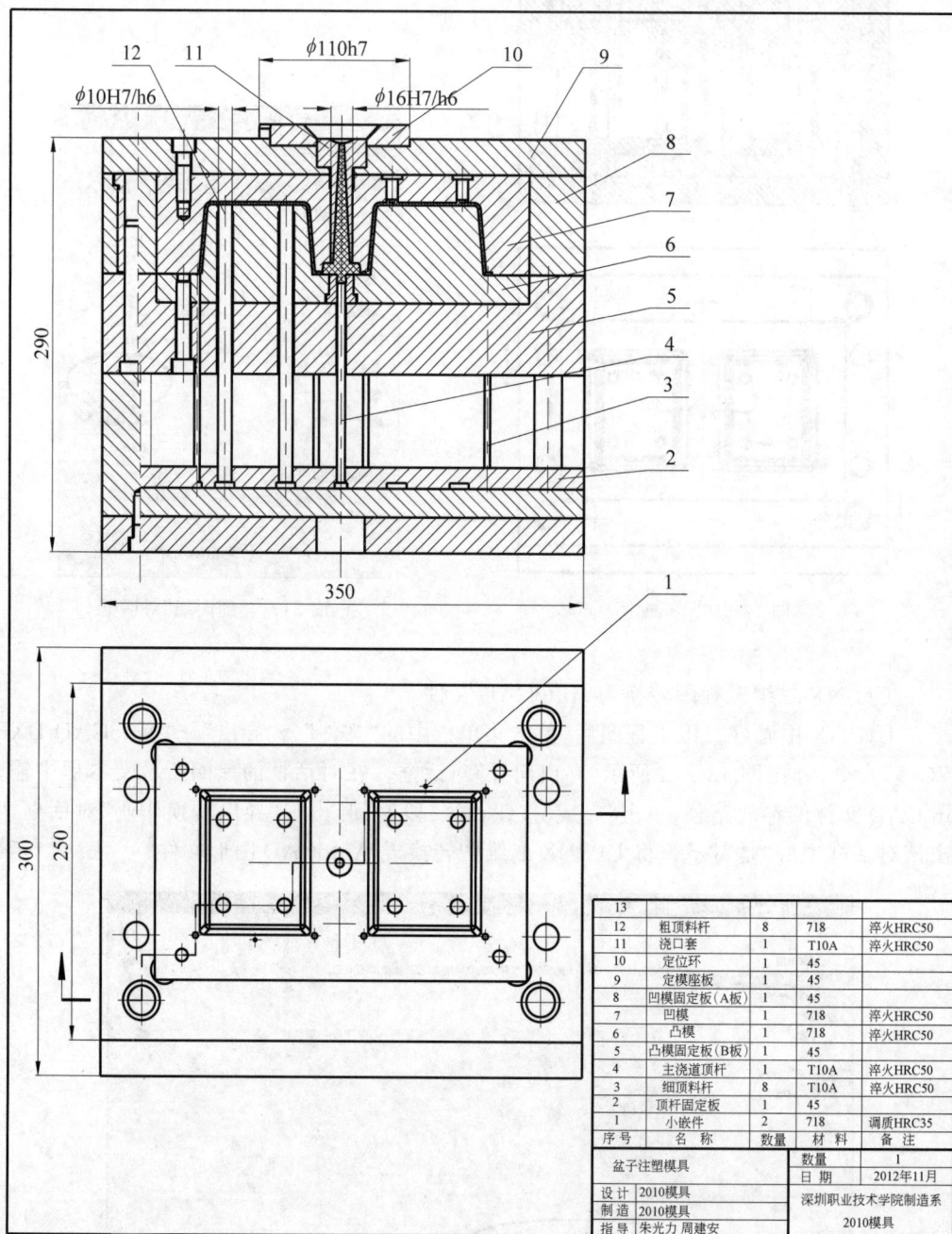

13				
12	粗顶料杆	8	718	淬火HRC50
11	浇口套	1	T10A	淬火HRC50
10	定位环	1	45	
9	定模座板	1	45	
8	凹模固定板(A板)	1	45	
7	凹模	1	718	淬火HRC50
6	凸模	1	718	淬火HRC50
5	凸模固定板(B板)	1	45	
4	主浇道顶杆	1	T10A	淬火HRC50
3	细顶料杆	8	T10A	淬火HRC50
2	顶杆固定板	1	45	
1	小嵌件	2	718	调质HRC35
序号	名　称	数量	材　料	备　注

盆子注塑模具	数量	1
	日　期	2012年11月
设计 2010模具	深圳职业技术学院制造系
制造 2010模具	2010模具
指导 朱光力 周建安	

图 13-213　模具二维总装配图

习　　题

以下习题的产品模型可从清华大学出版社网站下载,产品模具分型设计解答可扫描图旁二维码。

13-1　产品模型如题 13-1 图所示,设计注塑模具。

题 13-1 图

习题 13-1
教学视频

13-2　产品模型如题 13-2 图所示,设计注塑模具。

题 13-2 图

习题 13-2
教学视频

13-3　产品模型如题 13-3 图所示,设计注塑模具。

题 13-3 图

习题 13-3
教学视频

参 考 文 献

[1] 塑料模具技术手册编写委员会.塑料模具设计手册[M].北京：机械工业出版社,1997.

[2] 蒋继宏,王效岳.注塑模具典型结构 100 例[M].北京：中国轻工业出版社,2000.

[3] 马金骏.塑料模具设计[M].北京：中国轻工业出版社,1989.

[4] 屈华昌.塑料成型工艺与模具设计[M].北京：机械工业出版社,1996.

[5] 王树勋.注塑模具设计与制造实用技术[M].广州：华南理工大学出版社,1996.

[6] Unigraphics Solutions Inc. UG 注塑模具设计培训教材[M].唐海翔,译.北京：清华大学出版社,2002.

[7] 深圳南方模具厂.注塑模标准模架订购图册.

[8] 深圳兴龙模具厂.注塑模标准模架订购图册.

附 录

附录 A 各种经验数据表

表 A-1 注塑模具的材料及热处理方法

零件名称	主要性能要求	材料名称	热处理方法	硬度	国外一些材料牌号
型腔板、主型芯、斜滑块、哈夫块及推板等	必须具有一定的强度，表面须耐磨、淬火变形要小，有的还需要耐腐蚀	45、45Mn、40MnB、40MnVB T8A、T10A 3Cr2W8V 9Mn2V、CrWMn 9CrSi2、Cr12 10、15、20	调质 淬火加低温回火 淬火加中温回火 淬火加低温回火 （采用冷挤压工艺） 正火	28～33HRC 50～55HRC 45～50HRC 55～60HRC ≥180HB	P20、718H、MUP、GS2344、8407（硬模）、S55C、638（氮化、52～56HRC）、738、2311
定、动模固定板、底板、顶板、导滑条及模脚等	须有一定的强度	45、45Mn2、40MnB、40MnV8 25、20、15 Q235	调质 正火	25～30HRC	S55C、S50C、GS2510
浇口套	表面耐磨、冲击强度要高，有时还须有热硬性和耐腐蚀	T8A、T10A 9Mn2V、CrWMn、9CrSi2、Cr12	淬火加低温回火 淬火加低温回火	55～60HRC 55～60HRC	S55C、SUJ2
斜导柱、导柱及导套等		20、20Mn2B T8A、T10A	渗碳 表面淬火	50～55HRC 55～60HRC	SUJ2
型销、顶出杆和拉料杆	须有一定的强度及耐磨性	T8A、T10A 45	端部淬火加低温回火 端部淬火	55～60HRC 40～45HRC	SUJ2
螺钉等		25、35、45	淬火加中温回火	40HRC左右	标准

表 A-2　各种牌号钢材性能、用途对照

钢类	雄峰牌号 (XFQB)	中国牌号 (GB)	AISI(美)	JIS(日)	DIN(德)	特征	用途	尺寸范围 /mm 或 mm×mm	出厂硬度 /HB
冷作模具钢		Cr12	D3	SKD1	X210Cr12	高耐磨性;高红硬性	冷冲模及冲头、拉伸模、冷挤模	8~250	≤255
		Cr12MoV		SKD11	X165CrMoV12	高耐磨性;高红硬性;高的韧性	高耐磨的冷冲模及冲头、深拉模、冷挤模、塑料模具	25~250	≤255
	XFC1211	Cr12Mo1V1	D2	SKD111	X155G-VM0121	高耐磨性;高红硬性;较高的韧性和尺寸稳定性	重承载的冲压模、搓丝模、冷挤压工具、陶瓷制品模具、塑料模具	(16~60)×(70~550)	≤255
热作模具钢	XFH5111	4Cr5MoSiV1	H13	SKD61	X40CrMoV51	高热强性;高韧性的耐磨性	锌、铝及其合金压铸模、热挤压杆、挤压垫片	80~450	≤235
	XFH5111R	4Cr5MoSiV1 电渣	H13(ESR)	SKD61	X40CrMoV51	优质;高纯 H13	锌、铝及其合金压铸模、热锻模、塑料模具	100~400	≤235
			H21	SKD5	X30WCrV53	高热强性;高耐磨性;较高的韧性	锌、铝、镁及其合金压铸模、铜、铝、镁及其合金的热挤压工具、锻模	25~230	≤255
		6G	6G	SKT3	40CrMnMo7	高热强性;一定的热强性和耐磨性	合金钢的热挤压模、各种中小型热锻模、热挤压筒	40~380	≤235
塑料模具钢	XFP3211R	3Cr2Mo (+Ni)	P20	瑞典 ASSAB718	GS2738 (P20+Ni)	高纯度、多用途、优质	通用型各种大、中、小型塑料模具	20~50 (20~50)×(70~550)	280~325
	XFP413R	420.ESR	420.ESR	瑞典 ASSAB S136	GS2316	镜面抛光及防腐、优质	用于各类耐腐蚀的塑料模具	20~350 (20~50)×(70~500)	≤230
碳素工具钢		T8	W108	SK6	C80W-2,C85W-1	普通用途工具钢	形状简单、精度低的量具、刀具	10~250	≤187
合金工具钢		CrWMn	ASTM:O1(O7)	SKS31	105WCr6	高碳透性冷作模具钢	形状复杂、精度高的冲压模具	25~200	≤255
		9CrSi			90CrSi5	高强度冷作模具钢	冷冲模、形状复杂的轻载冷镦模	25~200	241~197
高速工具钢		W18Cr4V	T1	SKH2	S18-0-1(B18)	优质耐磨耐热工具钢	高速耐热耐磨刀具、高温轴承、模具、轧辊	12~160	≤230
合金结构钢		20CrMnTi		大同:SMK22		合金渗碳钢	汽车、拖拉机等中载变速箱齿轮	25~250	≤217
		38CrMoAl	SACM645		34CrAlMo5	合金氮化钢	注塑机等重要轴类	45~250	≤229
		40Cr	SAE:5140	SC440	41Cr4	合金调质钢	一般传动齿轮及轴类	20~360	≤207
碳素结构钢		45(50)	C1045 (C1050)	S40C (S50C)	CK40,CK53 CF56	优质调质钢	一般注塑模、模块及模架、要求不高的机械零件	8~300 (20~120)×(1500~1800)	229~167
弹簧钢		60Si2Mn	SAE:9260	SUP7	65Si7	高强度、高弹性极限弹簧钢	各种车辆及拖拉机的弹簧、阀门弹簧	20~160	≤321
轴承钢		GCr15	E52100	SUJ2	100Cr6	高碳透性轴承钢	汽车、拖拉机及机床轴承、轴套、滚珠、滚子、冷轧辊	20~300	207
不锈钢		2Cr13	420	SUS420JI	X20Cr13	不锈耐酸钢	汽轮机叶片、阀门、阀座、喷嘴、医用刀剪、耐酸、耐热、抗磁的容器及设备	20~300	269
		1Cr118Ni9Ti	321	SUS321	X10CrNiTi18.9	高碳耐酸耐热不锈钢		25~300	187

表 A-3　常用塑料的注塑参数

名称	硬聚氯乙烯	软聚氯乙烯	低密度聚乙烯	高密度聚乙烯	聚丙烯	共聚聚丙烯	玻纤增强聚丙烯	聚苯乙烯	改性聚苯乙烯	丙烯腈-丁二烯-苯乙烯共聚物		
										ABS	耐热级 ABS	阻燃级 ABS
代号	HPVC	SPVC	LDPE	HDPE	PP	PP	GRPP	PS	HIPS	ABS	ABS	ABS
收缩率/%	0.5~0.7	1~3	1.5~4	1.3~3.5	1~2.5	1~2	0.6~1	0.4~0.7	0.4~0.7	0.4~0.7	0.4~0.7	0.4~0.7
密度/(g·cm⁻³)	1.35~1.45	1.16~1.35	0.910~0.925	0.941~0.965	0.90~0.91	0.91		1.04~1.06		1.02~1.16	1.02~1.16	1.02~1.16
设备 类型	螺杆式	螺杆式	螺杆式	螺杆式	螺杆式	螺杆式	螺杆式	螺杆式	螺杆式	螺杆式	螺杆式	螺杆式
螺杆转速/(r·min⁻¹)	20~40	40~80	60~100	40~80	30~80	30~60	30~60	40~80	40~80	30~60	30~60	20~50
喷嘴形式	直通式	直通式	直通式	直通式	直通式	直通式	直通式	直通式	直通式	直通式	直通式	直通式
温度/℃ 料筒一区	150~160	140~150	140~160	150~160	150~170	160~170	160~180	140~160	150~160	150~170	180~200	170~190
料筒二区	165~170	155~165	150~170	170~180	180~190	180~200	190~200	170~180	170~190	180~190	210~220	200~210
料筒三区	170~180	170~180	160~180	180~200	190~205	190~220	210~220	180~190	180~200	200~210	220~230	210~220
喷嘴	150~170	145~155	150~170	160~180	170~190	180~220	190~200	160~170	170~180	180~190	200~220	180~190
模具	30~60	30~40	30~45	30~50	40~60	40~70	30~80	30~50	20~50	50~70	60~85	50~70
压力/MPa 注塑	80~130	40~80	60~100	80~100	60~100	70~120	80~120	60~100	60~100	60~100	85~120	60~100
保压	40~60	20~30	40~50	50~60	50~60	50~80	50~80	30~40	30~50	40~60	50~80	40~60
时间/s 注塑	2~5	1~3	1~5	1~5	1~5	1~5	2~5	1~3	1~5	2~5	3~5	3~5
保压	10~20	5~15	5~15	10~30	5~10	5~15	5~15	10~15	5~15	5~10	15~30	15~30
冷却	10~30	10~20	15~20	15~25	10~20	10~20	10~20	5~15	5~15	5~15	15~30	15~30
周期	20~55	10~38	20~40	25~60	15~35	15~40	15~40	20~30	15~30	15~30	30~60	30~60
后处理 方法								红外线烘箱		红外线烘箱	红外线烘箱	
温度/℃								70~80		70	70~90	70~90
时间/h								2~4		0.3~1	0.3~1	0.3~1
备注								预干燥 0.5h 以上	预干燥 0.5h 以上	预干燥 0.5h 以上	预干燥 0.5h 以上	预干燥 0.5h 以上

续表

材料名称	丙烯腈-氯化聚乙烯-苯乙烯	苯乙烯-丁二烯-丙烯腈	有机玻璃	有机玻璃	聚甲醛	共聚聚甲醛	聚碳酸酯	聚碳酸酯	玻纤增强聚碳酸酯	聚砜	改性聚砜	玻纤增强聚砜
代号	ACS	AS(SAN)	PMMA	PMMA	POM	POM	PC	PC	GRPC	PSU	改性 PSU	DRPSU
材料 收缩率/%	0.5~0.8	0.4~0.7	0.5~1.0	0.5~1.0	2~3	2~3	0.5~0.8	0.5~0.8	0.4~0.6	0.4~0.8	0.4~0.8	0.3~0.5
材料 密度/(g·cm⁻³)	1.07~1.10		1.17~1.20	1.17~1.20	1.41~1.43	—	1.18~1.20	1.18~1.20	—	1.24	—	1.34~1.40
设备 类型	螺杆式	螺杆式	柱塞式	螺杆式	柱塞式	螺杆式	柱塞式	螺杆式	螺杆式	螺杆式	螺杆式	螺杆式
设备 螺杆转速/(r·min⁻¹)	20~30	20~50	—	20~30	—	20~40	—	20~40	20~30	20~30	20~30	20~30
设备 喷嘴形式	直通式	直通式	直通式	直通式	直通式	直通式	直通式	直通式	直通式	直通式	直通式	直通式
温度/℃ 料筒一区	160~170	170~180	180~200	180~200	170~180	170~190	260~290	240~270	260~280	280~300	260~270	290~300
温度/℃ 料筒二区	180~190	210~230	210~240	190~230	180~200	180~200	—	260~290	270~310	300~330	280~300	310~330
温度/℃ 料筒三区	170~180	200~210	210~240	180~210	170~190	170~190	270~300	240~280	260~290	290~310	260~280	300~320
温度/℃ 喷嘴	160~180	180~190	180~210	180~200	170~180	170~180	240~250	230~250	240~270	280~290	250~260	280~300
温度/℃ 模具	50~60	50~70	40~80	40~80	80~100	80~100	90~110	90~110	90~110	130~150	80~100	130~150
压力/MPa 注塑	80~120	80~120	80~130	80~120	80~120	80~120	100~140	80~130	100~140	100~140	100~140	100~140
压力/MPa 保压	40~50	40~50	40~60	40~60	40~60	40~60	50~60	40~60	40~60	40~50	40~50	40~50
时间/s 注塑	1~5	2~5	3~5	1~5	2~5	2~5	1~5	1~5	2~5	1~5	1~5	2~7
时间/s 保压	15~30	15~30	10~20	10~20	20~40	20~40	20~80	20~80	20~60	20~80	20~50	20~50
时间/s 冷却	15~30	15~30	15~30	15~30	20~40	20~40	20~50	20~50	20~50	20~50	20~40	20~40
时间/s 周期	40~70	40~70	35~55	35~55	40~80	40~80	40~120	40~120	40~110	50~130	40~100	40~100
后处理 方法	红外线烘箱	红外线烘箱	红外线烘箱	红外线烘箱	红外线烘箱	红外线烘箱	红外线烘箱	红外线烘箱	红外线烘箱	热风烘箱	热风烘箱	热风烘箱
后处理 温度/℃	70~80	70~90	60~70	60~70	140~150	140~150	100~110	100~110	100~110	170~180	70~80	170~180
后处理 时间/h	2~4	2~4	2~4	2~4	1	1	8~12	8~12	8~12	2~4	1~4	2~4
备注	预干燥 0.5h 以上	预干燥 0.5h 以上	预干燥 1h 以上	预干燥 1h 以上	预干燥 2h 以上	预干燥 2h 以上	预干燥 6h 以上	预干燥 6h 以上	预干燥 6h 以上	预干燥 2~4h	预干燥 2~4h	预干燥 2~4h

续表

名　称	聚苯醚	改性聚苯醚	聚氨酯	聚酰亚胺	醋酸纤维素	醋酸丁酸纤维素	聚对苯二甲酸丁二醇酯	线型聚酯	不饱和聚酯	注塑级酚醛	邻苯二甲酸二丙烯酯	氨基塑料（脲甲醛，三聚氰胺甲醛）
代号	PPO	SPPO	PU	PI	CA	CAB	PBT	PET	SMC CMB	H1606-Z	DAP	—
收缩率/%	0.7~1.0	0.5~0.8		0.5~1.0	1.0~1.5	1.0~1.5	1.7~2.3	1.8				
密度/(g·cm⁻³)	1.07	1.06	1.1~1.50	1.34~1.40	1.23~1.34	—			1.01~2.10	—	≤1.70	—
设备 类型	螺杆式	螺杆式	螺杆式	螺杆式	柱塞式	柱塞式	螺杆式	螺杆式	螺杆式	螺杆式	螺杆式	螺杆式
螺杆转速/(r·min⁻¹)	20~30	20~50	20~70	20~30	—	—	20~40	20~40	20~50	20~40	20~50	20~40
喷嘴形式	直通式	直通式	直通式	直通式	直通式	直通式	直通式	直通式	直通式	直通式	直通式	直通式
温度/℃ 料筒一区	230~240	230~240	150~170	280~300	150~170	150~170	200~220	240~260	20~50	40~60	30~40	40~60
温度/℃ 料筒二区	260~290	240~270	180~200	300~330	—	—	230~250	260~280	50~70	80~95	80~90	80~90
温度/℃ 料筒三区	260~280	230~250	175~185	290~310	170~200	170~200	230~240	260~270	10~90	60~80	60~80	110~130
温度/℃ 喷嘴	250~280	220~240	170~180	290~300	150~180	150~170	200~220	150~260	60~80			
温度/℃ 模具	110~150	60~80	20~40	120~150	40~70	40~70	60~70	100~140	160~180	180~200	160~175	140~180
压力/MPa 注塑	100~140	70~110	80~100	100~150	60~130	80~130	60~90	80~120	88~147	78~157	49~147	78~147
压力/MPa 保压	50~70	40~60	30~40	40~50	40~50	10~50	30~40	30~50	40~50	40~50	40~50	40~50
时间/s 注塑	1~5	1~5	2~6	1~5	1~5	1~5	1~3	1~5	3~15	3~15	2~10	2~8
时间/s 保压	20~40	20~40	30~40	20~60	15~40	15~40	10~30	20~50	5~30	—	—	—
时间/s 冷却	30~60	20~50	30~60	30~60	15~40	15~40	15~30	20~30	20~30	30~40	30~60	2~10
时间/s 周期	50~100	40~90	60~100	50~100	30~80	30~80	30~60	40~80	30~75	40~85	40~70	10~30
后处理 方法	热风烘箱	热风烘箱										
后处理 温度/℃	140~150	140~150										
后处理 时间/h	1~2	1~2										
备　注	原料预干燥 120~140℃ 2~4h	原料预干燥 120~140℃ 2~4h					在105~140℃干燥3~6h	原材料预干燥	热固性塑料	热固性塑料	热固性塑料	热固性塑料

表 A-4　常见注塑制品的缺陷及原因分析

现象	原因				
	模具方面	设备方面	工艺条件	原材料	制品设计
注塑不满	(1)流道太小; (2)浇口太小; (3)浇口位置不合理; (4)排气不佳; (5)冷料穴大小; (6)型腔内有杂物	(1)注塑压力太低; (2)加料量不足; (3)注塑量不够; (4)喷嘴中有异物	(1)塑化温度过低; (2)注塑速度太慢; (3)注塑量时间太短; (4)喷嘴温度过低; (5)模温太低	(1)流动性差; (2)混有异物	壁厚太薄
溢边	(1)模板变形; (2)型腔与型腔配合尺寸有误差; (3)模板组合不平行; (4)排气槽过深	(1)锁模力不足; (2)模板闭合不紧; (3)锁模油路中途卸荷; (4)拉杆与套磨损行,严重	(1)塑化温度过高; (2)注塑时间过长; (3)保压时间过长; (4)料温过高; (5)模温太高; (6)模板间有杂料	流动性过高	
缩坑	(1)流道细小; (2)浇口太小; (3)排气不良	(1)注塑压力不够; (2)喷孔堵有异物	(1)加料量不足; (2)注塑时间过短; (3)保压时间过短; (4)料温过高; (5)模温过高; (6)冷却时间太短	收缩率太大	厚薄不一致
尺寸不稳定	(1)浇口尺寸不准; (2)型腔尺寸不准; (3)型芯松动; (4)模温太高或未设水道	(1)控温系统不稳; (2)加料系统不稳; (3)液压系统不稳; (4)时间控制系统有问题	(1)注塑压力过低; (2)料筒温度过高; (3)保压时间变动; (4)注塑周期不稳; (5)模温太高	(1)牌号品种有变动; (2)颗粒大小不均; (3)含挥发物质	壁太厚
翘曲	(1)浇口位置不当; (2)浇口数量不够; (3)顶出位置不当,使制品受力不均; (4)顶出机构卡死		(1)料温过高; (2)模温过高; (3)保压时间太短; (4)冷却时间太短; (5)强行脱模所致		(1)厚薄不匀,变化突然; (2)结构不合理型
划伤	(1)型腔光洁度差,碰伤; (2)型腔边缘碰伤; (3)镶件松动; (4)顶出件松动; (5)紧固件松动; (6)侧抽芯未到位	拉杆与套磨损严重,移动模板下垂	(1)模温过低; (2)无脱模剂; (3)冷却时间太长		

续表

现象	原因				
	模具方面	设备方面	工艺条件	原材料	制品设计
熔接痕	(1)浇口太小; (2)排气不良; (3)冷料穴小; (4)浇口位置不对; (5)浇口数目不够	注塑压力过小	(1)料温过低; (2)模温过低; (3)注塑速度太慢; (4)脱模剂过多	(1)原料未预干燥; (2)原料流动性差	壁厚过小
龟裂	(1)模芯无脱模斜度或斜度过小; (2)模温太低; (3)顶杆分布不均或数量过少; (4)表面光洁度差		(1)料温过低; (2)料温太高或停留时间太长; (3)保压时间太长; (4)脱模剂过多	(1)牌号品级不适用; (2)后处理不当	形状结构不够合理,导致局部应力集中
分层	(1)浇口太小; (2)多浇口时分布不合理	背压力不够	(1)料温过低; (2)注塑速度过快; (3)模具温度低; (4)料温过高而分解	(1)不同料混入; (2)混入油污或异物	
气泡	(1)排气不良; (2)浇口位置不当; (3)浇口尺寸过小		(1)注塑压力小; (2)保压压力不够; (3)保压时间不够; (4)料温过高	(1)含水未干燥; (2)收缩率过大	
焦点	(1)浇口太小; (2)排气不良; (3)型腔复杂,阻料汇合慢; (4)型腔光洁度差	(1)料筒内有焦料; (2)喷嘴不干净	(1)料温过高; (2)注塑压力太高; (3)注塑速度太快; (4)停机时间过长; (5)脱模剂不干净	(1)料中有杂物混入; (2)颗粒料中有粉末料	
变色	浇口太小	(1)温控失灵; (2)料筒或喷嘴中有阻碍物; (3)螺杆转速高; (4)"大马拉小车"	(1)料温过高; (2)注塑压力太大; (3)成型周期长; (4)模具未冷却; (5)喷嘴温度高	(1)材料污染; (2)着色剂分解; (3)挥发物含量高	

续表

现象	原　因				
	模具方面	设备方面	工艺条件	原材料	制品设计
银丝纹	(1) 浇口太小; (2) 冷料穴大小; (3) 模具光洁度太差; (4) 排气不良	(1) 喷嘴有流涎物; (2) 背压过低	(1) 料温过高; (2) 注塑速度过快; (3) 注塑压力过大; (4) 塑化不均; (5) 脱模剂过多	(1) 含水分而未干燥; (2) 润滑剂	厚薄不均
流痕	(1) 浇口太小; (2) 浇口数量少; (3) 流道,浇口粗糙; (4) 型面光洁度差; (5) 冷料穴大小	(1) 温控系统失灵; (2) 油泵压力下降; (3) "小马拉大车",塑化能力不足	(1) 料温太低,未完全塑化; (2) 注塑速度过低; (3) 注塑压力小; (4) 保压压力不够; (5) 模温太低; (6) 注塑量不足	(1) 含挥发物太多; (2) 流动性太差; (3) 混入杂料	

现象	原　因				
	模具方面	设备方面	工艺条件	原材料	制品设计
不光泽	(1) 流道模口大小; (2) 浇口太小; (3) 排气不良; (4) 型腔面不光	(1) 料筒内不干净; (2) 背压力不够	(1) 料温过低; (2) 喷嘴温度低; (3) 注塑周期长; (4) 模具温度低	(1) 水分含量高; (2) 助剂不对; (3) 脱模剂太多	
脱模困难	(1) 无脱模斜度; (2) 光洁度不够; (3) 顶出方式不当; (4) 配合精度不良; (5) 进,排气不当; (6) 模板变形	(1) 顶出力不够; (2) 顶程不够	(1) 注塑压力太高; (2) 保压时间太长; (3) 注塑量太多; (4) 模具温度太高		

表 A-6　收缩波动范围较大的塑料收缩率　单位：%

名称	塑件壁厚/mm 1	2	3	4	5	6	7	8	>8	塑件高度方向的收缩率占水平方向收缩率的百分数
PA1010	0.5~1.0		1.1~1.3	1.4~1.6	1.8~2.0	2.0~2.0		2.5~	4.0	70
PP	1.0~2.0		2.0~2.5		—	2.0~2.5		2.5~3	—	120~140
PE	1.5~2.0		2.0~2.5			2.5~4.0			—	110~150
POM	1.0~1.5		1.5~2.0			2.0~3.0			—	105~120

表 A-7　螺纹不计收缩率的可以配合的极限长度　单位：mm

公称直径	螺距	中径公差	收缩率/% 0.2	0.5	0.8	1.0	1.2	1.5	1.8	2.0	2.5
M3	0.5	0.12	26	10.4	6.5	5.2	4.3	3.5	2.9	2.6	2.5
M4	0.7	0.14	32.5	13	8.1	6.5	5.4	4.3	3.6	3.3	2.8
M5	0.8	0.15	34.5	13.8	8.6	6.9	5.8	4.6	3.8	3.5	3.0
M6	1.0	0.17	38	15	9.4	7.5	6.3	5.0	4.2	3.8	3.3
M8	1.25	0.19	43.5	17.4	10.9	8.7	7.3	5.8	4.8	4.4	3.8
M10	1.5	0.21	46	18.4	11.5	9.2	7.7	6.1	5.1	4.6	4.0
M12	1.75	0.22	49	19.6	12.3	9.8	8.2	6.5	5.4	4.9	4.0
M16	2.0	0.24	52	20.8	13	10.4	8.7	6.9	5.8	5.2	4.2
M20	2.5	0.27	57.5	23	14.4	11.5	9.6	7.1	6.4	5.8	4.4
M24	3.0	0.29	64	25.4	15.9	12.7	10.6	8.5	7.1	6.4	4.6
M30	3.5	0.31	66.5	26.6	16.6	13.3	11	8.9	7.4	6.7	4.8
M36	4.0	0.35	70	30	18.5	14.2	11.4	9.3	7.7	7.1	5.2

表 A-5　影响成型收缩的因素

	影响因素	收缩率	方向性收缩差
塑料种类	无定形塑料	比结晶性塑料少	比结晶性塑料小
	结晶度大	大	大
	热膨胀系数大	大	—
	易吸水、含挥发物多	小	方向性明显,收缩差大
	含玻纤及矿物填料	小	
塑件形状	厚壁	大	大
	薄壁	小	—
	外形	大	大
	内孔	小	小
	形状复杂	大	—
	形状简单	小	
	有嵌件	小	大
模具结构	包紧型芯直径方向	大	小
	与型芯平行方向	小	大
	浇口断面积大	大	大
	限制性浇口	小	—
	非限制性浇口	大	大
	距浇口位置近的部分	小	—
	与料流方向平行的尺寸	小	大
	与料流方向垂直的尺寸	大	大
	距浇口位置远的部分	大	
	模温不均	—	大
成型工艺	柱塞式注塑机	大	对收缩率影响较小,稍微有增大倾向
	注塑速度高	小	
	料温高	小	随料温升高而增加
	模温高	大	大
	注塑压力高	小	小
	保压压力高	小	大
	冷却速度快	大	小
	冷却时间长	大	大
	填充时间长	小	小
	脱模慢	小	小
	结晶性料退火处理	小	小

表 A-9　圆形型腔壁厚参考尺寸表　　单位：mm

型腔直径 d	整体式型腔	镶拼式型腔	
	型腔壁厚 S	型腔壁厚 S_1	模套壁厚 S_2
<40	20	7	18
40~50	20~22	7~8	18~20
50~60	22~28	8~9	20~22
60~70	28~32	9~10	22~25
70~80	32~38	10~11	25~30
80~90	38~40	11~12	30~32
90~100	40~45	12~13	32~35
100~120	45~52	13~16	35~40
120~140	52~58	16~17	40~45
140~160	58~65	17~19	45~50

表 A-11　排气槽断面积推荐尺寸

断面积 $F'/\mathrm{mm^2}$	断面尺寸（槽宽×槽深）/mm×mm
<0.2	5×0.04
0.2~0.4	6×0.06
0.4~0.6	8×0.07
0.6~0.8	8×0.08
0.8~1.0	10×0.10
1.0~1.5	10×0.15
1.5~2.0	12×0.20

表 A-8　矩形型腔壁厚参考尺寸表　　单位：mm

型腔宽度 a	整体式型腔	镶拼式型腔	
	型腔壁厚 S	型腔壁厚 S_1	模套壁厚 S_2
<40	25	9	22
40~50	25~30	9~10	22~25
50~60	30~35	10~11	25~28
60~70	35~42	11~12	28~35
70~80	42~48	12~13	35~40
80~90	48~55	13~14	40~45
90~100	55~60	14~15	45~50
100~120	60~72	15~17	50~60
120~140	72~85	17~19	60~70
140~160	85~95	19~21	70~78

表 A-10　常用塑料的溢边值　　单位：mm

塑料代号	溢边值
LDPE/HDPE	0.02/0.04
PP	0.03
SPVC/HPVC	0.03/0.06
PS	0.04
PA	0.03
POM	0.03
PMMA	0.03
ABS	0.04
PC	0.06
PSF	0.08

附录 B　部分标准模架图例

1515 大水口

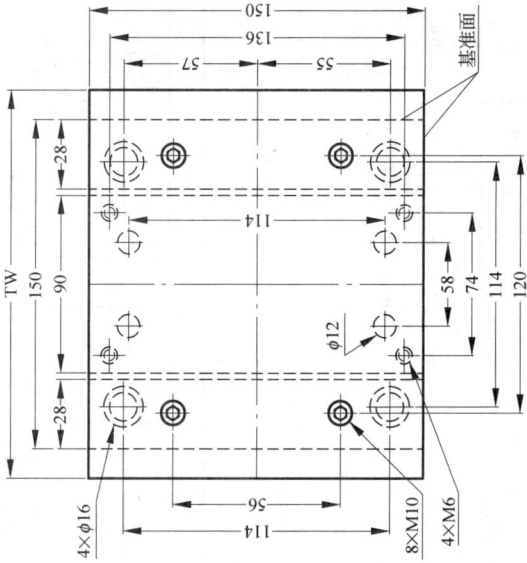

夹板宽度	TW	
I 凸边	200	
H 齐边	150	

订购编号：

1515 — A — I — A板厚度 — B板厚度 — C板厚度

A板厚度		
20	25	30	35
40	50	60	

B板厚度		
20	25	30	35
40	50	60	

C板厚度
60	70

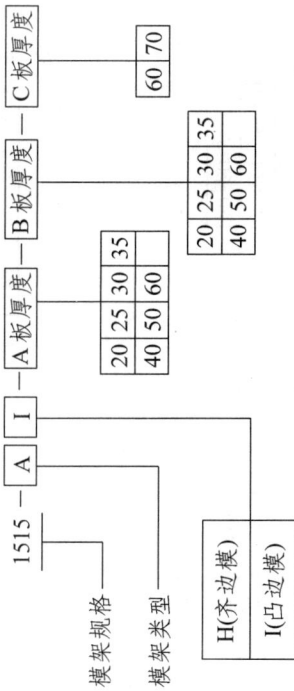

模架规格
模架类型

H(齐边模)
I(凸边模)

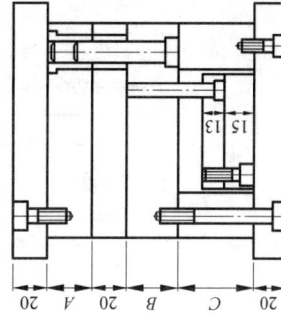

D 型

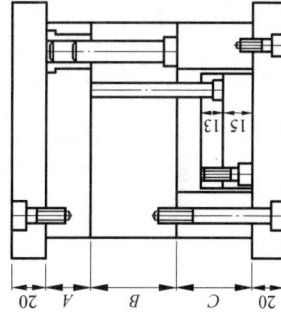

C 型

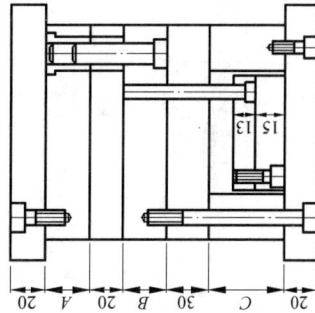

B 型

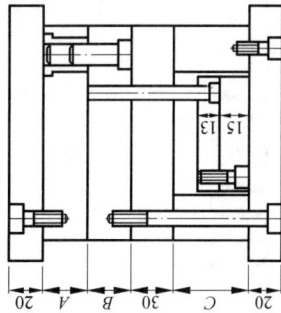

A 型

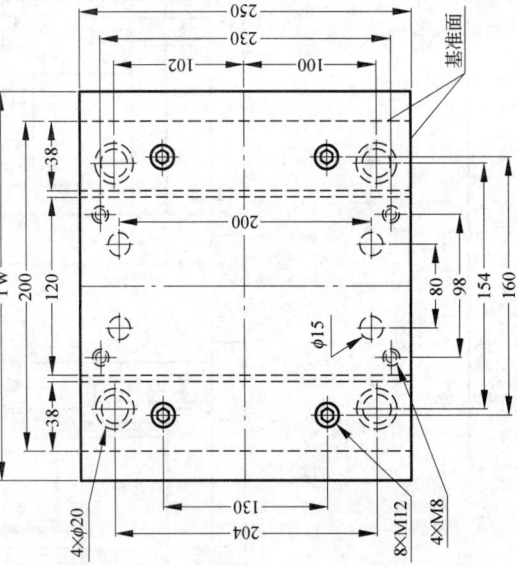

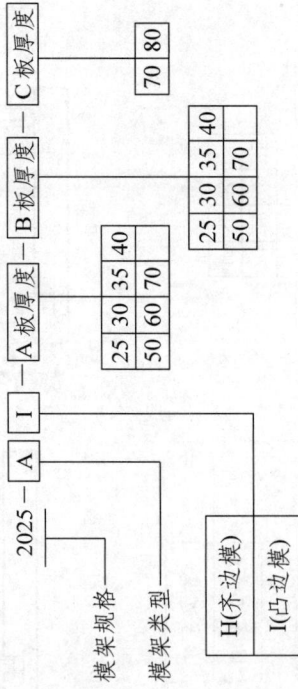

夹板宽度	TW
I 凸边	250
H 齐边	200

订购编号：

2025 — A — I — A 板厚度 — B 板厚度 — C 板厚度

25	30	35	40
50	60	70	

25	30	35	40
50	60	70	

70	80

模架规格
模架类型

H(齐边模)
I(凸边模)

2025 大 水 口

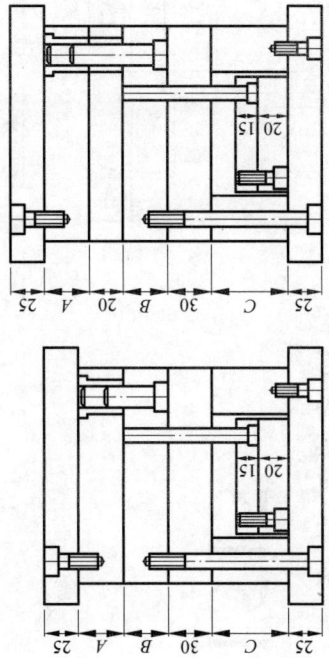

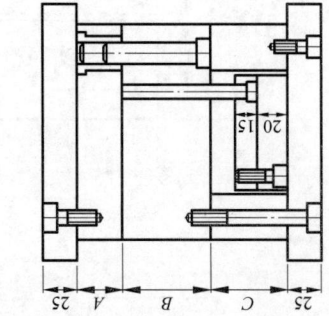

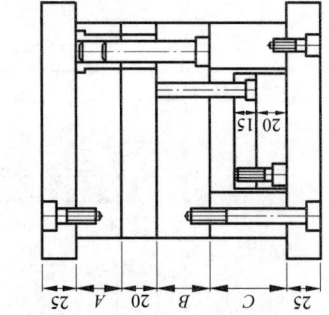

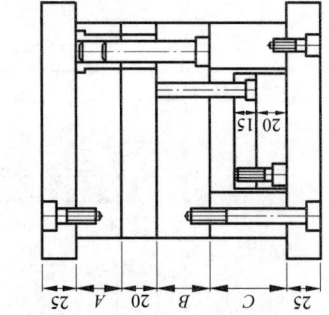

A 型　B 型　C 型　D 型

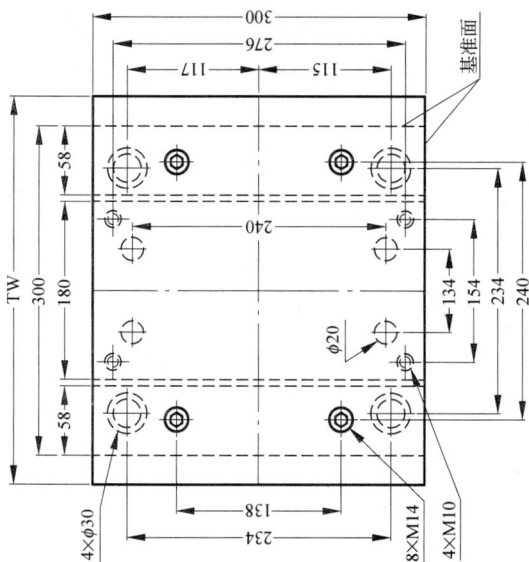

3030 大水口

订购编号：

3030 — A — I — A板厚度 — B板厚度 — C板厚度

A板厚度		
30	35	40	50
60	70	80	

B板厚度		
30	35	40	50
60	70	80	

C板厚度	
90	100

3030 — 模架规格
A — 模架类型
I — H(齐边模)
I(凸边模)

夹板宽度	TW
I 凸边	350
H 齐边	300

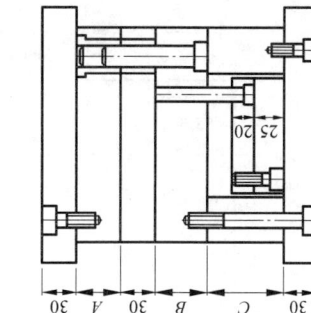

A 型

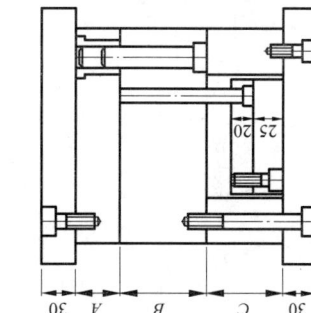

B 型

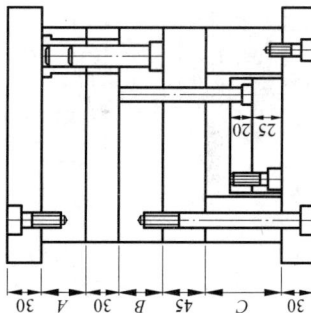

C 型

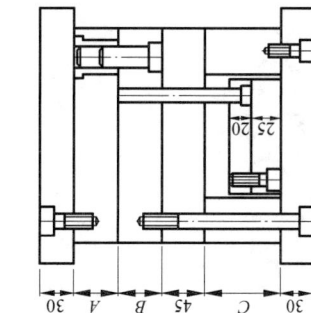

D 型

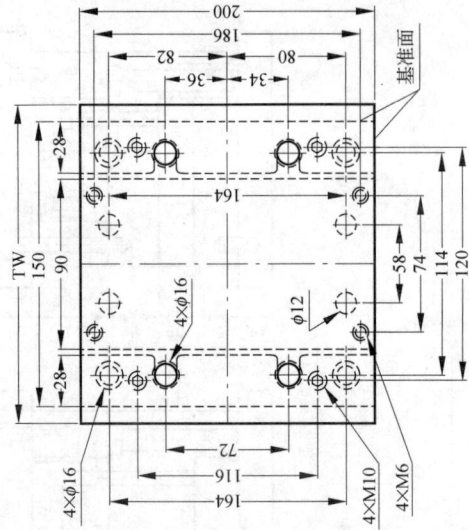

S1520 小水口

订购编号:

S1520－DA－I－A板厚度－B板厚度－C板厚度－拉杆长度－拉杆位置

	TW
夹板宽度	200
I 凸边	150
H 齐边	

模架规格
模架类型

H(齐边模)
I(凸边模)

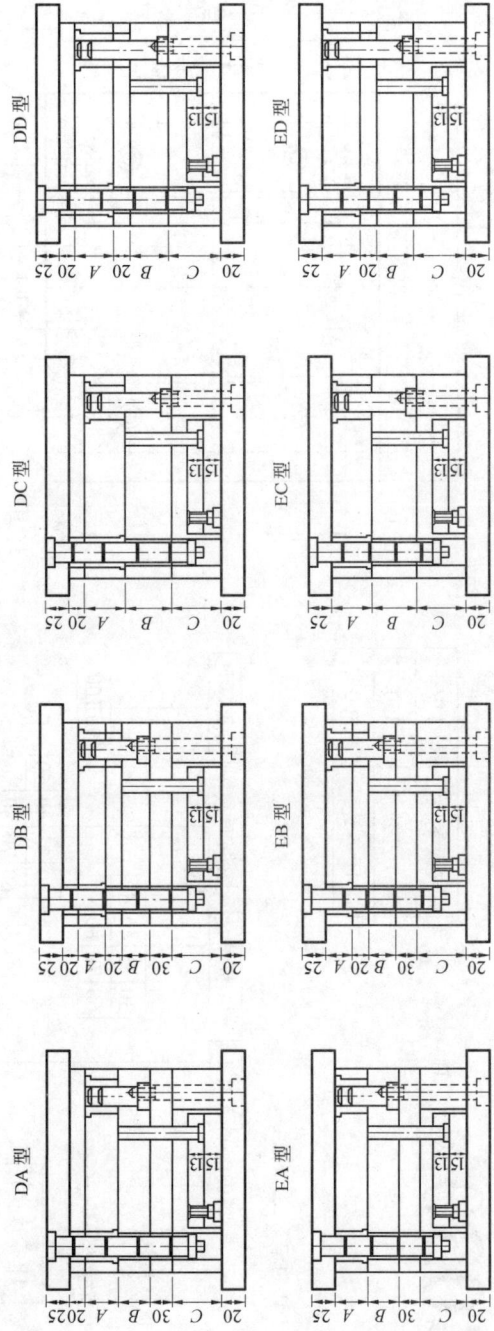

拉杆位置
I 拉杆在内
O 拉杆在外

A板厚度		
20	25	35
40	50	60

B板厚度		
20	25	35
40	50	60

C板厚度	
60	70

DD 型　ED 型
DC 型　EC 型
DB 型　EB 型
DA 型　EA 型

S2030 小水口

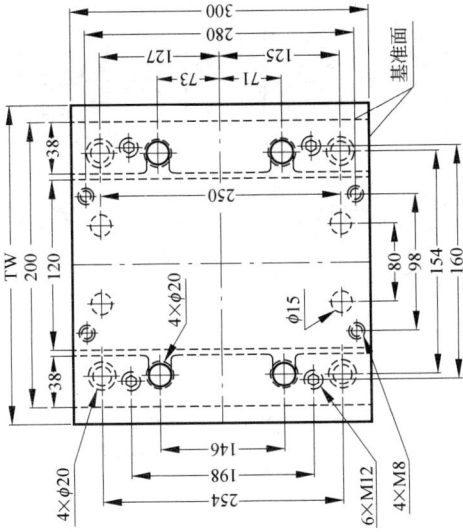

夹板宽度	TW
I 凸边	250
H 齐边	200

订购编号：

S2030 — DA I — A板厚度 — B板厚度 — C板厚度 — 拉杆长度 — 拉杆位置

模架规格
模架类型

H(齐边模)
I(凸边模)

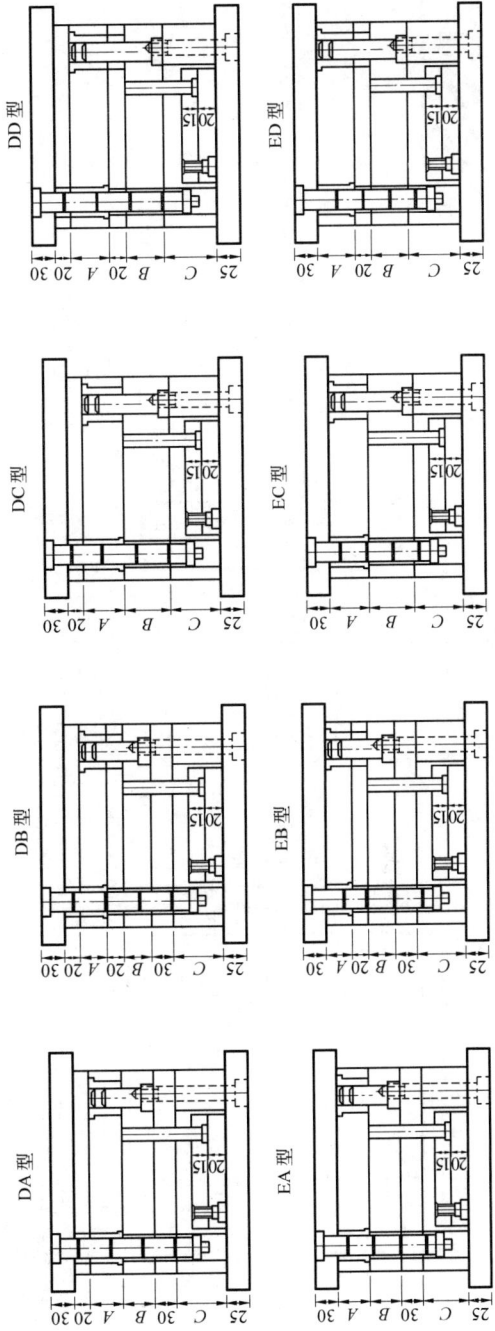

拉杆位置	
I	拉杆在内
O	拉杆在外

A板厚度：

25	30	35	40
50	60	70	

B板厚度：

25	30	35	40
50	60	70	

C板厚度：

70	80

DD型　ED型

DC型　EC型

DB型　EB型

DA型　EA型

S5050
小水口

订购编号：S5050-□□□

模架类型
模架规格
H(齐边模)
I(凸边模)

DA - I - A板厚度 - B板厚度 - C板厚度 - 拉杆长度 - 拉杆位置

拉杆位置	
I	拉杆在内
O	拉杆在外

C板厚度

100	110

A板厚度

40	50	60	70
80	90	100	

B板厚度

40	50	60	70
80	90	100	

夹板宽度	TW
I 凸边	550
H 齐边	500

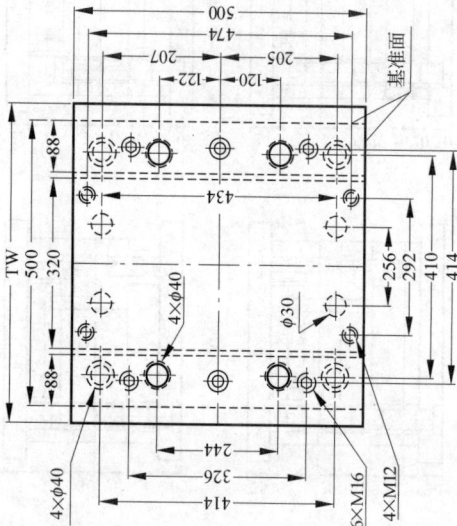

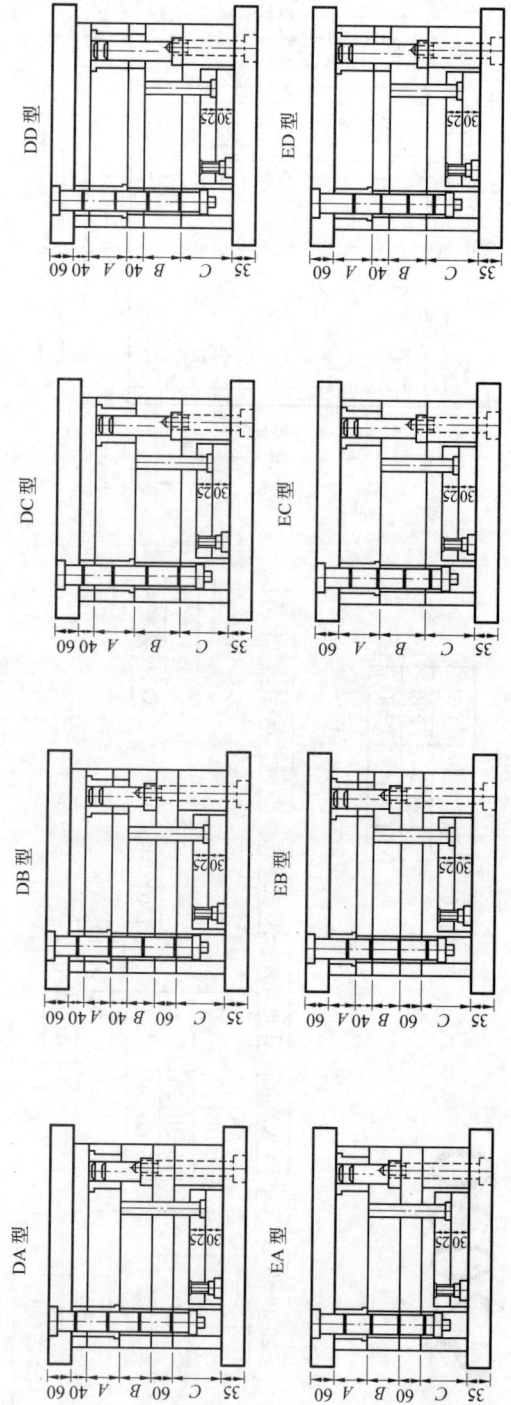

DD型　ED型　DC型　EC型　DB型　EB型　DA型　EA型

附录 C　注塑模具典型结构图例

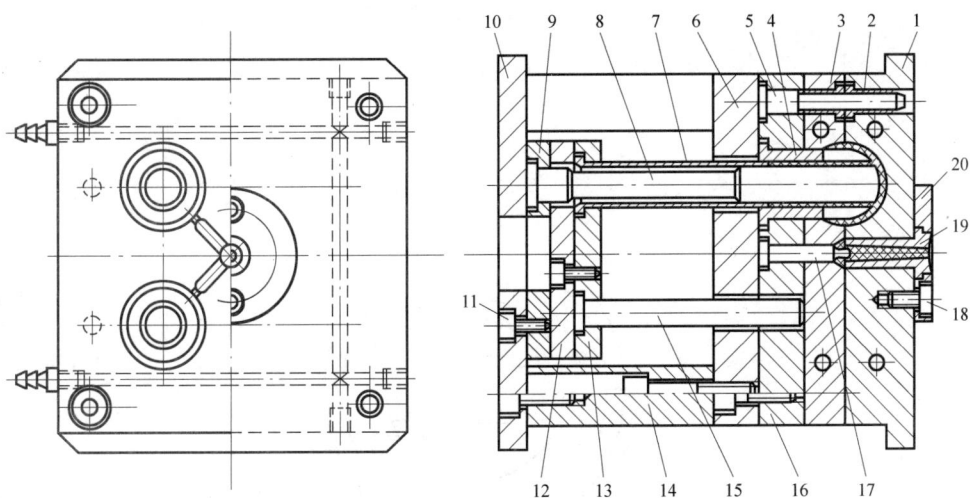

说　明

该模为推出板式结构，但为了保证制品中部能顺利脱出，故增设了顶出套管（件7）。型芯（件8）穿过顶出套管和前、后顶板（件12、13），靠型芯压板（件9）固定在动模底板（件10）上。

制品材料：HDPE

序号	名　称	件数
20	定 位 圈	1
19	浇 口 套	1
18	内六角螺钉	2
17	拉 料 杆	1
16	动 模 板	1
15	顶 杆	4
14	脚 条	2
13	前 顶 板	1
12	后 顶 板	1
11	内六角螺钉	10
10	动 模 底 板	1
9	型 芯 压 板	1
8	型 芯	4
7	顶 出 套 管	4
6	动 模 垫 板	1
5	导 柱	4
4	成 型 套	4
3	推 出 板	1
2	导 套	8
1	定 模 板	1
序号	名　称	件数

图 C-1　空心球柄注塑模具

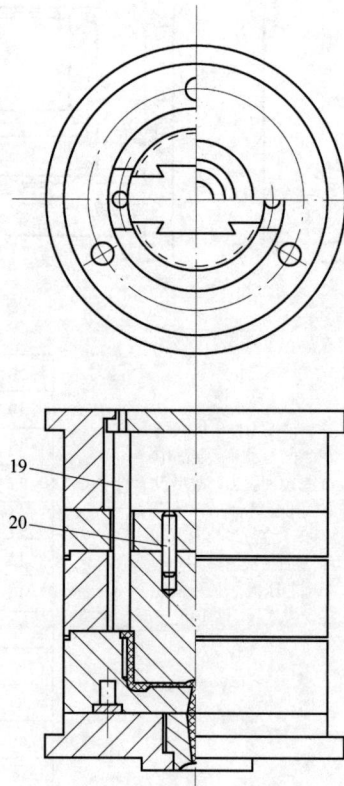

图 C-2　大口桶盖注塑模具

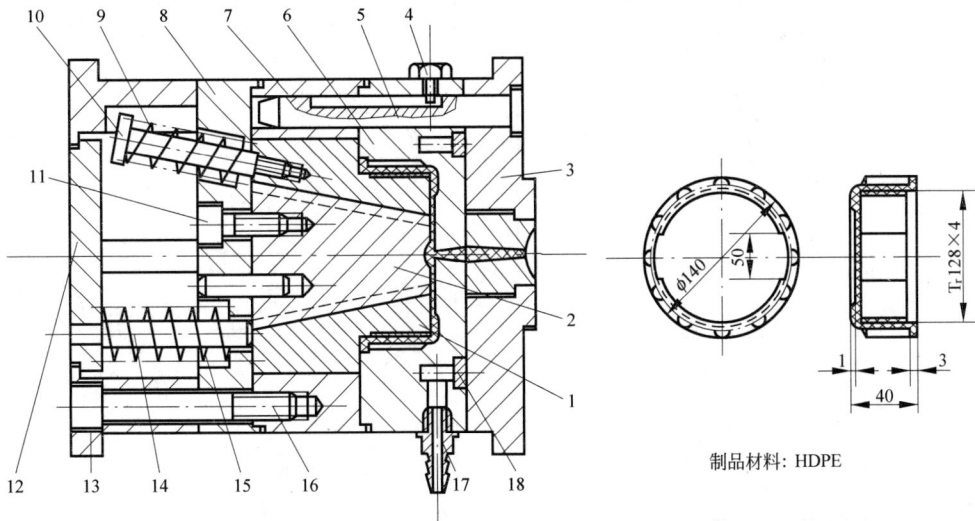

制品材料: HDPE

20	定　位　销	2
19	顶　出　杆	2
18	水槽盖板	1
17	水　　嘴	2
16	内六角螺钉	6
15	弹　　簧	4
14	顶　　杆	4
13	模　脚　圈	1
12	顶　　板	1
11	内六角螺钉	4
10	拉　　杆	2
9	弹　　簧	2
8	垫　　板	1
7	动　模　板	1
6	型　腔　板	1
5	导　　柱	3
4	限位螺钉	3
3	定　模　板	1
2	主　型　芯	1
1	斜　滑　块	2
序号	名　　称	件数

说　明

　　该结构采取内缩式斜滑块抽芯,适用于可断开螺纹(或内壁有凸凹物)的制品。

　　斜滑块(件1)在顶杆(件14)的作用力下沿主型芯(件2)的燕尾槽滑动,作内向斜抽芯。闭模时,斜滑块靠拉杆(件10)与弹簧(件9)的作用力复位,顶板(件12)靠弹簧(件15)同时退回。为避免产品曲挠,特设有两个顶出杆(件19),既可作顶出用,又可保证顶出机构完全复位。

图 C-2(续)

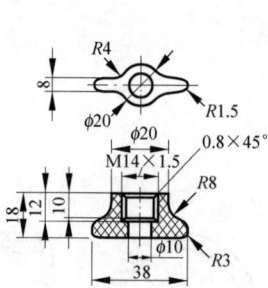

制品材料: POM

13	齿　轮	1
12	齿　条	2
11	拉料螺杆	1
10	定模板	1
9	动　模	1
8	螺纹型芯	4
7	垫　板	1
6	动模板	1
5	齿　轮	1
4	齿　轮	4
3	伞齿轮	1
2	伞齿轮	1
1	动模座板	1
序号	名　　称	件数

说　　明

　　制品为螺母,由于批量大,故采用模内卸螺纹的结构。

　　模具安装于机床上,一对齿条(件12)的位置已超出机床台面,因此不影响闭模。同时在开模状态时,齿条不脱离齿轮(件13)。

　　开模时,齿条带动齿轮转动,与齿轮共轴的伞齿轮(件2)同时转动,伞齿轮2又带动伞齿轮(件3)转动,从而使拉料螺杆(件11)转动脱出浇口。与此同时,齿轮(件5)带动齿轮(件4)转动而使螺纹型芯(件8)转动脱出制品。

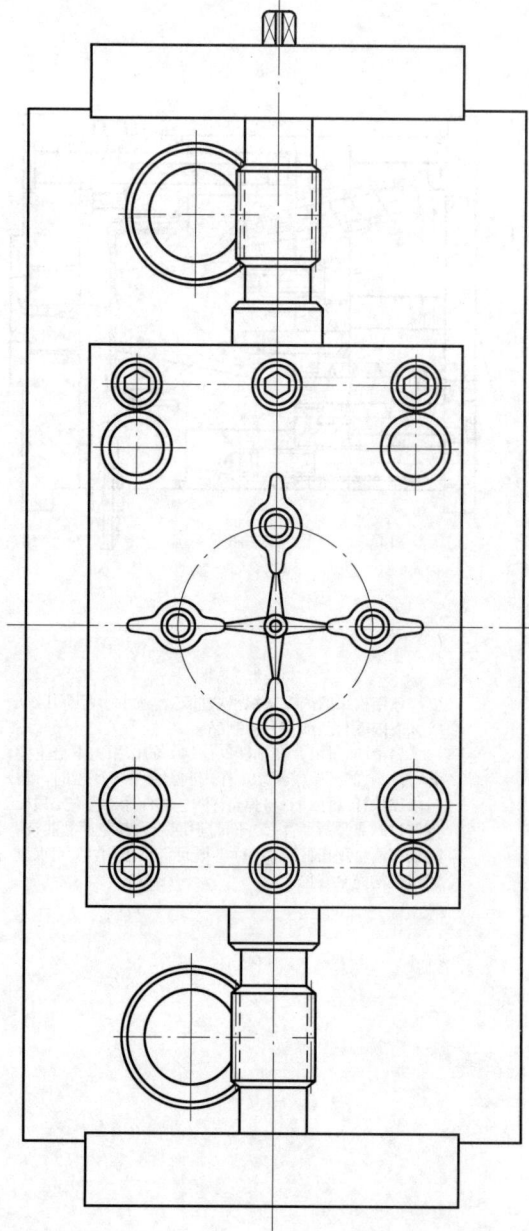

　　应当注意,拉料螺杆(件11)与螺纹型芯(件8)的螺旋方向相反。此模具在齿条损坏无法工作时,可手动完成脱螺纹。

图 C-3　蝶形螺母注塑模具

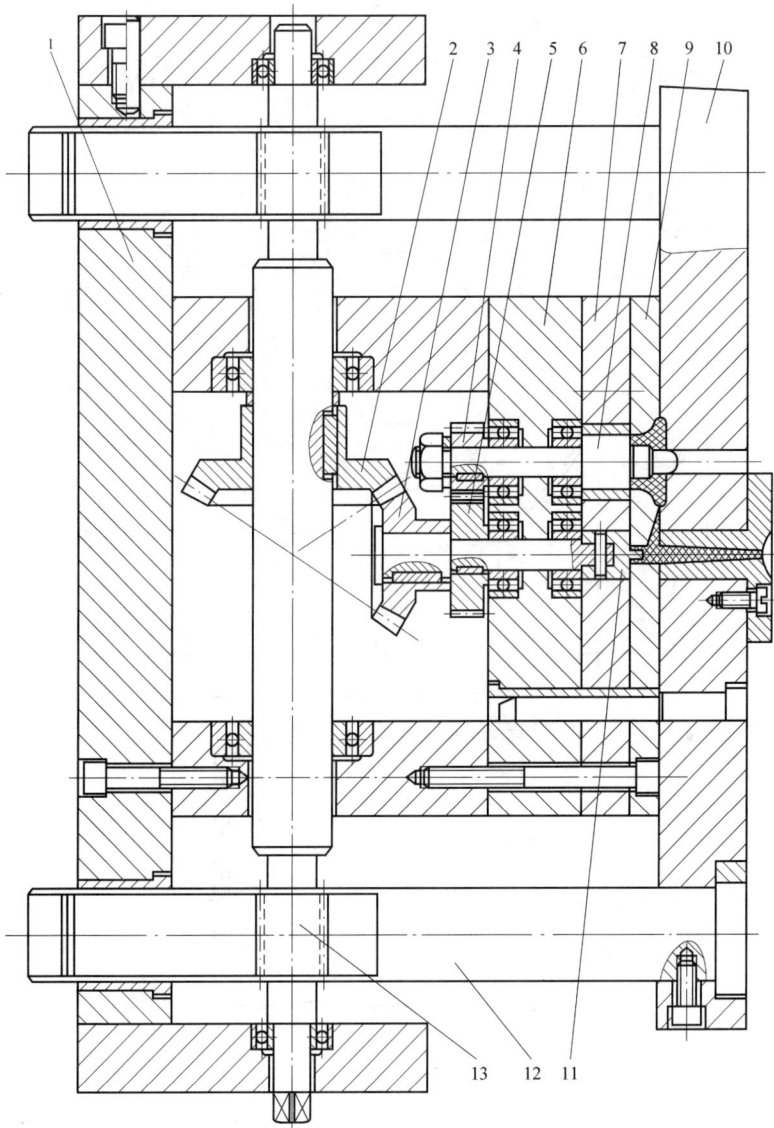

图 C-3（续）

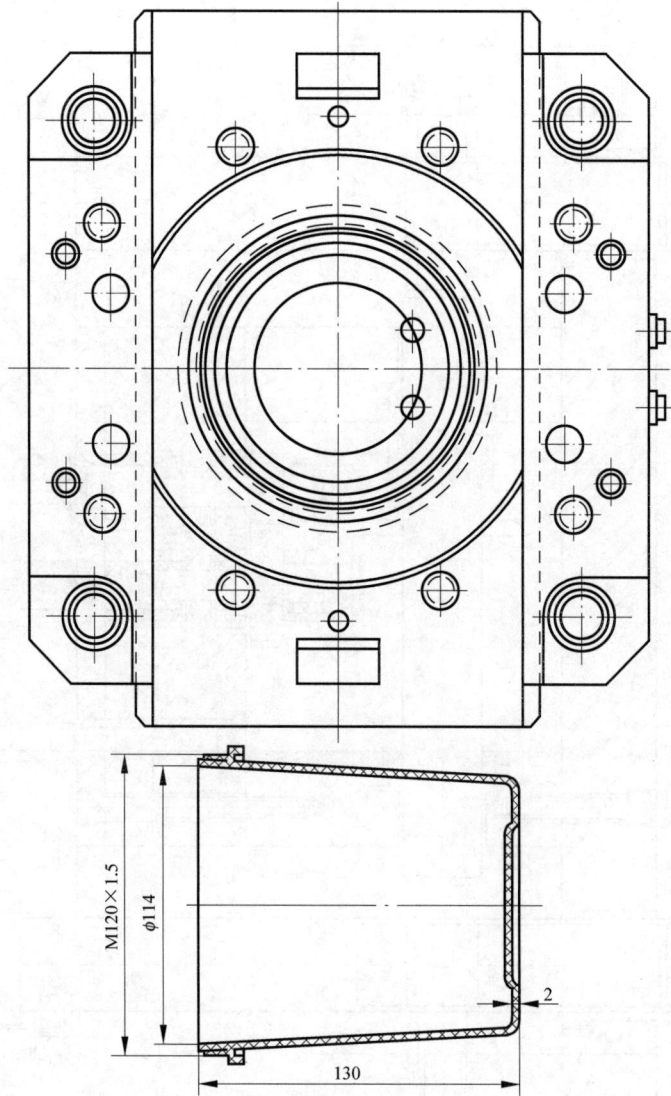

制品材料: PS

图 C-4　圆盒注塑模具

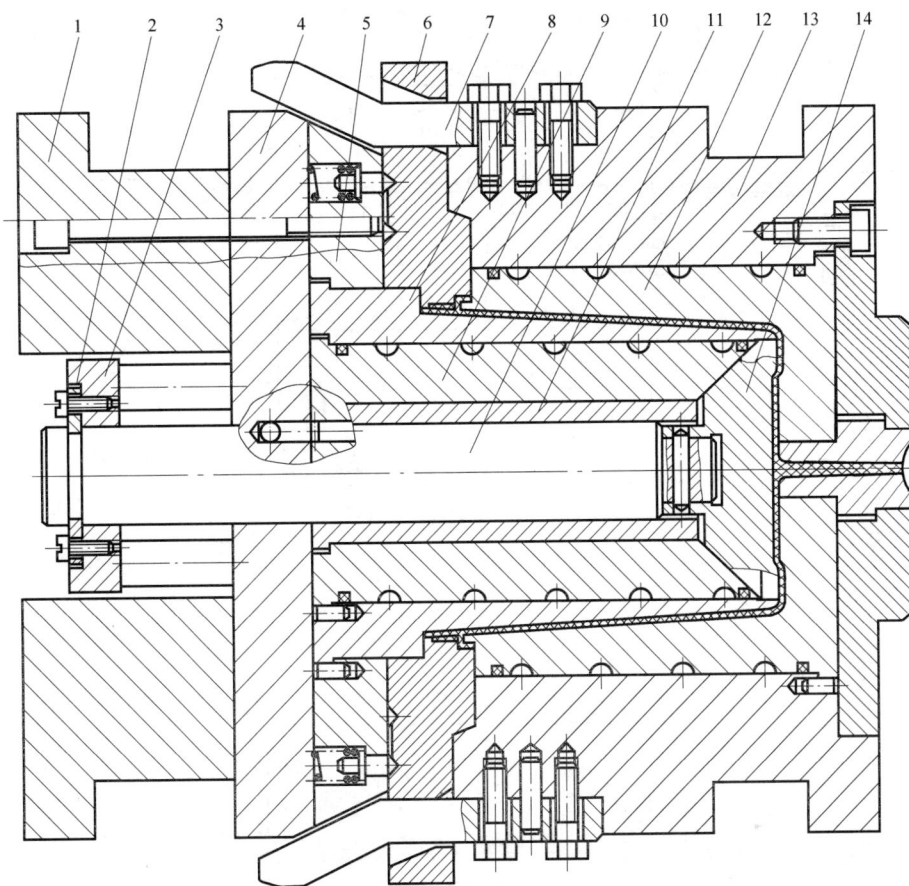

说　明

该模具的特点是，制品的螺纹由一对滑块（件6）成型，由弯拉杆（件7）进行脱螺纹，模具结构较为紧凑；定模（件13）的锥面既使滑块得到强有力的锁紧，又可使动、定模自动定准中心，使制品获得均匀的壁厚；制品的内外表面均有螺旋式水路进行冷却，具有较好的冷却效果；制品由推块（件14）顶出，制品与推块接触面较大且受力均匀。

连接杆（件10）及衬套（件11）均为淬硬件。此模具适合于大批量生产。

序号	名　称	件数	序号	名　称	件数
14	推　块	1	7	弯拉杆	2
13	定　模	1	6	滑　块	2
12	定模镶件	1	5	型芯固定板	1
11	衬　套	1	4	动模板	1
10	连接杆	1	3	推　板	1
9	水　套	1	2	卡　圈	1
8	型　芯	1	1	支　座	2

图 C-4（续）

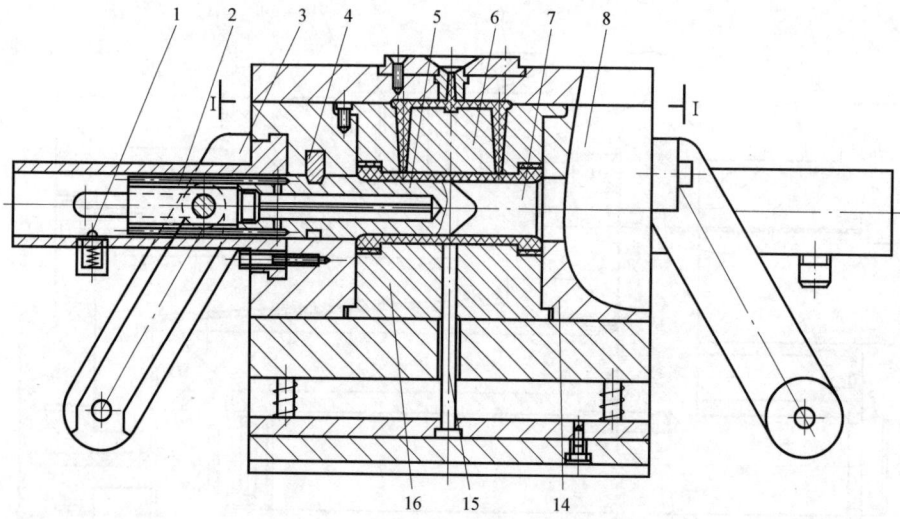

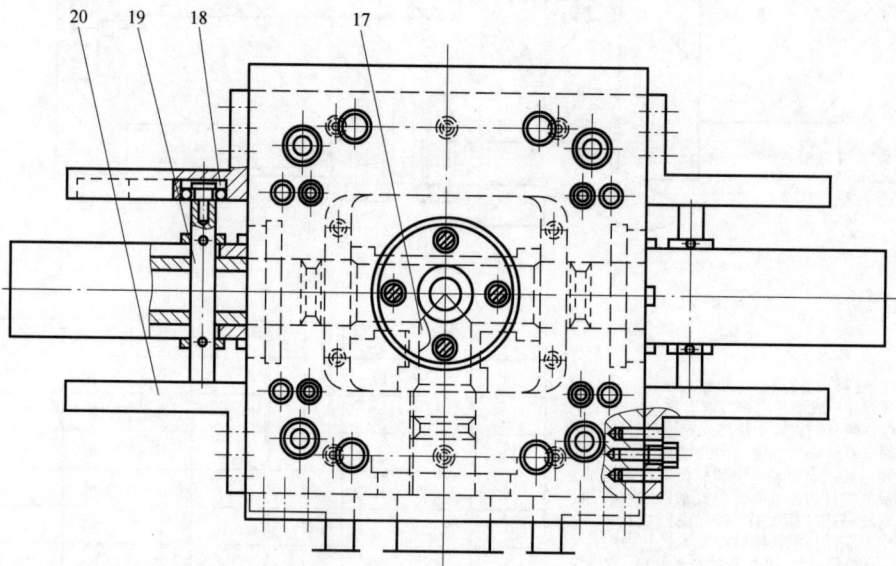

图 C-5　三通注塑模具

70

M36 $\phi20$

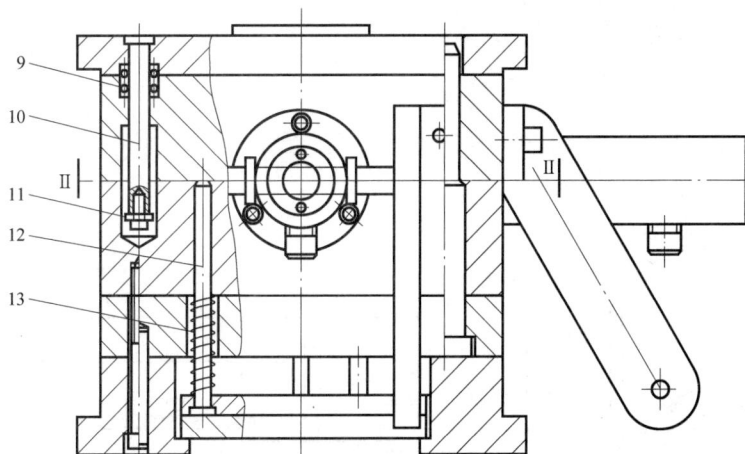

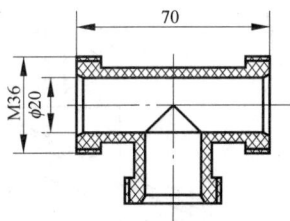

制品材料: UPVC

20	滑　　板	3
19	轴	3
18	滚动轴承	6
17	侧型芯	1
16	动模镶件	1
15	推杆	2
14	动　　模	1
13	弹　　簧	4
12	复位杆	4
11	垫　　圈	4
10	拉　　杆	4
9	弹　　簧	4
8	定　　模	1
7	侧型芯	1
6	定模镶件	1
5	侧型芯	1
4	锁紧块	3
3	滑　　板	3
2	型芯导套	3
1	限位销	3
序号	名　　称	件数

说　明

制品为塑料三通接头。

该模具采用滚轮式滑板抽芯机构。模具结构紧凑,抽芯稳定可靠,选取大抽拔角度,能满足较长距离的抽拔,滚动轴承(件18)与滑板导滑槽相配,摩擦阻力小。

开模时,弹簧(件9)使模具首先沿Ⅰ—Ⅰ分型面分型,脱出浇口,随后由拉杆(件10)及垫圈(件11)定距限位,模具沿Ⅱ—Ⅱ分型面分型。此时,三对滚动轴承(件18)沿三对滑板(件3、件20)的导滑槽滚动、分别通过轴(件19)带动侧型芯(件5、件7、件17)完成抽芯。推杆(件15)将制品顶出。

合模时,为避免推杆与侧型芯发生干扰,采用弹簧(件13)使顶出机构先复位。

图 C-5(续)

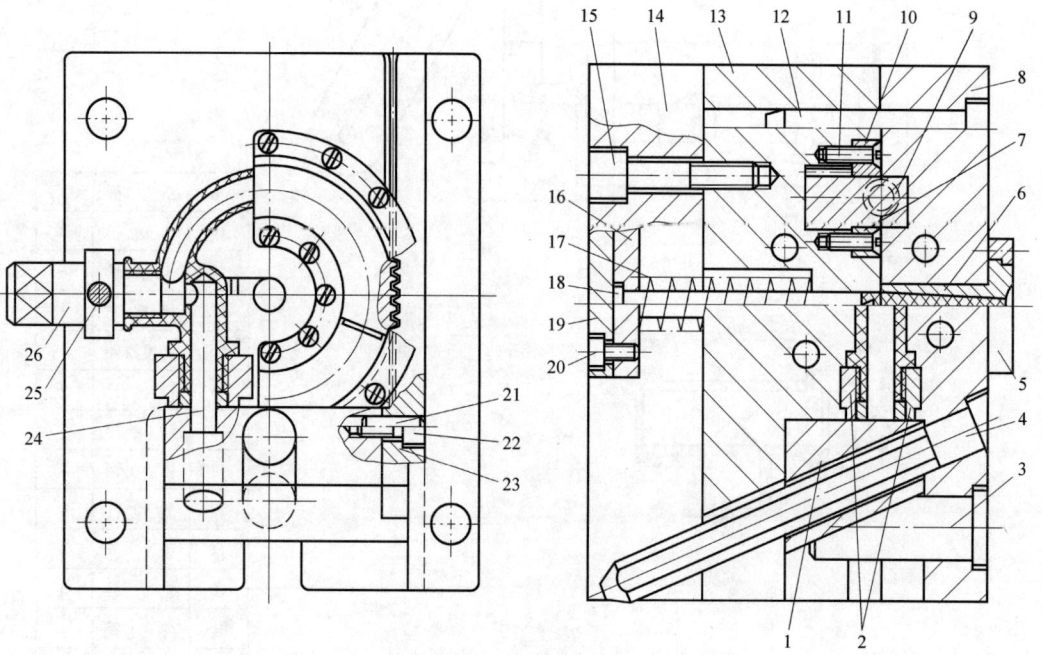

图 C-6　龙头壳体注塑模具

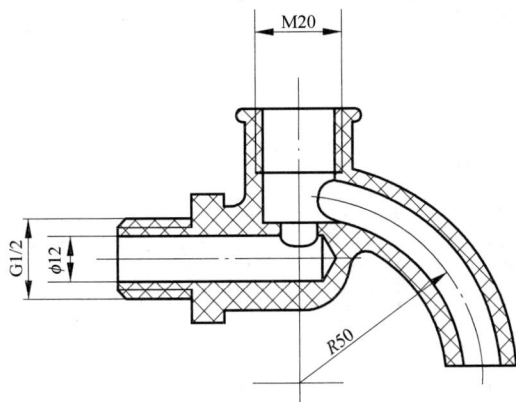

制品材料: POM

说　明

　　该结构可实现半径为50mm的圆弧型芯的模内抽芯。启模时，靠斜导柱（件4）移动滑块（件1），使型销（件24）和齿条（件23）同时抽动，并迫使圆弧弯芯齿轮（件9）沿弧形导槽运动，实现抽芯。

　　型芯（件26）采取模外手动旋转脱螺纹，故有三件互换。

　　闭模时，随着活动滑块的复位，齿轮又被齿条带动，使圆弧弯芯回复至原位。

序号	名　　称	件数
26	型　　芯	3
25	定　位　销	1
24	型　　销	1
23	齿　　条	1
22	内六角螺钉	2
21	圆　柱　销	2
20	内六角螺钉	4
19	后　顶　板	1
18	拉　料　杆	1
17	弹　　簧	1
16	前　顶　板	1
15	内六角螺钉	6
14	模　　脚	2
13	动　模　板	1
12	导　　柱	4
11	平头螺钉	9
10	外弧形压板	1
9	弯芯齿轮	1
8	定　模　板	1
7	内弧形压板	1
6	浇　口　套	1
5	定　位　圈	1
4	斜　导　柱	1
3	楔　　柱	1
2	丝　哈　夫	2
1	滑　　块	1
序号	名　　称	件数

图 C-6（续）

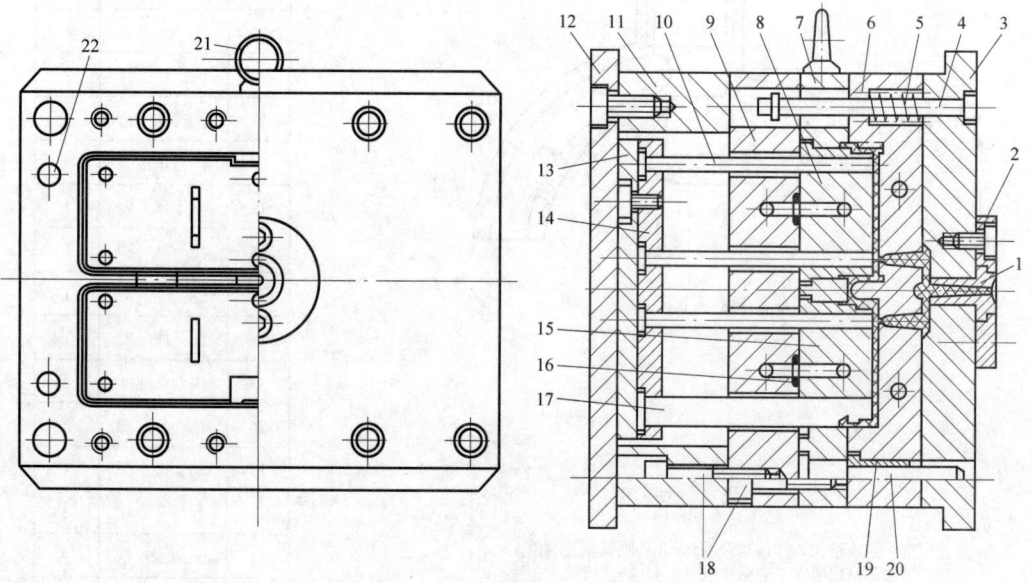

图 C-7　游标卡尺盒注塑模具

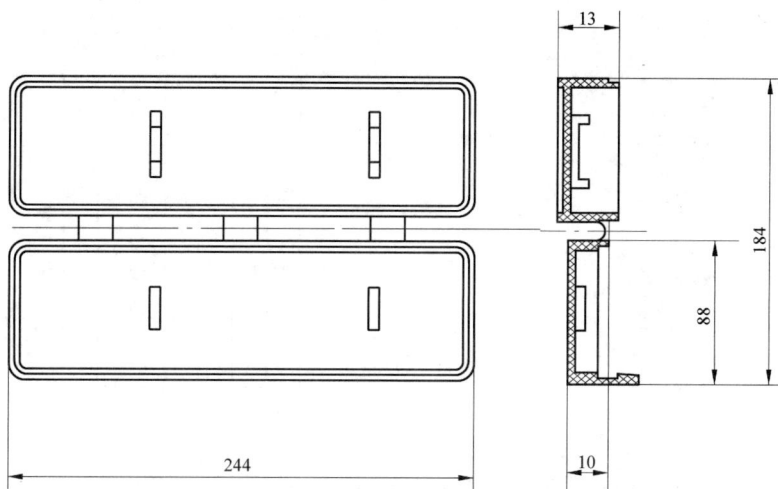

制品材料：PP1340

说　明

　　该模具为三板式点浇口结构。
　　启模时，在弹簧（件5）的作用力和制品对型腔的胀紧力下，型腔板（件6）随动模移动，拔断点浇料口。拉杆（件4）限位，制品脱出型腔。最后靠顶出装置将制件顶出。由于制品只有一处凹槽，故成型顶杆（件17）顶出后，制品靠自重即可落下。

22	回　位　杆	4	11	脚　　条	2
21	吊　环	1	10	顶　出　杆	11
20	导　柱	4	9	动模垫板	1
19	导　套	4	8	盒底型芯	1
18	内六角螺钉	20	7	动　模　板	1
17	成　型　顶杆	1	6	型　腔　板	1
16	密　封　圈	4	5	弹　簧	4
15	盒盖型芯	1	4	拉　杆	4
14	前　顶　板	1	3	定　模　板	1
13	后　顶　板	1	2	定　位　圈	1
12	动模底板	1	1	浇　口　套	1
序号	名　　称	件数	序号	名　　称	件数

图 C-7（续）

制品材料: PE

序号	名 称	件数
8	导 柱	4
7	吊 环	1
6	动 模 板	1
5	推 板	1
4	型 芯	1
3	定 模 板	1
2	浇 口 套	1
1	内六角螺钉	4

说 明

该结构适于成型网状制品。定模板(件 3)的型腔内加工圆形槽,型芯(件 4)外圆上加工顺脱模方向的型槽。由于型芯与底于型芯相吻,故导柱可底于型芯,主要起到对推板(件 5)的导向作用。

影响抽出,但必须注意勿成型槽除成型槽全部相

已取出制品

未取出制品

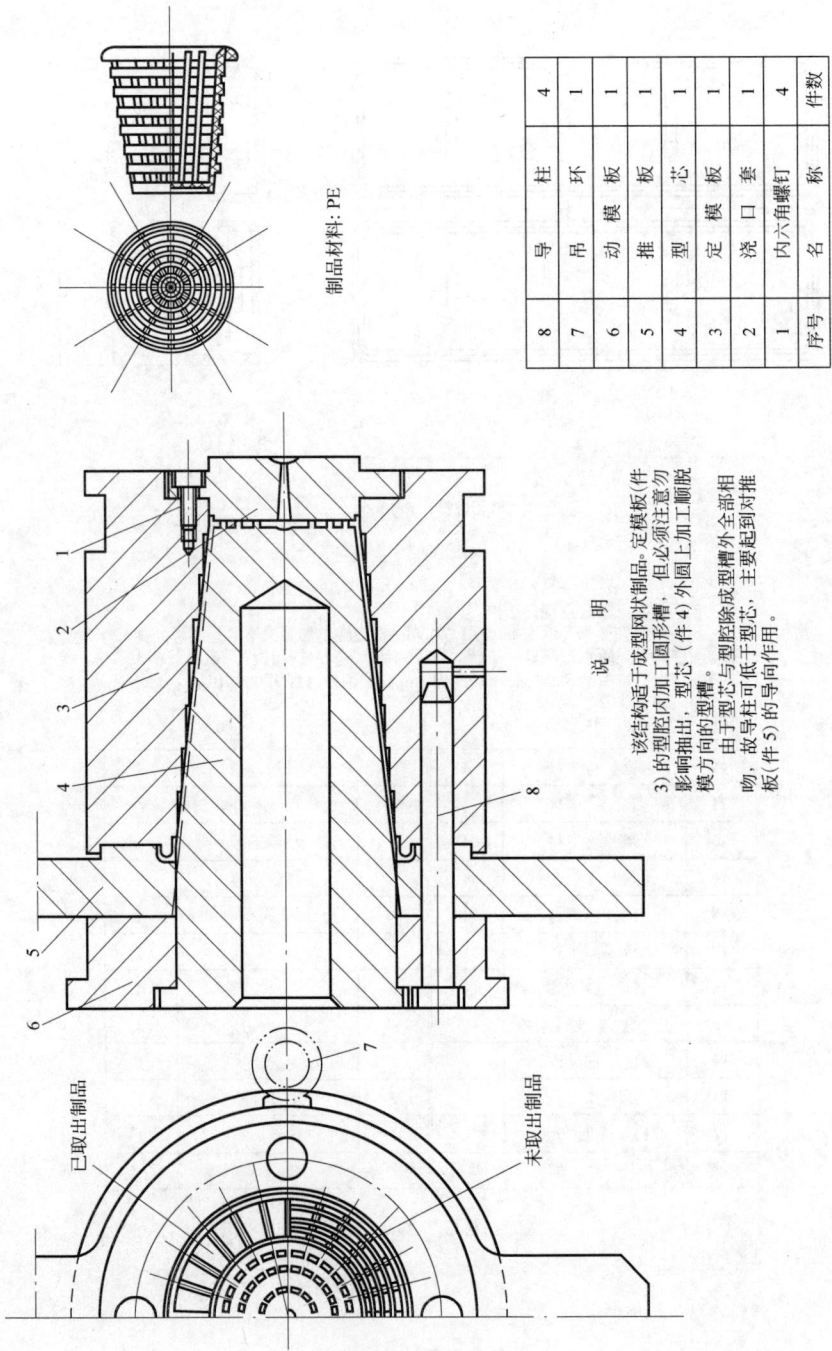

图 C-8 废纸篓注塑模具